应用与开发教程

Visual Basic 应用与开发教程

伍俊良　等编著

机 械 工 业 出 版 社

本书以 Visual Basic 6.0 中文版集成开发环境为基础，结合 Basic 语言，将基础语言与应用开发紧密结合起来，全面贯穿了 Visual Basic 6.0 中文版在基础理论、基本应用和应用开发 3 个方面的主要内容。本教材选材适当、教学内容通俗易学、图文丰富、具体详实、理论与实例结合，克服传统教材只重理论不重应用、只讲基础不讲开发、只有说明没有实例、只有方法没有过程的不足。

教材以基本理论为基础，结合 Visual Basic 6.0 中文版在工程计算和数据库应用系统开发方面的基本方法来展开，基础理论并不单纯介绍，主要结合工程计算和系统开发进行，避免传统教材只有理论缺少应用的纯粹语言式教学，无论是工程计算或是数据库应用系统的开发，均结合实例来展开。因此书中内容由浅入深，做到理论全面联系开发实际，使学生在学习每一个知识点之后，确实感觉到有可用的一面。在学生通过对全书的学习和使用之后，对目标 Basic 语言的学习以及对运用 Visual Basic 6.0 进行工程计算和系统开发都有一个比较全面的了解。

本书不仅可作为全国高校计算机专业、软件学院、理工科各专业以及有条件的高职高专的选用教材，还可作为广大计算机开发人员、各类程序设计人员培训的通用教材和应用系统开发的工具书。

图书在版编目（CIP）数据

Visual Basic 应用与开发教程/伍俊良等编著. —北京：机械工业出版社，2004.6
（应用与开发教程）
ISBN 7-111-14813-4
Ⅰ. V… Ⅱ. 伍… Ⅲ. BASIC 语言-程序设计-教材 Ⅳ. TP312

中国版本图书馆 CIP 数据核字（2004）第 063564 号

机械工业出版社（北京市百万庄大街 22 号 邮政编码 100037）
责任编辑：姜淑欣 版式设计：杨 洋
三河市宏达印刷有限公司印刷 · 新华书店北京发行所发行
2004 年 8 月第 1 版第 1 次印刷
787mm×1092mm 1/16 · 22.5 印张 · 528 千字
0001-5000 册
定价：31.00 元

凡购本图书，如有缺页、倒页、脱页，由本社发行部调换
本社购书热线电话：（010）68993821、88379646

前　言

1. 教材编写说明

随着我国计算机应用技术的日益普及和推广，我国在计算机信息技术的开发和应用方面已经取得了巨大的进步，以计算机应用开发为主体的计算机程序设计和应用系统软件已经在各行各业得到广泛的应用。

通过 20 多年的计算机基础知识的广泛推广，我国广大程序设计人员、高校教师、科技工作者、国家公务员等已经奠定了比较扎实的基础。与此同时，我国高等教育的质量日益提高，在校大学生对于计算机程序设计的爱好和兴趣日益浓厚。在这样一种背景下，我们感到传统的计算机程序设计教材已经不能满足日益发展的教育和教学内容，学生对于技术的具体应用要求日益迫切，因此我们编写了本书，作为全国高校计算机专业本科学生和研究生、理工科其他专业本科学生和研究生的学习教材。

本教材选材适当、教学内容通俗易学、图文丰富、具体详实、理论和实例结合、克服传统教材只重理论不重应用、只讲基础不讲开发、只有说明没有实例、只有方法没有过程的不足。

全书以基本理论为基础，结合 Visual Basic 6.0 中文版在工程计算和数据库应用系统开发以及图形图像处理方面的基本方法来展开，基础理论并不单纯介绍，主要结合工程计算和系统开发相并进行，避免传统教材只有理论缺少应用的纯粹语言的教学，无论是工程计算或是数据库应用系统的开发，均结合窗体设计、系统集成来展开（但并不是复杂的叙述）。因此书中内容由浅入深，全面结合实例进行，做到理论联系开发实际，使学生在学习每一个知识点之后，确实感觉到其有可用的一面。在通过对全书的学习和使用之后，对 Visual Basic 6.0 中文版开发平台和 Basic 语言的具体应用有一个比较全面的了解。

2. 教材教学与学生学习建议

本书配备许多实例并全部通过编译运行，可供教师教学和学生学习参考。本书的实例在不同章节中可能是相互联系的，因此无论是教师或是学生，在进行本书的全部实例演练时，最好遵循书中的具体说明进行。

计算机程序设计是一门实践性极强的学科，教学要求直观可靠，因此如果条件许可，建议教师采用多媒体工具（如投影仪器）在课堂中演示教学，教学内容主要以实例说明为主，避免枯燥的理论叙述，为了避免教学时间的制约，一些内容可以让学生在课后自己练习。同时教学内容可以根据学生的情况和教师的偏好有选择性地进行，如一些代码仅在教学中作一定的说明即可，具体的应用可让学生上机练习。

本教材适合于全国计算机专业和理工科各专业的大学本科学生和研究生学习使用，有条件的理工高职类各专业也可以使用。全书共分为 3 篇：上篇是 Visual Basic 6.0 应用基

础；中篇为 Visaul Baisc 6.0 中文版应用开发的基本技能；下篇是应用系统开发篇，各章节之间和各篇之间层次分明、条理清晰、通俗易懂，它将枯燥的语言和编程的学习过程转变为极有兴趣的学习过程。

3. 作者与致谢

本书是由一位具有一定系统开发经验的教师及几位科技工作者们精心策划和编写而成的，大部分内容系作者进行系统开发的经验，因此书中内容具有重要的参考价值和可操作性。

教材大纲和全部内容的设计与案例的制作全部由伍俊良同志完成，其主要章节也由伍俊良同志编写，另外参加本书编写的还有：郭雷、谢向东、李正开、吴承英、张力、彭波、李静、罗桂芳、伍刚、罗小红、谢雷、厦旅、何冰、张开学、张和平、谢静、吴天印、何从朋、陈中峰、陈开奇、李红梅、张得银、张戊等。

限于作者的水平，书中错误和不足在所难免，希望广大读者批评指正。

编　者

目　录

上篇　Visual Basic 6.0 应用基础

下篇 应用系统开发

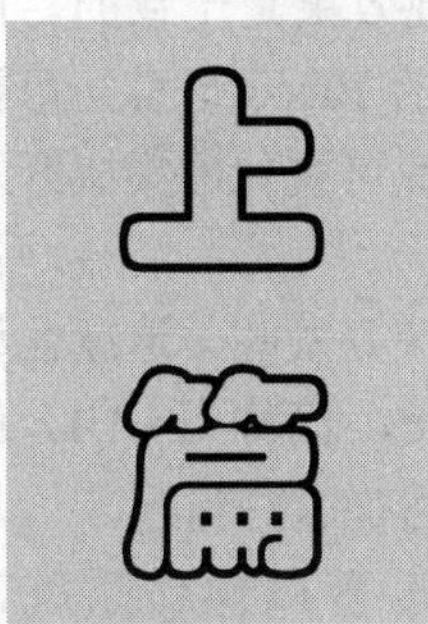

上篇

Visual Basic 6.0 应用基础

第 1 章　Visual Basic 基础理论与基本应用

1.1　Visual Basic 产品的发展历史及其性能简介

Basic（Beginners All-Purpose Symbolic Instruction Code）语言是传统的三大计算机程序设计语言 Fortran、Passcal 和 Basic 中的一种，Visual Basic 则是在 Basic 语言的基础上发展起来的，它是可视化程序设计和应用系统开发的工具的典型代表。Visual 是“可视化”的意思，其意义在于：在 Visual Basic 开发平台中进行程序设计和应用系统开发时，几乎一切工作是可视化的，用户开发的一切内容是可视的，使用的工具是可视的，使用的“对象”是可视的，程序设计和开发出来的系统在运行时与设计时的可视效果是一致的。而 Basic 则是指传统的 Basic 语言。因此可以说，Visual Basic 就是传统的 Basic 语言与可视化设计平台相结合的产物，是一种利用 Basic 语言的可视化开发环境或可视化的集成开发环境进行应用程序或应用系统开发的工具。

为什么要用可视化的开发平台或集成开发环境进行程序设计和系统开发呢？这就需要先了解面向过程的程序设计和图形用户界面（graphical user interface，简称为 GUI）应用程序的设计这两个方面的知识。在本章和后面的相关章节，将逐步回答这些问题。

众所周知，Microsoft Windows 是基于图形界面的多任务、多窗口操作系统。Microsoft Windows 操作系统自 1983 年问世以来，历经完善，先后经历过 Windows 95/98/2000/Me/XP 的多次变革与发展，其 Windows 环境及 Windows 标准已不断为广大用户所接受。甚至可以说，Windows 标准已经成为业界的行业标准，因此，目前绝大多数的应用系统软件均是按 Microsoft Windows 规范在进行和发展着。

1991 年，为了适应当时已经比较成熟的 Microsoft Windows 3.1 操作系统的需要，美国微软公司适时地推出了基于 Basic 语言的第一个可视化开发平台的 Visual Basic 1.0，后来的各个升级版本也是基于 Windows 操作系统的相应版本的规范而不断发展和改进的，直到今天出现的 Visual Basic 6.0 版，已经成为可视化开发平台的一个非常完美的开发工具。

Visual Basic 6.0 具有如下特点：

（1）对于 Visual Basic 6.0 而言，它已经完全适应了 Microsoft Windows 操作系统的系列产品的规范，而且其中的控件、界面风格、数据访问形式以及数据通讯方式，也遵循了微软产品的特定规则。

（2）Visual Basic 6.0 能让用户以最简单、最快捷的方式创建基于 Microsoft Windows 的应用程序。无论你是一个有经验的专业的程序员或是一个初学者，Visual Basic 6.0 均将

为你提供一个工具集合，以快速进行应用系统开发。

（3）用户可以借助 Visual Basic 6.0 制作完全适合于Windows 操作系统的用户图形界面，而不需要写成百上千的复杂的程序代码。

（4）运用 Visual Basic 6.0 进行程序设计或应用系统开发完全是一种平台化的操作，而不是基于文档式的纯代码编辑，可极大地减轻开发人员的劳动强度，将复杂的程序设计变为轻松愉快的工作。

（5）Visual Basic 6.0 语言的使用不仅涉及 Basic 和 Visual Basic，还广泛涉及计算机相关领域的相关知识，如 Microsoft Excel、Microsoft Access 以及其他 Windows 应用程序，Visual Basic 的脚本语言广泛使用 Basic 语言，因此学习 Visual Basic 语言将不仅仅停留在一个领域之中。

（6）Visual Basic 6.0 先进的数据访问特色让用户能够创建多种类型的数据库，创建前端应用系统，用户可选择十多种流行的数据库类型用于创建远程数据库应用系统，例如 Microsoft SQL Server 或别的企业级的数据库。

（7）ActiveX 技术的应用将允许用户使用别的应用系统提供的函数和功能，如 Microsoft Word 处理功能、Microsoft Excel 的表单功能等。

（8）国际互联网功能使得用户在自己的应用系统中容易通过国际互联网或企业内部网访问远程的文档以及应用或创建国际互联网服务器应用程序。

（9）Visual Basic 6.0 能够直接将用户创建的应用程序生成为一个可执行文件，用户可以在集成的开发环境中通过该可执行文件检验程序运行的效果。

（10）Visual Basic 6.0 还可以通过一个所谓的"虚拟机"让用户对自己创建的应用系统进行系统分发和打包。

关于 Visual Basic 6.0 的特点，这里不再一一列举，相信读者通过本教材的学习，会对其有真正体会。

总之，Visual Basic 6.0 具有简单易用、操作方便的特点，且 Basic 语言也简单易学。因此，多年来，Visual Basic 一直被广大的科技人员广泛使用，介绍 Visual Basic 的书籍也就成为全国高校广大教师和学生进行计算机程序设计语言教与学时选择的主要对象。

1.2 Visual Basic 的安装与启动

任何一个开发平台都需要在一个特定的操作系统的支持下运行，因此首先需要将 Visual Basic 开发平台安装在相关的操作系统之中。我们知道 Visual Basic 6.0 完全支持 Microsoft Windows 各个操作系统，如 Microsoft Windows 95/98/2000/XP 或 Windows NT 等。在各种操作系统中的安装过程也几乎是相同的。本教材主要介绍 Visual Basic 6.0 中文版在 Microsoft Windows 2000 中文版操作系统中的安装方法，在其他操作系统中的安装方法可以相应地进行。

Visual Basic 6.0 中文版的安装可以分为两个部分：第一是集成开发环境部分的安装；第二部分是安装微软用于支持 Visual Basic 6.0 帮助和各种功能说明文档的库文件（MSDN

Library），通过这些库文件，用户在使用 Visual Basic 6.0 时可以进行“联机帮助”，这对用户进行系统开发是很有益的。

在本教材介绍中，第一部分是必须安装的，因为它是读者在学习程序设计和系统开发时首先必须掌握的；第二部分是辅助性的，用户可以安装也可以不安装。

Visual Basic 6.0 中文版的安装是一个完全人性化的交互式的过程，用户只需要在安装过程中根据“人机对话”式的选择运行即可，因此其安装过程非常简单。其安装过程如下：

（1）在光盘驱动器中放入 Visual Basic 6.0 中文版程序光盘，通常光盘中的自动播放文件（AUTORUN）将会自动运行，并进入 Visual Basic 6.0 中文版安装程序的界面。如果光盘不自带自动播放文件 AUTORUN，则按第（2）步进行。

（2）在光盘驱动器的文件中选择安装程序文件（Setup.exe），然后用鼠标双击该文件，则进入安装界面，如图 1.1 所示。

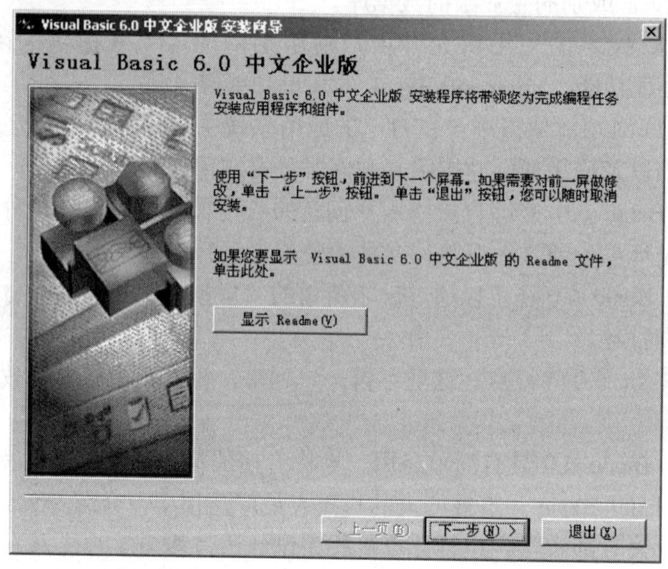

图 1.1　Visual Basic 6.0 中文版安装界面之一

（3）选择安装程序的第一部分，然后单击“下一步”按钮，进入安装的用户协议确认过程，选择“接受协议”即可，再单击“下一步”按钮进入软件序列号输入过程，输入相关的序列号，如“111—111111”即可。再单击“下一步”按钮，出现安装程序的选择界面，如图 1.2 所示。

在图 1.2 的界面中，通常仅选择第一项即“安装 Visual Basic 6.0 中文企业版”，因为企业版程序就是用户进行各种各样的应用系统开发的集成开发环境，即进行客户端应用程序的工具，也就是读者学习掌握 Visual Basic 6.0 中文版所必须使用的。而服务器应用程序是用户进行服务器端应用程序开发的工具，通常是高级用户所使用的，因此这里我们不安装服务器应用程序。

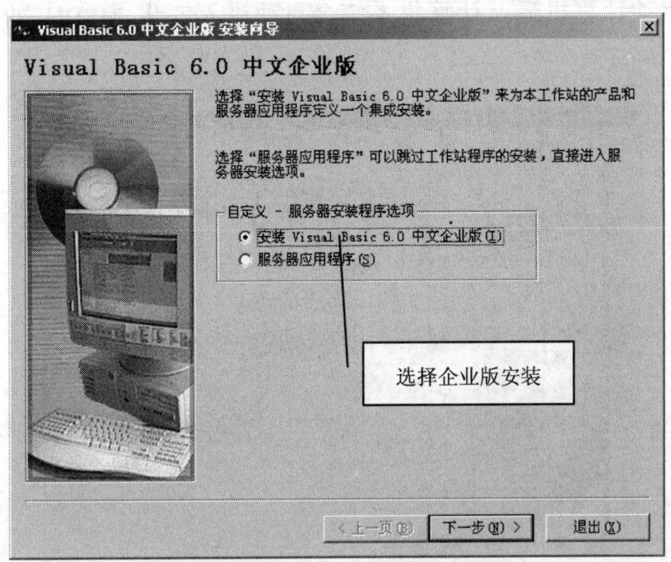

图 1.2　服务器安装程序选项

（4）单击“下一步”按钮进入后续的各个说明选择界面，直到出现一个安装路径与安装方式的选择界面，如图 1.3 所示。

图 1.3　安装路径设置与安装类型选择

通常用户可以采用“典型安装”即默认安装，当然也可以采用“自定义安装”方式，即用户可以对 Visual Basic 6.0 中文版的一些内容进行选择定制。另外，对于 Visual Basic 6.0 中文版安装在用户计算机上的路径（位置），通常采用默认路径，即“C:\Program Files\Microsoft Visual Studio\VB98”；也可以用户自己确定安装路径，这就需要用户在安装时通过单击“更改文件夹”按钮重新设置安装的文件夹的位置。

然后进入正式的安装过程，这些过程不再说明。

（5）安装完成之后通常需要重新启动计算机，以让所安装的 Visual Basic 6.0 中文版在计算机系统中进行注册，同时操作系统也需要对系统进行相关的文件配置以使 Visual Basic 6.0 程序正常运行。

（6）重新启动计算机后，计算机系统会自动进入安装 MSDN 的界面，如图 1.4 所示。

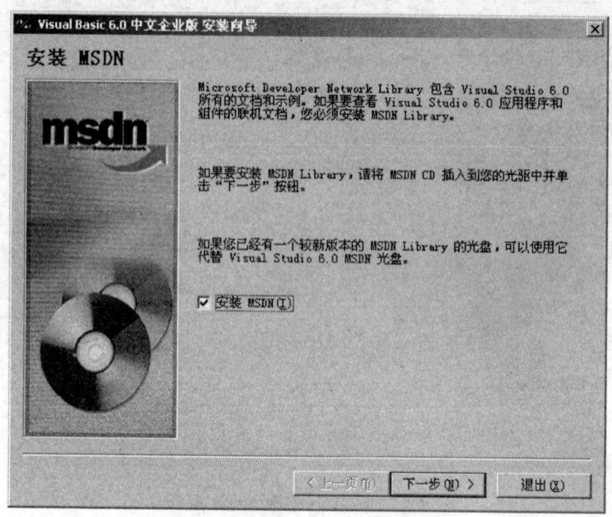

图 1.4　MSDN 安装界面

如果用户的光盘中带有该程序，而且用户的硬盘容量足够安装该程序，则可以选择安装该程序，否则单击“退出”按钮即退出安装程序，以上就完成了对 Visual Basic 6.0 中文版的安装过程。

如果安装了 MSDN 程序，通常会在用户的计算机桌面上生成一个图标，用户可以随时启动（双击该图标）该程序从而使用 Visual Basic 6.0 中文版的帮助，其帮助界面如图 1.5 所示。

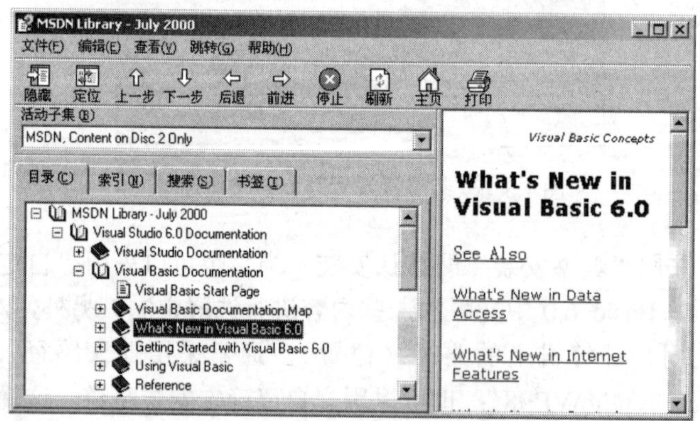

图 1.5　Visual Basic 6.0 中文版的帮助文档

MSDN 除了为 Visual Basic 6.0 中文版提供帮助说明文档之外，更重要的是在应用系统开发中，如果用户对某一控件或模块的功能不熟悉，用户可以通过 MSDN 对任何控件模块的功能采用帮助支持。其方法是在选定了控件之后，按 F1 键，则系统自动进入

MSDN 中关于该控件的一些说明，从而帮助用户进行系统开发。如图 1.6 所示就是关于一个命令控件的帮助说明。

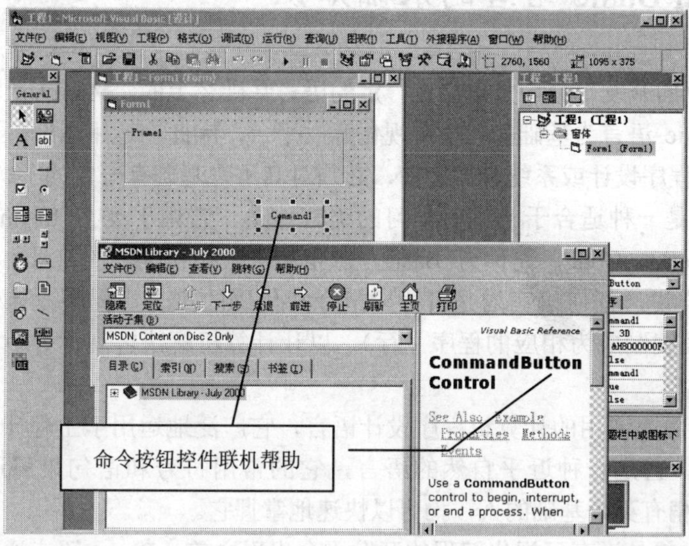

图 1.6　控件的联机帮助

在 Visual Basic 6.0 中文版的安装完成后，用户可以随时在自己的操作系统中使用该程序。安装程序通常会在操作系统的“开始”菜单中生成一个关于 Visual Basic 6.0 中文版的启动程序菜单，用户可以通过操作系统中的“开始→程序→Microsoft Visual Basic 6.0 中文版”过程进行查找。然后单击“Microsoft Visual Basic 6.0 中文版”菜单进入 Microsoft Visual Basic 6.0 中文版的集成开发环境，就样用户就可以着手进行程序设计或系统开发了。启动程序后，Microsoft Visual Basic 6.0 中文版的集成开发环境如图 1.7 所示。

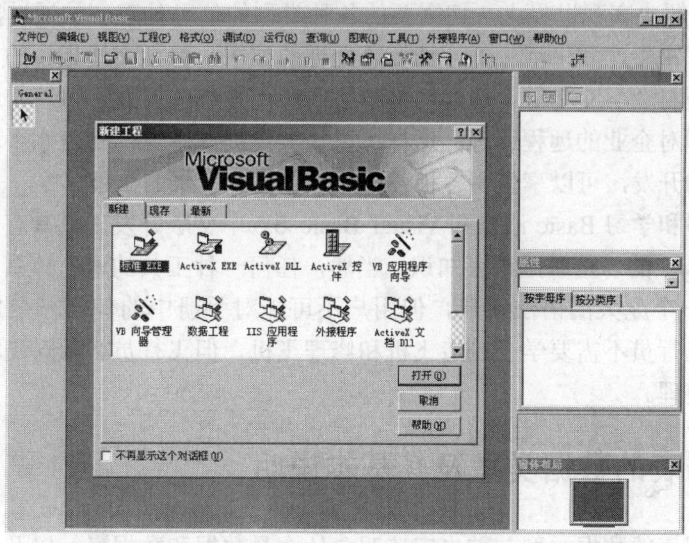

图 1.7　Microsoft Visual Basic 6.0 中文版的集成开发环境

1.3 Visual Basic 语言的基础知识

任何可视化的开发平台均是建立在一定的语言基础之上的，Microsoft Visual Basic 6.0 中文版是以 Basic 语言为基础的一个可视化开发平台，因此在运用 Microsoft Visual Basic 6.0 中文版进行程序设计或系统开发之前，必须对其语言基础有一定的了解。

Basic 语言是一种适合于初学者学习的语言体系，它源于英文 Beginners All-Purpose Symbolic Instruction Code，简称为 Basic，意指用于一切初学者的符号、指令和代码的集合。也可以这样说，任何语言均是符号、指令和代码的集合，程序设计就是利用这些符号、指令和代码编制成为相应的程序（行），以让计算机解决客观世界中人们难以解决的复杂的问题。

Basic 是国际上通用的计算机程序设计语言，它广泛地运用于工程计算、数据处理和应用系统开发，它是一种近乎自然的语言，它的常用符号和语句采用通常的“英文字符”，因此只要稍有英语基础的人，均可以快速地掌握它。

在早期，也就是没有可视化编程的开发平台出现之前，Basic 语言通常用于解决工程或科学计算问题。其程序设计的方式也仅限于用户编制程序行，通过解释执行的方式逐行对程序执行以解决计算问题。

随着人们对各种各样的信息处理要求的不断扩大，这种方式已经远远不能满足人们的需要了，集成化和大规模的开发成为必然。因此需要在了解 Basic 语言的基础上掌握可视化的开发平台并用于创建各种类型的应用系统，通过这些系统的开发和制作可以解决除科学计算之外的一切信息处理，如图形图像处理、数据通信、数据传输等。

要回答的第二个问题是：Visual Basic 6.0 中文版有什么作用？可以说，Visual Basic 6.0 中文版可以解决客观世界上一切需要的各种类型的信息处理，如通过数据库应用系统的开发，可以解决生产和生活中的一切信息处理的要求，包括交通指挥的智能处理、银行客户的信息处理与业务交易等。通过网络通信的应用系统的开发，可以实现远程的通信，进行电子商务和对企业的远程管理，这样可以极大地提高企业的管理水平和生产效益。通过多媒体系统的开发，可以享受由各种各样的媒体播放带来的乐趣。

因此，掌握和学习 Basic 语言和 Visual Basic 6.0 中文版开发工具具有重要的意义。在本节将介绍 Basic 的一些基础语言知识。当然，任何一种工具的语言体系内容往往十分广泛，可以形成一个庞大的语法手册，但用户不可能对手册中的任何一个知识点都加以掌握，就跟一个飞行员不需要学会制造飞机和修理飞机，但飞行员必须对飞机的基本知识有所掌握是一个道理。

1.3.1 数据表的数据类型及其基本说明

在介绍数据表的数据类型前首先应该明白什么是数据和数据表，以及为什么要建立数据表和为什么要开发数据库应用系统。

在信息技术深入发展的今天，数值计算问题已经不是什么大的问题了，数据的概念也已经不是传统意义上的“数”的概念，我们将一切程序编写过程和系统在进行信息处理的过程中所使用到的文字、符号、数字、数值、图形、图像、文本、图表声音或媒体介质统称为数据。因此在目前，数据与信息可以等同看待，即数据就是信息，信息也是数据。

在一切的数据处理方式或在一切的应用系统或应用软件中，可以说数据库应用系统占据了 80%，而在数据库应用系统中，均离不开数据表这样一个非常重要的概念和工具。因此在介绍 Basic 的基础语言之前，我们第一个提出的就是数据表的概念。那么，什么是数据表呢？

为了掌握数据表的概念，先从传统的数据表格开始介绍。我们首先看一个传统意义上的数据表格（见表 1.1）。

表 1.1　管理费用——办公费用明细表

日　　期	凭 证 类 别	凭　证　号	摘　　要	借　　方	贷　　方	余　　额
05/01/02			月初余额			
05/03/02	现付	200202	支付现金	1000.00		1000.00
05/04/02	收现	200203	收到现金		500.00	500.00

在上述的传统意义的表格中，规定了一个二维结构。在该二维表中，由表头和表体两个部分组成，其中表头往往由至少一个或多个列构成，它规定了表中记录内容的属性即该表记录的内容的性质，如表的“借方”列，往往以数字或货币形式加以记载，它表明了财务关系中的借贷关系，而“日期”所在的列，则通常以日期形式的数据进行记录，表明了借贷的时期。

因此，数据表格是一种描述或一种结构，它规定了表所承载的内容的性质和处理数据的方式。

在利用 Visual Basic 6.0 进行数据库应用系统的开发中，我们将经常使用到数据表，那么什么是数据表呢？数据表与传统意义上的表格有什么联系和区别呢？数据表与传统意义上的表格极其相似，它也是一个二维表，也是表头和表体两者的结合。而且，表头均是对表体内容的规定或描述，表体均是数据记录内容的载体，专门用于记录数据内容。

但与传统意义上的表格不同的是，在数据表中，表头中的每一个列标题称为字段名，每一行仍称为表的行，每一列称为表的列，每一行的记录称为表的一条记录，记录的条数称为表的记录数。

此外，数据表与传统意义上的表格对于数据处理的方式也有所不同。传统意义上的表格的创建与数据处理全部基于手工操作，而数据表则基于计算机进行处理或操作。同时，传统意义上的表格不可能实现智能化、自动化操作，而数据表则完全可以实现自动化、智能化、人性化操作，这正是数据库应用系统开发和运用的基础。

我们已经知道，数据表是用于进行数据处理（包括数据的编辑记录、搜索查询和输出打印）的工具，但在一个数据表中，往往各个字段中所记录的数据类型并不是完全相同的，需要用户处理各种类型的数据。

由于数据库应用系统主要是使用数据表方式进行数据组织与数据处理的，因此先列出Visual Basic 6.0 中 Microsoft Access 数据库所使用的数据表在应用系统开发过程中所使用的数据的类型，因为这是在系统开发中最常用的一种数据库和相应的数据表（关于 Visual Basic 6.0 所使用的数据库的具体类型及数据表的创建方法将在第 2 章中详细介绍）。在进行数据库应用系统开发时，用户首先需要创建数据表，在创建数据表时，就需要定义表中每一个字段的数据类型。图 1.8 就是创建表的字段时，每一字段可以选择的数据类型。

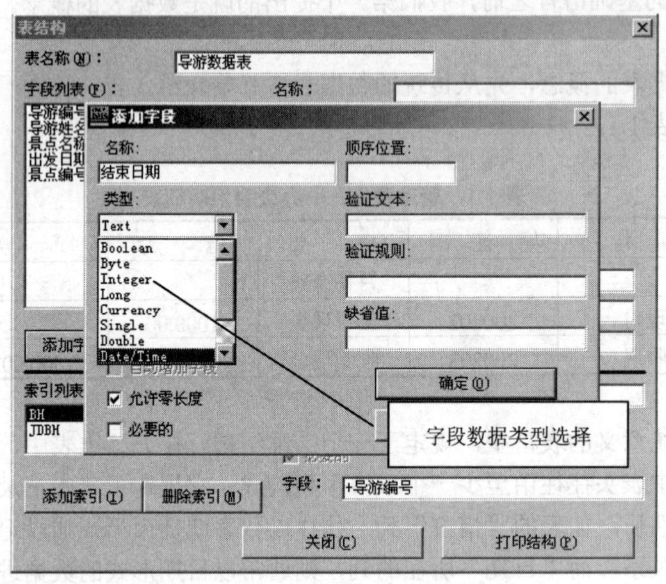

图 1.8　数据表字段可以选择的数据类型

可以看出，Visual Basic 6.0 数据表字段或数据表可使用的数据类型包括 Boolean 型（布尔型又叫逻辑型）、Byte 型（字节型）、Integer 型（整型）、Long 型（长整型）、Currency 型（货币型）、Single 型（单精度型）、Date/time 型（日期/时间型）、String 型（字符串型）、Text 型（字符型）、memo 型（文本型）等多种，完全可以满足数据库应用系统中一切形式的数据记录的需要。

1.3.2　程序设计中常量、变量、数组及其数据类型

除数据表的数据字段及数据处理需要使用一定的数据类型之外，在多数情况下，还需要用到常量、变量及其他数据类型，如在进行科学计算、图形图像处理、多媒体制作的程序设计中，经常需要用到常量和变量来运算或存储各种类型的数据。对于这些常量与变量，其数据类型也需要根据相应的程序和实际问题中的需要来确定，因此在本节将介绍常量、变量、数组和它们的数据类型。

1. 常量及其定义方法

在一些数据处理及程序编制过程中，使用常量是经常的事情。常量是一个命名项或一

个不能改变其数值的标识符，该项的值在整个程序过程中保持不变。常量用名字来表示某个值，将无意义的、单纯的数据或数值用有意义的符号来表示，常量可按如下方式表示：

```
A=100                                        '数值或整型常量
B="机械工业出版社"                            '字符串常量
C=256-1                                      '常量运算，仍为常量
D=(2.5 + 1) / (2.5 - 1)                      '常量运算，仍为常量
E="二十一世纪教材"+""+"Visual Basic应用与开发教程"    '字符串常量+空字符串常量+字
                                                   符串常量，仍为字符串常量
F=#11/17/2003#                               //日期型常量
```

在程序设计与数据存储过程中，常量的类型基本上与数据表中的字段的数据类型一致，包括字符串型常量、整型常量、长整型常量、货币型常量和日期/时间型常量等。在 Visual Basic 语言体系中，为每一种数据类型均规定了其使用的大小和范围的限制，这些范围完全能够满足用户对于数据处理的要求。常量的数据类型及其作用范围如表 1.2 所示。

表 1.2　常量的类型及数据作用范围

常 量 类 型	作 用 范 围
Byte	0 to 255
Boolean	True or False
Integer	−32,768 to 32,767
Long	−2,147,483,648 to 2,147,483,647
Single	−3.402823E38 to −1.401298E-45 for negative values; 1.401298E-45 to 3.402823E38 for positive values
Double	−1.79769313486232E308 to −4.94065645841247E-324 for negative values; 4.94065645841247E−324 to 1.79769313486232E308 for positive values
Currency	−922,337,203,685,477.5808 to 922,337,203,685,477.5807
Date	January 1, 100 to December 31, 9999, inclusive
Object	Any Object reference
String	Variable-length strings may range in length from 0 to approximately 2 billion characters

在程序设计中，常量通常需要进行标识，即在程序中加以声明。系统在运行时对标识符进行识别，然后显示或计算常量并参与运行进行输入与输出。下面举一个常量应用的实际例子，以使读者对常量的使用有一个基本的认识。

【例 1】新建一个 Visual Basic 6.0 标准 EXE 工程，在窗体中对两个常量作加法，然后执行程序并得到两个常量相加的结果。该程序的设计和运行过程如下：

（1）启动 Visual Basic 6.0 程序，选择创建标准 EXE 工程类型，出现一个窗体 Form1，设置该窗体的标题（Caption）为“常量声明与加法运算”，用以说明该程序的

作用。

（2）在窗体 Form1 中放入一个命令按钮控件 Command1，并设置该命令按钮的 Caption 属性为“执行相加”。

（3）在窗体中放入 3 个文本框控件 Text1、Text2、Text3，前两个用于显示两个常量，后一个用于显示两个常量相加的结果。

（4）通过 Visual Basic 6.0 中文版的“文件”菜单命名保存工程中的窗体名称和工程名称，这样其窗体布局如图 1.9 所示。

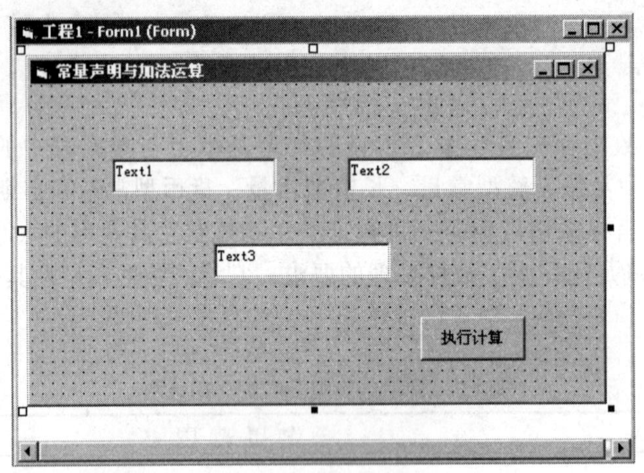

图 1.9　常量声明演示窗体

（5）双击命令按钮 Command1，出现一个代码编辑窗口。

（6）在代码编辑窗口中子程序“代码体”的过程标识 Private Sub Command1_Click() 的后一行声明常量 a 和常量 b，并令 a 的值为 20，b 的值为 30。

（7）在子过程“代码体”中编辑命令行代码，以将两个常量的值求和并加以显示。这样为命令按钮 Command1 编制的完整的子程序过程代码如下：

```
Private Sub Command1_Click()
   a=20;
   b=30;
   Text1.Text = a
   Text2.Text = b
   Text3.Text = Val(Text1.Text) + Val(Text2.Text)
End Sub
```

（8）运行检验程序以检查程序编制的正确性，其方法是：单击 Visual Basic 6.0 主菜单中的“运行/启动”命令，然后单击窗体中的“执行计算”命令按钮，这时可以发现，声明的两个常量得以正确显示并将求得的和也显示在窗体之中，其程序运行效果如图 1.10 所示。

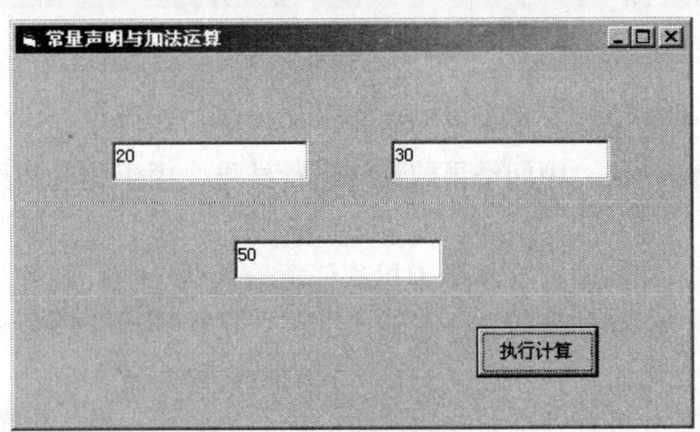

图 1.10 常量声明与计算效果

2. 关于几种常量的说明

如上可知，常量的声明是比较简单的，只需要直接赋值即可。但注意到在一个系统中，往往可能需要多个窗体，因此常量定义之后是对一个窗体有效果还是对全部窗体都有效果？同样一个窗体中可能存在多个子程序，常量是对一个窗体中的一个子程序有效还是对该窗体中的所有子程序都有效？要解决这些问题，就需要对常量的作用范围加以区别，因此常量除按以上的方法定义之外，还需要按它的作用范围来加以区别。

（1）全局常量。所谓全局常量就是对整个系统开发中的所有窗体都不变的一个常量，因此它的作用范围是一切窗体，此时其常量的声明应该按如下方式进行：

```
Public Const <常量名称> [As <数据类型> ]=<表达式>……
```

【例 2】
```
Public Const AAAA as Integer=20000
Public Const BBBB as Date=#11/23/2003#
```

（2）局部常量。局部常量是仅对一个窗体起作用的常量，即如果在一个窗体中定义的常量 a=20，则在别的窗体中 a 可能为 2000，这与全局常量是不一样的。局部常量的声明应该按如下方式进行：

```
Private Const <常量名称> [As <数据类型> ]=<表达式>……
```

【例 3】
```
Private Const AAAA as Integer=20000
Private Const BBBB as Date=#11/23/2003#
```

这样定义的两个常量 AAAA、BBBB 与前一例子定义的两个常量 AAAA、BBBB 虽然均为常量，但它们的作用范围是不一样的，前者对系统中的一切窗体均适用，而后者仅对一个窗体有用。

（3）子程序常量。将仅适合于窗体中的一个具体的子程序中定义的常量称为子程序常量。这种常量与前两种常量又是有区别的，在一个窗体中，如果存在多个程序，则在不同的子程序中，尽管都用 a 定义常量，但在不同的子程序中 a 的值是不一样的。这种常量可以直接在子程序中通过赋值进行定义，在例 1 中计算两个常量之和的命令按钮中的两个常量 a 和 b 就是采用这种方式来定义或声明的。

3. 变量与变量声明

变量与常量有较大的区别，变量是随着程序的需要可以发生变化的量，它往往用于表示程序处理中数据的初始值、中间结果或最终运行结果，由于这些结果往往是变化的，因此我们将其称为变量。

如前面的例 1 中，在前两个文本框中每次任意输入两个值，则各次求和的结果是不一样的。这样，如果用一个符号来代表任意输入的值，用另外一个符号来代表两个值的和，则初始值与和均是可变化的。这样定义的符号我们将其称为变量。

同样为了让读者对变量有一个充分的认识，我们仍创建一个工程用于计算求和。

【例 4】新建一个 Visual Basic 6.0 标准 EXE 工程，在窗体中对两个输入的任意值作加法，然后执行程序并得到两个输入的值相加的结果。该程序的设计和运行过程如下：

（1）启动 Visual Basic 6.0 程序，选择创建标准 EXE 工程类型，出现一个窗体 Form1，设置该窗体的标题（Caption）为“变量声明与加法运算”，用以说明该程序的作用。

（2）在窗体 Form1 中放入一个命令按钮控件 Command1，并设置该命令按钮的 Caption 属性为“执行相加”。

（3）在窗体中放入 3 个文本框控件 Text1、Text2、Text3，前两个用于输入两个数值，后一个用于显示两个数值相加的结果。

（4）命名保存工程中的窗体和工程文件（注意不要与例 1 中的窗体名称和工程名称重复），这样其窗体布局如图 1.11 所示。

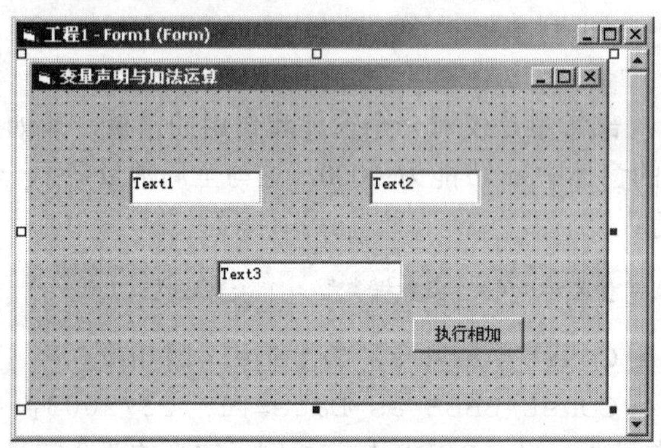

图 1.11　变量声明演示窗体

（5）双击命令按钮 Command1，出现一个代码编辑窗口。

（6）在代码编辑窗口中子程序“代码体”的过程标识 Private Sub Command1_Click() 的后一行声明两个变量 a 和 b，即：

```
Dim a As Single
Dim b As Single
```

将 a 和 b 作为单精度型的实型变量来声明或定义。

（7）在子过程“代码体”中编辑命令行代码，以将两个量的值求和并显示。这样为命令按钮 Command1 编制的完整子程序的过程代码如下：

```
Private Sub Command1_Click()
  Dim a As Single
  Dim b As Single
  a = Text1.Text
  b = Text2.Text
  Text3.Text = a + b
End Sub
```

（8）运行检验程序以检查程序编制的正确性，其方法是：单击 Visual Basic 6.0 主菜单中的“运行/启动”命令，运行后用户可以在前面两个文本框中输入任意的两个实数值，再单击“执行相加”命令按钮，则求得两个输入的任意实数的和，其程序运行效果如图 1.12 所示。

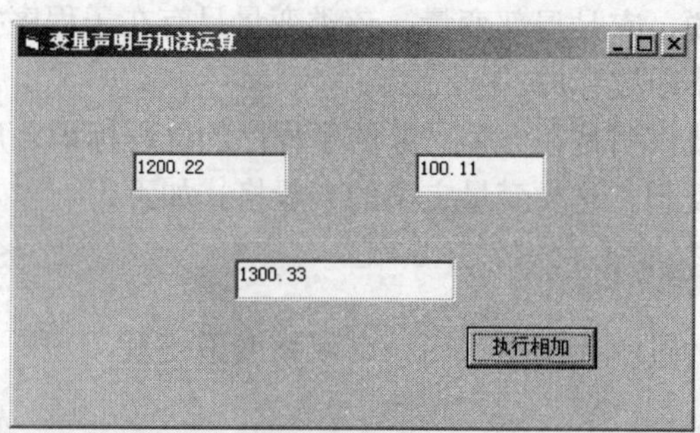

图 1.12　变量声明与计算效果

读者可以对比例 4 和例 1 两个例子的创建过程和子程序的内容，可以发现，前者是直接对两个给定的常量求和，而后者是对任意输入的两个变量求和，因此，其程序设计表面上看来类似，但实际上存在很大的区别。

4. 几种类型的变量及其声明方法

变量作为程序设计中的数据处理的符号，与常量一样，往往在程序中需要加以声明或定义。根据变量的作用域和运行方式不同，变量可以分成如下几种类型：

（1）全局变量。全局变量与全局常量一样，是针对它的作用域而言的。全局变量就是对一个系统中全部窗体单元的子程序过程均有效的变量，即如果在一个单元的某一个子程序中声明了一个符号或一个标识 AAA 为全局变量，则 AAA 在整个系统的不同单元中具有相同的意义，如果在某一个窗体单元中 AAA 赋值为 1000 而未被释放，则它在其他单元的程序运算中的值也为 1000。全局变量声明的一般形式如下：

```
Public <变量名称> [As <数据类型> ]
```

【例 5】定义一个全局型的货币型变量。

```
Public BillsPaid As Currency
```

（2）局部变量。局部变量与局部型常量类似，也是仅对一个窗体单元中的过程起作用。即在一个窗体单元中定义的变量 a，在别的窗体单元中 a 可能有不同的意义，如不同的数据类型、不同的值等。局部变量的声明应该按如下方式进行：

```
Private <变量名称> [As <数据类型> ]
```

【例 6】在窗体单元的子程序中声明一个局部的整型变量和一个局部的时期型变量。

```
Private AAAA as Integer
Private BBBB as Date
```

（3）子程序变量。该类变量与子程序常量一样，作用域仅为一个子程序模块，通常也称为模块变量。在同一个窗体单元的不同子程序中，尽管两个子程序中使用了同一个符号作为变量名，但如果对其用子程序变量来定义，则两个变量的意义或值是不一样的。就这类变量的作用范围来说，它是局部变量，该类变量只有在子程序执行过程中才能分配空间，子程序过程执行完毕即被释放。

子程序变量的定义或声明是在一个对象的子程序的过程标识之后进行，这在例 4 的命令按钮子程序中已经涉及到。这类变量定义的一般格式如下：

```
Dim 变量名 [As 数据类型]
```

【例 7】在子程序的过程代码中声明一个双精度型变量。

```
Dim ABCD As Double
```

（4）静态局部变量。静态局部变量与子程序变量一样，也仅对一个相关的子程序起作用，而对其他子程序无效，哪怕是在同一个窗体单元中的不同子程序。但这类变量与子程序变量有一定的区别：该类变量在整个程序运行期间有效且不被释放，直到程序运行结束为止，而子程序变量则不然。从其作用域而言，这类变量仍属于局部变量。静态局部变量声明的一般形式如下：

```
Static 变量名 [As 数据类型]
```

【例 8】　在子程序的过程代码中声明一个字符串型静态变量。

```
Static YourName As String
```

5. 一次声明多个变量与数组变量的定义

有时候，由于数据处理的需要，往往在程序中涉及多个不同类型的变量，但如果每一个程序行声明一个变量，往往会增加程序设计人员的劳动强度，因此需要考虑在一次或一个程序行中声明多个不同类型的变量的问题，这可以极大地减少程序代码的行数，从而提

高程序设计的效率。一次声明多个不同类型或相同类型的变量的原理非常简单，下面仅以例子加以说明即可。

【例 9】在一个子程序中声明多个不同类型或相同类型的变量。

```
Private I As Integer, Amt As Double
Public YourName As String, BillsPaid As Currency
Static Test, Amount, J As Integer
```

在一个程序中一次定义多个变量的另外一种重要的方法是使用数组和数组变量。数组和数组变量是传统程序设计和程序设计语言教材中的重要概念，其基本原理是根据一个$m\times n$阶的矩阵中存在$m\times n$个元素，一次定义$m\times n$个相同或不同类型的变量，这样的变量称为数组变量。

但由于在可视化的编程工程中已经出现了一个非常好用的“数据表格”控件（我们将在后面的内容中有所涉及），它可以处理任意$m\times n$个数据，同时，数组变量完全可以由前面一次定义的多个相同类型的变量和不同类型的变量所代替，因此目前，数组和数组变量已经很少采用了。但作为一个知识点，将在本教材中简单地对数组和数组变量作以介绍。

数组就是按照一定的规律进行排列的一组数，如（1，2，3，4，5，6，7，8，9，10）就是一个数组，它是一个1×10 维数组。而矩阵

$$\begin{bmatrix} 11 & 12 & 13 & 14 & 15 \\ 21 & 22 & 23 & 24 & 25 \\ 31 & 32 & 33 & 34 & 35 \end{bmatrix}$$

则是一个3×5 数组。

可以看出，数组中的数据通常是常量。但如果一个数组中的元素全为字母或符号，如矩阵

$$\begin{bmatrix} a_{11} & a_{12} & a_{13} & a_{14} & a_{15} \\ a_{21} & a_{22} & a_{23} & a_{24} & a_{25} \\ a_{31} & a_{32} & a_{33} & a_{34} & a_{35} \end{bmatrix}$$

则仅代表3×5个符号，其中的 a_{ij}（i=1，…，5，j=1，…，3）可以代表一些实数，也可以代表其他的一些类型的数据。如果将这一矩阵中的元素定义为一些变量，则称这样的变量为数组变量，这样的矩阵就称为一个数组了。这就表明，数组与数组变量往往是一起来定义的，用户先定义一个数组，确定其变量类型，则得到相应的数组变量。关于数组变量的定义也是非常简单的，它与一般的变量有相同的地方，数组变量也需要定义其数组名、数组的维数、数组中各个数组元数的数据类型等。按其作用范围不同，数组又分为局部数组、全局数组和子程序级或模块级数组。下面仍以实例说明其数据的定义方法和具体应用。

【例 10】定义或声明一个1×10 维的作为双精度型实数的一维数组。其定义如下：

```
Dim DA(10)  As double
```

在这一数组的定义中，Dim（Dimension 的缩写）为维数标识符，DA 为数组名，double 为数据类型。这一数组包含 10 个双精度型的实型变量，他们分别为 DA(1)、DA(2)、…、DA(10)。如用户需要时，可以利用这 10 个变量编制相关的程序。

【例 11】定义一个3×4维的二维整型数组，其定义如下：

```
Dim Matrix(3, 4) As Integer
```

这个数组中包含3×4 =12 个整型变量，它们分别为 Matrix(1, 1)、Matrix(1, 2)、Matrix(1, 3)、Matrix(1, 4)、Matrix(2, 1)、Matrix(2, 2)、Matrix(2, 3)、Matrix(2, 4)、Matrix(3, 1)、Matrix(3, 2)、Matrix(3, 3)、Matrix(3, 4)。用户在编制相关的程序时可以在程序中进行定义并引用这样的变量。

【例 12】定义一个三维的的双精度型数组，其定义如下：

```
Dim MyMatrix(1 To 5, 4 To 9, 3 To 5) As Double
```

该数组的维数为5×6×3，其数组变量分别为：MyMatrix(1, 4, 3)、MyMatrix(1, 4, 4)、MyMatrix(1, 4, 5)、…、MyMatrix(2, 4, 3)、MyMatrix(2, 4, 4)、MyMatrix(2, 4, 5)、…。

二维以上的数组统称为多维数组或高维数组。可以看出，一维数组是多维数组的特殊情况。特别地，前面介绍的单变量就是一维数组变量的特例了。

在一些传统的教科书中，关于数组的说明甚多，比较繁杂，但由于数组变量与一般的变量是一致的，其应用也比较简单，因此本教材不作过多介绍。

1.3.3 程序设计中变量的使用及其数据类型转换

从前面的各种类型的变量的定义中可以看出，常量、变量以及数组在定义时和数据输入及输出过程中需要按一定的数据类型进行。那么究竟变量存在哪些数据类型？各种数据类型如何使用？数据的类型之间是否可以进行转换？所有这些均是需要我们所回答的问题。但由于数据类型较多，我们已经在前面相关的内容中列表加以显示，因此在此仅对几种常用的数据类型及其转换加以说明，其他的数据类型随着教材内容的深入再逐步加以说明。

1. 数值型数据类型（Numeric Data Types）

Microsoft Visual Basic 6.0 中文版提供几种类型的数值型数据类型，包括：整型 Integer、长整型 Long（long integer）、单精度浮点型 Single（single-precision floating point）、双精度浮点型 Double（double-precision floating point）和货币型 Currency。

如果用户在程序设计中需要使用数值型数据类型的常量、变量或数组，可以参考前面的方法加以定义即可。

2. 字符串型数据类型（String Data Type）及其数据转换

有一些数据是以字符型出现的，字符可以是单一的一个符号，也可以是多个字符（数字、字母或空格）组成的一个符号，通常将其称为一个字符串。例如，在一个对象的子程

序中，我们定义 S 为一个字符串变量：

```
Private S As String
```

则 S 可以赋予任何一个字符串，如：

```
S = "Database"
S = "机械工业出版社"
```

一个字符串中的字符是可以规定其长度的，其字符串的长度定义如下：

```
Dim EmpName As String * 50
```

这个字符串 EmpName 的长度即为 50 byte 的长度，这种字符串称为固定长度字符串。如果一个字符串中包含空格，而用户在程序中需要删除其中的空格，则可以用函数 Ltrim、Trim 和 RTrim 来实现，这三个函数分别用于从左边、任意位置和右边的方式将空格删除。

```
Dim MyVar
MyVar = LTrim("vbscript ")="vbscript "
MyVar = RTrim("vbscript ") ="vbscript"
MyVar = Trim("vbscript ") ="vbscript"
```

通常在数值型和字符串型数据类型之间可以相互转换，其转换方法主要通过 Visual Basic 6.0 中文版本的相关函数来进行。我们可通过以下的例子来加以说明。

【例 13】通过一个简单的工程将一个字符串的值转换成整数值，然后求得它的余弦值并显示在窗体中，其实现的步骤和过程如下：

（1）启动 Visual Basic 6.0 中文版本并创建一个标准 EXE 工程，设置窗体的标题 Caption 属性为“计算余弦值”，在窗体中放入一个文本框控件 Text1，用于显示求得的余弦值；再放入一个命令按钮控件 Command1 用于执行计算，设置它的标题 Caption 属性为“执行计算”。其窗体布局如图 1.13 所示。

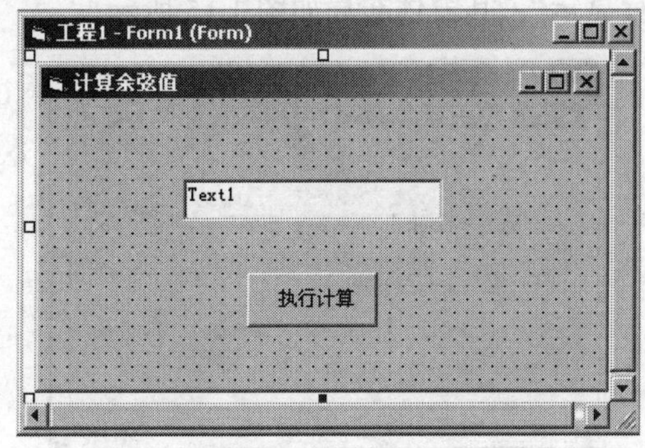

图 1.13　窗体布局

（2）双击命令按钮，出现一个代码编辑器，在代码编辑器中为命令按钮编制子程序过程代码如下：

```
Private Sub Command1_Click()
  Dim intX As Integer            '定义整型变量intX
  Dim strY As String             '定义字符串变量strY
   strY = "100.23"               '给字符串赋值
   intX = strY                   '转换数值
   strY = Cos(intX)              '计算余弦值
   Text1.Text = strY             '将余弦值输出到文本框中
End Sub
```

这样运行工程然后单击命令按钮即可求得相应的余弦值。其工程运行的效果如图 1.14 所示。

图 1.14　数据转换与余弦值的计算

在这个例子中用到了数据转换的方法，它是通过直接赋值的方法实现的。下面再给出一个例子，是通过数据转换函数进行数据类型转换。

【例 14】创建一个工程将计算机的系统日期显示在窗体中。其工程创建的步骤如下：

（1）启动 Visual Basic 6.0 中文版本并创建一个标准 EXE 工程，设置窗体的标题（Caption）属性为“显示系统日期”，在窗体中放入一个文本框控件 Text1，用于显示计算机系统的日期；再放入一个命令按钮控件 Command1 用于执行显示，设置它的标题（Caption）属性为“执行显示”。其窗体布局如图 1.15 所示。

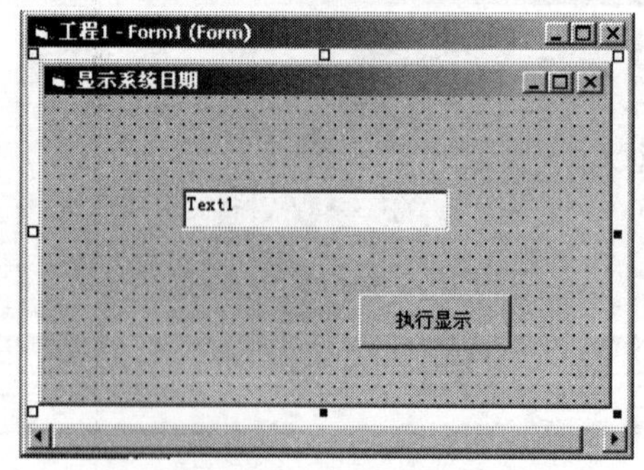

图 1.15　窗体布局

（2）双击命令按钮，出现一个代码编辑器，在代码编辑器中为命令按钮编制子程序过程代码如下：

```
Private Sub Command1_Click()
 Text1.Text = Str(Date)                          '转换日期为字符串并赋给文本框控件
End Sub
```

运行工程并单击命令按钮，则完成系统日期的显示，其效果如图 1.16 所示。

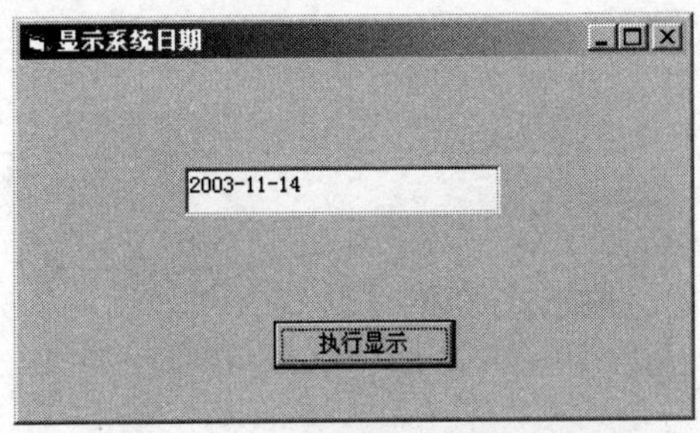

图 1.16　系统日期转换并显示

显然，在这一实例中，仅用了一个行的代码和一个字符串转换函数 Str()，就将计算机系统的日期转换成了字符串，并赋给了文本框控件加以显示。如果用户不仅需要显示计算机系统的日期，还需要显示当前的时间，则可两次使用字符串转换函数将日期和时间分别进行转换形成两个字符串，然后再将两个字符相加即可（注意将日期和时间用一个空字符串隔开）。此时，上例中的命令按钮的子程序代码如下：

```
Private Sub Command1_Click()
 Text1.Text = Str(Date) + " " + Str(Time)
End Sub
```

这样工程的运行效果如图 1.17 所示。

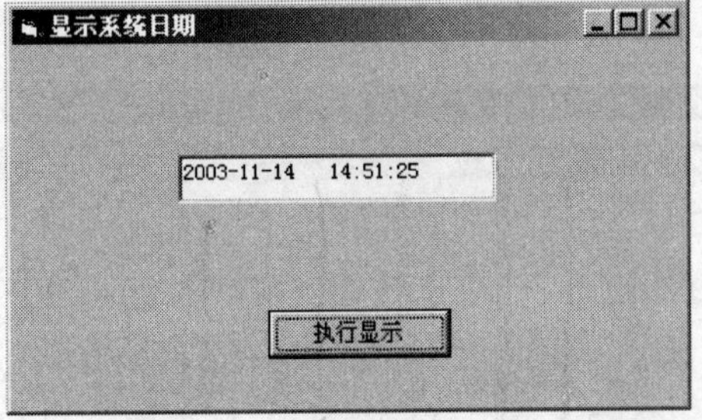

图 1.17　日期与时间显示效果

关于数据转换的函数有许多，这里仅针对相关内容介绍一些有用的使用方法，相关的函数读者可以通过 MSDN 和 Visual Basic 6.0 中文版本的帮助工程进行查询。

3. 布尔型数据类型

布尔型数据类型也称为逻辑型数据类型，该类数据类型的取值范围为（true，false）、（yes，no）或（on，off），但最常用的是（true，false），也就是说，布尔型数据类型只允许取两个值，它们分别为逻辑真和逻辑假。由于是一种用于判断的值，因此布尔型数据类型在程序设计中通常需要与条件语句结合使用。如下例子程序就是一个利用布尔型数据类型的子程序，它首先判断是否“磁带播放键”处于按下状态，如果是，则运行播放。

```
Dim blnRunning As Boolean
   If Recorder.Direction = 1 Then
      blnRunning = True
   End if
```

布尔型数据类型使用的一般形式如下：

```
Dim A As Boolean
   If B = X Then
      A = True
   Rlse
      A=false
   End if
```

通常在可视化编程中，除了通过单纯的程序代码执行相关的事务之外，主要还结合一个“复选框”控件加以进行。下面通过一个经典的实例来说明这一点。

【例 15】创建一个工程，如果选中复选框，则显示计算机的系统日期，如果不选中复选框则显示系统时间。其工程创建的步骤如下：

（1）启动 Visual Basic 6.0 中文版本并创建一个标准 EXE 工程，设置窗体的标题 Caption 属性为“选择显示系统日期或时间”，在窗体中放入一个文本框控件 Text1，用于显示计算机系统的日期或时间；再放入一个复选框控件 Check1 用于选择执行显示。其窗体布局如图 1.18 所示。

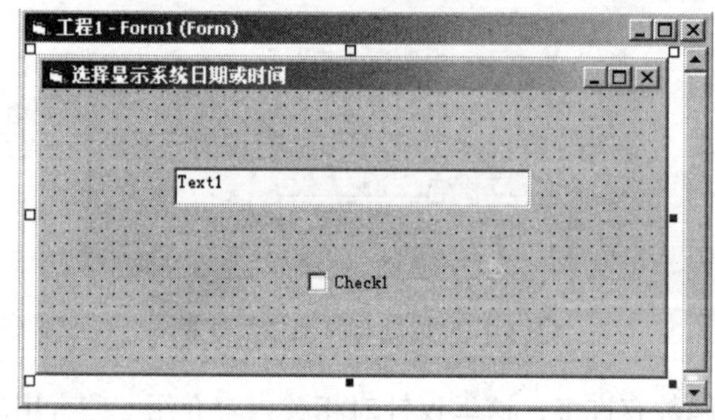

图 1.18 窗体布局

（2）双击复选框控件，出现一个代码编辑器，在代码编辑器中为复选框控件编制子程序过程代码如下：

```
Private Sub Check1_Click()
  If Check1.Value = 1 Then
     Text1.Text = Str(Date)
  Else
     Text1.Text = Str(Time)
  End If
End Sub
```

运行工程并用鼠标使复选框控件处于选中状态，则显示系统日期，其效果如图 1.19 所示。

也就是说，复选框控件是一个具有逻辑值处理功能的控件，它在系统开发中是最常用的。

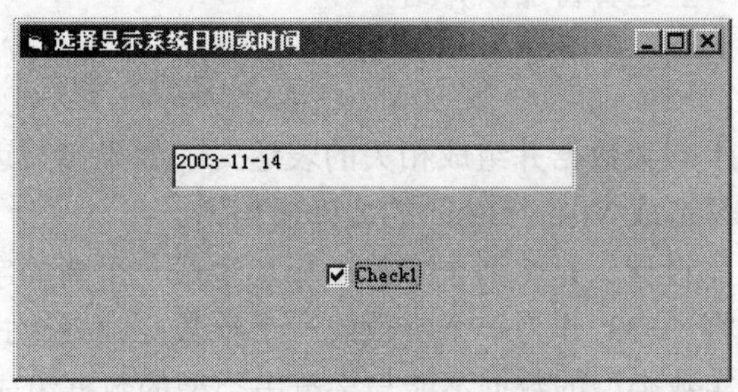

图 1.19　复选状态与日期显示

4. 日期型/时间型数据类型

关于日期型/时间型数据类型，在具体的程序设计中，主要是利用计算机系统日期或时间，其他的编程中较少使用。读者可以参考前面的例子加以使用，具体内容不再重复介绍。

1.3.4　Visual Basic 常用的运算符与表达式

在 Visual Basic 6.0 的任何程序编制过程中，数据或信息在程序中往往需要用一定的符号或文字组成相关的运算形式参与程序运算，这就需要用到 Visual Basic 6.0 的运算符和表达式。

运算是对一些已知的数据或信息进行加工处理并产生一些新的数据或信息，其处理的方式通常是用相应的符号进行的，这些符号常被称作运算符。被运算的对象或参与运算的对象称为运算量或操作数。而表达式则描述哪些数据以什么顺序参与什么样的操作，因此运算符和表达式总是相提并论的。表达式由运算量和运算符所组成，其中运算量可以是常量，也可以是变量。

表达式的概念并不陌生，如在一些代数课本中，sss+1000、sin(x)-cos(y)、z:=x+y、pai*r*r 等式子都是常用的表达式。

在前面的多个实例程序中，我们已经用到许多表达式，如：

```
Text1.Text = Str(Date)
Text1.Text = Str(Time)
```

那么什么是表达式呢？我们将作一个明确的定义。

将一些由运算符、操作数构成的式子，称为表达式。在表达式中，运算符起着非常重要的作用，因此这里将重点介绍一下运算符。

运行符就是参与运算的功能符号，在 Visual Basic 6.0 中运算符包括： +, -*, /,%, &,|,^ ,~,and,not, or, xor, =, >, <, <>, <=, >=等，对一般用户而言，在程序设计中主要用到三类运算符，即算术运算符、逻辑运算符和比较运算符（关系运算符）。与数据类型的介绍一样，我们仅对常用的一些运算符加以介绍。

1. 算术运算符

算术运算符只能用于同类数据并组成相关的表达式，如果参与运算的算术运算符混乱或数据类型混乱，则容易造成 Visual Basic 的编译器出错。

如："3333"+"程序设计"是将两个字符串相加生成一个新的字符串，因而它是一个有效的表达式，而如果将 3333 作为一个实数或一个整数，则表达式 3333+"程序设计"就是无效的表达式，即实数类型的数据不能与字符串类型的数据组成一个有效的表达式。

算术运算符通常包括+，-，*，/，\，Mod，&。关于算术运算符的意义和使用方法可参考表 1.3。

表 1.3 算术运算符的符号意义和用法举例

运算符名称	意义	运用举例
+	加法运算符	A+B，3*X+5/Y
-	减法运算符	A-B，-6*B-2*A
*	乘法运算符	A*B，b*b-4a*c
^	乘方运算符	2^3=8，3^3=27
/	除法运算符	3*G/(X+Y)
Mod	取模运算符	12%5 = 2，15%4=3，7%3=1，21%7=0
\	整除运算符	3\2=1，5\2=2

但在算术运算符中，如果涉及复合的运算，则按代数运算中的先后顺序进行。

2. 逻辑运算符

Visual Basic 6.0 逻辑运算符较多，其程序编制和使用方法也比较复杂，它必须针对具

体的程序功能才能给出相关的程序例证，在后面相关章节的程序设计中，将逐步对一些逻辑运算符有较多的涉及，因此此处对于每一逻辑运算符和共相关的意义，下面仅将其按列表的方式给出，如表 1.4 所示。

表 1.4　逻辑运算符名称及意义一览表

运算符名称	意　义
ALL	一切比较集为真
AND	布尔表达式均为真
ANY	比较集中的任意一个为真
BETWEEN	在两个操作数范围之间
EXISTS	如果一个子列队包含任何一个行
IN	如果一个操作数等于表达式列表中的一个
LIKE	操作数与一个方案相匹配
NOT	逻辑真值的反面，即逻辑假
OR	布尔表达式中的一个为真
SOME	比较集中的一些情况为真

3. 比较运算符（或关系运算符）

在程序设计中，在对下一个事务进行处理之前，往往需要先做一些判断，以确定是否进行下一个新的事务，而构成判断的一种新的方式就是运用比较运算符，比较运算符（也称关系运算符）就是对两个或多个操作符（具体意义）进行相关的比较，从而确定执行事务的先后顺序或确定是否执行相关的事务。在 Visual Basic 6.0 中，比较运算符及其相关的意义请参考表 1.5。

表 1.5　关系运算符或比较运算符

运算符名称	意　义
=	两个表达之间的相等运算符
>	一个表达式的值大于另外一个表达式的值的运算符
<	一个表达式的值小于另外一个表达式的值的运算符
>=	一个表达式的值大于或等于另外一个表达式的值的运算符
<=	一个表达式的值小于或等于另外一个表达式的值的运算符
<>	一个表达式的值不等于另外一个表达式的值的运算符

以上给出了各种各样的运算符和相关表达式的一些简单介绍，但无论是运算符还是表达式，均需要结合具体的应用问题的需要才能加以具体的运用，不能抽象地以加减乘除的方式简单地进行说明，因此相关的一些使用请参考后面章节的内容。

1.3.5 函数及其具体应用

在 Visual Basic 6.0 中不仅具有丰富的语法结构，还拥有众多的运算符可进行表达式之间的逻辑判断，更重要的是，它拥有大量的内部函数（function）。所谓函数就是将具有相对重要意义和程序相对固定的一些计算编制而成的特定的公式，如计算一个角的正弦或余弦的值、计算一个非负实数的对数的值等，均可以直接通过一些函数进行计算。这可以极大地减少程序设计人员的的劳动强度。可以设想，如果每计算一个如上的问题，均需要程序员去设计这样的程序，将耗费多少的劳动时间？

在 Visual Basic 6.0 中，函数分为内部函数和用户自定义函数两种。作为内部函数，用户可以在程序设计中加以引用，如在前面的例子中已经用到的字符串转换函数、日期和时间函数以及余弦函数等。在程序设计中内部函数用得最多的是数学函数，数学函数主要用于科学计算，当然在其他的一些程序设计中，许多应用均可以通过数学函数来转换或实现。数学函数的运用就是通过一个相关的自变量的值的输入，然后求得一个因变量的值的过程。主要的数学函数如表 1.6 所示。

表 1.6 常用的数学函数及算例表

函 数 名 称	意 义	应 用 算 例
ABS	取绝对值	ABS(*numeric_expression*)
ACOS	取反余弦值	ACOS(*float_expression*)
ASIN	取反正弦值	ASIN(*float_expression*)
ATAN	取反正切值	ATAN(*float_expression*)
CEILING	取最小整数值	CEILING(*numeric_expression*)
COS	取余弦值	COS(*float_expression*)
EXP	取指数值	EXP(*float_expression*)
FLOOR	取最大整数值	FLOOR(*numeric_expression*)
LOG	取自然对数值	LOG(*float_expression*)
LOG10	取以 10 为底的对数值	LOG10(*float_expression*)
SIGN	符号函数	SIGN(*numeric_expression*)
SIN	取正弦函数值	SIN(*float_expression*)
SQUARE	取平方值	SQUARE(*float_expression*)
SQRT	取开平方的值	SQRT(*float_expression*)
TAN	取正切值	TAN(*float_expression*)

对于用户自定义的函数，需要按照函数定义的规则来进行。按照函数的作用域不同和数据类型的不同，函数定义的一般形式如下：

```
[Private|Public][Static]Function procedurename (arguments) [As type]
statements
End Function
```

例如，用户可以自定义一个计算直角三角形斜边长度的函数，其定义如下：

```
Function Hypotenuse (A As Integer, B As Integer) As String
   Hypotenuse = Sqr(A ^ 2 + B ^ 2)
End Function
```

如果用户在程序中给定 A=3，B=4，则 Hypotenuse(A, B)=5。即直角三角形的斜边长为 5。注意到此处函数的值是作为字符串定义的，因此在进行输出时，一定要用字符串或具有字符串意义的控件加以输出，下面的两个行代码就说明了这一点。

```
Label1.Caption = Hypotenuse(CInt(Text1.Text), CInt(Text2.Text))
'将斜边的值赋给一个要求标签控件加以显示，而标签控件的标题(Caption)是一种字符串类型的
数据
strX = Hypotenuse(Width, Height)          '将斜边的值赋给一个字符串变量
```

关于函数的应用方法请参考前面的例题和后面相关章节的具体应用。

1.4 Visual Basic 语言规则

我们已经知道，Visual Basic 的程序或过程代码就是一系列操作数、运算符和函数构成的表达式和语句的总称。人们常说，应用系统就是“文档＋代码”，但注意到，任何计算机程序设计或代码统制均有自己的规则，Visual Basic 也不例外，它的语法也有相应的规则。因此本节将简单地介绍一下 Visual Basic 的语法规则。

1.4.1 Visual Basic 的标识符（Identifier）

什么是标识符？在回答这一问题之前，我们先看一段 Visual Basic 的单元文件，以前面显示系统日期的过程程序为例，双击窗体出现一个过程代码并显示该代码所在的单元文件，文件内容如下：

```
Private Sub Check1_Click()
   If Check1.Value = 1 Then
      Text1.Text = Str(Date)
   Else
      Text1.Text = Str(Time)
   End If
End Sub
```

在这样的一段代码中，有一些字符通常是以蓝色加以标注的，如：Private Sub，它表

示一个局部的子过程，If 和 Then 是表示条件和结果的标志，Else 是表示若不满足条件则执行另外的语句行的标志，End If 是表示条件表达式的语句块结束的标志，End Sub 则是表示子过程的结束标志，但注意到所有这些标志均是以蓝色标注着，为什么 Visual Basic 会专门对这样的字符以特殊的颜色进行显示呢？

这就是 Visual Basic 的标识符。它是 Visual Basic 内部所特别订制的一种专用符号，我们将其称为标识符。

Visual Basic 的标识符就其作用范围、功能和程序结构的不同，通常将过程、函数、常量、变量的标记符号统称为标识符（Identifier）。

1.4.2 Visual Basic 的保留字（Reserved Keywords）与代码编写规则

由于 Visual Basic 的标识符代表了 Visual Basic 语义中的特殊意义，具有特殊的用途。因此，在程序设计中，Visual Basic 的一些标识符是不能随意修改的，也不能作为变量加以定义。我们将这些特殊的不能修改和重新定义的作为变量使用的标识符称为保留字。经过 Visual Basic 的几度升级，其使用的命令和函数和其他语句如 SQL 语句和 ODBC 的扩展相比，Visual Basic 中约定的保留字也有较大的扩展，其各种类型的保留字也有所不同，现将 SQL 的语句保留字列出如表 1.7 所示。

表 1.7　Visual Basic 中 SQL 语言的保留字列表

ADD	EXIT	PRIMARY
ALL	FETCH	PRINT
ALTER	FILE	PRIVILEGES
AND	FILLFACTOR	PROC
ANY	FLOPPY	PROCEDURE
AS	FOR	PROCESSEXIT
ASC	FOREIGN	PUBLIC
AUTHORIZATION	FREETEXT	RAISERROR
AVG	FREETEXTTABLE	READ
BACKUP	FROM	READTEXT
BEGIN	FULL	RECONFIGURE
BETWEEN	GOTO	REFERENCES
BREAK	GRANT	REPEATABLE
BROWSE	GROUP	REPLICATION
BULK	HAVING	RESTORE
BY	HOLDLOCK	RESTRICT
CASCADE	IDENTITY	RETURN
CASE	IDENTITY_INSERT	REVOKE
CHECK	IDENTITYCOL	RIGHT

（续）

CHECKPOINT	IF	ROLLBACK
CLOSE	IN	ROWCOUNT
CLUSTERED	INDEX	ROWGUIDCOL
COALESCE	INNER	RULE
COLUMN	INSERT	SAVE
COMMIT	INTERSECT	SCHEMA
COMMITTED	INTO	SELECT
COMPUTE	IS	SERIALIZABLE
CONFIRM	ISOLATION	SESSION_USER
CONSTRAINT	JOIN	SET
CONTAINS	KEY	SETUSER
CONTAINSTABLE	KILL	SHUTDOWN
CONTINUE	LEFT	SOME
CONTROLROW	LEVEL	STATISTICS
CONVERT	LIKE	SUM
COUNT	LINENO	SYSTEM_USER
CREATE	LOAD	TABLE
CROSS	MAX	TAPE
CURRENT	MIN	TEMP
CURRENT_DATE	MIRROREXIT	TEMPORARY
CURRENT_TIME	NATIONAL	TEXTSIZE
CURRENT_TIMESTAMP	NOCHECK	THEN
CURRENT_USER	NONCLUSTERED	TO
CURSOR	NOT	TOP
DATABASE	NULL	TRAN
DBCC	NULLIF	TRANSACTION
DEALLOCATE	OF	TRIGGER
DECLARE	OFF	TRUNCATE
DEFAULT	OFFSETS	TSEQUAL
DELETE	ON	UNCOMMITTED
DENY	ONCE	UNION
DESC	ONLY	UNIQUE
DISK	OPEN	UPDATE
DISTINCT	OPENDATASOURCE	UPDATETEXT
DISTRIBUTED	OPENQUERY	USE
DOUBLE	OPENROWSET	USER
DROP	OPTION	VALUES
DUMMY	OR	VARYING
DUMP	ORDER	VIEW
ELSE	OUTER	WAITFOR

（续）

END	OVER	WHEN
ERRLVL	PERCENT	WHERE
ERROREXIT	PERM	WHILE
ESCAPE	PERMANENT	WITH
EXCEPT	PIPE	WORK
EXEC	PLAN	WRITETEXT
EXECUTE	PRECISION	
EXISTS	PREPARE	

可以看出，Visual Basic 拥有一个庞大的 SQL 保留字符的集合，同时还有其他类型的保留字符我们并未列出。值得一提的是，保留字符并不需要用户死记，在程序设计中，如果用户错误地使用了保留字符，系统会自动发出错误信息，以让用户注意。需要用户注意的是 Visual Basic 在程序设计中的代码书写规则。

（1）一行编写多条语句。通常一个行编写一条语句，如果确实需要在一个行编写多条语句，则不同的语句间需要用符号"；"分开，表示是不同的语句。

（2）多行编写一条语句。若一个语句太长以致于需要断行占用多行时，需要用续行符号"-"，即一个空格符与一个下划线构成的续行号连接。这样，在这个符号连接下，尽管是多行的代码，但它代表一条语句。

（3）一个行最多允许 225 个西文字符。

（4）一个代码行在程序中不允许它执行时，可以将其注释掉，方法是在代码行前加上"Rem"或符号"'"。

（5）代码行后面可以加上相关的说明文字以便增强程序的可阅读性，但注解的文字不能被执行，因此也同样需要用注释符加以注释。

1.5　Visual Basic 6.0 中文版与面向对象编程方法

面向对象程序设计（Object Oriented Programming，OOP）是软件工程中的一个新领域，它是一个相对的概念，即它是相对于传统的面向过程编程而言的。目前绝大多数系统开发平台和应用系统的开发都是面向对象模式的，因此首先应该对面向过程编程和面向对象编程有一个基本的认识。

1.5.1　面向对象编程与面象过程编程的历史

如前所述，面向对象编程是和面向过程编程相对应的一个概念。对于 20 世纪 80 年代初和 20 世纪 90 年代中期的程序开发人员来说，他们对于面向过程编程的认识是最为深刻的。在那时，还未有任何可视化的面向对象的开发平台和工具出现。人们开发应用程序，全部采用程序代码来完成，一个小的应用系统的过程代码可能达到几百行甚至成千上万

行。一方面，对于这些复杂的过程代码的编制是十分复杂的，此外，它的编译调试更为麻烦，往往一个很小的错误很难发现，需要经过几天或多天的检验才能排除，加之编写程序往往多采用跳转方式，从一个地方的执行转到另外一个地方的执行，程序设计的难度相当大。往往一个简单的界面也要用程序代码来完成，一个数据表也需要用代码来完成，一个报表包括它的格式线段等均需要用代码来完成。在编制完成复杂的代码行之后，通过一个编译器（Compliler）进行编译，形成一个可执行的文件，没有别的工具可以运用，这就是面向过程编程的基本特点。

当时人们通常采用的三大基础语言是 Fortran、Basic 和 Passcal，其程序开发均是基于过程进行的，这样的编程方式称为面向过程编程方式。

这样的程序开发往往需要程序按照系统生成的全过程一步一步地用程序来实现，因此我们将这一阶段的程序设计称为面向过程的程序设计。

后来人们发现这样进行系统开发是一件十分痛苦的事情，因此人们酝酿着对程序设计方式进行变革，尤其是随着 Windows 操作系统的兴起与成功的使用，对于 Wiondows 操作规范的应用系统的开发变得日益迫切，因此，20 世纪 90 年代中期，人们开始了一场程序设计的革命。

在对传统的程序设计工具改革之初，人们期望着一种最理想化的模式，即“自动程序生成器”（美国和中国均出现过这样的工具和相应的开发公司），在这种理念下，人们希望只需要输入一个简单的标题，如“工资管理系统”，然后作一些选择，系统就能自动编制完成。可以设想这完全是一种“乌托邦”式的理想思维方式，它自然注定是要失败的，因为天上没有掉下来的陷饼。由于系统的复杂性，加上每一用户对系统的需求不同，系统所适应的操作系统环境不同，因此系统开发远没有那么简单。

后来人们提出了一种新的程序设计方式，这就是面向对象（Object）的程序设计方法，它将一切用户所共同需要的东西即程序“封装”起来构成一些组件（或控件），无论任何用户做任何系统，都可以根据需要从控件面板中任意地“各取所需”，如一个窗体是任何用户在程序开发中都需要用到的，一些按钮是任何用户都需要用到的，因此人们将这些共同需要的程序封装起来形成一个控件库，供用户任意使用库中的一切需要的控件。这里，“封装”是面向对象编程的第一个重要概念，我们在今后的学习中将逐步对其意义进行深入的介绍。

在可视化环境中进行程序设计，用户从控件面板中取下一个控件之后，控件面板中的原有控件并不减少，它本质上是将开发平台中的程序或控件“继承”下来，因此“继承”是可视化编程的第二个重要概念。继承的方式有多种，开发程序，可以使用控件进行继承，也可以使用“程序模板”进行继承，在程序模板中再根据不同用户的需要继续进行“第二次开发”或“第三次开发”。因此对程序模板的使用也是一种继承的方式。报表的制作也是如此，它已经将报表的“底板”全部设计好了，一些报表的控件也设计好了，不同用户可以根据不同的报表要求作适当的修改即可快速开发一个新的报表（参考后面章节的相关内容）。

在可视化编程环境中，一切的控件、窗体、报表均称为对象，用户只需要对对象进行排列组合达到新的创意和设计。

可以这样来形容或比喻面向过程编程和面向对象编程的区别：对于一个程序员来说，面向过程编程就如同给你一大堆原始木材，一个程序员将木材加工成桌子，每一个桌子都需要从木材上，截段，做成板子和木方，然后合成一张桌子。面向对象编程则不然，它已经由系统开发商提供了一切你所需要的组件，如各种类型的“板子”（窗体或面板控件），各种类型的“桌子的脚的木方”（各种组件）等，只需要程序员将它组合成一个系统即一个产品即可，一切均是面向“对象”的，而不需要全部过程，这种方式也可以比拟成搭积木式的。图 1.20 就是 Visual Basic 6.0 中文版开发平台常用类的的控件面板。

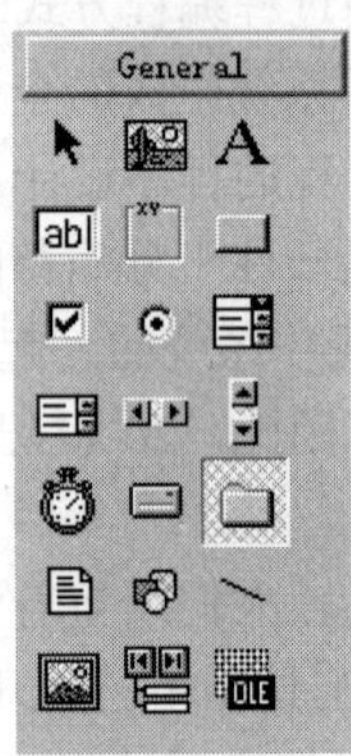

图 1.20　Visual Basic 6.0 中文版常用的控件面板

人们在用 Visual Basic 6.0 中文版开发平台进行系统开发时，只需要在控件面板取出所需要的控件进行系统开发即可。

当然，用搭积木来形容可视化编程，未免过于简单了些，一些系统的开发仍是非常复杂的，往往仍然需要编制一定的过程代码，它需要程序员的辛勤劳动才能实现，任何系统的开发的效果完全取决于一个系统开发人员的想象能力和程序编制的专业化水平，还是那句老话，天上不会掉馅饼，需要不断地努力学习和创造才行！

1.5.2　Visual Basic 与面向对象编程的优点

前面已经提到面向过程与面向对象编程这两个概念，与面向过程编程相比，面向对象编程具有如下的一些优点：

（1）系统设计变得简单。采用面向对象的程序设计，可以避免程序设计中的复杂过程，如程序的跳转过程，线、面制作与公式计算的复杂的设计过程。在面向对象的程序设计过程中，往往可以通过窗体和控件模拟一个系统，甚至不需要绘制系统设计的图形，如图 1.21 就是一个通用的大学教师课程表制作系统的结构模拟界面。

对于系统的界面模拟，它本身就是一种系统的设计，这种设计更直观、更简捷、更可靠和更方便，它比传统意义上的系统设计要有效得多。

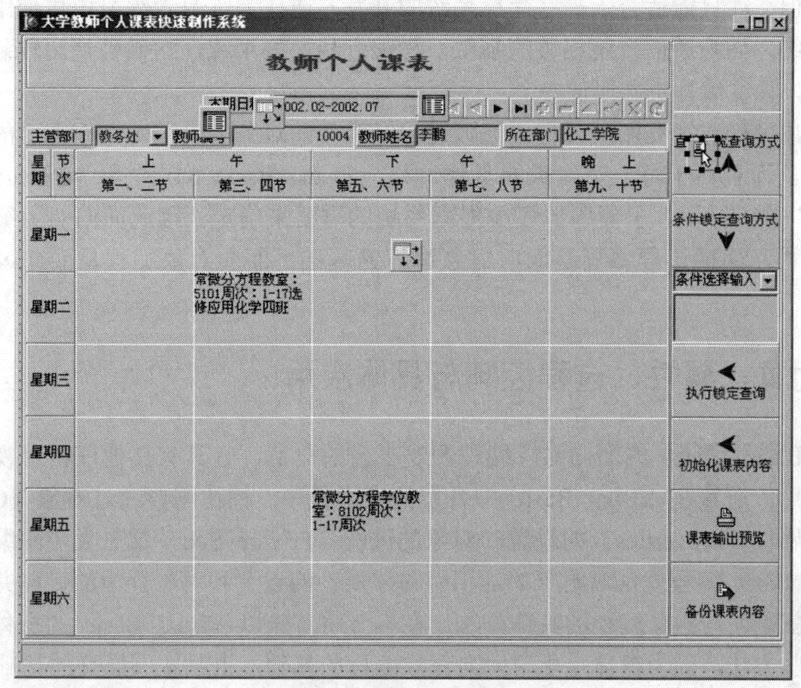

图 1.21　课表系统模拟窗体

（2）过程代码少。相对于面向过程编程而言，面向对象编程减少了约 3/4 的代码编写，因为在面向对象的程序设计中，它的许多通用接口的代码均由系统开发平台的设计人员将程序完成并封装成控件、界面或模板了，这极大地减少了程序人员对程序代码的编写。此外面向对象编程还拥有标准的编码编辑器并可以快速生成代码或过程结构，拥有大量的函数和过程可以为用户所使用，这也极大地减少了程序代码的编写。

（3）程序设计规范。面向对象编程采用了国际上规定的标准制式，因此其平台中的控件、窗体等十分规范，制作出来的系统也十分规范，容易达到行业标准。

（4）商业化程度高。通过面向对象编程设计和开发的应用系统，往往可以快速形成商业化的产品。

（5）快速稳妥。采用面向对象编程设计和开发的应用系统，极大地缩短了系统的开发周期，从而延长了系统的使用周期，同时减少了面向过程开发的复杂度和不确定性和系统的不稳定性。

1.5.3　面向对象编程与面向过程编程的联系

面向对象编程具有很多优点，往往人们将其称为“可视化，无编程”的系统开发，意思是说，在面向对象编程中，人们无须编写任何的代码，但这种说法是有偏颇的，会陷入“乌托邦”式的理想状态。确实，通过面向对象编程可以实现许多程序而无须编制代码，如 Visual Basic 6.0 中的向导方法、模板方法开发应用系统，均无须编制任何程序，不需要

任何过程。但往往只能适合于一些简单系统的开发，或作为练习者练习模仿使用。实际上一些应用系统，如与通信系统相关的系统、与银行相关的系统，它们仍是比较复杂的，不仅需要编程，往往编程也并不简单。

面向对象编程也需要面向过程，但该过程是具体的对象的过程，这在前面的例子中已经多次出现。而且对于每一个对象的具体过程，Visual Basic 6.0 中用“Private Sub”和“End Sub”加以标识。子程序的多少根据系统的需要来确定。因此面向对象编程也包含着一定的过程，面向过程编程是面向对象编程的基础，面向对象编程是面向过程编程的发展。

1.5.4 对象、属性、过程控制与具体应用

Visual Basic 是较早的面向对象编程开发平台的典范，它具有其他任何可视化编程工具的一切特点。通常在 Visual Basic 中开发的应用程序，往往需要经过对象（Object）的加载、对象属性（Properties）的设置和对象的过程（Private Sub）这三大步骤编制完成，利用 Visual Basic 编程就是对对象的运用、对象属性的设置和对象行为的控制并使之产生作用，这也就是面向对象编程的具体方法。在本节将首先以 Visual Basic 的窗体对象为例详细介绍这些方法，因为窗体是学习面向对象编程的基础，也是本书展开的基础。

1. 窗体对象

众所周知，在 Microsoft Windows 98/2000/XP 等操作系统和一些工具软件中，一切的功能均是由窗口（Window）来承载的，如控制面板是一个窗口，资源管理器是一个窗口，Outlook Express 邮件工具也是由一个窗口来承载和执行的，这就是人们通常所说的“视窗系统”。

但在 Visual Basic 开发平台中，在系统开发期，通常将窗口称为“窗体”，即 Form，而在系统运行期则将窗体称为窗口（Window）。

在运用 Visual Basic 进行系统开发时，其中任何一个窗体（Form）都是一个基本的对象（Object），窗体是应用程序的载体，应用程序的开发首先就从窗体对象的开发开始（当然不排除个别的无窗体程序）。在系统开发期，窗体对象的一般界面如图 1.22 所示。

图 1.22　窗体对象

一个应用系统的创建和开发往往称作一个工程或一个项目（Project），一个系统通常是由多个功能构成的一个有机的整体，因此一个项目往往需要用多个窗体来实现，每一个窗体称为项目的一个单元（Unit）。也就是说，往往一个工程或项目包含多个单元，或由多个单元所构成，在后面的学习中，将充分说明这一点。

如何对窗体进行开发呢？在系统开发中，虽然窗体只是一个载体，但窗体本身影响和决定着系统开发的质量。因为窗体的外观直接给用户一个视觉感受，一个好的窗体将会给用户一个美的享受，这就是人们通常所说的系统的“用户友好”度。因此对窗体的开发是系统开发中重要的一环。

2. 窗体对象属性的设置

在一个应用系统的运行期，窗体的位置、大小、颜色、分辨率等决定了窗体的基本特性。这些参数就好像一个人的特征一样，他具有身高、体重、肤色，如果将某人的特征描绘出来，则这个人就不难判断了。

对窗体的这些参数的设置就是人们通常所说的“属性”(Properties)的设置，窗体的属性通常是在开发期加以设置或控制的。窗体属性一经设置，在运行期它就按此设置显示在用户面前，因此窗体和属性设置是对窗体开发的一个重要环节。

窗体对象和其他的任何对象的属性一样，往往是通过 Visual Basic 的对象监视器（Object Inspector）来加以设置的。当一个新的窗体或对象出现在 Visual Basic 的集成开发环境中时，则该类对象的属性项目全部列示在对象监视器之中，让用户根据需要加以设置或显示，对象监视器如图 1.23 所示。

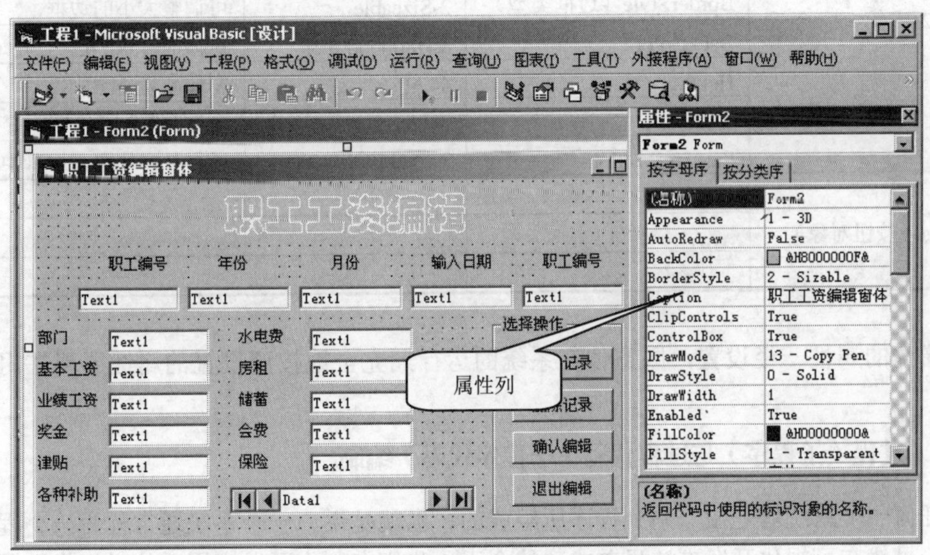

图 1.23　对象监视器及窗体对象属性

如何通过对象监视器来对窗体或其他对象进行属性设置呢？

首先应该明确，对于一个窗体对象或其他别的任何对象，往往存在许多属性项，属性

项的多少随着对象的不同而有所不同，如一个按钮（Button）的属性与窗体对象的属性参数项是不同的，因为它们属于两类不同的对象，这就像一个人的属性与一根木头的属性不同一样。

在一个具体对象的对象监视器之中，无论对象存在多少属性项，往往一些属性是可以默认的，除非需要特殊设置，如在一个窗体的众多属性之中，往往需要设置的属性是宽度（Width）、高度（Height）和颜色（Forecolor）等，这样一个窗体的“本质属性”便基本上确定下来，在系统的运行期，窗体将完全按照该属性显示在用户面前。同时值得指出的是，一个对象需要设置哪些属性完全是根据系统开发中的系统功能和用户需求来确定，因此对于同一类控件的属性往往也会根据不同的需要设置不同的属性。

窗体的其他一些属性也是重要的，如边框格式属性（BorderStyle）、标题（Caption）属性的设置等，这在系统开发中常常使用，它们将直接对窗体的样式和内容进行反映，这些属性的设置，已经在前面有所涉及并将在后面的内容中充分地介绍。

在本教材之中，通常用一些表格来描述对象的属性，如表 1.8 所示就是图 1.23 窗体 Form2 的基本属性设置表（约定：在教材内容中，对象的默认属性并不列出，只列出系统开发中需要设置的属性）。

表 1.8 窗体 Form2 属性设置表

对象名称	属性	属性值	属性值说明
Form2（第 2 个窗体）	名称	Form2	窗体名称
	Caption	职工工资编辑窗体	窗体标题
	BorderStyle（边框类型）	2-Sizeable	可调整大小的边框
	BackColor	&H8000000F&	窗体的背景颜色
	Height	4470	窗体高为 4470
	Width	7485	窗体宽度为 7485
	StartUpPosition	2-屏幕中心	运行时窗体居于屏幕中心
Button（按钮对象）	……	……	……
	……	……	……
	……	……	……

窗体的属性一经设置，则窗体在系统的运行期完全地按照设置的属性展现在用户的面前。

3. 过程（子程序）与过程代码（子程序代码）编制

任何一个系统均是由一系列程序所组成的，也就是说，一个系统通常称为一个程序的集合。虽然在可视化开发方法日益成熟的今天，我们在制作开发应用系统时好像使用了许多的窗体和控件，几乎可以不编程了，即进入了人们所希望的“可视化，无编程”状态，但事实上，一方面我们所使用的一切窗体或控件均是一系列程序的“封装”，开发平台的设计者已经将相关的程序设计成为一些“固化”的控件或窗体的形式，人们使用窗体或控件时，只是将这些程序“继承”下来。可视化编程通常具有 3 个重要特性即“封装”、“继

承”和“多态”。前面提到的“封装”和“继承”就是这3个特征中重要的两个特征。

另一方面，由于不同的系统需要不同的功能，同类的系统也由于用户的需求不同而有所不同，因此即使存在窗体和众多的控件供用户使用，但用户还是不能仅用控件或窗体开发出一切用户所需要的系统来，控件的使用只能为用户带来开发上的方便，但它不能代替一个系统尤其是一个大型的系统的程序设计与开发过程。

一个应用系统往往需要执行多个事务，即实现多个功能，每一事务的执行，称为一个过程（procedure），在 Visual Basic 6.0 中文版中将每一个对象所执行的代码的过程称为一个子程序，为实现这一过程或子程序的代码，称为该事件或事务的过程代码。为了说明过程及过程代码或子程序代码的编制方法，将给出如下例子。

【例 16】创建一个简单的工程，在系统运行时，当用户单击窗体时，窗体颜色变成蓝色。

此问题就是一个事件或事务的执行的过程，但事件的执行并不是自动的，需要人为地加以控制，即需要为该事务的执行编制相应的过程代码。编制窗体颜色改变的过程代码的方法如下：

（1）启动 Visual Basic 6.0 中文版程序，出现一个新工程类型选择界面，在工程类型中选择标准 EXE 工程类型，确认后出现一个空白的窗体 Form1。

（2）双击窗体 Form1 出现一个代码编辑器和子程序的“代码体”。

（3）在编辑框右边的过程类型右边选择单击事件（Click）过程，然后在代码体中编制过程代码或子程序代码，如图 1.24 所示。

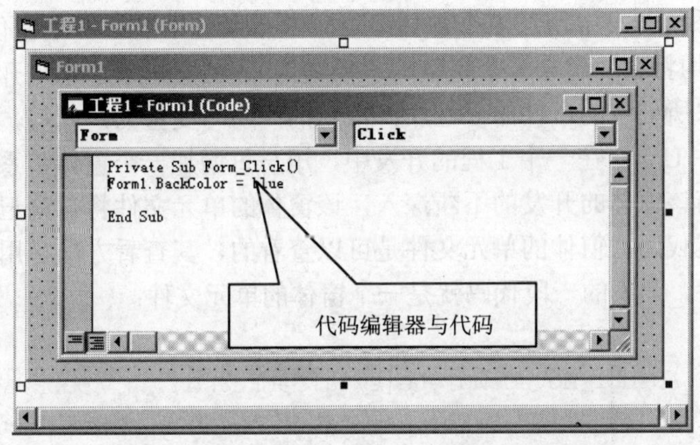

图 1.24　Form1 的单击事件过程代码的编制

（4）通过 Visual Basic 6.0 中文版主菜单“运行/启动”运行程序并用鼠标单击窗体时，窗体变成蓝色。

在 Visual Basic 6.0 中文版中，一个对象每一个事件的过程代码均用一个标准的结构，我们称它为“代码体”，这是一种通俗的称呼，Visual Basic 6.0 中文版代码体的结构如下：

```
Private Sub Form_Click()
End Sub
```

可以看出，一个过程代码体分为两个部分，第一个部份是过程（或子程序）标识或声明一个过程，过程或子程序标识行如下：

```
Private Sub Form_Click()
```

该过程有一个“过程头”Private Sub，它标志着在该单元中一个新的过程（子程序）的开始。接着是对象的类型声明 Form，Form 指一个窗体类对象。接下来是窗体的过程 Click，它表明了窗体的单击过程（注意，不同的过程标识不一样）。

过程的第二个部份是过程的结束标识，它以 End Sub 标识符表示。在过程头和结束标识符之间即为用户的程序代码编辑区，用户可以编制所需要的执行事务的行代码。这样完整的过程代码或子程序代码如下：

```
Private Sub Form_Click()
   Form1.BackColor = blue
End Sub
```

4. 单元文件

对于一个大型的应用系统而言，往往不只是一个窗体就能满足系统或用户的需要的，因此通常需要在系统开发中增加多个窗体。对于一个系统中的每一个窗体的开发，Visual Basic 6.0 中文版均将自动建立一个完整的“档案”，该档案记录了用户开发该窗体的全部过程，即一切对象所处理的事件的子程序，常量的声明与变量的声明等，通常将这个“档案”称为单元文件 Unit。在一个工程的开发中，用户每增加一个窗体，系统就自动增加一个单元文件，随着该窗体的开发的不断深入，该窗体的单元文件将自动记录该窗体开发的全部过程以及过程代码。窗体的单元文件是可以查看的，其查看方法是用鼠标双击窗体使自动出现单元文件，如下的一段代码就是一个窗体的单元文件：

```
Private Sub Adodc1_MoveComplete(ByVal adReason As ADODB.EventReasonEnum,
   ByVal pError As ADODB.Error, adStatus As ADODB.EventStatusEnum, ByVal
   pRecordset As ADODB.Recordset)
   Adodc1.Caption = "记录: " & (Adodc1.Recordset.AbsolutePosition)
End Sub

Private Sub Command1_Click()
   Adodc1.Recordset.AddNew
End Sub

Private Sub Command2_Click()
```

```
  Adodc1.Recordset.Delete
End Sub

Private Sub Command3_Click()
  Form2.Show
End Sub

Private Sub Command4_Click()
  Unload Me
End Sub

Private Sub Command5_Click()
  Adodc1.Recordset.Update
End Sub

Private Sub Command6_Click()
  If Adodc1.Recordset.BOF = True Then
    MsgBox ("记录已经在最后一条了！")
  Else
    Adodc1.Recordset.MoveFirst
  End If
End Sub
```

可以看出在这一窗体的单元中，存在多个对象的子程序代码，每一个对象的子程序所执行的事务是不一样的。但同样可以看出，无论一个窗体或其窗体中的对象的功能或过程编制是如何的复杂，但每个单元的结构是一致的，只是随着窗体中的其他对象的加入，声明的过程（子程序）越来越多而已。

1.6 习题

1．了解 Visual Basic 6.0 中文版具有哪些功能。

2．了解 Visual Basic 6.0 中文版的安装方法。

3．数据表与传统意义上的数据表格有什么区别和联系？

4．了解 Visual Basic 6.0 中文版的数据类型。

5．什么是常量？就作用范围而言，常量有几种类型？它们有什么区别？

6．什么是数组？数组定义与常量和变量的定义有什么区别和联系？数组变量与数组有什么区别和联系？

7．掌握几种常用的数据类型的使用方法。

8．掌握变量的声明或定义的方法。

9. 了解运算符与表达式的概念与相互关系。
10. 什么是标识符和保留字？了解其意义。
11. 面向对象编程与面向过程编程有什么区别和联系？
12. 创建一个窗体，试着为其设置相关的属性并运行检验其效果。
13. 理解对象、属性和过程三者的关系。

第 2 章　Visual Basic 6.0 中文版数据库基础知识

对于大多数可视化开发工具而言，其往往具有两个最基本的功能。一个是作为数据库管理系统 DBMS（DataBase Management System），即这些开发平台本身就可以用于直接对一些数据信息进行管理，成为数据库管理的一个工具，如 Visual FoxPro 开发平台，它具有系列的数据库和数据表创建的命令和工具，通过数据库和数据表的创建，用户可以直接在它的集成开发环境中进行数据管理，如数据信息的录入、数据的查询浏览和打印、数据报表的生成和打印输出等。在 Borland Delphi 开发平台中，也有一个功能强大的数据库桌面工具（DataBase DeskTop），通过该工具，用户也可以直接进行数据信息管理。同样对于 Power Builder 开发平台以及 Visual C++等都存在相应的数据库管理工具。因此在介绍可视化开发平台用于创建数据库应用系统之前，通常应先介绍它的数据库相关的知识。

可视化开发系统的另外一个基本功能是它作为应用系统开发平台 PDDAS（Platform Of Development DataBase Applied System），即使用它可以开发出用户所需要的脱离原来的开发平台而直接让用户使用的数据库管理系统。既然可视化的开发平台具有数据信息的管理工具和相关的功能，为什么又需要开发相关的数据库管理系统呢？原因有如下几点：（1）通常一个可视化的开发平台往往涉及一个复杂而庞大的集成开发环境，并不容易让一般的用户所掌握和使用。（2）可视化开发平台中的数据库管理功能仅具有一般的功能，它并不能对一切的或特殊的数据信息进行有效的管理，如交通运输信息的管理、银行通讯信息的管理等。（3）往往一些特定系统具有特定的信息结构和信息处理方式，因此需要开发专门的管理系统进行管理。

因此，人们通常将开发平台作为开发应用系统的工具而不直接作为数据处理的工具，但利用开发平台开发应用系统通常离不开开发平台中的数据管理工具，因为应用系统的开发往往是建立在数据库和数据表基础之上的，因此通常是先通过数据管理工具创建相关的数据库和数据表，然后利用这些数据库和数据表，开发出用户所需要的特定功能的应用系统来。

2.1　Visual Basic 6.0 可视化的数据管理器及其数据库与数据表

在 Visual Basic 6.0 中文版中，有一个非常重要的工具，这就是“可视化数据管理器”（VisData），该工具可以作为一个独立的程序加以运行，作为数据管理的工具，它同时为

开发其他的数据库应用系统时所不可缺少的工具。

Visual Basic 6.0 中文版“可视化数据管理器”作为独立的程序，用户可以按如下的方式启动它，即在已经启动了 Visual Basic 6.0 中文版之后出现的集成开发环境中，单击主菜单“外接程序/可视化数据管理器”，如图 2.1 所示。

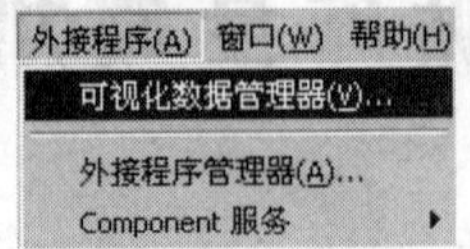

图 2.1 “可视化数据管理器”启动菜单

在单击菜单后，即出现“可视化数据管理器”的管理界面，如图 2.2 所示。

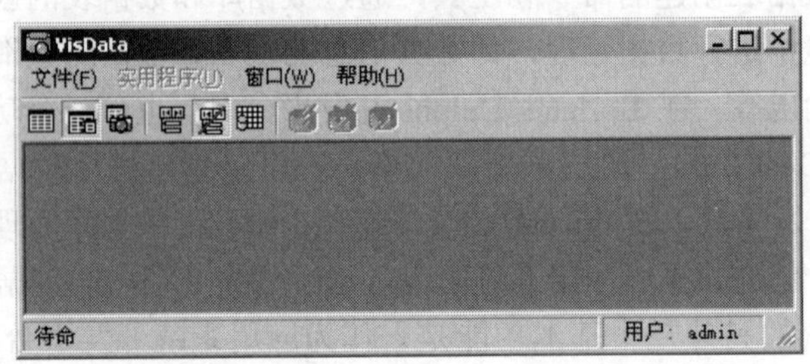

图 2.2 可视化数据管理器（VisData）界面

Visual Basic 6.0 中文版的可视化数据管理器（VisDatd）工具是一个标准的 Windows 程序，它具有文件管理菜单，主要用于创建数据库及其数据表文件，它可以对文件进行创建、打开、对数据进行压缩以及关闭文件等，它具有编辑管理数据表的菜单，用于修改编辑管理数据表的记录内容。

Visual Basic 6.0 中文版的可视化数据管理器（VisData）工具与其他任何的 Windows 操作系统一样，随着文件打开与关闭，其主菜单将作相应的变化。

值得一提的是，只要用户会使用 Windows 操作系统，他就会使用 Visual Basic 6.0 中文版的可视化数据管理器（VisData）工具，因此在此并不单独介绍 Visual Basic 6.0 中文版的可视化数据管理器（VisData）的使用方法，而仅结合后面的具体内容逐步加以熟悉。

2.1.1 Visual Basic 6.0 中文版所支持的数据库的类型与数据库创建的类型选择

无论是将 Visual Basic 6.0 中文版作为数据管理的工具或是作为应用系统开发平台，通常用户均需要创建数据库文件，然后通过数据库文件在数据库中创建数据表，通过数据表进行数据管理或系统开发。但往往一个开发平台支持多种可使用的数据库类型，那 Visual Basic 6.0 中文版可支持哪些类型的数据库呢？

首先，Visual Basic 6.0 中文版几乎支持一切微软的数据库类型，如同 Microsoft Access 数据库类型，Microsoft FoxPro 开发平台所支持的数据库类型，微软开放的数据库（Microsoft ODBC）类型以及 Dbase 等。此外，Visual Basic 6.0 中文版还支持其他的数据库类型如 Paradox 数据库类型，该类数据库是 Borland Delphi 开发平台的主要数据库类型。因此，Visual Basic 6.0 中文版所支持的数据库类型是极其广泛的。要了解 Visual Basic 6.0 中文版所支持的数据库类型，只需要单击 Visual Basic 6.0 中文版的“可视化数据管理器”（VisDatd）工具的文件菜单中的“新建”命令即可，如图 2.3 所示。

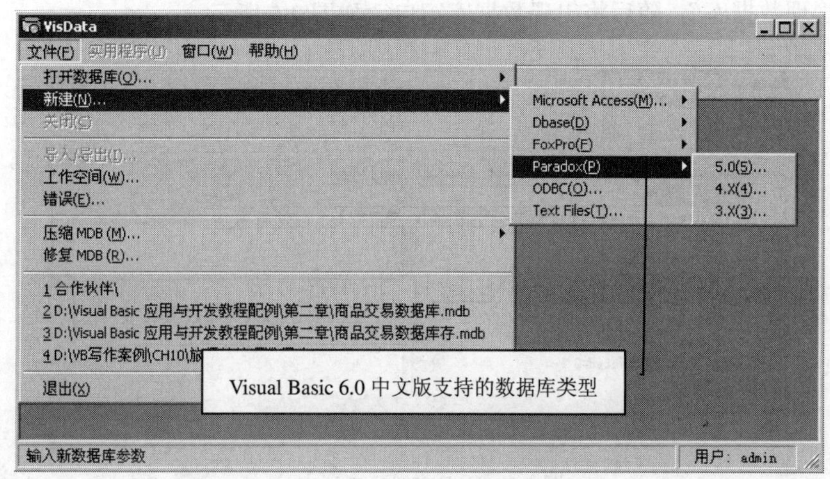

图 2.3　Visual Basic 6.0 中文版支持的数据库类型

2.1.2　数据库的创建与保存

数据库是数据表的集合，数据库中的内容就是数据表，数据库只是一种载体，如需要创建一个职工管理系统，则首先创建一个“职工管理数据库”文件，然后在该数据库中创建“职工基本情况表”、“职工工资数据表”、“职工档案数据表”3 个数据表。

在 Visual Basic 6.0 中文版中的可视化数据管理器中创建数据库的方法和步骤如下：

（1）启动 Visual Basic 6.0 中文版应用程序，出现 Visual Basic 6.0 中文版的应用系统开发主界面，如果已经启动 Visual Basic 6.0 中文版的程序则直接做如下操作。

（2）在 Visual Basic 6.0 中文版的主菜单中单击“外接程序|可视化数据管理器”，出现可视化数据管理器主界面。在可视化数据管理器中作如下操作：

（3）单击“文件|新建|Microsoft Access|Version 7.0 MDB 菜单（此处选择创建最常用的一种数据库类型，当然用户可以根据需要选择创建其他类型的数据库），如图 2.4 所示。

图 2.4　创建新的数据库的菜单和数据库类型选择

Visual Basic 6.0 中文版的默认数据库类型为 Microsoft Access 数据库类型，它与 Microsoft Office 2000/ Microsoft Office XP 的基本数据库类型一致，而且在 Microsoft Access 数据库类型中，“Version 7.0 MDB”为最新版的数据库类型，因此选择该类型的数据库，其中数据库文件的扩展名称为“.MDB”，在创建数据库时不必输入扩展名，可视化数据管理器将自动为数据库生成扩展名。

（4）在单击菜单后将出现文件保存对话框，在对话框中选择磁盘驱动器和文件夹名称，此处选择“D: \ Visual Basic 应用与开发教程配例\第二章”文件夹，并将数据库命名为“职工管理数据库”，随后将出现数据库窗口，如图 2.5 所示。

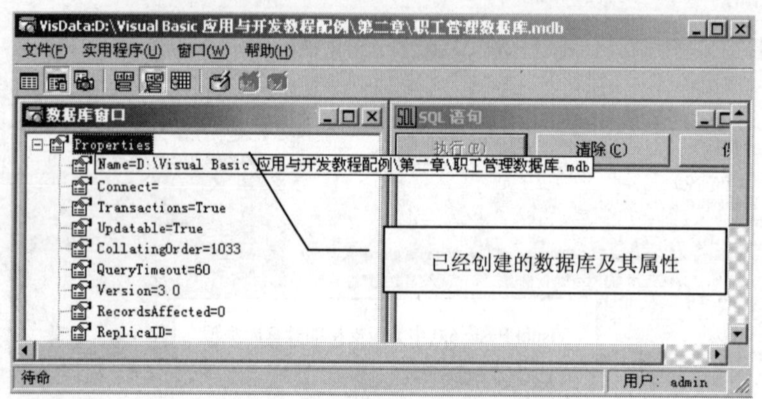

图 2.5　数据库创建后的窗口

可以看出，我们已经创建了一个“职工管理数据库”，但注意到，一个数据库可以作为本地的数据库应用系统开发的数据库，或是作为单用户应用系统开发的数据库，也可以作为客户服务器系统应用的远程数据库应用系统开发的数据库使用。因此，在数据库窗口中，存在许多的属性（Properties）设置项，如连接、更新方式等的属性设置项。

这里，考虑到本教材的读者对象，我们考虑的系统仅为本地的数据库应用系统，因此在创建数据库时，一般将采用作为本地数据库方式加以处理，对于远程数据库应用系统的开发，我们将在后面的相关的章节有所涉及，或者读者在有一定的编程基础之后，可以通过其他途径对远程的数据库应用系统加以学习。所以，在这里关于数据库的属性问题暂时不加说明。

2.1.3　数据库的打开与关闭

一个应用系统往往需要多次或一定的时间才能完成，因此数据库的应用也将会多次进行打开或关闭，如果需要在数据库中进行多次打开操作，只需要在可视化数据管理器中打开数据库文件即可。打开数据库的菜单如图 2.6 所示。

与数据库的创建一样，打开数据库时也存在选择数据库的类型与选择数据库保存的文件夹的问题。

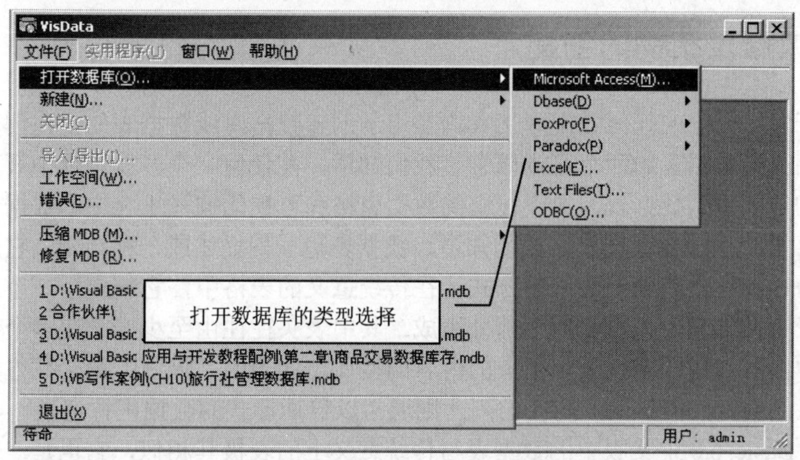

图 2.6　打开数据库菜单运用

数据库的关闭与打开一样，只需要用“可视化的数据管理器”中的“文件/关闭”命令即可将已经打开的数据库关闭掉。

2.1.4　关于其他类型数据库的创建

在数据库的创建中，除了可以选择创建 Microsoft Access 数据库类型之外，还可以选择创建其他类型的数据库，如 ODBC 类型的数据库、Dbase 类型的数据库、Visual FoxPro 类型的数据库等，其创建各种类型的数据库的方法大同小异。但作为一个用户，在一个系统的使用中，通常选择比较固定的一种数据库类型，除非这一应用系统的数据库需要与别的数据库应用系统中的数据库相衔接或共享。对于其他类型的数据库的创建方法，这里我们就不一一加以介绍了。

2.2　数据表结构的创建、修改与打印

前面已经通过创建 Microsoft Access 数据库类型创建了一个“职工管理数据库”，但可以发现，数据库只是一个“框架或结构”，创建了一个数据库之后上，数据库中并没有什么东西，也就是说，它是一个“空”的数据库，其存在并没有什么价值。

数据库创建的真正意义是通过它的创建来承载别的东西，这就是数据库中的数据表，bn 也就是说，数据库是数据表的集合，它是数据表的“容器”，只有数据库中存在一个或多个数据表，其数据库才具有真正的意义。如在“职工管理数据库”中，需要创建如“职工基本情况表”、“职工工资数据表”、“职工档案数据表”等用于分别管理职工的各类信息，此时数据库才变得有意义。

那么如何在数据库中创建数据表呢？首先需要从数据表的结构谈起。

2.2.1 数据表结构的创建

任何开发平台中的任何数据库工具均是用于创建数据库或数据表的，在创建数据表之前，先介绍关于数据表的两个基本概念。我们知道，在任何一个开发平台中开发数据库应用系统，均须要用到数据表，关于传统的数据表格和可视化编程平台中的数据表的概念我们已经在第 1 章中加以介绍了。我们知道，数据表是一种描述或一种结构，它规定了该表所承载的内容的性质和处理数据的方式。在传统意义的表格中，它规定了一个二维结构，在该二维表中，由表头和表体两个部分组成，其中表头往往由至少一个或多个列构成，它规定了表中内容的属性即该表将记录的内容的性质，如表的“借方”列，往往以数字或货币形式加以记载，而“日期”所在的列，则通常以日期形式的数据进行记录。

Visual Basic 6.0 中文版中的数据表与传统意义上的表极其相似，它也是一个二维表，它仍是表头和表体两者的结合。表头是对表体内容的规定或描述，而表体则是数据记录内容的载体，专门用于记录数据内容。表中的每一行仍称为表的行或一个记录行，每一列也称为表的列，每一行的记录称为表的一条记录，记录的条数称为表的记录数，每一个列的数据类型由表中字段规定的数据类型来确定，即在系统运用中，只能按确定的字段的数据类型来填写数据表。

现在的问题是，如何在 Visual Basic 6.0 中文版的集成开发环境中利用数据库创建数据表并用数据表对现实中的数据进行管理？与传统的数据表格一样，首先需要定义和创建数据表的结构。那么什么是数据表的结构呢？数据表的结构可以从两个方面加以划分，一是从逻辑上或概念上加以定义，二是从物理意义上加以定义和创建。因此数据表可以分为两种，一种是逻辑结构意义上的数据表，另外一种是物理结构意义上的数据表。

1. 数据表的逻辑结构

数据表的逻辑结构是根据数据表的作用和用途对数据表的属性的规定，它定义数据表的字段名称、字段的个数、字段的大小（宽度）、字段的类型、索引、关键字段等性质。这些性质的规定先由用户按需要设计出来形成一个数据表的概念结构，我们将它称为逻辑结构或结构的数据表。

Visual Basic 6.0 中文版中使用的数据表在创建时，只需要规定在多个方面定义字段的属性，即数据表的名称、字段的名称、字段类型（数据类型）、字段大小和索引等。为了说明数据表的逻辑结构及其创建，先引入两个例子。

【例 1】定义一个“职工基本情况数据表”的逻辑结构，以便进行系统开发。

根据职工基本情况数据管理的需要和特点，规划或设计职工基本情况数据表的概念结构或逻辑结构如表 2.1 所示。

表 2.1 “职工基本情况数据表”逻辑结构

字 段 名 称	字 段 类 型	字 段 大 小	索 引 字 段
职工编号	Text	20	主索引　惟一索引
职工姓名	Text	12	

（续）

字段名称	字段类型	字段大小	索引字段
职工性别	Text	2	
职工年龄	Integer	3	
政治面貌	Text	20	
家庭出身	Text	12	
参加工作时间	Data/time	默认	
工作部门	Text	50	

从以上定义的“职工基本情况数据表”的结构可以看出，我们为该表定义了 8 个字段，它们基本上能够反映职工的全部信息或基本信息，同时还为每个字段的数据定义了相关的类型，这有利于在进行数据管理时按规定的数据类型进行数据处理。

在数据表的逻辑结构设计中，字段的类型完全根据系统的需要来规划。而有些字段可以按多种类型来设计，如“职工基本情况数据表”中的参加工作日期字段，严格地讲应该设计成日期型字段（Date 类型），但由于日期类型存在多种形式，如美国式日期类型、西欧式日期类型，中国式日期类型，但一经设计成西欧式的日期类型，系统开发运行后，如果用户输入中国式的日期类型，则系统会频繁出错，如果输入美国式的日期类型也会出错，因此用户也可以将该字段设计成字符型（Text）的数据类型，这样可以处理一切形式的时间日期格式。

【例 2】为一个高考成绩管理系统设计一个数据库即“高考成绩管理数据库”，并为数据库定义 4 个数据表的逻辑结构，分别为“理科主表”、“理科从表”、“文科主表”和“文科从表”。

“高考成绩管理数据库”的创建方法可以参考“职工管理数据库”的创建方法并保存在与“职工管理数据库”相同的文件夹中。关于“理科主表”、“理科从表”、“文科主表”和“文科从表”4 个数据表主要用于分别对理科和文科考生的基本情况进行管理，以及对理科和文科考生的考试成绩进行管理。因此根据其管理的需要我们设计或创建它们的逻辑结构分别如表 2.2、表 2.3、表 2.4 和表 2.5 所示（注：该例中的数据表将在后面的章节中大量引用）。

表 2.2 “理科主表”逻辑结构定义

字段名称	字段类型	字段大小	索引字段
准考证号	Integer	默认	主索引 惟一索引
考生姓名	Text	18	
考前学校	Text	28	

表 2.3 “理科从表”逻辑结构定义

字段名称	字段类型	字段大小	索引字段
科目序号	Integer	默认	惟一索引
准考证号	Integer	默认	

（续）

字 段 名 称	字 段 类 型	字 段 大 小	索 引 字 段
考试科目	Text	18	
考试成绩	Single	默认	

表 2.4 “文科主表”逻辑结构定义

字 段 名 称	字 段 类 型	字 段 大 小	索 引 字 段
准考证号	Integer	默认	主索引　惟一索引
考生姓名	Text	18	
考前学校	Text	28	

表 2.5 “文科从表”逻辑结构定义

字 段 名 称	字 段 类 型	字 段 大 小	索 引 字 段
科目序号	Integer	默认	惟一索引
准考证号	Integer	默认	
考试科目	Text	18	
考试成绩	single	默认	

可以看出，在定义数据表的逻辑结构时，往往要求对一些字段创建索引字段，为什么要对一些字段创建索引呢，它有什么意义呢？为表建立索引主要目的如下：（1）建立索引可以让计算机在进行数据处理时加速对索引字段的数据记录的查询和浏览；例如，在一个图书馆中查询所需要的图书时，首先在一切图书的索引号中查找所需要的图书的索引号，然后根据索引号的分类在图书馆中的“物理”位置中找到所需要的图书。（2）索引是建立表与表之间关系的必要条件，往往在一个系统开发和使用中，需要用到多个数据表，这些不同的数据表之间的信息或数据往往是相互关联的，如考生基本信息和考生的考试成绩表中的信息就是相互关联的。如果需要进行多表管理或开发一个多表关联的数据库应用系统，则就需要用到各种各样的索引，通过索引字段，在两个表或多个表之间建立相互关联的关系。（3）建立惟一索引或主索引，可以使数据记录具有惟一性，减少数据表的数据冗余，增加数据的准确性，节省系统资源和加速数据库应用系统或数据表对于数据的搜索速度。因此建立索引是一个具有重要意义的事情。

“理科主表”和“文科主表”用于反映理科和文科考生的基本信息，但每一个考生只能有一个相应的准考证号，否则将造成信息的冗余或搜索的混乱，因此，定义这两个表中的“准考证号”为主索引和惟一索引，同时建立这一索引的目的还可以与“理科从表”和“文科从表”建立关联，将每一考生的基本信息和他的对应的成绩联系起来，从而形成通常所说的“主/从”表关系。

同样在“理科从表”和“文科从表”两个数据表中，规定“科目序号”为惟一索引，因为每一考生的科目序号是惟一的。

对于索引和关联的真正意义，读者只有通过教材的后面的学习使用和具体的应用之后才能真正得到较为深刻的认识。

2. 数据表的物理结构

如上所述，数据表的逻辑结构只是概念上的东西，要在数据管理和系统开发中真正能够使用数据表，必须在计算系统中通过 Visual Basic 6.0 中文版的可视化数据管理器创建具体的数据表结构才能进行计算机信息处理或用于开发应用系统。在计算机系统中通过 Visual Basic 6.0 中文版的可视化数据管理器工具创建的数据表称物理数据表，它被保存在物理介质的磁盘中，可以供系统开发或数据处理使用，因此这样的数据表称为物理结构的数据表，它的结构称为数据表的物理结构。

物理数据表是根据逻辑结构进行创建的，因此数据表的逻辑结构是物理结构创建的基础和依据。首先以“高考成绩管理数据库”中的“理科主表”的物理结构的创建为例，来说明在 Visual Basic 6.0 中文版的可视化数据管理器（VisData）中创建数据表的方法。

【例 3】利用 Visual Basic 6.0 中文版的可视化数据管理器创建“高考成绩管理数据库”，并在该数据库中创建“理科主表”数据表的物理结构。其步骤如下：

（1）通过操作系统的程序菜单启动 Visual Basic 6.0 中文版，然后启动 Visual Basic 6.0 中文版的可视化数据管理器（VisData）工具创建一个“高考成绩管理数据库”，其创建数据库的方法在前面已经介绍，此处不再重复，创建的数据库如图 2.7 所示。

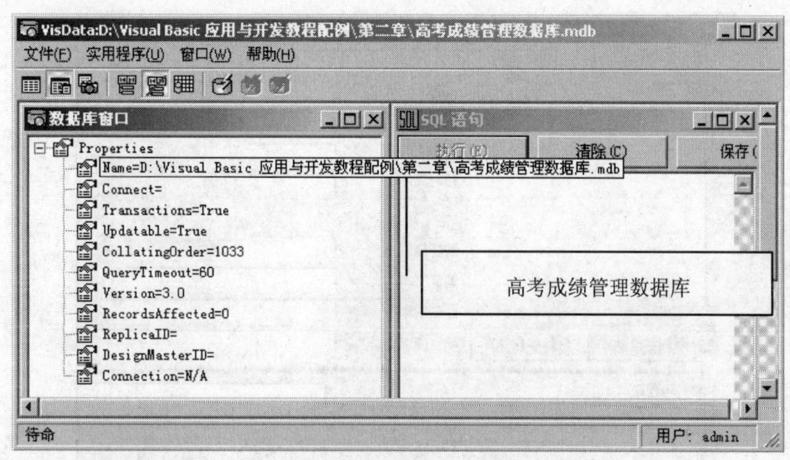

图 2.7 高考成绩管理数据库

（2）在图 2.7 数据库界面中右击数据库属性项（Properties），出现一个弹出菜单，如图 2.8 所示。

（3）单击“新建表”菜单，出现数据表物理结构创建界面，首先在该界面的“表名称”标题处将数据表的名称定义为“理科主表”，其效果如图 2.9 所示。

在物理结构的创建界面中，除创建数据表名称之外，其主要是对数据表的字段的创建。其方法是按逻辑结构定义中的字段名、字段类型、字段大小和索引字段进行一个字段一个字段的逐一定义，实现它的物理结构的创建。首先以第一个字段“准考证号”的定义或创建为例加以说明，其他字段的创建可以相应地进行（特别声明：在数据表的物理结构的创建中，除文本型和字段型字段的大小可以由用户自己定义之外，其他类型的字段大小全部处于禁用状态，即用户不能自己定义大小，用户应该考虑自己的 Visual Basic 6.0 中文版本是否为正式的或合法用户的版本，否则一切的表只能进行演示，不能进行实际的应用）。

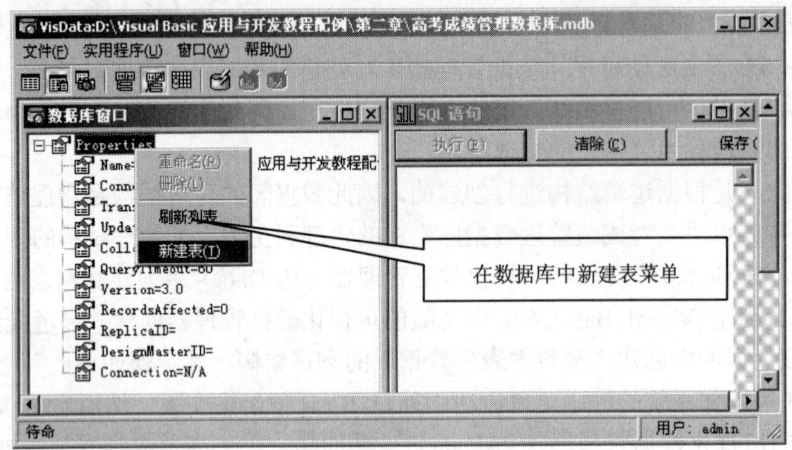

图 2.8　数据表的物理结构创建菜单

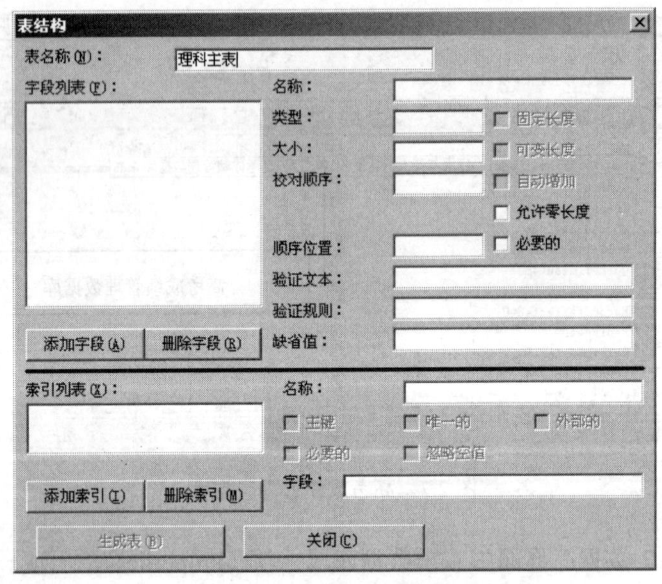

图 2.9　数据表结构创建界面

（4）单击“添加字段”按钮，出现一个添加字段的界面，在字段名称处输入字段的名称并为该字段设置数据类型，如图 2.10 所示。

在准考证号的创建中，除了字段名和数据类型是必须的之外，字段的其他相关信息也可以进行相应的设置（不必要时也可以不设置），如顺序位置，它表明多个字段的排列顺序，通常按字段创建的先后顺序排列，用户可以不加设置，另外如验证规则，它表明在对该字段的数据进行处理时的数据输入的规则，如“>=0”。另外还有如默认值项，可以

设置为“0000000000”，它表明用户如果不输入新的值，则准考证号记录中自动填入“0000000000”。对于初学者来说，这些选项一般可以不加考虑，除非是一个非常严格的数据处理系统的开发。

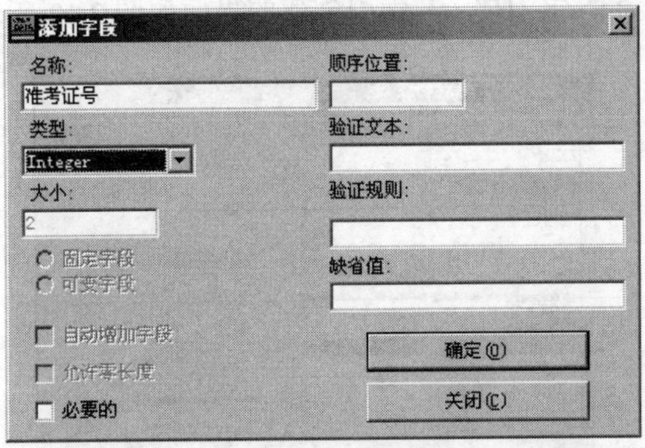

图 2.10　准考证号定义界面

（5）单击“确定”按钮完成“准考证号”字段的创建或定义。

（6）用相同的方法可以定义其他字段，只需要按照各个字段的逻辑结构逐一加以定义即可。

创建的“理科主表”的基本结构如图 2.11 所示。

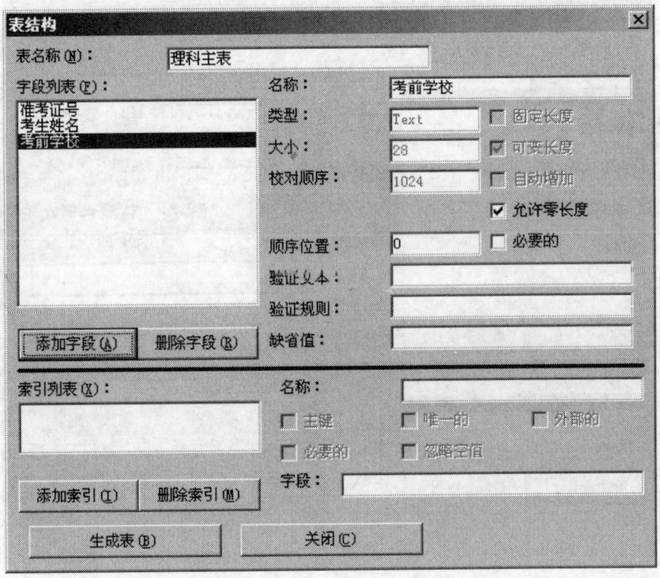

图 2.11 “理科主表”的物理结构

（7）定义或创建索引字段。

在创建数据表的物理结构时，一些字段将需要设置为索引（Index）字段，为一些字段建立索引的原因我们已经在前面进行了介绍，现在的关键是如何为一些字段建立索引。

这里以为“准考证号”建立索引为例，说明索引字段的建立方法。

单击“添加索引”按钮出现一个建立索引的界面，单击“可用字段”列表中的“准考证号”选项，则它会自动跳入到“索引的字段”列表框中，然后为该字段名命名一个“索引文件名”，此处定义为“ZKZH”，其索引创建的界面如图 2.12 所示。

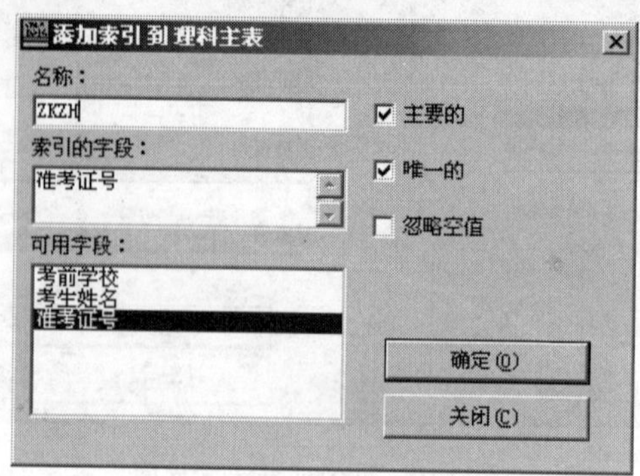

图 2.12　索引字段定义界面

按索引的的类型可以在右边的复选框中选择“主要的”和“唯一的”选项，即主索引和惟一索引。最后单击“确定”按钮完成对“准考证号”字段的索引的建立。这样建立索引之后的数据表的结构界面如图 2.13 所示。

图 2.13　建立索引后的结构信息界面

从建立索引的选项中可以看出，在 Visual Basic 6.0 中文版本的规则体系中，存在 3 种类型的索引，一是主索引，它通常用于“主/从”表中主表字段的索引；二是惟一索引，可用在主表中的字段，也可用于从表中的字段；三是既是主索引又是惟一索引的索引，当

然通常用于主表之中的字段的索引。

数据库中对某一字段的索引有如图 2.14 所示的体系结构。

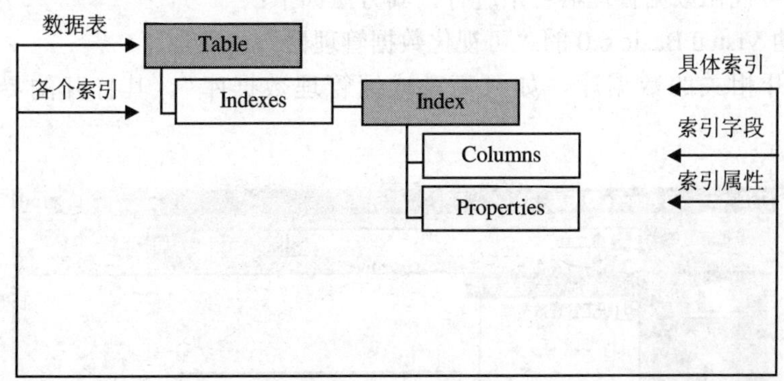

图 2.14　数据表结构的索引层次

从数据表的索引层次图可以看出，在一个数据库中，可以对一个数据表的多个字段建立索引，每一个字段的索引可能有不同的属性。但是否数据库中的每一数据表均需要建立关键字段或每一个字段均需要建立索引呢？这不一定，要根据系统或用户的需求来确定哪些表需要建立关键字段，哪些表不需要建立关键字段。

假如有一个百货超市的商品交易数据表，用于记录每天交易的商品信息，则商品编号字段就不能设置为惟一索引字段，因为在每天的交易中，同一种商品需要多次重复，建立了惟一索引字段就不能重复输入相同的商品编号和名称，这与实际需要是不符的。

（8）保存数据表物理结构。在完成表中的一切字段的创建和相关字段的索引的创建之后，单击“生成表”按钮，即在数据库中创建了“理科主表”数据表的物理结构，它将显示在数据库之中（建议读者按以上的方法创建其他 3 个数据表的结构及其相关的字段的索引，以便为后续内容进行所使用），如图 2.15 所示。

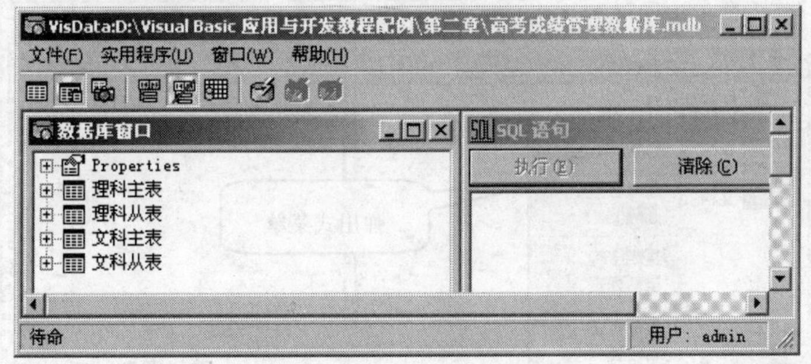

图 2.15　“高考成绩数据库”中的全部数据表

2.2.2　数据表结构的修改与打印

在系统开发和数据管理中，往往可能一个数据表的结构创建不合理，不能满足对于信

息处理的需要，如字段个数不足、字段索引不恰当或一些按字段需要删除等，因此需要对数据表的结构进行修改，这就是对数据表结构的修改。数据表结构的修改仍是在 Visual Basic 6.0 的“可视化数据管理器”中进行，其方法如下：

（1）启动 Visual Basic 6.0 的“可视化数据管理器”。

（2）打开相关的数据库，如“高考成绩管理数据库”，其打开的界面如图 2.16 所示。

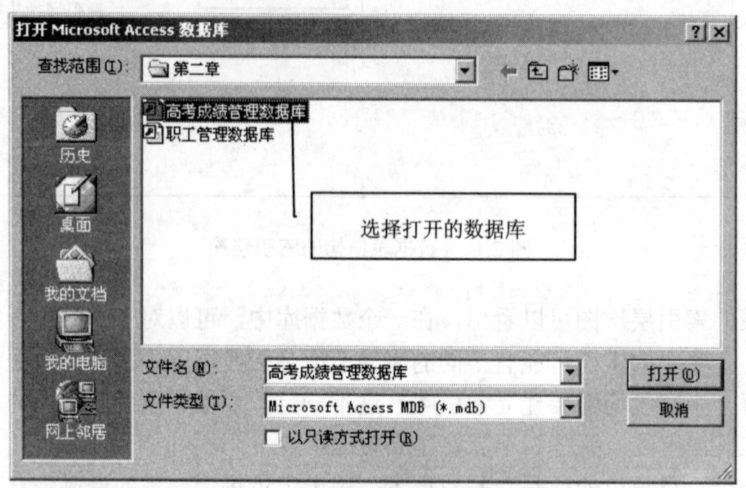

图 2.16　打开数据库的对话框和文件夹选择

（3）选择相关的数据库文件并单击“打开”命令按钮即可打开数据库。

（4）在打开的数据库中选择欲修改的数据表名称并单击鼠标右键，出现一个弹出式菜单，如图 2.17 所示。

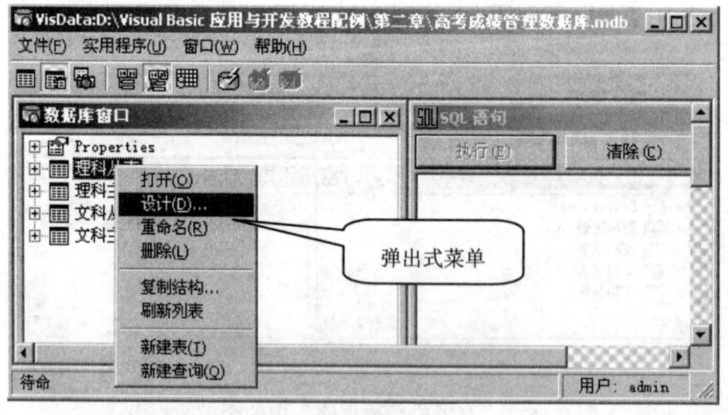

图 2.17　数据表的弹出菜单

可以看出，在弹出菜单中有一个“设计”菜单，单击该菜单即可进入数据表结构的重新设计界面。在数据表的结构的设计的界面中，用户可以进行“添加字段”、“删除字段”、

“删除索引”和“添加索引”，从而实现对数据表结构的修改，直到符合数据管理或系统开发的需要为止。如果必要，用户还可以通过单击“打印结构”命令按钮将已经创建的数据表的结构打印出来，以便检查校对。

2.3 用数据库与数据表对数据信息进行管理与操作

前面已经表明，创建数据库和数据库中的数据表的根本目的有两个，一是如果将 Visual Basic 6.0 中文版作为数据库管理系统，人们就可以用数据库和数据表进行数据管理了，二是如将 Visual Basic 6.0 中文版作为数据库应用系统的开发平台，人们就可以对已经创建的数据库和数据表加以引用，以制作成用户所需要的特定意义的系统。

这里，首先看看第一个功能，即将 Visual Basic 6.0 中文版作为数据库管理系统，如何直接在数据库及其数据库的数据表中进行数据信息的管理。

2.3.1 数据表中数据记录的编辑、搜索与排序

一个数据表中的数据信息的管理通常包括 3 个方面：①记录编辑与修改；②记录查询；③记录排序对比。对于这 3 个方面的功能，Visual Basic 6.0 中文版的可视化数据管理器完全具备。用 Visual Basic 6.0 中文版的可视化数据管理器进行数据管理的方法和步骤如下：

（1）启动 Visual Basic 6.0 中文版的可视化数据管理器，打开相关的数据库。

（2）在数据库中选择相关的数据表文件，如我们需要对“理科主表”中的全部理科的考生进行数据编辑，则选择理科主表。

（3）用鼠标右键单击该选择的数据表，出现一个弹出式的菜单，参考图 2.17。

（4）在图 2.17 的弹出菜单中单击“打开”命令，出现一个数据管理界面，如图 2.18 所示。

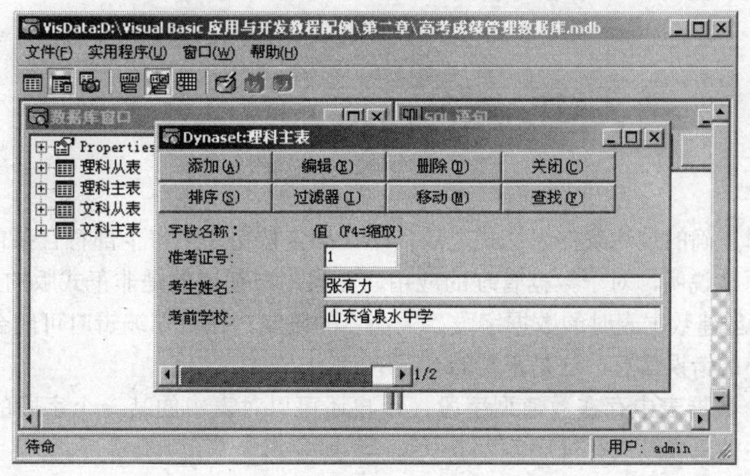

图 2.18 理科主表的数据管理界面

可以看出，从数据管理的界面中，用户可以进行“添加”记录，“编辑”即修改记录、“删除”记录、“排序”记录、“过滤”筛选符合条件的记录，即选取用户指定表达式的记录，如“考前学校='山东泉水中学'”。也可以将记录的顺序按一定的方式“移动”，还可以对记录进行“查找”。注意到查找与过滤均是对记录的搜索，但两者有一定的区别。无论是过滤或是查找其功能均是非常强大的，我们以查找考生“张有力”为例，说明其查找的方法：单击查找命令按钮，出现一个查找条件的编辑界面，设置查找条件如图 2.19 所示。

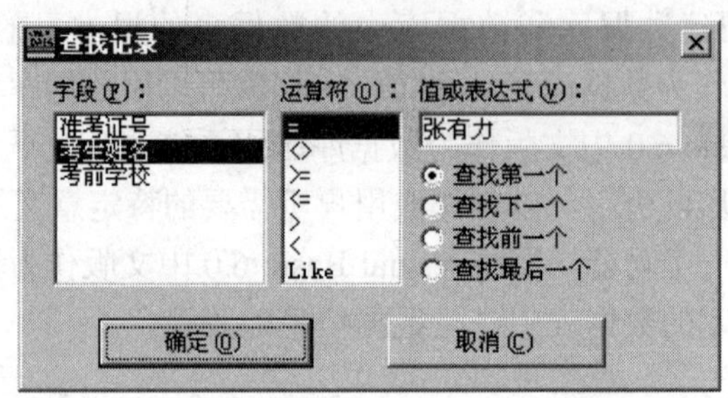

图 2.19　查找条件或表达式设置

在设置查找条件之后，单击“确定”按钮，则系统自动在数据表中搜索符合条件的记录并将记录显示出来。

注意到在进行过滤条件设置时，如果是对字符串型的字段的过滤查询，则需要将查询条件中的相关信息用西文状态下的单引号将其括起来，作为一个字符串。如需要过滤查询全部的来自于山东省泉水中学的考生，则采用如下方法：单击“过滤器”命令按钮，出现一个过滤条件的编辑框，在过滤器条件表达式的编辑框中输入编辑条件如下：

考前学校='山东省泉水中学'

其界面如图 2.20 所示。

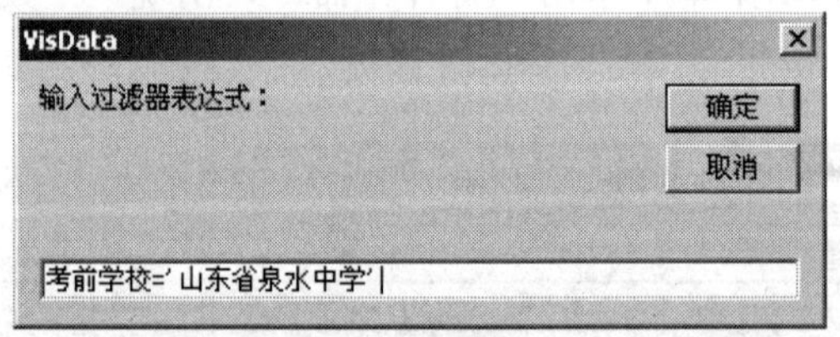

图 2.20　过滤条件设置

这样编辑正确的过滤条件表达式之后，单击确定按钮即可将全部符合条件的记录过滤查找出来（再次说明，对于数据管理的应用，如果用户使用的是非正式版的 Visual Basic 6.0 版，由于创建数据表时的数据字段“大小”的限制，在数据编辑时可能会出现数据类型或数据大小的错误信息，这是正常的）。

如果一个数据表中存在数值型字段，用户还可以对表中的某一个字段的数据进行排序，如对考生的总成绩进行排序等。

2.3.2 利用 Visual Basic 6.0 可视化的数据管理器创建一个简单的应用系统

前面已经说明了 Visual Basic 6.0 中文版作为数据库管理系统对于数据管理的使用方法，可以看出尽管通过 Visual Basic 6.0 可视化的数据管理器（VisData）可以对一些简单的数据表中的数据进行管理，但它的功能还是非常有限的，因为我们在日常生活中的数据信息管理远不止这样简单。因此学习本教材的目的是开发各种各样的不同用户需要的数据库应用系统，以满足不同的、复杂的信息处理的需要。由于本教材的内容还未完全展开，因此还远不能满足系统开发的需要，但给出窗体开发的第一个例子，以让读者对窗体和数据库以及数据表之间的关系有一个基本的认识。

【注意】在 Visual Basic 6.0 可视化的数据管理器（VisData）工具中，有一个“数据窗体设计器”功能，利用该功能可以非常简单和快捷地创建一个简单的数据库应用程序。

【例 4】利用 Visual Basic 6.0 可视化的数据管理器（VisData）创建一个学生成绩管理系统。其步骤如下：

（1）在 Visual Basic 6.0 中文版集成开发环境中，创建一个新的工程，即创建一个标准 EXE 工程，如图 2.21 所示。保存创建的窗体 Form1 和工程文件命名保存在用户需要的文件夹中，如“D：\Visual Basic 应用与开发教程配例\第二章”文件夹中，创建的新的工程界面如图 2.21 所示。

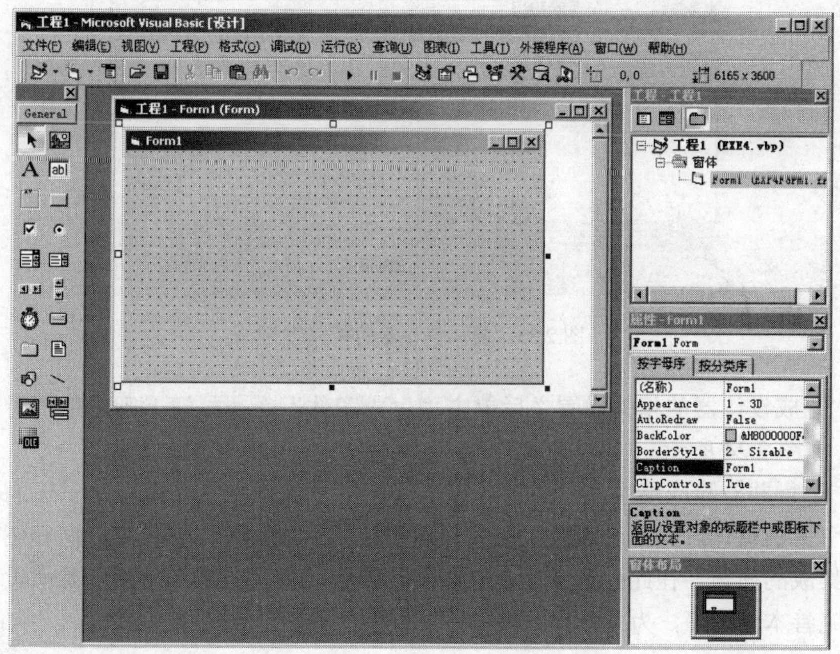

图 2.21 新工程创建

（2）启动 Visual Basic 6.0 可视化的数据管理器（VisData）工具并打开“高考成绩管理数据库”，在其中将出现已经创建的 4 个数据表。

（3）在 Visual Basic 6.0 可视化的数据管理器（VisData）工具的菜单中单击“实用程序/数据窗体设计器”选项如图 2.22 所示。

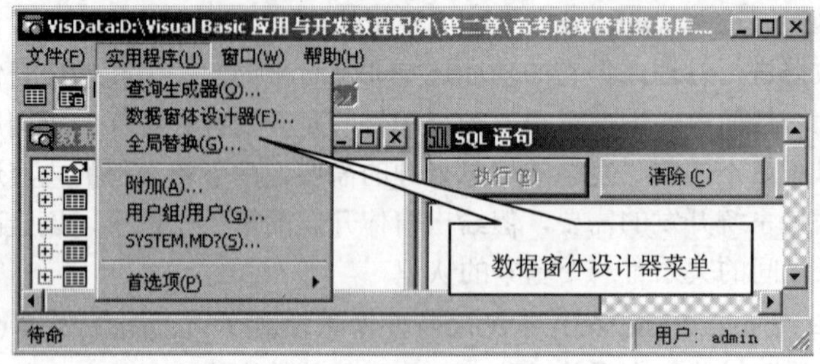

图 2.22　实用程序菜单

（4）单击“实用程序/数据窗体设计器”选项后出现一个为窗体命名和造访数据源的界面，在界面中设置输入窗体名称为“考生成绩管理窗体”并选择数据源为“理科从表”，然后将可用的字段全部移动到右边的“包括字段”列表之中，这样界面中的设置如图 2.23 所示。

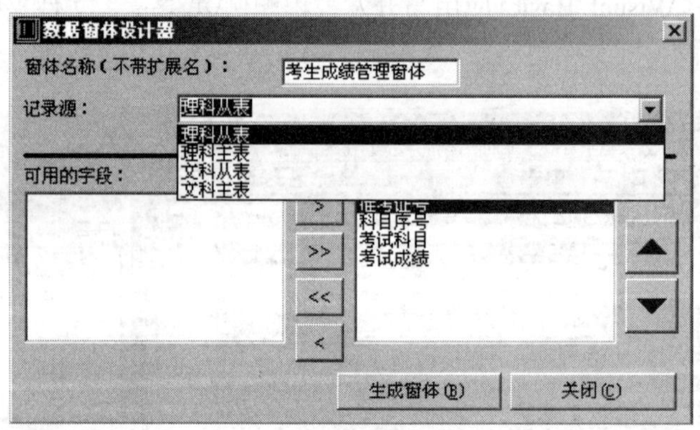

图 2.23　窗体设计器的相关设置

（5）完成设计器的相关设置之后单击“生成窗体”命令按钮，则出现“考生成绩管理窗体”，如图 2.24 所示。

（6）运行并检验成绩录入。通过运行工程可以发现，系统在运行时出现的是第一个窗体即一个空白窗体，并未出现考生成绩管理窗体。这就需要用到将在后面介绍的系统封面与系统集成的问题。在此处为让读者能够真正理解其窗体创建和使用的基本过程，我们将进一步完善本例程序，为此作如下操作。

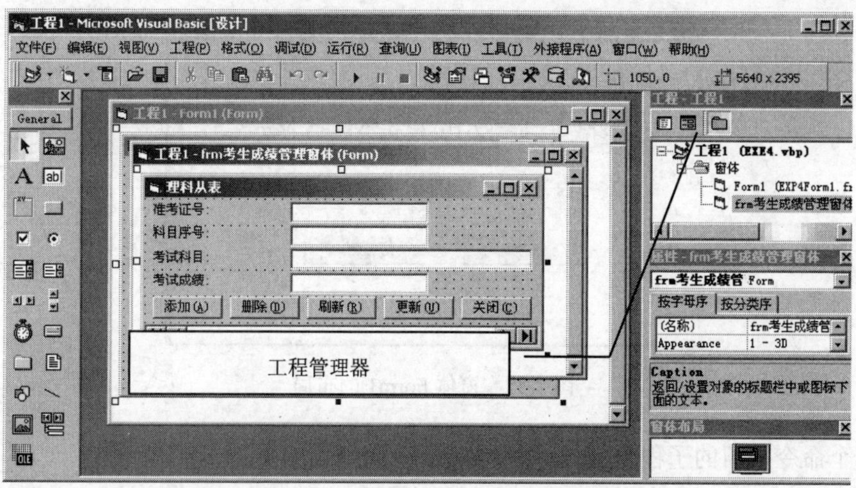

图 2.24　考生成绩管理窗体生成

（7）在工程管理器中用鼠标将窗体切换到第一个窗体即 Form1 窗体，再在该窗体中放入一个标签控件和两个命令按钮控件。其中窗体 Form1 及其标签与命令按钮控件的属性设置如表 2.6 所示。

表 2.6　窗体 Form1 属性设置表

对象名称	属　性	属性值	属性值说明
Form2（第 2 个窗体）	名称	Form1	窗体名称
	BorderStyle（边框类型）	0-None	无边框
	BackColor	&H8000000F&	窗体的背景颜色
	Height	4470	窗体高为 3195
	Width	7485	窗体宽度为 6045
	StartUpPosition	2-屏幕中心	运行时窗体居于屏幕中心
Label1（标签对象）	Font	华文彩云（常规 2 号）	标签字体及大小
	BackStyle	BackStyle	背景风格，透明
Command1（命令按钮）	Caption	进入系统	按钮标题
Command2（命令按钮）	Caption	结束操作	按钮标题

通过以上的属性设置之后，窗体的控件布局如图 2.25 所示。

在这一工程之中，窗体 Form1 作为系统窗体或一个封面，主要是调用系统的功能窗体，即学生成绩处理窗体，它用一个“进入系统”的命令按钮来完成，我们还为他安排了一个“结束操作”的功能，它用一个命令按钮来完成。因此，对于这两个事件的执行，需要分别为两个命令按钮编制过程代码，即它们的单击事件的子程序代码如下：

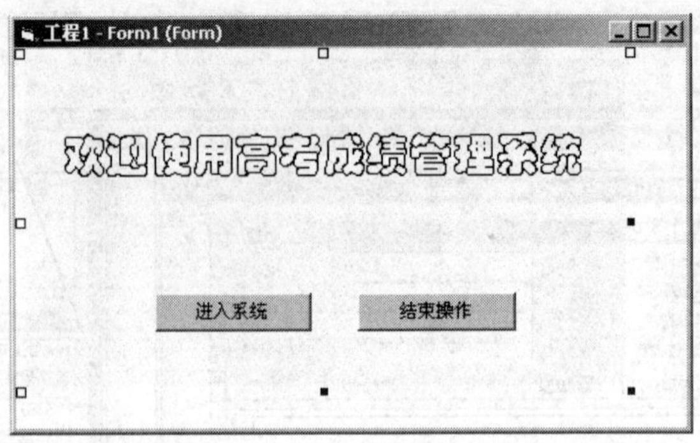

图 2.25　窗体 Form1 的布局

第一个命令按钮的子程序代码：

```
Private Sub Command1_Click()
   frm考生成绩管理窗体.Show
End Sub
```

第二个命令按钮的子程序代码：

```
Private Sub Command2_Click()
   Unload Me
   Unload frm考生成绩管理窗体
End Sub
```

在这两个命令按钮的子程序代码中，涉及到两个重要的命令，第一个是窗体调用或窗体显示命令“Show”，第二个是窗体卸载或窗体关闭命令“Unload”。

同样由于第二个窗体是由系统向导自动生成的，需要对它的一些属性进行重新设置，以满足用户的需要。第二个窗体大系统向导创建时自动给出了一个窗体名称“frm 考生成绩管理窗体”，进行窗体调用或释放时只需要按这个名称进行即可，这已经在子程序中有所体现。第二个窗体的主要属性基本上以向导生成时的为准，但一些属性需要调整，其属性设置如表 2.7 所示。

表 2.7　frm 考生成绩管理窗体属性设置表

对 象 名 称	属　　性	属 性 值	属性值说明
frm 考生成绩管理窗体（第 2 个窗体）	名称	frm 考生成绩管理窗体	窗体名称
	BorderStyle（边框类型）	按自动生成属性	可调边框
	BackColor	按自动生成属性	窗体的背景颜色
	Height	2400	窗体高为 3195
	Width	5640	窗体宽度为 6045
	StartUpPosition	2-屏幕中心	运行时窗体居于屏幕中心

这样，将工程保存之后运行程序加以检验，系统启动时，首先出现第一个窗体，然后单击进入系统，出现 frm 考生成绩管理窗体，如图 2.26 所示。

图 2.26　学生成绩管理窗体和成绩管理

通过成绩管理窗体，用户可以在窗体中对学生的成绩进行编辑处理。这样就完成了以上的一个简单的应用程序的制作过程。

【注意】对于第二个窗体的创建，它几乎是由 Visual Basic 6.0 中文版的向导自动完成的，其中有几个控件将执行一些功能，如“添加”、“删除”、“刷新”和“更新”命令按钮将分别执行相应的功能。但注意到“刷新”和“更新”的意义是有区别的，刷新通常指对网络服务器多用户数据表中的记录的确认，以保存在磁盘介质中的物理位置，而“更新”则通常指对本地机的磁盘介质中的数据记录的确认。

在系统向导自动创建的窗体中，其中最下方的一个数据控件（Data1）是非常重要和特殊的，它可以用于对数据表中的数据记录进行浏览查询。它可以用于将记录指针指向数据表记录集的“第一条记录”、“下一条记录”、“前一条记录”和“最后一条记录”，通常我们将这一控件称为“数据记录导航器”。

以上的控件的子程序代码也是由系统自动编制的，这里为给读者一个完整的认识，我们给出其相关控件的子程序代码如下：

1. 添加记录命令按钮的过程代码

```
Private Sub cmdAdd_Click()
  Data1.Recordset.AddNew                    '给数据记录集增加一条记录
End Sub
```

2. 删除记录命令按钮的过程代码

```
Private Sub cmdDelete_Click()
  Data1.Recordset.Delete                    '删除记录集中指针指向的记录
  Data1.Recordset.MoveNext
End Sub
```

3. 刷新记录命令按钮的过程代码

```
Private Sub cmdRefresh_Click()
  Data1.Refresh                             '仅对多个用户处理的数据表有效果
End Sub
```

4. 更新命令按钮的过程代码

```
Private Sub cmdUpdate_Click()
  Data1.UpdateRecord                                    '更新数据表中的数据记录
  Data1.Recordset.Bookmark = Data1.Recordset.LastModified
End Sub

Private Sub cmdClose_Click()
  Unload Me                                             '释放对象所在的窗体
End Sub
```

5. 错误数据信息处理的过程代码

```
Private Sub Data1_Error(DataErr As Integer, Response As Integer)
  '这就是放置错误处理代码的地方
  '如果想忽略错误，注释掉下一行代码
  '如果想捕捉错误，在这里添加错误处理代码
  MsgBox "数据错误事件命中错误: " & Error$(DataErr)
  Response = 0  '忽略错误
End Sub
```

6. “数据”控件（导航器）的子程序代码

```
Private Sub Data1_Reposition()
  Screen.MousePointer = vbDefault
  On Error Resume Next  '这将显示当前记录位置
  '为动态集和快照
  Data1.Caption = "记录: " & (Data1.Recordset.AbsolutePosition + 1)
  '对于 Table 对象，当记录集创建后并使用下面的行时，'必须设置 Index 属性
  'Data1.Caption = "记录: " & (Data1.Recordset.RecordCount *
(Data1.Recordset.PercentPosition * 0.01)) +1
End Sub
```

7. 数据有效果性检验的子程序代码

```
Private Sub Data1_Validate(Action As Integer, Save As Integer)
  '这是放置验证代码的地方
  '当下面的动作发生时，调用这个事件
  Select Case Action
    Case vbDataActionMoveFirst
    Case vbDataActionMovePrevious
    Case vbDataActionMoveNext
    Case vbDataActionMoveLast
    Case vbDataActionAddNew
    Case vbDataActionUpdate
```

```
      Case vbDataActionDelete
      Case vbDataActionFind
      Case vbDataActionBookmark
      Case vbDataActionClose
    End Select
    Screen.MousePointer = vbHourglass
  End Sub
```

以上的控件是进行系统开发所需要用到的基本控件，其中的代码也是在进行数据库应用系统开发时所需要经常涉及的，因此尽管还没有系统介绍 Visual Basic 6.0 中文版的控件和系统开发，但了解这些控件及其代码对后面内容的学习将有一个奠基的作用。

2.4 习题

1. Visual Basic 6.0 中文版的可视化数据管理器（VisData）有哪些作用？
2. Visual Basic 6.0 中文版支持哪些类型的数据库？
3. 说明数据库和数据表的作用和相互关系。
4. 什么是数据表的结构？什么是数据表的逻辑结构及其物理结构？
5. 掌握数据表的物理结构的创建、保存和打开、设计的方法。
6. 为什么要对数据表中的一些字段创建索引？Visual Basic 6.0 中文版的数据表的索引分为几种？
7. 掌握运用 Visual Basic 6.0 中文版的可视化数据管理器进行数据编辑查询的基本方法。
8. 掌握利用 Visual Basic 6.0 中文版的可视化数据管理器进行窗体制作的基本方法。

第 3 章　Visual Basic 6.0 中文版集成开发环境与工程创建基础

可视化的面向对象编程工具与面向过程编程的一个最显著的区别就是它将程序设计的一切工作集中在一个编程环境之中，这就是通常所说的集成开发环境 IDE（Integrated Development Environment）。

什么是集成开发环境呢？简单地说，集成开发环境就是提供设计、编译、运行和调试应用程序所需要的一切工具的一种环境，在这个环境中，系统对这些工具进行了很好的连接和布局以方便用户对应用程序的设计与调度，减少开发难度。

可视化编程的集成开发环境集中集成了系统开发的一切所需要的控件库、管理工具、编辑器和基于 Windows 规范的窗口和菜单，在 Visual Basic 6.0 中文版的集成开发环境中，还包括了代码编辑器、工具栏、图像编辑器和数据库工具以及工程管理器等工具，这在前面已经有所涉及。Visual Basic 6.0 中文版的集成开发环境为用户提供了一个开发的平台，平台中的每一个部分均是为开发应用系统或程序的需要而设置，也就是说，在一个系统开发的操作平台上，人们可以做一切所需要的工作或开发所需要的系统或程序，这也就是人们通常将可视化的集成开发环境称为开发平台的意义。

传统的面向过程的系统开发则不然，它主要是通过程序行的编制，它的开发环境实际上就是一个代码编辑器，相当于一个 Word 的文本编辑器，在对一切的程序代码行编辑完成之后，再通过一个编译器进行程序的调试、编译和运行，相对于可视化的面向对象的集成开发方法而言，面向过程编程是欠科学的，因此这种方法目前几乎被淘汰了。

3.1　Visual Basic 6.0 中文版集成开发环境简介

关于 Visual Basic 6.0 中文版的集成开发环境将涉及到一个庞大的内容体系，因此我们在本章仅对集成开发环境作一个基本的介绍，如果脱离实际的开发背景来谈集成开发环境，读者将会感到空洞和难以理解，因此，对于集成开发环境的相关的问题在读者对本教材后续的内容学习之后自然会掌握它。

Visual Basic 6.0 中文版的集成开发环境与 Microsoft Windows 操作系统的形式和功能非常类似，在启动 Visual Basic 6.0 中文版的时候，它将自动出现它的集成开发环境，如图 3.1 所示，人们就可以在这样的开发环境或开发平台中做一切所需要的工作。

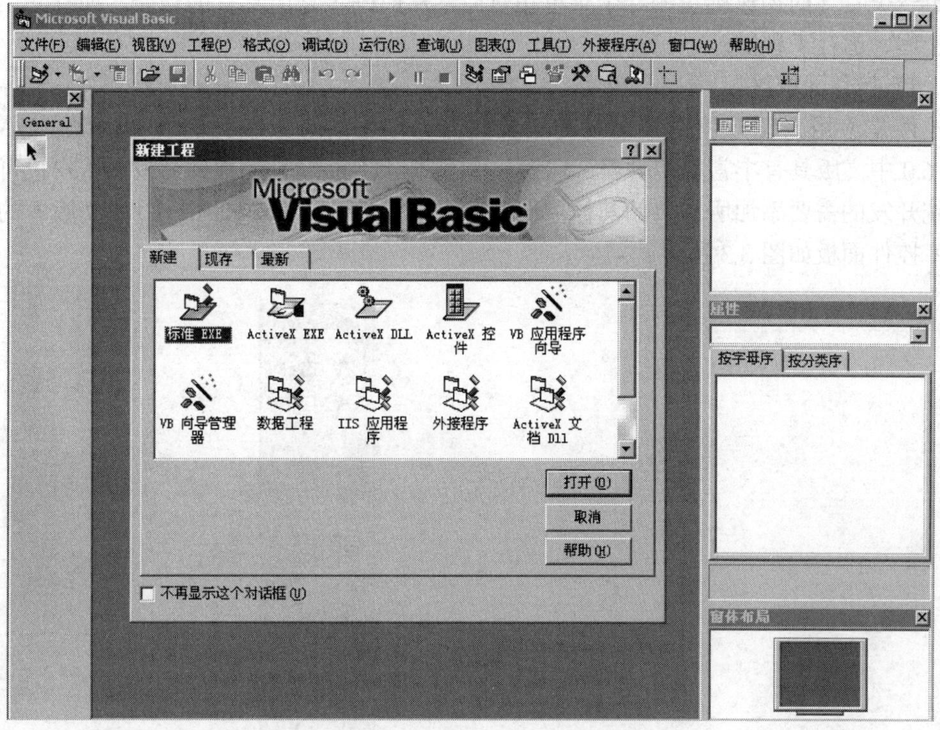

图 3.1 Visual Basic 6.0 中文版集成开发环境

概括起来讲，Visual Basic 6.0 中文版的集成开发环境包括 8 个方面，也就是 8 个区域，它们分别是：

（1）工程标题区。

该区域显示工程的标题，它位于集成开发环境的最上方，就是工程标题栏，如果用户已经创建或打开一个工程，则在集成开发环境中就显示工程的名称或工程的标题；这就是说工程标题栏的主要功能是显示当前工程名称，我们不作过多的介绍。

（2）主菜单区。

主菜单区则位于工程名称下方即集成开发环境中的第二栏，它用于执行程序设计或系统开发中的一切需要的操作和任务，后面我们将比较详细地介绍各项菜单的功能。

（3）加速键面板区。

该区域列出了一些重要的与主菜单相对应的菜单的加速键，它的作用往往与主菜单相对应的一些菜单的作用是一致的，图 3.2 就是加速键面板的示意图。

3360, 2775　5640 x

图 3.2 加速键面板

由于加速键面板的功能与一些主菜单的功能是一致的，因此我们并不对加速键面板进行详细介绍，读者在具体使用时，鼠标指向某一加速键时它会显示相应的提示，由提示可以确定一个具体的加速键与哪一个菜单相对应，从而确定它所具有的功能，如打开工程、保存工程、运行工程等。

（4）控件面板区。

控件是应用系统开发中最重要的工具，它也是面向对象编程的具体体现者。Visual Basic 6.0 中文版具有丰富的控件群，它有一个基本（General）的控件面板，用户也可以随着系统开发的需要添加所需要的其他控件类库中的控件。Visual Basic 6.0 中文版本的基本控件库控件面板如图 3.3 所示。

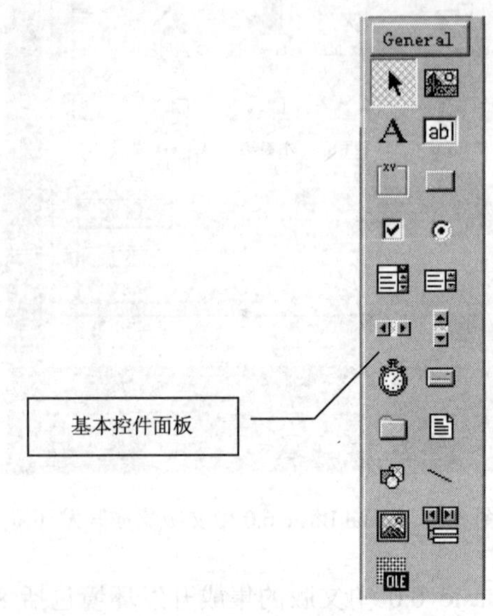

图 3.3　Visual Basic 6.0 中文版的基本控件面板

在可视化的程序设计环境中，控件的使用与程序设计或系统开发具有不可分割的关系，因此我们将在后面的章节中专门介绍各个控件的使用方法与相应的程序设计内容。这里读者对控件面板有一个基本的了解即可。

（5）窗体设计区。

通常，一个系统是不能缺少窗体（Form）的，因为窗体是系统功能的执行者，也是系统开发中控件或对象的承载者，简单地说，窗体是系统功能执行的载体。如图 3.4 就是一个窗体，在它之中放置了许多的控件，并根据用户需求对窗体进行了功能的布局，该窗体充分说明了系统的功能和作用，同时也显示了它对控件的承载作用。必须指出，一个窗体也称为一个窗体设计器（Form Designer），可以这样说，在可视化编程环境中，系统开发的绝大部分工作也就是对窗体的设计与制作，然后通过系统集成的原理，将各个窗体连接编译成一个有机的整体，形成一个完整的系统，最后对系统进行分发打包建立安装程序，形成规范的软件系统交给用户使用。

【说明】在前面章节中已经指出，在可视化的编程环境中，一个系统的规划和设计完全可以脱离传统的概念化的系统设计过程，直接通过对系统功能模块的模拟，如通过窗体模拟形成一个具体的系统架构，在这里就很好地说明了这一点。

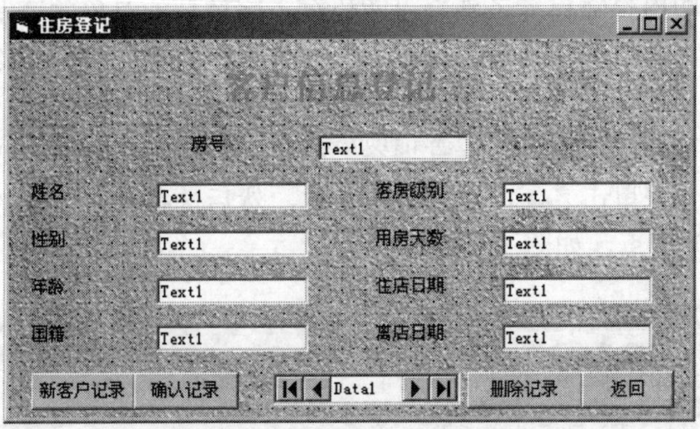

图 3.4　窗体的开发与功能作用

（6）工程管理器。

在 Visual Basic 6.0 中文版的集成开发环境中，有一个工程管理器，它可以非常有效地对工程进行管理，在一个工程中往往可能存在许多窗体或报表或其他的文档，通过工程管理器可以快捷地对各个对象进行切换，如图 3.5 就存在 4 个窗体，用户可以通过工程管理器在 4 个窗体中任意选择一个进行加工制作（在工程管理器中用鼠标双击相关的窗体即可）。

图 3.5　工程管理器

工程管理器中的内容除窗体之外，可能还有不同类型的对象的开发，如工程中可能需要多个不同的报表，其他的文档等，如果用户将各种内容混合在一起将不利于工程对象的分类管理，因此用户还可以根据工程创建的进度添加不同的节点，如一个报表节点。其添加的方法是，用鼠标右键单击“工程管理器”的工程名称，出现一个弹出式的菜单，在其中选择“添加”命令并单击之，出现下一级菜单，然后选择相应类别的支点名称，如数据报表（Data Report）支点，如图 3.6 所示。

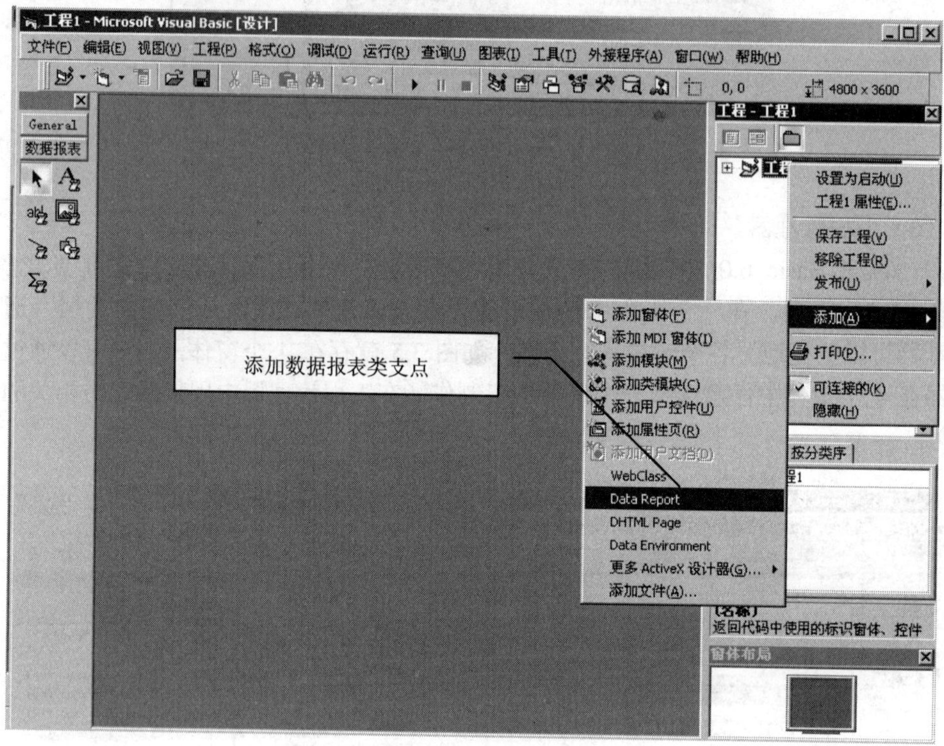

图 3.6　数据报表类支点的添加方法

这样，在工程管理器中将出现一个新的对象类的支点，并出现报表设计器，用户可以进行报表设计，在后续的工程设计中，就可以分类对工程进行管理了，如图 3.7 所示。

同时读者还可以发现，除在工程管理器中增加了新的支点和报表模板之外，系统还在控件面板中自动出现了数据报表制作所需要的控件。因此工程管理器的功能是相当强大的。

（7）对象监视器或属性设计器。

在 Visual Basic 6.0 中文版的集成开发环境中，有一个重要的工具，这就是对象监视器（Object Inspector），也可以称它为属性设计器，它用于对每一个对象的开发制作，如我们在前面第 1 章介绍的对象、属性和过程时，就涉及过对象监视器，窗体及窗体中的任何一个对象的属性均是通过对象监视器进行设置和显示的，当对象变化时，其对象监视器中的属性也相应地发生变化。也就是说，如果在窗体中选中一个特定的对象，则该对象已经拥有的属性将在对象监视器中一一地反映出来。对象监视器如图 3.8 所示。

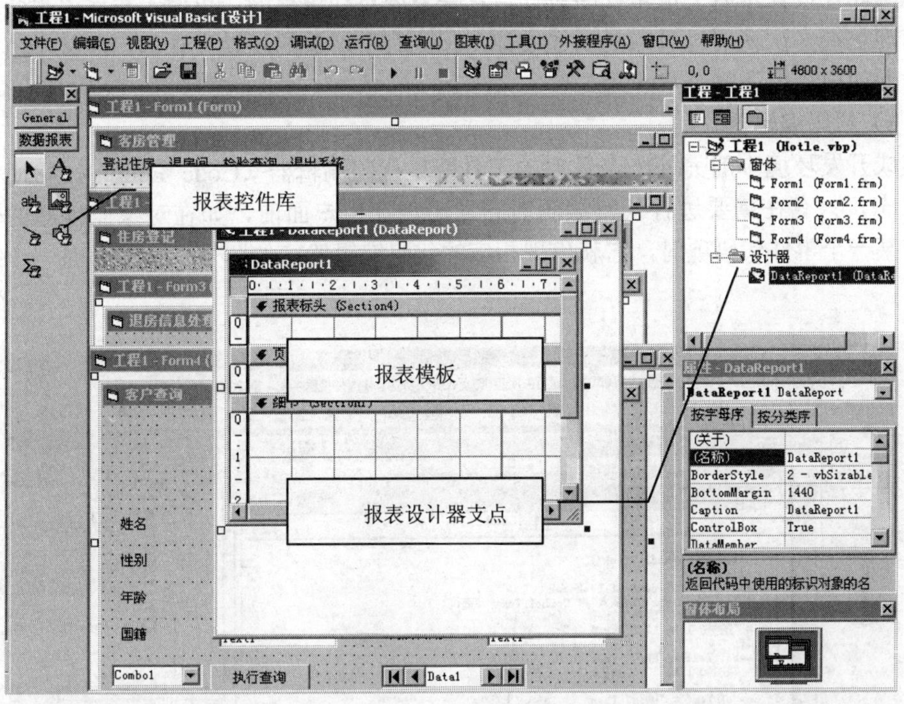

图 3.7　增加新的支点的效果显示

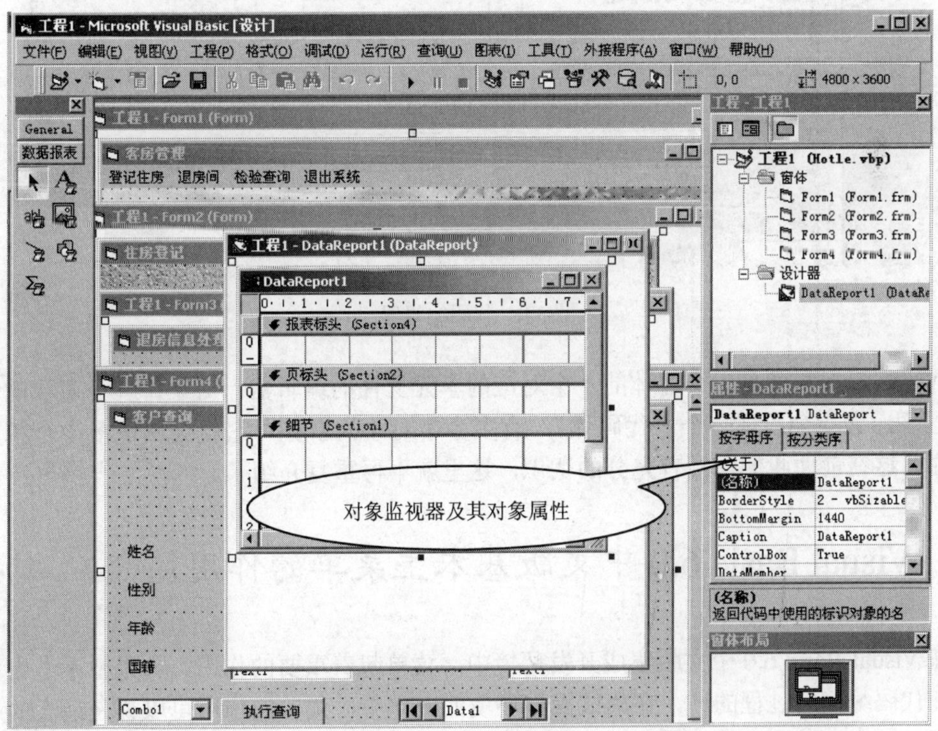

图 3.8　对象监视器或属性设计器

对象属性设计本质上也是程序设计，它是系统自动进行的，也属于程序“封装”的范畴，前面已经多次使用过对象的属性设计，因此对于对象的属性设计器已经并不陌生，在教材后面的内容中还将经常涉及。

（8）代码编辑器。

集成开发环境中的另外一个重要的工具就是代码编辑器（Code Editor），它通常处于隐藏状态，只有在需要进行代码编辑时它才出现在用户面前，如在对象监视器的代码页中双击某一个事件代码项时，它就出现相应的代码编辑器，如图 3.9 所示就是一个代码编辑器。

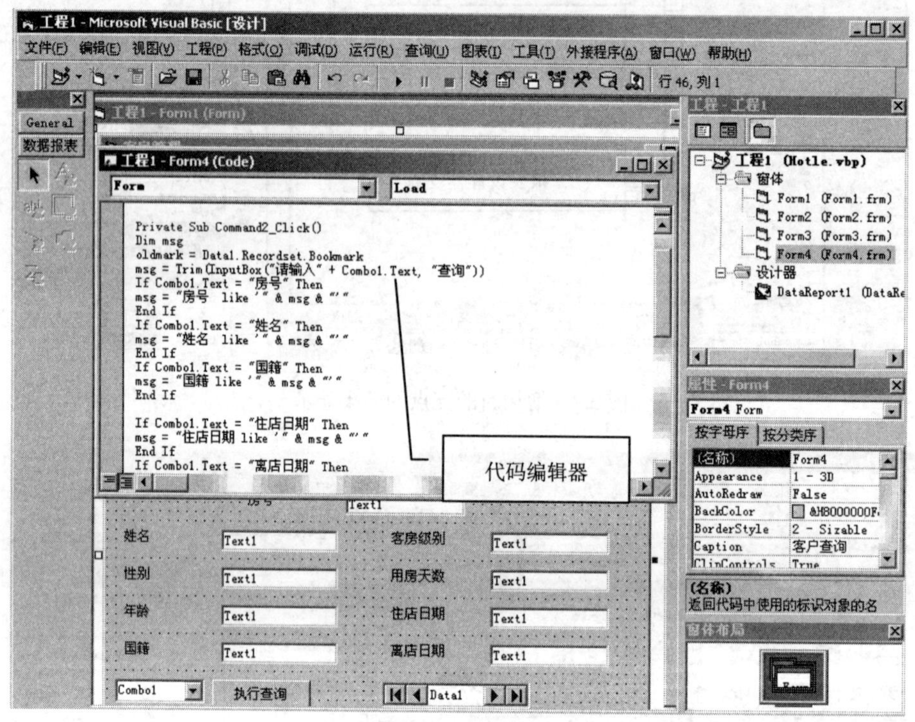

图 3.9　代码编辑器

代码编辑器也就是一个窗体的一个对应的单元文件的编辑器，对于每一个对象的每一个子程序，它均会出现一个“代码体”，有多少个对象的事务，它就会出现多少个相应的子程序，这在前面我们已经有充分的认识，这里就不再重复介绍了。

3.2　Visual Basic 6.0 中文版基本主菜单的作用简介

在 Visual Basic 6.0 中文版集成开发环境中，菜单起着重要的作用，如果暂不考虑程序设计和代码编制的过程的话，在集成操作环境的应用中，菜单的作用可以说是最大的了，因为用户的一切开发操作均可以通过菜单加以实现，而加速键仅是一种快速机制而已，它

的本质作用与菜单的作用相同，因此本节将介绍 Visual Basic 6.0 中文版的一些重要的菜单的功能和作用。

与 Windows 操作系统类似，Visual Basic 6.0 中文版有一个基本的主菜单，所谓基本主菜单就是 Visual Basic 6.0 中文版默认的基本操作的主菜单，因为 Visual Basic 6.0 中文版的菜单将会随着开发过程中不断出现的新的对象的变化而变化，因此仅对基本主菜单加以介绍，并在本章和后面的章节逐步对一些重要的主菜单加以实际的运用。

如前所述，基本主菜单位于工程名称下方的第二栏。由于基本主菜单的内容十分广泛，叙述起来非常不便，因此用一个表格来加以介绍，主要说明与程序设计最相关的基本的 6 个主菜单的内容和功能（个别不常用的菜单不予列出），一些基本主菜单的功能如表 3.1 所示，这些菜单的功能对于初学者而言一时可能难以理解，但此处仅作了解即可，随着教材内容的深入，将会逐步熟悉的。

表 3.1　主菜单及下拉菜单功能表

主菜单名	下拉菜单名	菜单功能
文件（工程文件管理菜单）	新建工程	创建新的工程
	打开工程	打开一个已经存在的工程
	添加工程	在集成开发环境中添加一个工程
	移除工程	在集成开发环境中移除一个处理开发状态的工程
	保存工程	保存工程文件或单元文件
	工程另存为…	将工程和单元文件命名保存在别的位置
	保存窗体 Form	仅保存窗体
	Form 另存为	将窗体保存在别的位置
	生成工程.exe	将当前工程生成为一个可执行文件并将可执行文件进行保存
	退出	关闭一切（包括工程文件和单元文件）同时关闭整个集成环境
编辑（编辑工程或单元文件的菜单）	菜单略	编辑菜单主要是对代码编辑器中的代码文档的编辑，它与 Microsoft Word 97/2000/XP 的编辑方法全部相同，因此关于编辑菜单的作用不加说明
View（视图菜单）	代码窗口	显示或打开一个对应控件的代码编辑器以进行代码查看或编辑
	对象窗口	如果对象处于隐藏状态，则显示对象窗口
	对象浏览器	打开一个对象浏览器，可以让用户浏览工程中的一切对象，由于有对象监视器，因此此菜单很少用
	立即窗口	用于编制测试一些过程，但很少用，因为代码编辑器功能很强了
	本地窗口	用于打开一个本地窗口的的表达式、值与类型的测试，其方法是单击菜单，出现一个本地窗口属性窗口，用右键单击出现一个启动菜单，单击启动即可运行检验本地窗口的过程，“本地窗口”菜单很少用。了解即可
	监视窗口	监视一切窗口的过程，其使用方法如“本地窗口”，很少用，了解即可
	工程资源管理器	如果工程管理器处于隐藏状态，可用此菜单打开工程管理器

（续）

主 菜 单 名	下拉菜单名	菜 单 功 能
View （视图菜单）	属性窗口	如果属性设计器处于隐藏状态，可用此菜单打开属性设计器并对对象进行属性设置
	窗体布局窗口	打开窗体布局窗口，可以设置窗体在屏幕中的位置与分辨率，很少用
	工具箱	如果控件面板处于隐藏状态，可以通过工具箱菜单打开
	数据视图窗口	为一个数据工程连接数据源
	调色板	打开一个颜色盒，为对象设置背景颜色
	工具栏	为 Visual Basic 快捷面板定制相应的工具
	Visual component manager（组件管理器）	对各种类型的组件进行管理
工程 （工程管理菜单）	添加 DHTML Page	在非标准工程中添加 DHTML Page
	添加 Data Environment	在工程中添加数据环境或为数据工程创建数据源
	更多 ActiveX 设计器	打开一个微软用户自行连接的连接器界面
	添加文件	在工程中添加文件
	移去 UserConnection3	移去用户已经创建的数据连接
	引用	为工程引用其他可视平台的类库文件或控件
	部件	为窗体引入非基本控件面板中的其他控件
格式 （为窗体中的选定的一组控件进行布局）	对齐	为窗体中选定的一组控件按一定的形式对齐，如左边对齐，右边对齐等
	统一尺寸	为选定的一组控件统一大小尺寸，如宽度，高度等
	水平间距	统一选定的一组控件的水平间距
	垂直间距	统一选定的一组控件的垂直间距
	在窗体中居中对齐	将选定的一组控件在窗体中间进行垂直或水平对齐
	顺序	在两个控件之间设置置前或置后的顺序
	锁定控件	将窗体中控件全部锁定，为能再修改，只有取消锁定才能修改
调试 （对代码进行调试）	逐语句	按逐行调试的方法调程序代码
	逐过程	按每一对象的过程逐一地进行调试
	添加监视	对调试的程序进行监视
	清除所有断点	清除调试中的一切断点
运行 （对工程进行运行）	启动	直接对工程启动运行
	全编译执行	对工程代码进行编译后运行
	中断	对运行的工程中断运行
	结束	结束对工程的运行
	重新启动	对中断的运行重新启动

以上列出了 Visual Basic 6.0 中文版的几个方面的基本主菜单，对于已经列出的几类

菜单的功能作大致的说明，一些不常用菜单根据功能的说明作了取舍，关于这些主菜单的使用，将随着教材内容的展开而展开，其他的一些未列出的主菜单也可能在相关的内容中涉及。

3.3 Visual Basic 6.0 中文版工程创建的基础方法

对于一切的可视化编程工具而言，无论它的开发环境如何不同，其目的只有一个，就是为了方便用户对于程序的设计或系统的开发。在 Visual Basic 6.0 中文版中，习惯上将一个应用系统的开发称为一个工程（Project），而在别的一些开发平台则将工程称为项目，无论工程也罢，项目也罢，一个应用系统的开发与现实生产中的项目或工程的开发并无本质区别，现实中的项目或工程如建筑项目或建筑工程是以物质材料为基础进行构筑的，它具有项目名称、工程设计和施工进度等，而一个系统的开发与一个建筑项目的开发也具有同样的要求，即一个系统的开发首先应该具有工程的名称，系统设计和系统开发周期等，惟一的区别是，一个系统的开发是用“光、电、磁”为介质的一系列程序代码和控件构筑起来的，而一个物质材料的建筑工程则是以具体的实物如木材、水泥和钢材等构筑起来的。因此对于一个应用系统的工程或项目，完全可以与物质材料中的建筑项目或工程对应起来加以理解。

3.3.1 工程创建、命名、保存与打开

一个应用系统工程必须从创建开始，同时需要为创建的新工程命名，工程一经创建，需要为它进行保存，因为一个项目或工程通常不是一次便可以完成的，它往往需要一个开发周期的多次作业才能完成，因此经常对工程进行保存和打开是需要的。

在 Visual Basic 6.0 中文版集成开发环境中，一个工程的创建、保存和打开均是通过菜单或菜单对应的加速键来进行的，前面已经列出了一些菜单的基本用途，但具体应用未加介绍，因此本节将结合具体的工程来对一些菜单的应用加以说明。

【例 1】创建一个工程并将该工程进行保存和关闭。

创建工程有两种方式，一种是通过启动 Visual Basic 6.0 中文版程序，它自动创建一个新的工程的工程类型的选择面板，在工程类型的选择面板中选择一种工程类型即可；另外一种方式是在集成环境中利用菜单创建新的工程，这里主要结合菜单的使用加以介绍，利用菜单创建工程的步骤如下：

（1）在 Visual Basic 6.0 中文版集成开发环境中，单击主菜单“文件/新建工程”，则出现一个工程类型选择面板，如图 3.10 所示。

在工程类型面板中，存在各种各样的工程类型，通常最常用的工程类型为“标准 EXE”工程和“数据工程”工程，这里我们以创建一个标准的工程类型为例开始。

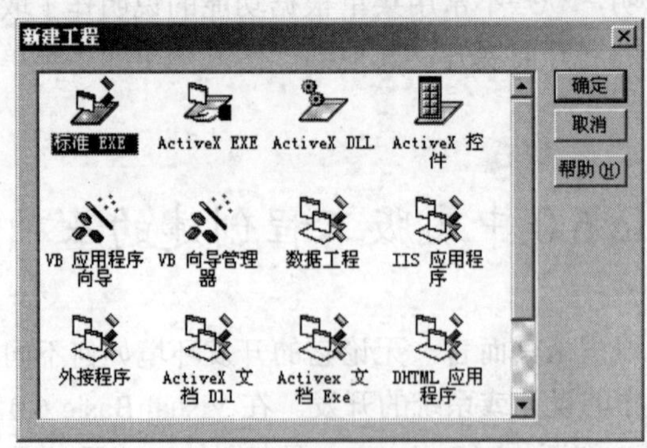

图 3.10　工程类型选择面板

（2）选择标准 EXE 工程类型并单击“确定”按钮，出现一个工程设计器窗口和一个空白的窗体。

相应地出现该窗体对应的对象监视器、属性设计器和窗体布局工具，空白窗体就是需要我们开发使用的窗体。

系统自动为新建的工程按自然数顺序命令为“工程 1”，并显示在工程名称栏目中，但一个工程往往需要由用户自己来定义它的名字，以便识别自己的工程，因为往往一个开发人员可能同时面对多个工程的设计问题。对一个工程进行命名可以通过保存工程来实现。

（3）保存工程。第一次保存工程时需要进行两个方面的保存，即对窗体单元文件的保存和对工程文件的保存，为此作如下操作：单击主菜单中“保存工程”命令，则首先出现一个保存单元文件的文件夹选择，用户可以事先创建一个工程所需要保存的文件夹，保存工程时选择该文件夹进行保存即可，这里将工程文件和单元文件保存在“D:\ Visual Basic 应用与开发教程配例\第 3 章”的文件夹之中。

注意到在保存单元文件名时，Visual Basic 6.0 中文版仍按自然顺序为该单元命名为 Form1（表示工程中的第一个窗体），但随着一个系统的开发，系统中往往随着功能的需求而需要多个窗体，即一个系统中存在多个单元，它仍会按自然顺序 Form1、Form2、Form3、Form4…排列下去。如果再按这种自然顺序进行命名保存，则在多个单元存在时，如几十上百个窗体存在时，用户就可能不便区分各个窗体的功能，也就不便于进行多个功能的开发，因此，习惯上，仍将窗体文件也按用户的愿望重新命名进行保存。如在一个集成教务管理系统中，有用于成绩管理的单元，可以命名为 CjForm；有用于学籍管理的单元，可以命名为 XjForm；有用于教材管理的单元，可以命名为 JcForm；有用于课表管理的单元，可以命名为 KbForm 等，这样在开发周期中如需要对某一个单元进行加工制作时，就有极强的针对性。

在本例中，将单元文件命名为 CH3Ex1Form1，即第 3 章例 1 的第一个窗体，保存选择的文件夹和窗体名称如图 3.11 所示。

（4）确认保存的单元文件的文件夹和单元文件的名称之后，单击“保存”按钮即完成单元文件的保存。

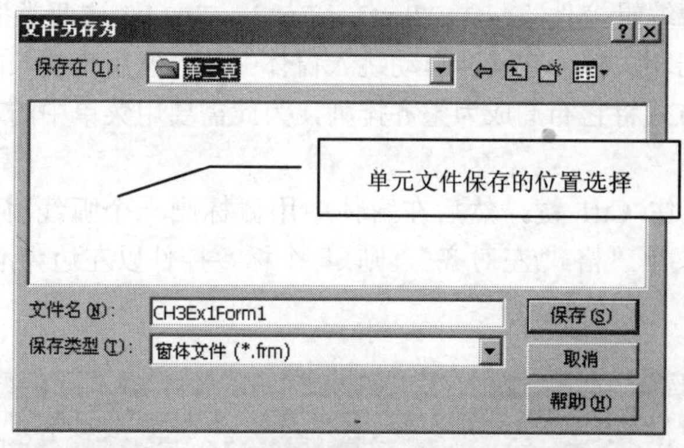

图 3.11 单元文件命名保存及文件夹选择

（5）保存工程文件。在完成保存单元文件之后，系统又会出现一个保存工程文件的对话框，同样用户需要选择工程文件保存的文件夹和为工程文件进行命名（按自己的愿望命名），这里将工程文件命名为 CH3Ex1prg1（意思为，第 3 章例 1 的第一个工程），并将其保存在单元文件相同的文件夹中。这样就完成了对整个工程的保存。注意，Visual Basic 6.0 中文版的单元文件的扩展名为.frm，它是窗体 Form 的缩写，在用户保存单元文件时，并不需要输入扩展名，系统会自动生成扩展名。工程文件的扩展名为.vbp，显然，它是 Vissual Basic Project 的缩写，意为“Visual Basic 工程”。

【注意】在第一次完成工程的保存之后，如果在工程中增加了新的单元（即新的窗体），或虽然未增加新的窗体，但在窗体中加入了新的对象或任何代码的修改，均需要对这些修改的内容加以保存。但此时，只需要用“Save”命令或加速键即可。

以上说明，一个工程可能有一个或多个窗体或单元，需要多个单元名称，但仅有一个工程名称。

（6）退出工程。退出工程也就是结束本次对工程的开发，其操作如下：单击 Visual Basic 6.0 中文版主菜单“退出”即可，该菜单包含了关闭工程文件和全部单元文件两个方面的意义，同时还关闭了整个 Visual Basic 6.0 中文版的集成开发环境。

3.3.2 工程创建与菜单的其他应用举例

前面结合工程的创建给出了一个菜单应用的例子，鉴于菜单与工程开发的密切关系，这里再结合一些例子来说明主菜单的一些常用的方法，以让读者初步感受窗体设计的基本方法。

【例 2】打开例 1 中的工程，在窗体中放入 4 个标签控件和 4 个编辑控件，并按等宽度、等高度、左对齐方式将控件对齐，其操作步骤如下：

（1）打开工程。即单击主菜单“打开工程”出现一个选择打开工程所在的文件夹的对话框，当然应该选择的文件夹就是前面我们保存工程和单元文件的文件夹。

（2）打开工程之后，在空白窗体中放入 4 个标签控件 Label1、Label2、Label3、

Label4 和 4 个文件编辑控件 Text1、Text2、Text3、Text4，这两类控件均位于基本控件面板中，只需要双击相关控件它就会自动跳入窗体中。当然用户放入的控件是不整齐的，需要用户以最快的方式将它布局成为整齐排列，为此需要用菜单中的对齐控件的方式将其对齐。

（3）用户先按住 Ctrl 键，然后在窗体中用鼠标画一个弧线将 4 个标签控件全部选中，然后单击主菜单“格式/左对齐”，则 4 个标签控件以左边为准对齐了，如图 3.12 所示。

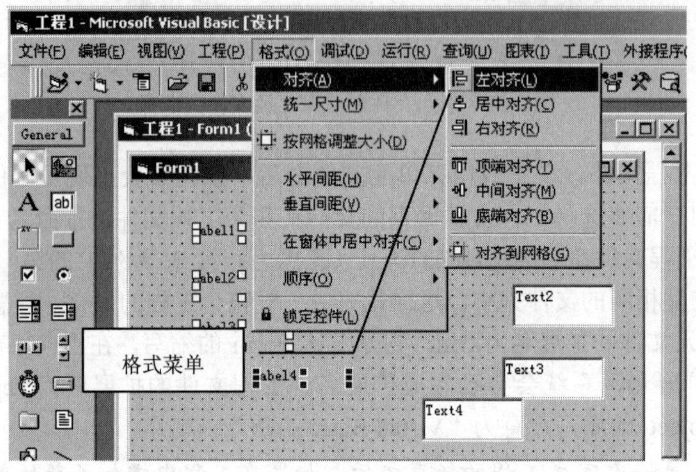

图 3.12　控件对齐方式菜单运用

（4）以同样的方式，再单击主菜单中的“格式/垂直间距/相同间距”，这样，则将选定的 4 个标签控件全部以左边对齐方式对齐并且它们在窗体中的垂直间距相等。

（5）再将 4 个文本编辑框控件进行左对齐、垂直相等的方式进行对齐，这样，可以对窗体非常快捷地完成它的布局。最后的控件布局效果如图 3.13 所示。

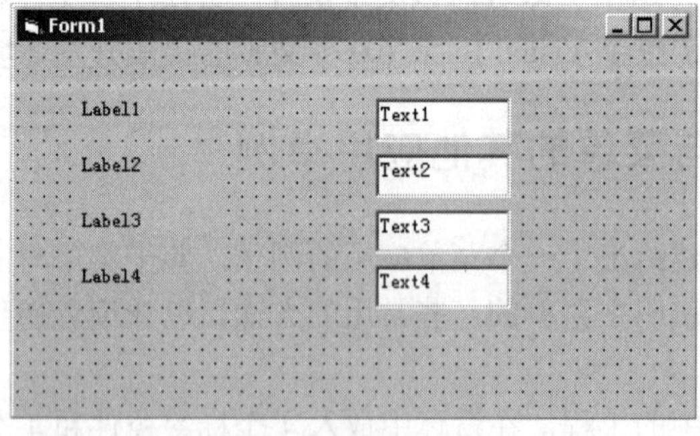

图 3.13　窗体中控件的布局效果

可以看出，通过对菜单的应用，非常快捷准确地对窗体中的控件进行了合理的布局，这比用人工的方式对齐控件方便得多，可以极大地加快系统开发的速度。

最后由于工程的窗体中增加了新的对象并进行了相关的操作，需要用户对工程进行保

存，通过单击“文件/保存”命令即可保存工程。

【例 3】在例 2 中，将标签控件和文本编辑控件均分别扩充为 8 个。

对于这一问题，许多用户自然联想到在控件面板中再为窗体新增加 4 个标签控件和 4 个编辑控件即可，但这是不好的一种方法，这里采用菜单工具解决此问题，你会发现它会非常方便地对问题加以解决，其操作如下：

（1）用鼠标选中 4 个标签控件（方法参考例 2），然后单击主菜单“编辑/复制”命令，即将选定的 4 个控件复制到 Windows 操作系统的粘贴板中。

（2）再单击主菜单“编辑/粘贴”，则将复制的 4 个标签控件粘贴到了窗体上，注意，粘贴时，系统发出信息提示用户控件已经有相同的名称，是否创建为数组型控件，选择是即可，这样相同名称的控件以数组编号作为对象。其属性监视器所显示的对象全为数组下标，如图 3.14 所示。

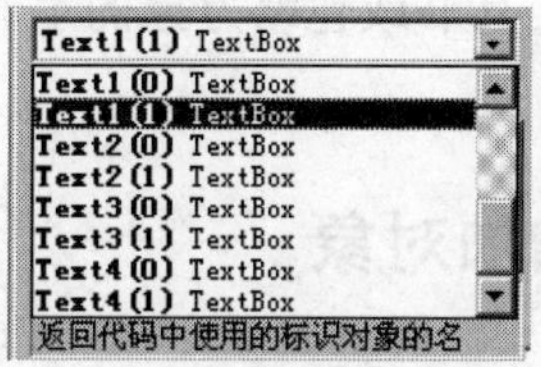

图 3.14　数据型控件

但这样的数据型变量并不影响它们的使用，其使用与通常意义下的变量的使用完全一样，只是在程序设计中需要注意控件的下标。

（3）用同样的方法可以在窗体中快速增加 4 个文本编辑控件，然后再按例 2 中的方法对窗体中的控件进行对齐布局，最后再次保存工程文件，其布局效果如图 3.15 所示。

图 3.15　新的控件与窗体布局

【例 4】将已经布局好了的控件进行锁定，以避免不必要的变化。

在一个窗体中，对于一个已经开发或布局好了的控件组合，如果无须再进行加工制作，此时可以将其窗体中的控件全部锁定，只有解除锁定之后才能再次对窗体进行修改，锁定窗体及其控件的方法和步骤如下：

（1）如果存在多个窗体，通过工程管理器则将欲锁定的窗体置于前台作为当前窗体。

（2）单击主菜单“格式/锁定控件”，则将窗体中的一切控件全部锁定，用户可以检验，当企图用鼠标拖动一个控件时是不可能的，控件的属性也不能被修改了，因为它们已经被锁定。被锁定的控件带有锁定的标志。

（3）如果用户需要对锁定的窗体解除锁定状态，同样只需要再次单击主菜单“格式/锁定控件”即可。解锁后即可以对窗体重新进行加工制作，如修改属性或编制过程代码等。

3.4 工程创建与工程对象管理

一个工程一经创建，往往需要对它进行各个方面的管理，尤其是一个大型系统的开发，往往是一个复杂的工程或项目，因此工程的管理是非常必要的。工程管理涉及多个方面的内容，由于教材不是一般的工具书或包络万象的手册，因此就工程管理中的一些常规的方法进行阐述。

3.4.1 在工程或窗体中增加对象

由前可知，一个窗体仅是一个载体，它通常是用来承载其他控件的，因此工程开发的重要任务就是控件的使用，虽然 Visual Basic 6.0 中文版拥有众多的控件，方便了用户对系统的开发，需要用户对这些控件的用途加以理解和掌握，关于控件的使用方法将在后面的专门章节中进行，这里将介绍控件运用、增加和删除窗体的一些基本常识。

1. 将控件加入到窗体中

将 Visual Basic 6.0 中文版基本控件面板中的控件加入到窗体中有两种基本方法：第一种是用鼠标双击选定类型的控件，它会自动跳入到窗体之中，这种方法在前面已经多次使用过；第二种方法是用拖移的方法将控件加入到窗体中，用户可以用鼠标按住选定的控件拖动到窗体的空白位置，然后再在窗体中划一个矩形，则出现选定的控件。第一种方法简单快捷，但其缺点是位置不确定，第二种方法的优点是可以由用户确定控件在窗体中的大致位置。

2. 将窗体中的控件删除与还原

在窗体制作中，加入控件是必要的，但有时候删除控件也是必要的，如在窗体中，一个控件由于开发的变动而显得多余，则需要将该控件进行清除。其方法是，在窗体中选中欲清除的控件，然后单击主菜单中的“编辑/剪切”或“编辑/删除”，则选中的控件被清除。

如果需要恢复被清除的控件，则只需要单击菜单“编辑/撤销删除”即可，控件将会重新出现在窗体之中。

3. 在工程中增加新的窗体

在窗体中增加新的控件是必要的，但同样，在工程开发中，由于工程中的功能模块增

加的需要，经常需要增加新的窗体以开发新的功能，因此在工程中增加新的窗体就与在窗体中增加新的控件显得同等重要了。

在窗体中增加新的窗体的方法如下：

单击主菜单“工程/添加窗体”即在窗体中增加一个新的窗体也就是一个新的单元，如果选择的窗体类型为“标准 EXE 窗体”，该单元文件的自然名称为名称为 Form2，因此用户同样可以将它重新命名保存在用户自己需要的文件夹之中。这里我们紧接着本章的例 1，也就是在例 1 的工程中增加一个新的窗体 Form2，单击主菜单“文件/保存窗体 Form2”,则出现保存该窗体单元文件命名的文件夹，将其单元文件命名为 CH3Ex1Form2（即例 1 中的第二个窗体），新增加的窗体如图 3.16 所示。

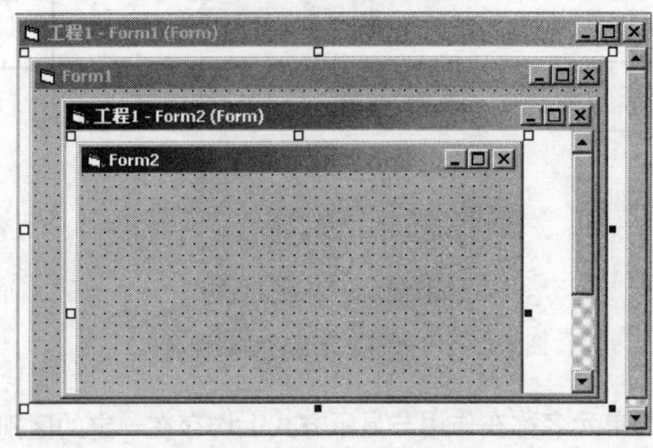

图 3.16　新增加的窗体显示

无论一个工程中需要多少个窗体，均可以按如上的方法增加所需要的窗体。关于其他类型的窗体的增加方法，也基本上是一致的，只是窗体的类型和作用有所不同而已，用户在对系统制作有一个基本的了解之后，就可以根据用户的需求对各种类型的窗体的制作加以应用。

4. 窗体的名称属性及其重要性

在一个系统的开发中，任何一个对象均为该系统的一个成员，为了在系统中对每一个成员加以标识，每一个对象均需要一个“名称”，因此在它的对象监视器中，存在一个“名称”属性项，该属性项就是给对象命名的。

在系统中，窗体作为一个特殊的对象，它有承载其他对象的特殊作用，如果没有这种承载的作用，其他的对象就无法“生根”，同时，每一个窗体作为系统的一个单元，本质上就是系统的一个功能模块，如前面介绍的“教材管理模块”、“教务管理模块”、“成绩管理模块”、“学籍管理模块”均是按窗体来进行功能划分的。

此外，在系统设计与集成中，还是按窗体名称对窗体进行调用的，如执行“教材管理”功能时，本质上就是调用教材管理所在的窗体。也就是说，由一个窗体调用另外一个窗体，需要按窗体的名称进行调用。因此在系统中增加新的窗体时，也需要对窗体的“名称”属性加以设置，否则系统按自然顺序为窗体命名，即 Form1、Form2、Form3…，不便区别。前面已经就窗体单元在保存时的名称进行了说明，但窗体的保存名称与窗体的属性名称是不一致的，窗体的保存名称是它的单元文件所在的名称，而它的属性名称则是它的窗体的名称。窗体的属性名称在属性设计器或对象监视器中进行显示。为了区别窗体的单元名称和属性名称，给出图 3.17 加以说明。

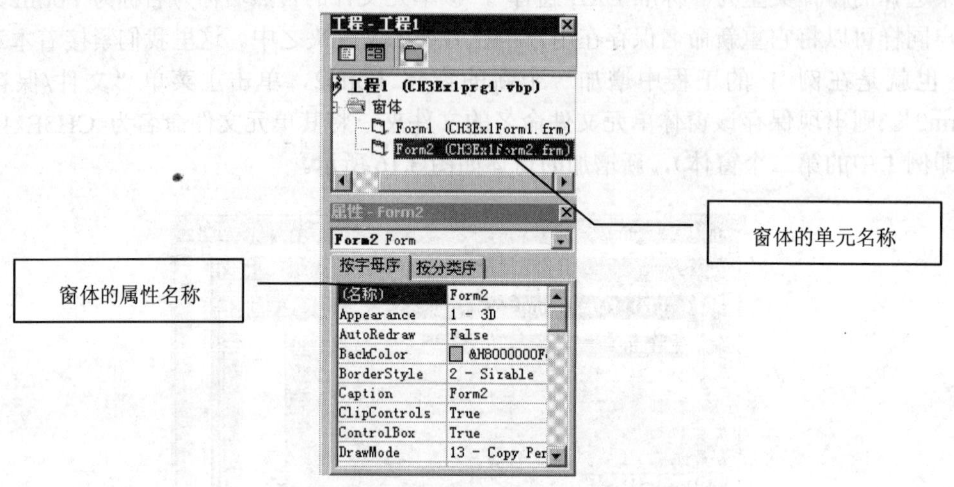

图 3.17　窗体的单元名称与属性名称

可以看出，窗体的单元名称在作用与显示方式上均存在一定的区别，此外，通常窗体的单元文件名作为磁盘文件名一经保存，一般是不再改变的，而窗体的属性名（以后直接称为窗体名）可以随着用户的需要加以改变。

【例 5】在例 1 中，将第一个窗体的“名称”属性 Form1 修改为 MainForm（主窗体），将第二个窗体的“名称”属性 Form2 修改为 SecondForm（从窗体），并用主窗体调用从窗体。

该例本质上就是修改两个窗体的“名称”属性，这里就不详细说明了，其修改的效果如图 3.18 所示。

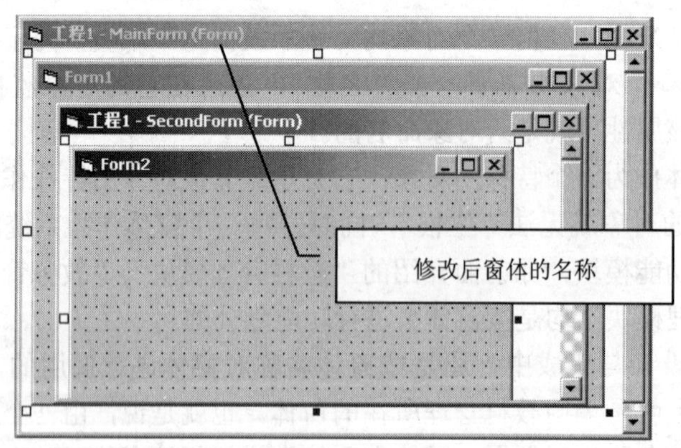

图 3.18　窗体“名称”属性的修改

【注意】窗体除有单元文件名、窗体名之外，通常还有一个窗体的标题，窗体的标题往往在窗体创建时也以 Form1、Form2 形式显示，这容易造成初学者的混淆，窗体的标题是对窗体的作用起标示作用的一个字符串，该字符串可以由用户通过标题属性（Caption）进行设置，如设置一个窗体的标题为“系统主窗体”或“教材管理窗体”，则窗体标题反映了窗体的作用与功能。如将例 5 中的主窗体标题和从窗体标题（Caption）属性分别修改为“系统主窗体”或“教材管理窗体”，则窗体标题的效果如图 3.19 所示。

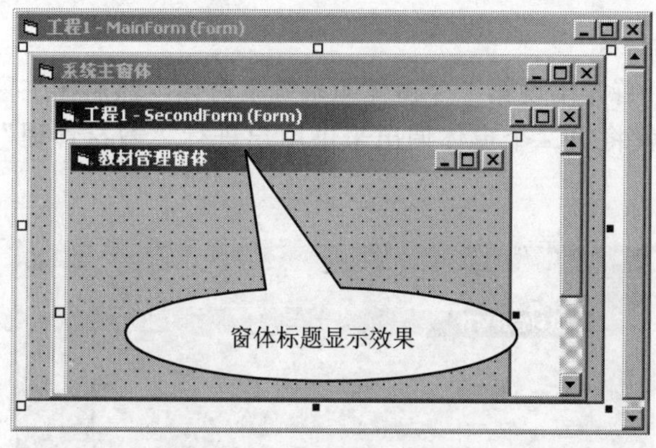

图 3.19　窗体标题显示效果

5. 用一个窗体调用另外一个窗体

在一个完整的系统中，用户经常会从一个窗体调用另外一个窗体，这是 Windows 应用系统的一种窗口切换机制，在 Visual Basic 6.0 中文版的集成开发环境中实现这种机制是非常简单的，下面仍以实例加以说明。

【例 6】在例 5 中，实现用主窗体 MainForm 调用从窗体 SecondForm，也即用系统主窗体调用“教材管理窗体”，其实现过程如下：

（1）在工程管理器中将窗体切换至系统主窗体。

（2）在系统请窗体中增加一个命令按钮控件 Command1，将命令按钮控件 Command1 的标题属性（Caption）修改为“教材管理”，这样系统主窗体的布局如图 3.20 所示。

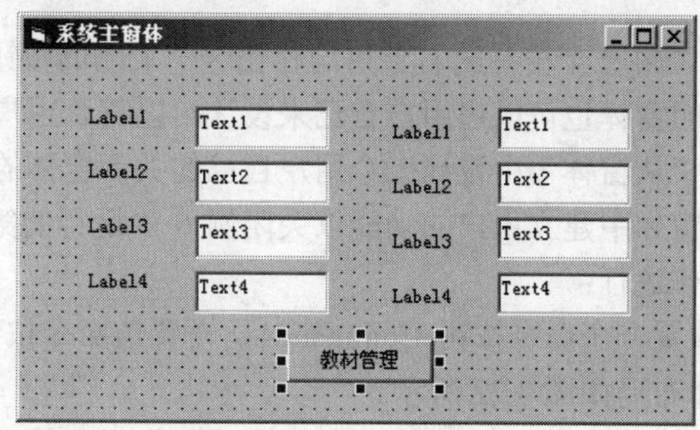

图 3.20　窗体的重新布局效果

要进行教材管理，需要进入第二个窗体，因此它是一个行为事件，需要在系统设计其为该事件编制调用第二个窗体的过程代码，其方法如下。

（3）双击命令按钮 Command1 控件，出现一个子程序的“代码体”，在代码体中编制过程代码（或子程序代码），其完整的子程序如下：

```
Private Sub Command1_Click()
   SecondForm.Show
End Sub
```

（4）运行工程，首先出现第一个窗体即系统主窗体，然后在主窗体中单击命令按钮“教材管理”，这样就将第二个窗体调出来供用户进行“教材管理”，其效果如图 3.21 所示。

图 3.21　窗体调用效果显示

可以看出，无论是系统的“主窗体”或是“教材管理”窗体，它们均无任何功能，这需要在后面内容的学习之后才能完成，这里仅说明窗体之间的调用方法，这种方法说明了一个系统形成的原理。也就是说，通过系统调用方法，它很快就形成了一个应用系统的框架。

6. 窗体的关闭与释放

在例 6 中可以看到，每一个窗体的右上角均存在一个关闭的按钮，在窗体运行时可以通过它关闭窗体，但关闭窗体也可以由用户自己来设计，以符合用户的需求。

【例 7】在例 6 的“从窗体”中设计一个用户自己的关闭窗体的功能

本例是说明如何在窗体中建立用户的功能以关闭例 6 中运行的第二个窗体。为了实现这一功能，可按如下操作进行：

（1）在从窗体中放置一个命令按钮 Command1，设置该命令按钮的标题属性 Caption 为“关闭窗体”，其窗体布局如图 3.22 所示。

（2）为“关闭窗体”命令按钮编制单击事件的过程代码，其方法与前面调用窗体的过程相同，其完整的过程代码如下：

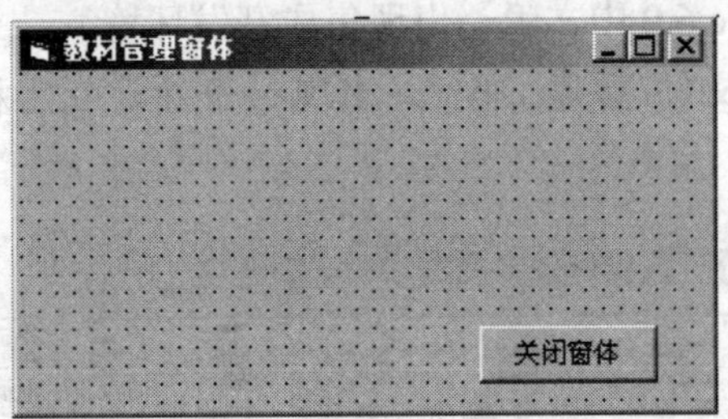

图 3.22 “从窗体”的新布局

```
Private Sub Command1_Click()
   Unload Me
End Sub
```

这样，可以运行检验工程并检验对第二个窗体的关闭效果。

7. 将窗体从工程中移除

与控件一样，一个工程中往往存在许多窗体，但一些窗体由于工程的变化而不需要了，如果保存在工程中，它会影响用户对工程的开发，而且在系统运行时还可能增加对系统内存的开销，因此在系统设计期，可以将不需用的窗体从工程中移除，其方法可按例 8 的方式进行。

【例 8】在上例中将从窗体（即第二个窗体）从工程中移除（仅作演示）。从工程中移除窗体可按如下步骤进行：

（1）打开工程文件（如果工程已经打开则免去此步骤）。

（2）将需要删除的窗体通过工程管理器置于前台。

（3）在主菜单中单击“工程/移除/CH3Ex1Form2.frm”菜单，这样即可将选定的窗体移除。

3.4.2 快速创建应用系统工程

前面介绍了窗体创建与窗体对象管理的一些基本方法，它让我们知道，通过窗体调用的方法，可以非常快捷地形成一个应用系统的框架，它是进行系统开发的基础，但除了前面介绍的方法外，还有许多创建应用系统工程的方法。为了使没有任何系统开发基础的初学者有所认识，这里介绍一些快速创建应用系统工程的方法。

1. 利用 Visual Basic 6.0 中文版工程向导快速创建应用系统框架

在 Visual Basic 6.0 中文版的工程类型中，有一个标准的“VB 应用程序向导”，利用该工程导向可以非常快捷地创建一个应用系统的框架，其利用工程向导开发应用程序的过程如下：

（1）启动 Visual Basic 6.0 中文版，出现集成开发环境。

（2）单击主菜单“文件/新建工程”，出现一个新建立工程类型的选择面板，如图 3.23 所示。

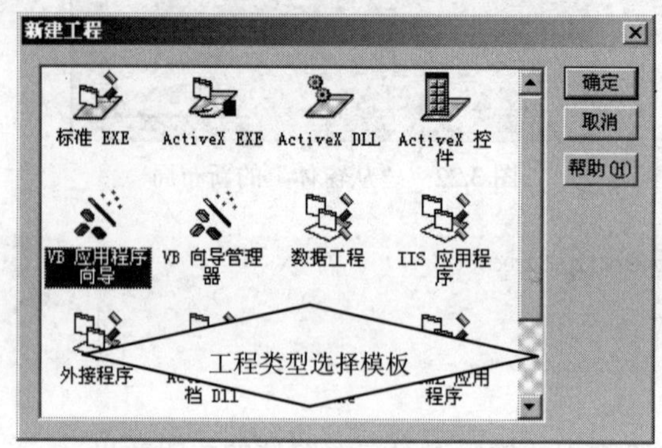

图 3.23　新建工程类型选择面板

（3）在新建工程选择面板中选择“VB 应用工程向导”并单击“确定”按钮，出现向导使用说明界面。

（4）单击“下一步”按钮，出现样式选择界面，VB 工程向导设计了 3 种样式的窗体界面，本质上是 3 种应用程序的风格，3 种样式第一类为“多文档界面 MDI”，这就是通常所说的“父子”窗体类型的应用程序风格；第二类是“单文档界面 SDI”，这种程序中仅有一个窗体（如果需要用户可以在向导应用之后增加新的窗体）；第三种界面是“资源管理器样式”，它与 Windows 操作系统中的资源管理器的风格一致。这 3 种类型界面的选择如图 3.24 所示。

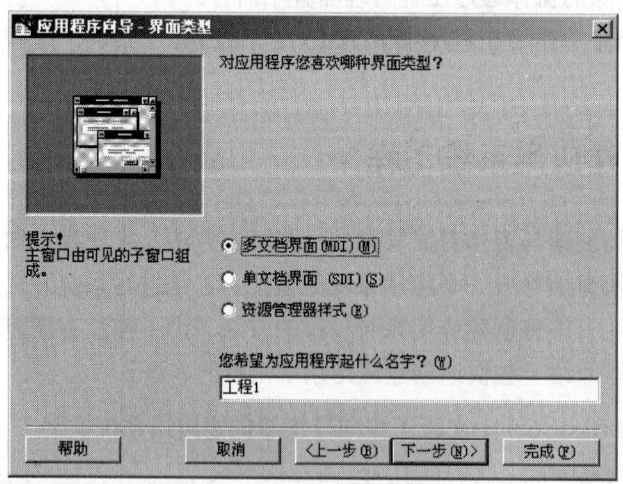

图 3.24　系统界面样式选择

作为向导使用说明的演示，我们以第一种界面类型为例加以说明。

（5）选择第一种界面类型，并在工程名称栏填入一个用户希望的工程名称，然后单击“下一步”按钮，出现一个系统主窗体中菜单与子菜单生成的界面，用户可以通过选项选择一些需要的菜单，向导会在窗体中为用户自动创建一些菜单，其菜单设置界面如图3.25所示。

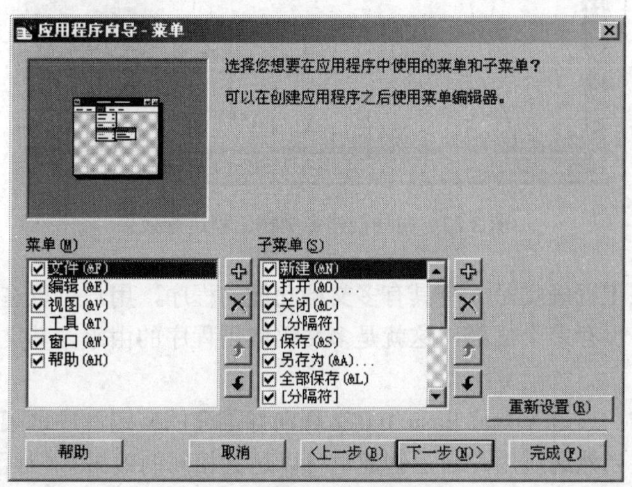

图3.25 菜单设置界面

（6）在菜单设置完成之后，单击“下一步”按钮，出现菜单进一步设置的界面，用户可以进一步设置需要的菜单，设置菜单的顺序和菜单的图标，如图3.26所示。

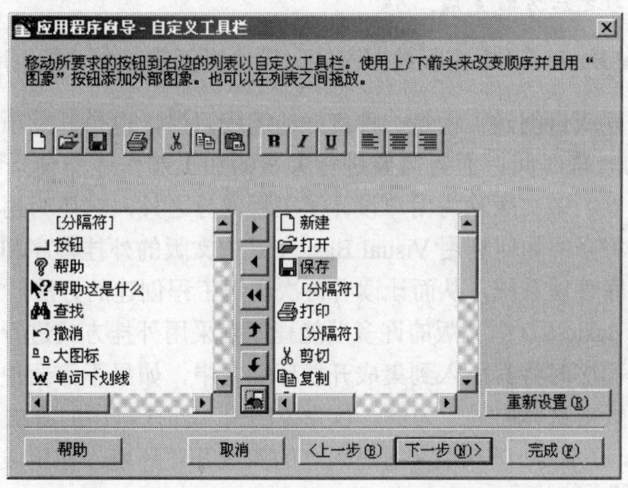

图3.26 窗体菜单的进一步设置界面

（7）菜单设置完成后，单击“下一步”或“完成”按钮，则由向导创建了一个简单的应用程序框架。用户可以按标准EXE类型工程一样保存窗体名和工程名，最后运行工程，可以发现，该向导创建了一个非常标准的“写字板”应用程序，它几乎具有Microsoft Word的一切功能，其运行效果如图3.27所示。

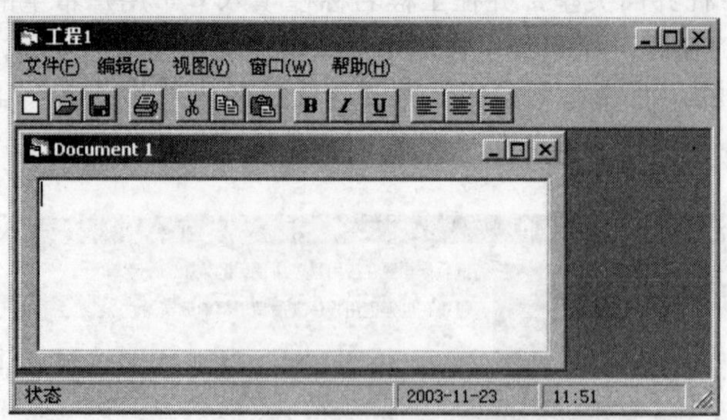

图 3.27 向导创建多文档工程运行效果

可以看出，该工程确实是一个具有多文档功能的程序，用户可以在主窗体中创建多个子窗体，以编辑、保存多个文档，这就是多文档应用程序的由来，其文档的“父子”关系是显然的。

同时可以看出，通过 Visual Basic 6.0 工程向导创建的应用程序框架比通过用户自己创建的框架要规范（当然通过用户自己创建也可以达到相同的效果），而且简单快捷。

【注意】一个应用系统模板或向导创建的工程往往仅能够生成一个应用系统的框架，而并不具备用户所需要的功能，如数据管理功能、通信功能或图形处理功能，其相关的功能需要用户自己去创建，如在该框架下用户可以增加新的窗体，在新的窗体之间进行窗体调用，在新的窗体内放入控件以开发系统所应该有的功能，这些内容均需要在对本教材学习之后方能完成。

2. 利用 Visual Basic 6.0 中文版数据窗体向导快速创建一个“数据库”工程

用户自定义工程或自创建工程是一种良好的编程习惯，也是开发项目的根本所在，但它需要花费用户的一些时间，而且需要进行大量的加工制作才能使系统得以规范。事实上， Visual Basic 6.0 中文版除为用户设计了工程向导之外，它还为用户创建了许多别的外挂程序。这一节将介绍如何利用 Visual Basic 6.0 中文版的外挂程序和“数据窗体向导”快速创建一个数据库管理系统，从而让读者再次认识工程创建的方法。

注意到 Visual Basic 6.0 中文版的许多功能程序是采用外挂方式进行的，所谓外挂方式就是在用户需要该程序时将其引入到集成开发环境之中，如果不需要使用时可以将其卸载掉。这里以引入“数据窗体向导”为例，首先说明引入外挂程序的方法。

（1）启动 Visual Basic 6.0 中文版进入它的集成开发环境，在集成开发环境单击主菜单“外挂程序/外挂程序管理器”出现一个外挂程序管理器窗口，它列示了 Visual Basic 6.0 中文版的一切的外挂程序，在外挂程序管理器中选中“VB6 数据窗体向导”并选中右下角的“加载/卸载”选项，如图 3.28 所示。

（2）单击“确定”按钮，则在 Visual Basic 6.0 中文版集成环境中引入“数据窗体向导”这一外挂程序，这可以从 Visual Basic 6.0 中文版的主菜单中查看，如图 3.29 所示。

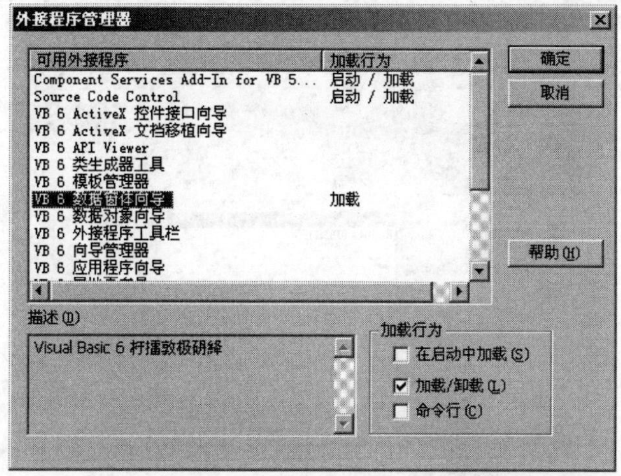

图 3.28　外挂程序加载说明

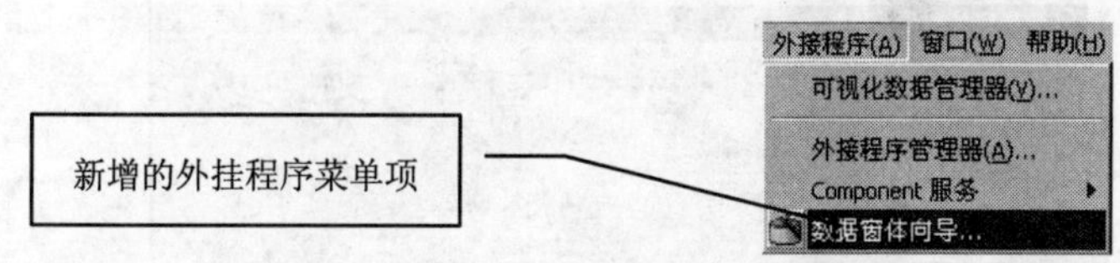

图 3.29　外挂程序菜单项

有了数据窗体向导外挂程序之后，就可以利用它创建数据库管理系统了。以第 2 章中“高考成绩管理系统”的创建为例加以说明，为此接上边步骤做如下操作：

（3）单击主菜单“文件/新建工程”命令出现一个工程类型的选择面板，在工程类型面板中选择标准 EXE 工程类型，确定后出现新工程及一个空白窗体。

（4）保存新创建工程的空白窗体对应的单元文件为“数据窗体向导应用演示工程主窗体”，保存工程文件为“数据窗体向导演示工程”。

（5）单击 Visual Basic 6.0 中文版“外挂程序/数据窗体向导”命令（此菜单项系前面引入的外挂程序菜单项），出现向导介绍界面，单击“下一步”按钮出现数据库类型选择界面，注意到在进行数据库类型选择时，一个选择是适合于本地机应用程序的 Access 数据库，另外一类数据库是用于远程的 Remote(ODBC)数据库类型，此处选择第一类的数据库类型即 Access 数据库，如图 3.30 所示。

（6）单击“下一步”按钮出现数据库引入界面，在该界面中通过“浏览”按钮选择我们在第 2 章中创建好的“高考成绩管理数据库”，如图 3.31 所示。

（7）单击“下一步”按钮，出现一个设置窗体标题名称和布局窗体类型的界面，在该界面中，设置窗体的名称为“高考成绩管理窗体”，然后选择窗体布局类型为“主表/细表”，该窗体就是我们曾经提到过的“主/从”表应用系统的风格，设置界面如图 3.32 所示。

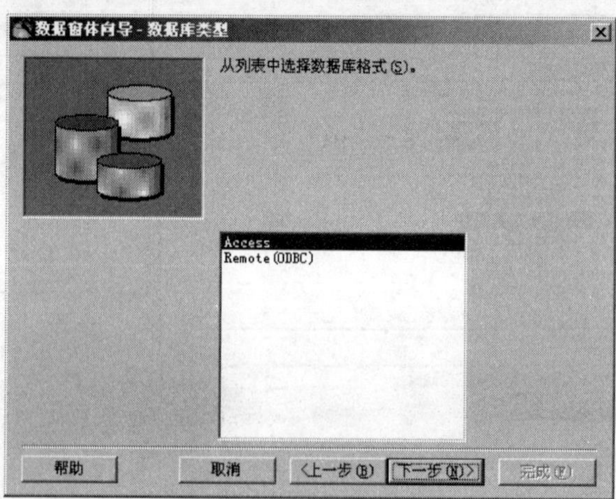

图 3.30 数据库类型选择

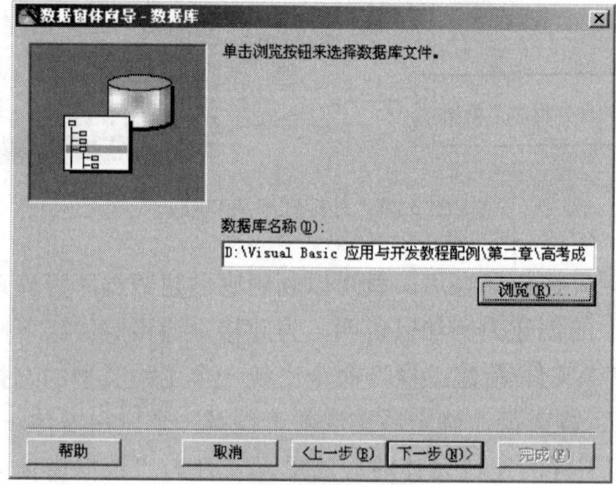

图 3.31 数据库引入界面

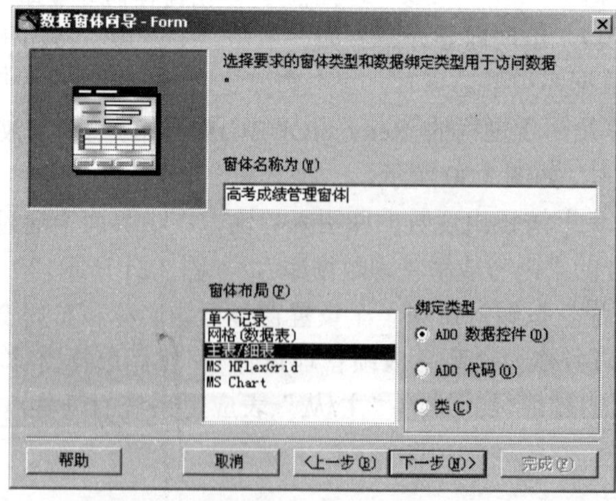

图 3.32 窗体名称与布局类型设置界面

另外，在窗体布局的窗体中，还有一个“绑定类型”的选择，所谓“绑定类型”就是数据表与窗体的“绑定形式”，它决定了数据记录导航的形式，这只有在后面的内容学习之后，读者才有比较深入的认识。此处选择“ADO”绑定的方式。

（8）单击“下一步”按钮，出现一个设置“数据源”和数据字段的界面，在该界面中，用户可以选择一个主表的数据源，这里的主表就是前面创建的“理科主表”数据表，如图 3.33 所示。

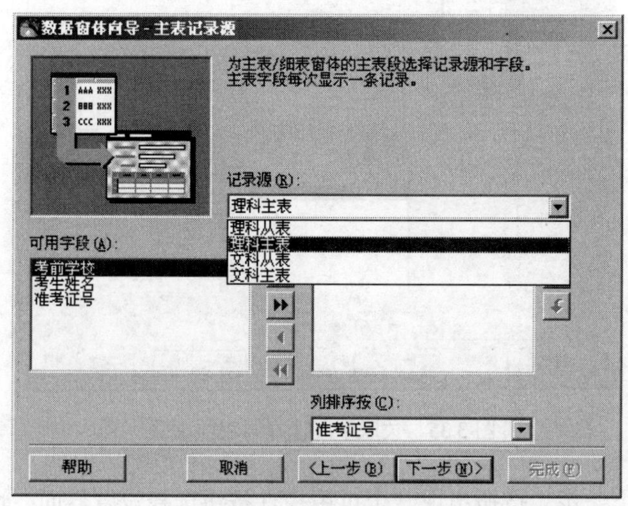

图 3.33　主表数据源设置

在主表数据源设置之后，将左边“可用字段”列表框中的所有字段放入到右边的“选定字段”列表框之中，然后再选择一个排序的字段“准考证号”。

（9）设置了主表的一切内容之后，单击“下一步”按钮，出现“从表”的设置界面，从表的设置与主表的设置几乎是一致的，其设置如图 3.34 所示。

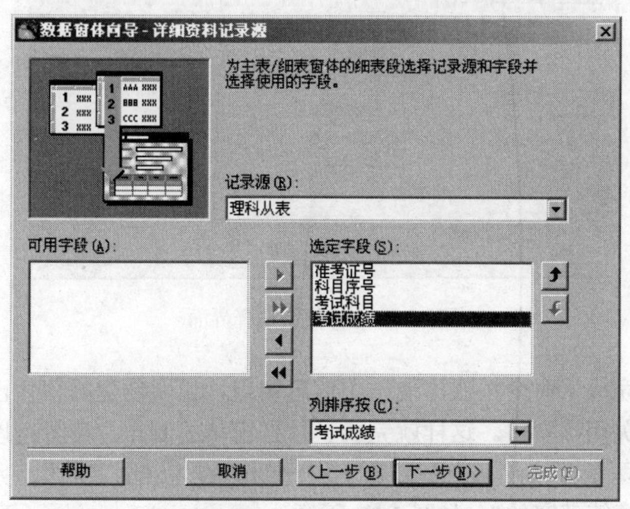

图 3.34　“从表”设置

（10）单击“下一步”按钮出现一个非常重要的主表与从表关联的界面，这就是第 2 章中介绍的创建索引与数据表间的关联的具体应用，表间的关联主要是通过索引字段进行的，因此在此处选择两个表中的“准考证号”字段作为关联字段，因为在两个表中均存在“准考证号”字段且建立过索引，关联字段的选择如图 3.35 所示。

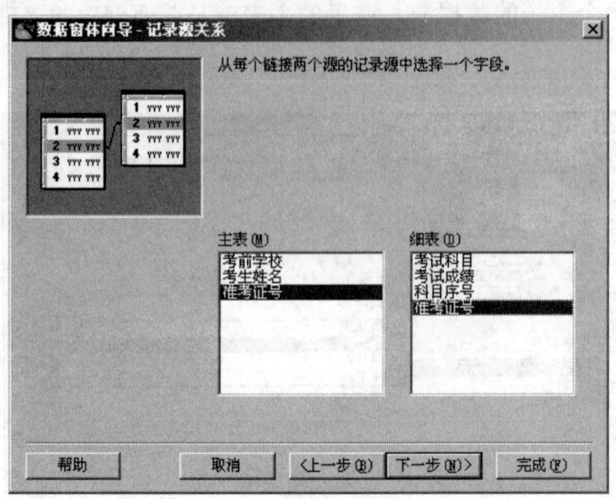

图 3.35　关联字段选择与表的关联

（11）单击“下一步”按钮出现一个可用控件按钮选择设置界面，选择全部按钮，如图 3.36 所示。

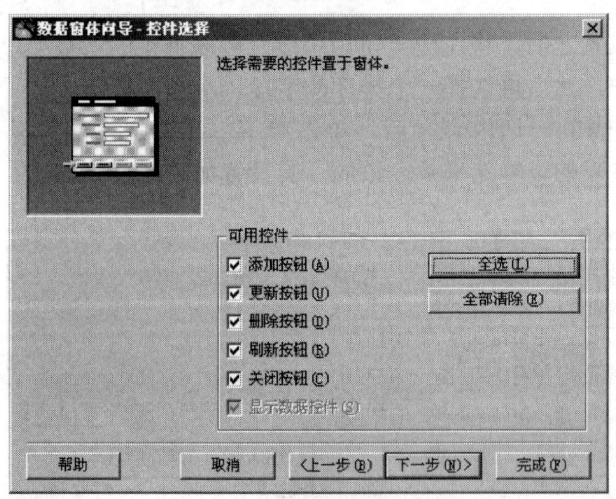

图 3.36　控件按钮选择界面

（12）单击“完成”命令按钮出现一个信息窗口，说明创建的窗体已经加入到工程之中。单击“确定”关闭该窗口。这样就完成了数据窗体的制作。读者可以从工程管理器中发现，工程中存在两个窗体，一个是创建工程时创建的 Form1 窗体，另外一个是后面向导创建的“高考成绩管理窗体”，如图 3.37 所示。

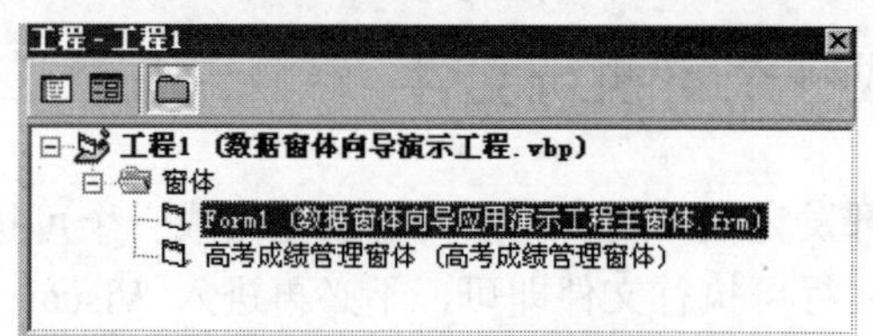

图 3.37　工程中的窗体

现在的问题是，在进行工程运行检验时，只出现一个空白的窗体 Form1，而不出现我们所需要的“高考成绩管理窗体”，与前面的例子一样，需要在第一个窗体中加入一个命令按钮来调用第二个窗体。为简化之，给出第一个窗体中的命令按钮控件 Command1 的子过程代码如下：

```
Private Sub Command1_Click()
   高考成绩管理窗体.Show
End Sub
```

这样再运行工程，然后单击第一个窗体的命令按钮之后，出现第二个窗体，即“高考成绩管理窗体”及相互关联的考生成绩，用户就可以通过第二个窗体对考生的成绩进行管理，如图 3.38 所示。

图 3.38　高考成绩管理效果

【注意】在通过数据窗体向导创建的主从表窗体中，通常从表中数据表格中的记录是不可以修改的，如不能添加、不能删除和不能修改刷新。用户可以通过对该表格的相关几个属性进行修改，以使该表格中的记录可以添加修改和刷新。其相关的属性是“AllowAddNew”、“AllowDelete”、“AllowUpDate”，将这些属性全部设置为“True”即可。

这样，工程在运行时就可以在从表中对考生的成绩进行编辑修改和更新了。

在一个主从表的窗体中，通常主表字段用文本编辑框显示，从表记录用表格控件显示，因为主表中的每一条记录是惟一的，仅一条记录，而从表中的记录是多条的，而且主表中的数据与从表中的数据是相互关联的，这就是一对多的表间的关系。

3.4.3 为工程生成一个可执行文件

如果一个工程已经开发完成，用户可以为它创建生成一个可执行文件，用户在使用工程创建的系统时，只需运行可执行文件即可，不必再进入 Visual Basic 6.0 的集成开发环境。为一个系统建立可执行文件非常简单，只需要在打开的工程的集成环境中单击主菜单“文件/ ******.exe”即可，其中“******”表示当前打开的工程文件名，单击该菜单之后，系统出现一个生成的可执行文件保存的对话框，在对话框中选择可执行文件的保存位置及输入相应的可执行文件名即可。以后就可以直接在该文件夹中直接运行该可执行文件进入相关的系统。

3.5 习题

1．什么是 Visual Basic 6.0 中文版的集成开发环境？相对于面向过程开发的环境而言，它有什么优点？

2．Visual Basic 6.0 中文版集成开发环境包括哪几个大的方面？每个部分的作用是什么？

3．工程管理器有什么作用？

4．对象监视器或属性设计器的主要作用是什么？

5．如何对一个工程进行保存和打开？

6．一个工程中工程名个数与单元名称个数是一样多吗？窗体的个数与单元文件的个数是一致的吗？

7．如何将一个控件加入到窗体中，各种方法有什么区别吗？

8．如何从工程中增加窗体？如何进行窗体调用和窗体关闭？

9．如何为 Visual Basic 6.0 中文版引入外挂程序？如何卸载外挂程序？

10．掌握工程向导的一般使用方法。

11．掌握数据窗体向导与数据库应用系统创建的基本方法。

12．从“主表/细表”窗体的创建说明创建数据表时字段索引的重要性与表间的关联方法及其重要意义。

13．如何为一个工程生成一个可执行文件？

第 4 章　Visual Basic 6.0 中文版程序设计基本方法

前面已经指出，虽然可视化的编程工具已经为用户提供了极其良好的集成开发环境、开发工具和编译工具，另外还有如管理器、监视器、窗体和控件等，但仅有这些工具还远不能满足系统开发的需要和进行大规模的系统开发，因为环境和工具是固定不变的，而系统和程序是千变万化的。因此本章将介绍 Visual Basic 6.0 中文版程序设计的一般方法，它不仅是应用系统设计的需要，而且是任何结构化语言的一般程序设计的方法。

在结构化程序设计的理论与实践中，任何一个复杂程序的编制均可以归结为 3 种结构及其结构的嵌套，这 3 种结构是：顺序结构、分支结构、循环结构。本章我们就主要介绍这 3 种结构的编制的基本方法。

4.1　顺序结构程序设计

在 3 种结构的程序编制中，顺序结构是最简单的一种，它将执行事务所需要的过程代码（子程序）按照事件出现和执行的先后顺序进行排列，逐行编制。在程序编译与执行时，也按照这种顺序进行。为了说明顺序结构的编程方法，下面先看两个例子：

【例 **1**】利用 Visual Basic 6.0 中文版创建一个工程，用于计算任何给定的圆的面积的大小。该工程的创建过程如下：

（1）启动 Visual Basic 6.0 中文版，出现集成开发环境。

（2）在集成开发环境中单击主菜单“文件/新建工程”出现工程类型选择面板，选择标准 EXE 工程并确定后出现一个新的工程和一个空白的窗体 Form1。

（3）命名保存工程文件和空白窗体的单元文件，将窗体单元文件命名为 SqureForm1，它表示圆的面积的单元；将工程文件命名为 SqurerProject，即面积工程。其保存路径如图 4.1 所示。

（4）单击“保存”按钮完成工程的保存操作。

（5）设置窗体标题（Caption）为“顺序结构编程方法－计算圆的面积”。

（6）在窗体中分别放入 3 个标签控件 Label1、Label2、Label3，设置 3 个标签控件的标题（Caption）属性分别为“圆的面积计算演示程序”、“请输入圆的半径 R:”和“圆的面积为:”。这 3 个标签均可以通过对象监视器设置其字体字号和颜色即设置它的“Font”属性，如图 4.2 所示。

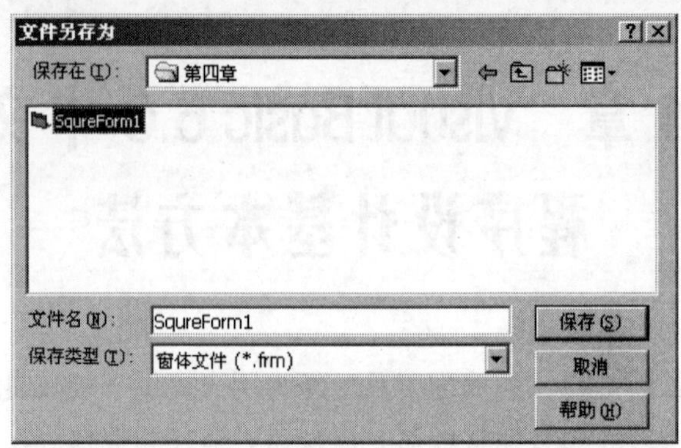

图 4.1　单元文件与工程文件命名保存路径

图 4.2　标签控件的字体字号与颜色设置

（7）确定标签控件的字体字号之后，在窗体中分别放入两个文本编辑控件 Text1、Text2，用于输入圆的半径和显示计算出的圆的面积。

（8）在窗体中放入一个命令的按钮控件 Command1，用于执行计算过程，将命令按钮的标题（Caption）属性设置为“开始计算”。

（9）在窗体中放入一个形状控件 Shape1，设置它的形状（shape）属性为圆（3 - Circle），这样窗体的布局如图 4.3 所示。

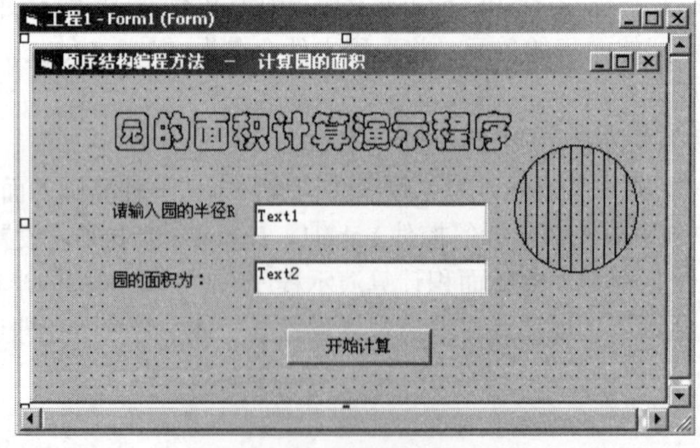

图 4.3　演示程序窗体布局

【注意】首先给圆的半径赋予一个初值，即将文本编辑框控件 Text1 的属性 Text 的值赋为 1.0，这样不至于在不输入半径值执行计算出现错误。

圆的半径的初值仅为窗体运行时显示的值，实际中用户可以输入任意大小的圆的半径值进行圆的面积计算。

（10）最后，为执行计算的命令按钮 Command1 编制单击事件的过程代码（子程序），其方法已经在前面章节介绍过，其过程代码的完整内容如下：

```
Private Sub Command1_Click()     '命令按钮的子过程
   pai = 3.14                    '定义常数Pai
   Dim R, squere As Single       '定义两个单精度的变量
   R = Val(Text1.Text)           '将文本编辑框中的字符串通过Val函数转换成实数值
   squere = pai * R * R          '计算圆的面积
   Text2.Text = Str(squere)      '将圆的面积转换成字符串由文本编辑框控件Text2显示
End Sub
```

（11）运行工程并输入任意一个大小的圆的半径，然后执行面积的计算，得到圆的面积，如图 4.4 所示。

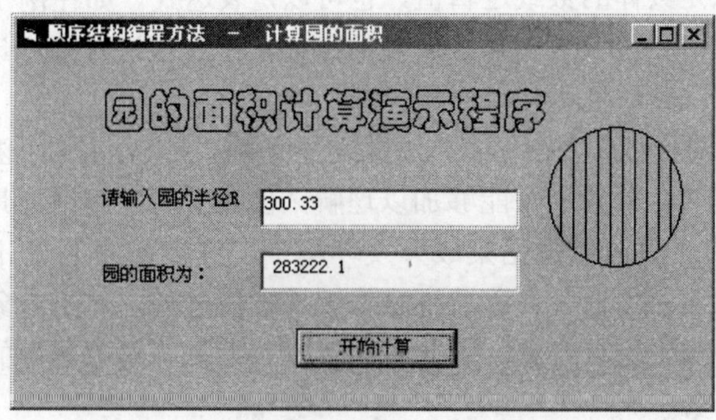

图 4.4 圆的面积的计算效果

从执行计算的命令按钮的过程代码可以看出，该过程首先声明了一个常量即 Pai(π) 的值（常量符号用 pai 代替），然后声明单精度变量 R 和面积变量 squere。然后按计算过程的自然顺序计算出圆的面积，最后显示结果。

因此，可以得到在 Visual Basic 的语言体系中，顺序结构的程序设计模式一般如下：

```
Private Sub                      '子程序过程标识
   变量声明                      '如果需要的话
   声明变量                      '如果需要的话
   Code Line 1……                 '代码行1
   Code Line 2…….                '代码行2
   Code Line 3…….                '代码行3
```

```
    ……                        ……
    Code Line n…….            '代码行n
End Sub                       '子程序过程结束标识符
```

归结起来说，顺序结构的程序设计就是按事件发生的先后顺序编制代码行的程序设计，其事件的执行按程序代码行的先后顺序逐句执行，将这种程序设计方法称为顺序结构程序设计方法。

4.1.1 赋值语句与基础编程

在程序设计中，语句是程序代码行的基本单元，其中一种语句，也是程序设计中的最基本的一种语句，就是赋值语句。在 Visual Basic 6.0 中文版语言体系中，赋值语句可以将指定的值赋给一个常量、一个变量或对象的一个属性。

在 Visual Basic 6.0 语法中，无论是对常量或是对变量的赋值，均按照 A=d 的格式进行，它们之间的赋值方式是没有区别的，一般地说，等式左边为常量或变量符号，等号右边为常量或变量的值。

对于变量的赋值，涉及的变量符号可以是用户自定义的变量符号，也可以是对象的属性变量，其赋值可以是具体的数或逻辑值，也可以是表达式。如在例 1 中，既涉及常量的赋值，也涉及的赋值，还涉及到对象的属性的赋值。读者在进行程序设计的编制时可以参考例 1 的子程序代码编辑赋值语句。

在前面章节中已经指出，无论对于常量或是变量，参与运算时必须加以声明，对于变量与常量的赋值方法，读者通常能够加以理解，但对于对象属性变量的赋值方法，往往是不太习惯或陌生的，而在可视化集成开发环境下，许多程序的设计往往又是根据对象进行属性设计的，除给对象通过对象监视器设置属性值之外，对于对象的属性值在程序设计中往往也通过程序代码进行设置。因此将比较深入地说明对象属性的赋值与程序设计的方法。

在可视化的集成开发环境中，一些变量往往是关于对象的属性的变量，这类变量并不需要单独进行声明，它随着对象的出现已经在单元文件的类中得到声明和默认，但往往一些对象变量需要用户在程序中进行赋值。给出如下一个关于对象属性变量的例子。

【例 2】创建一个工程，给工程中的一些对象的属性赋值，然后运行工程观察对象属性的变化。工程的创建过程如下：

（1）启动 Visual Basic 6.0 中文版集成开发环境，选择标准 EXE 工程类型，出现一个新的工程和一个空白窗体；

（2）命名保存工程的单元文件和工程文件；

（3）在窗体中放入 3 个标签控件 Label1、Label2、Label3，设置相关的字体字号；

（4）在窗体中放入一个命令按钮控件 Command1，设置它的标题属性 Caption 为“执行演示”；这样窗体的布局如图 4.5 所示。

图 4.5　窗体与控件的布局

（5）为命令按钮编制如下的过程代码：

```
Private Sub Command1_Click()
   Form1.Caption = "本科应用型计算机系列教材"          '给窗体标题变量赋值
   Form1.ForeColor = clInfoBk                         '给窗体颜色变量赋值
   Form1.Label1.Caption = "机械工业出版社出版"         '给窗体中的标签的标题变量赋值
   Form1.Label2.Caption = "Visual Basic 6.0中文版应用与开发教程"        '同上
   Form1.Label3.Caption = "伍俊良  主编"
End Sub
```

可以看出，该命令按钮的过程代码中全部是关于工程中的对象的属性变量的过程代码，如第 1 行是关于窗体标题的属性变量的赋值，第 2 行是关于窗体颜色变量的赋值，第 3 行和第 4 行是关于窗体中的标签对象的标题属性的赋值。显然，这些对象的属性值均是可变化的，因此它是变量，而在可视化的程序设计中，许多的程序均是按照这类对象的属性变量进行的。

（6）运行程序并检验（执行演示）工程中的对象的具体属性值，其效果如图 4.6 所示。

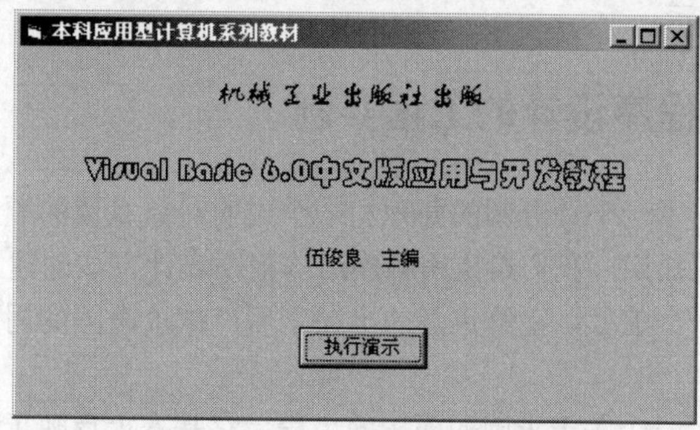

图 4.6　对象属性变量的赋值与显示效果

同样，对象属性变量的赋值仍按照 A=d 的方式进行，这进一步说明了常量赋值与变量赋值的相同之处。不过为常量或变量赋值时，需要注意常量或变量的数据类型，如字符串数据类型的常量或变量的值必须用西文状态下的双引号引用，以表示字符串值。

4.1.2 顺序结构程序设计逻辑框图的绘制

前面介绍了顺序结构程序设计的一些基本方法，事实上在传统的编程习惯中，往往需要程序员绘制事件执行的程序设计的相关逻辑关系图，也通常称为逻辑框图。这样做有 3 个好处，一是可以严格训练程序员的逻辑思维能力，二是可以提高程序设计的准确性从而减少程序设计的随意性和盲目性，以避免系统开发中的重大失误，三是流程图结构清楚，层次分明，有助于程序设计。

1. 逻辑框图绘制的基本符号约定

通常用图 4.7 所示的一些符号来绘制程序的逻辑框图：

① 矩形，也称为说明框或叙述框，表示一般的处理功能。

② 菱形，也称判断或检查框，表示在几个可选择的路径中，判断选择其中一种并加以执行。

③ 两头尖的框，表示循环。

④ 平行四边形框，表示输入或输出，即提供所处理的信息，或输出得到的新的信息。

⑤ 圆弧边的框，表示流程开始。

⑥ 圆圈，表示流向本流程图外某个地方的出口点或表示从流程图外某个地方进入的入口点。

⑦ 箭头，表示流程的路径和方向。

图 4.7 基本符号

2. 顺序结构程序设计的程序框图

按照程序设计框图绘制的符号，我们可以在可视化编程环境下得到顺序结构程序设计的逻辑框图如图 4.8 所示。

4.1.3 顺序结构程序设计的工程实例

尽管前面已经给出了一个计算圆的面积和一个说明对象赋值的顺序结构编程的例子，但这里为了巩固前面的知识，我们给出用顺序结构程序设计方法创建工程的一个实例。

【例 3】试创建一个工程，在给定圆的半径之后，试求出圆的周长、面积和对应球的体积。

在例 1 中，给出了一个关于求圆的面积的工程，它基本上反映了顺序结构程序设计的基本思想。在本例中，我们将给出 3 个计算量即圆的周长、面积和对应球的体积的计算问题，这将进一步说明了顺序结构的编程思想。工程创建的基本步骤如下：

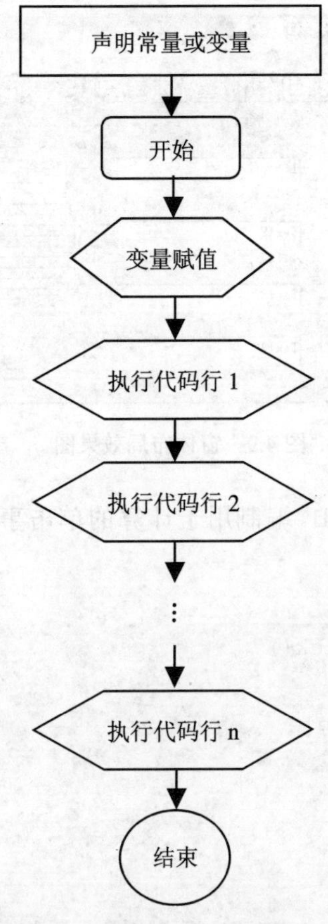

图 4.8　顺序结构的程序框图

（1）启动 Visual Basic 6.0 中文版集成开发环境并选择一个新的标准 EXE 工程。

（2）命名保存工程的单元文件和工程文件。

（3）在窗体中放入 4 个标签控件 Label1、Label2、Label3、Label4，设置相关的字体字号和标题。

（4）在窗体中放入 4 个文本编辑控件 Text1、Text2、Text3、Text4；第一个文本编辑框控件 Text1 用于输入圆的半径，设置该控件的属性 Text1 的值为 1.0。后 3 个文本编辑框控件用于显示圆的周长、面积和体积。

（5）在窗体中放入一个命令按钮控件 Command1，设置它的标题（Caption）属性为“执行计算”。

（6）在窗体中插入一个形状控件 Shape1，设置形状（Shape）属性为圆（3-Circle），这样窗体的布局如图 4.9 所示。

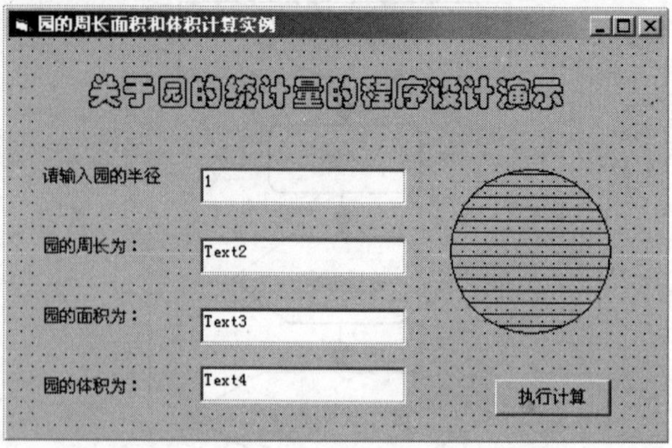

图 4.9　窗体布局效果图

（7）为命令按钮 Command1 编制用于计算的单击事件（Click 事件）的过程代码如下：

```
Private Sub Command1_Click()
   pai = 3.14
   Dim R, C, S, V As Single
   R = Val(Text1.Text)
   C = 2 * pai * R
   Text2.Text = Str(C)
   S = pai * R * R
   Text3.Text = Str(S)
   V = 4 / 3 * pai * R * R * R
   Text4.Text = Str(V)
End Sub
```

（8）最后运行编译检验程序的计算结果，其效果如图 4.10 所示。

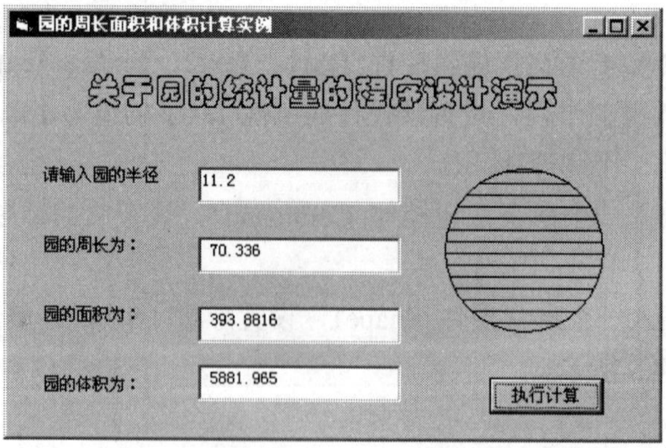

图 4.10　工程运行与计算结果显示

该工程的核心是用于计算的命令按钮的过程代码，该代码给出了从常量和变量的声明，然后是顺序计算和显示圆的周长、面积和体积的过程，这些过程的执行全部按先后顺序进行，因此本例更进一步体现了顺序结构编程的基本思想。

值得指出的是，程序设计并不仅仅是用于一般的科学计算，它广泛地应用于数据库系统的开发、多媒体的制作、网络应用系统和图形图像处理，在这些应用和程序设计中，用户将广泛应用到顺序结构的程序设计方法，在本书后面的众多内容中，读者将接触到丰富多彩的程序和过程以及系统设计的一些基本思想和方法，也将接触到程序设计的其他设计方法，如分支结构方法和循环结构方法。

4.2 分支选择结构程序设计方法

在前面的顺序结构程序设计中，无论是程序代码的编制或是程序的编译与执行，均是逐行进行的，这极大地方便了程序设计人员对于程序的编制，也易于用户对于程序代码的理解。

但客观世界的问题总不是那么简单，有时候事件发生或过程发生并不是按“线性”方式进行的，它会发生经常的变化，从而对于事件的处理需要人们去选择。这种选择可能在两个方面进行也可能在多个方面进行，因此一种新的程序设计思维是必要的，这就是分支结构的程序设计方法。

4.2.1 两分支选择结构的程序设计

在分支选择结构语句中，第一个需要解决的问题就是两分支选择结构问题，该类问题的实际背景是，在一个工程或系统处理的事务中，给出两个条件，如果第一个条件满足，则执行第一个事务，否则执行第二个事务，这就需要用到两分支选择语句来解决。

1. 简单条件语句

在介绍两分支语句之前，先介绍一下简单条件语句，通常简单条件语句就是在满足某一个条件之下，执行某一个事务，否则什么也不执行。这种语句的结构比较简单，其结构如下：

```
If 条件1 满足 Then
  执行语句1
End If
If 条件2 满足Then
  执行语句2
End If
……
If 条件n 满足Then
```

```
  执行语句n
End If
```

例如以下的过程代码就是简单的条件语句编程的例子：

```
If x<10 Then
  Y=12*x+4
End If
If x=10 Then
      Y=12*x+5
End If
If x>10 Then
  Y=12*x+6
End if
```

这种语句的使用比较简单，它就是将每一种条件的判断作为一个语句行或代码行进行编制，如果该代码行的条件不满足，则判断下一个代码行的条件，如果有一个条件满足则执行相关的语句，如果一个条件都不满足则什么也不执行。

利用这种语句进行编程，虽然形式上比较简单，但对于一些较复杂的问题，往往需要许多的行代码来完成，它会增加程序编制人员的工作，而且语句的结构也过于枯燥，不够精练。因此在实际的程序设计中，是比较少用的。

2. 两分支选择结构条件语句

两分支选择结构条件语句是简单条件语句的扩张，它的一般形式如下：

```
If  条件满足 Then
   执行语句1
Else
   执行语句2
End if
```

通常，对于多个条件的问题的解决，需要用到两分支条件语句的嵌套，因此两分支条件语句的一般形式如下：

```
If 条件1满足 Then
  执行语句1
  ElseIf 条件2满足 Then
     执行语句2
   ……
  Else
```

```
  执行语句n
End If
```

为了对分支结构的程序设计方法有一个直观的了解，下面先看一个简单的例子。

【例 4】在一个工程中用一个复选框和一个标签控件显示出版社的名称，如果复选框被选中，则显示“机械工业出版社”，如果不选中，则显示“北京大学出版社”。

这一例子曾经在前面的基础语法即布尔值数据类型中有所介绍，但目的是不同的，这里我们主要用它来说明分支结构编程的基本思想。其工程制作如下：

（1）启动 Visual Basic 6.0 集成开发环境选择创建一个标准的 EXE 工程。

（2）命名保存工程的单元文件和工程文件。

（3）在窗体中放入一个标签控件 Label1 设置相关的字体字号。

（4）在窗体中放入一个复选框控件 Check1，设置该复选框控件的标题 Caption 属性为“请选择”，这样窗体的布局如图 4.11 所示。

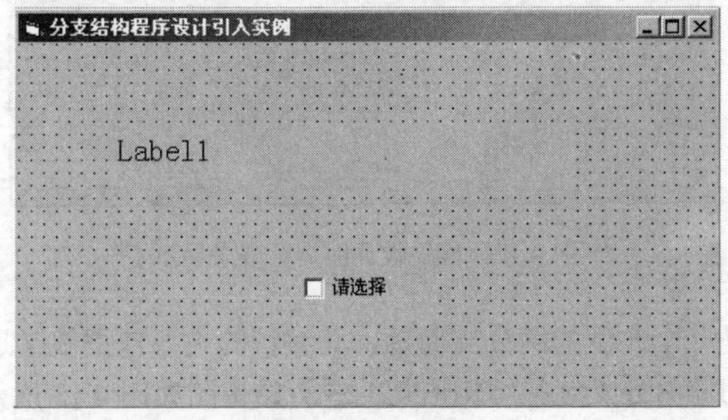

图 4.11　窗体布局

（5）为复选框控件编制单击事件（Click 事件）的过程代码，其单击事件的过程代码如下：

```
Private Sub Check1_Click()
  If Check1.Value = 1 Then
     Label1.Caption = "机械工业出版社"
  Else
     Label1.Caption = "北京大学出版社"
  End If
End Sub
```

【注意】在复选框控件的子程序代码中，用到了它的属性值 Value 作为判断执行事件的依据，也就是说，复选框控件的状态是由它的属性值 Value 所确定，其属性值与复选框控件的“选择”状态可参考表 4.1。

表 4.1　复选框控件 Check1 属性值与状态表

对 象 名 称	属　　性	属 性 值	"状态"
Check1（复选框控件）	Value	0	未选中
		1	选中
		2	禁用

利用复选框控件编程时，可以参考表 4.1 加以进行。

（6）运行工程检验程序设计的效果，如图 4.12 所示。

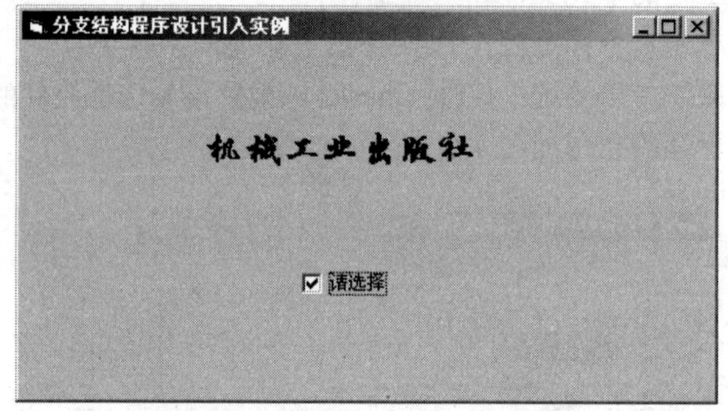

图 4.12　程序设计的运行效果显示

以上的问题就是一个典型的两分支问题，其编程的主要依据就是运用两分支选择语句结构。简单条件语句和两分支选择结构语句的逻辑结构图如图 4.13 所示。

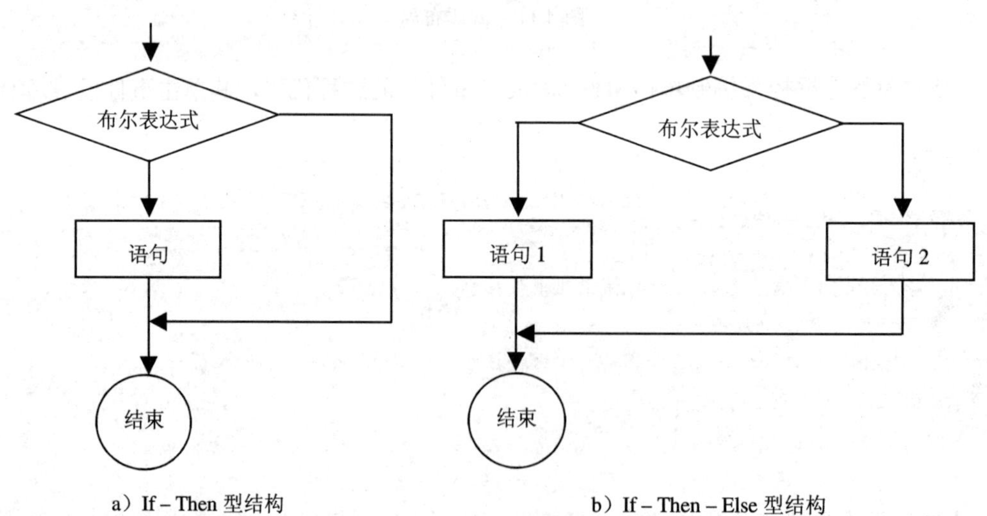

a）If – Then 型结构　　b）If – Then – Else 型结构

图 4.13　两种逻辑结构图

可以看出，分支结构与顺序结构程序设计方法有较大的区别，它是非线性的，需要在

一个判断之后进行选择执行一个语句，因此分支型结构也称为选择型结构。

为了进一步说明两分支结构语句在程序设计中的广泛应用，下面给出两个应用实例，第一个实例是用简单条件语句编制的，第二个例子是用两分支选择结构语句编制的。

【例 5】以下是一个宾馆管理系统查询模块的子程序代码，这个代码主要就是利用简单条件语句加以编制的，它可以实现按不同的方式进行查询，如按房号查询、按姓名查询、按国籍查询、按入店日期查询、按离店日期查询等。

```
Private Sub Command2_Click()
  Dim msg
  oldmark = Data1.Recordset.Bookmark
  msg = Trim(InputBox("请输入" + Combo1.Text, "查询"))
  If Combo1.Text = "房号" Then
    msg = "房号 like '" & msg & "'"          简单条件语句
  End If
  If Combo1.Text = "姓名" Then
    msg = "姓名 like '" & msg & "'"          简单条件语句，下同
  End If
  If Combo1.Text = "国籍" Then
    msg = "国籍 like '" & msg & "'"
  End If
  If Combo1.Text = "住店日期" Then
    msg = "住店日期 like '" & msg & "'"
  End If
  If Combo1.Text = "离店日期" Then
    msg = "离店日期 like '" & msg & "'"
  End If
  Data1.Recordset.FindFirst msg
  If Data1.Recordset.NoMatch Then
    MsgBox ("没有符合条件的记录！")
  End If
End Sub
```

其客房查询的界面如图 4.14 所示。

【例 6】设计一个工程，用于计算函数 $f(x)=\begin{cases}x^2 & x\geqslant 0\\ 100 & x<0\end{cases}$，其工程的创建如下：

（1）启动 Visual Basic 6.0 中文版集成开发环境并新建一个标准 EXE 工程。

（2）命名保存工程的单元文件和工程文件。

（3）在窗体中放入一个标签控件 Label1，设置其标题（Cption）属性为“函数值计算示例工程”。

（4）在窗体中放入多个标签控件构成一个函数表达式（平方运算）。

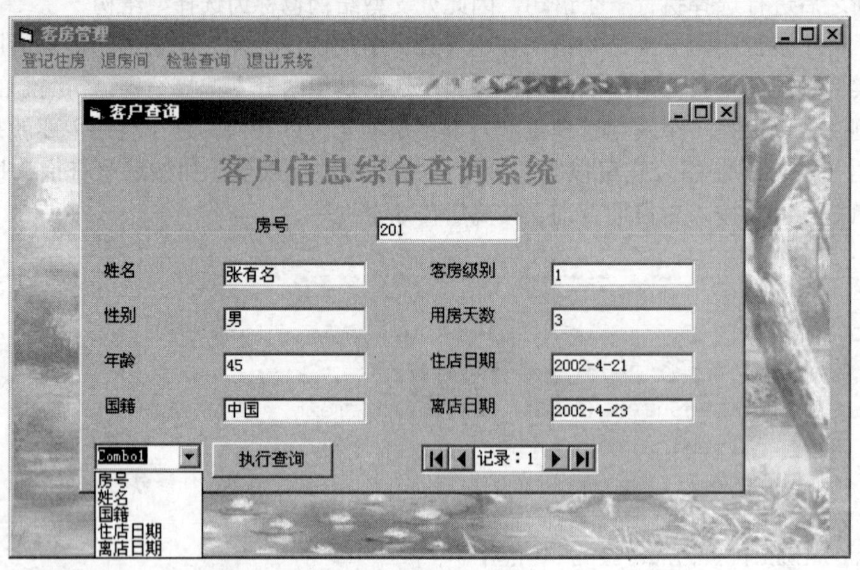

图 4.14 客户查询界面显示

（5）在窗体中放入一个文本编辑框控件 Text1 用于输入自变量 x 的值。

（6）在窗体中放入一个文本编辑框控件 Text2 用于显示函数值的计算结果。

（7）在窗体中放入一个命令按钮控件 Command1 用于执行计算函数的值，设置它的标题（Caption）属性为“计算函数值”。

（8）给文本编辑框 Text1 赋初值，即设置它的 Text 属性值为 1.0。窗体的整个布局如图 4.15 所示。

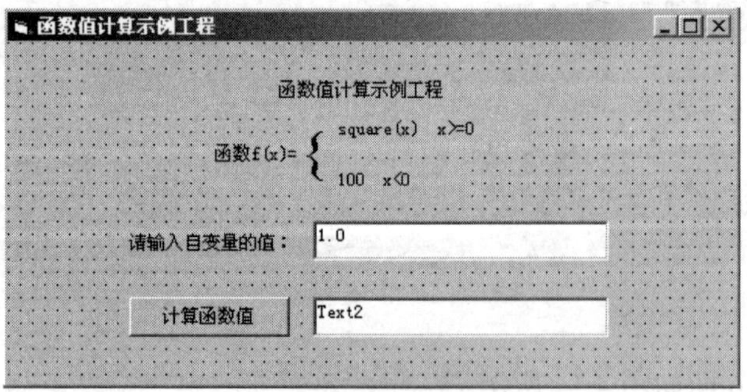

图 4.15 窗体布局效果

（9）为命令按钮 Command1 编制过程代码以执行函数值的计算，其单击事件的过程代码如下：

```
Private Sub Command1_Click()
Dim x, fx As Single
  x = Val(Text1.Text)
```

```
    If (x > 0) Or (x = 0) Then
       fx = x * x
       Text2.Text = Str(fx)
    Else
       fx = 100
       Text2.Text = Str(fx)
    End If
End Sub
```

两分支选择结构

（10）再次保存工程并运行计算函数值，其效果如图 4.16 所示。

图 4.16　平方运算检验

4.2.2　多分支选择结构的程序设计

前面已经指出，在科学计算或系统开发中，往往需要执行多个事务，如多个出版社的显示、多分段函数计算的问题等。

例 6 是一个典型的分段函数（两段函数），因此决定了程序设计需要采用两分支结构。

同样，在例 4 中，只要求对两个出版社的显示进行选择，如果需要在多个出版社的显示之间进行选择应如何进行程序设计？对于一个多段函数又如何计算，如何编程？也许读者自然想到用嵌套的两分支结构的方法，但这种方法并不是惟一的。这里介绍另外的解决该类问题的方法即多分支结构的程序设计方法。

在两分支结构的程序设计中，一个布尔表达式的值确定选择执行相应成份的语句。在实际问题中，常常需要根据若干种情况选择执行相应成分的语句。为此，Visual Basic 语言提供了处理这类问题的语句即 Select Case 结构的语句。

Select Case 语句通常也称为开关函数，它是先通过在多种条件下进行判断选择一种符合条件的语句加以执行，即它的逻辑结构如图 4.17 所示。

也就是说，在多分支选择结构的语句中，只有在第 k 种情况或第 k 个条件满足的条件下，执行第 k 条语句，然后退出判断执行下一个语句行代码。它尤如电路中的开关，因此，这种语句也称为开关语句。多分支语句结构的语法格式如下：

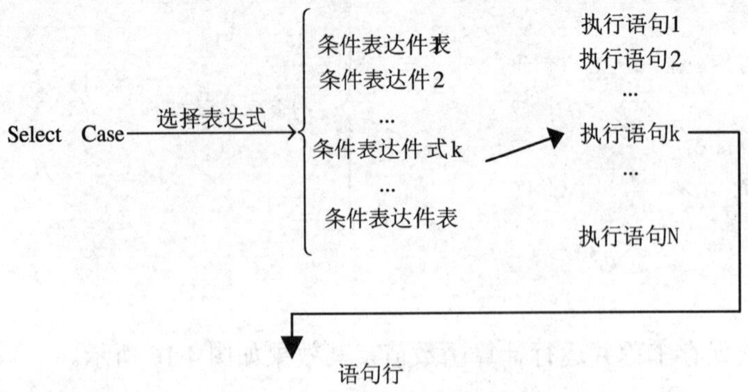

图 4.17 Select Case 语句的开关链接状态

```
Select Case 选择表达式
Case 条件表达式1
   执行语句1
Case 条件表达式2
   执行语句2
......
Case条件表达式N
   执行语句N
End Select
```

该语句结构也可以表示如下：

```
Select Case 选择表达式
Case 条件表达式1
   执行语句1
Case 条件表达式2
   执行语句2
......
Case else 条件表达式N
   执行语句N
End Select
```

Select Case 语句结构的逻辑框图如图 4.18 所示。

为了说明多分支结构程序设计的具体用途，下面仍以实例加以说明。

【例 7】给出任何一个学生的成绩，试将成绩转换成以字母表示的 5 个等级。其中 100~90 为优秀，89~80 为良好，79~70 为中等，69~60 为及格，59~0 为为不及格。其工程创建如下：

（1）启动 Visual Basic 6.0 中文版集成开发环境并选择创建一个标准 EXE 工程。

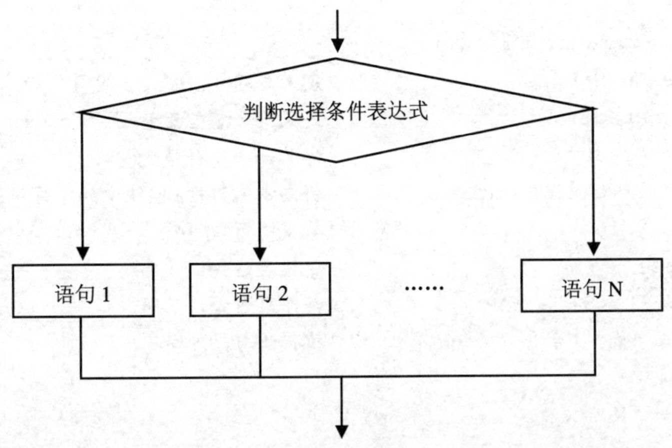

图 4.18　多分支结构的逻辑框图

（2）命名保存工程的单元文件和工程文件。

（3）在窗体中放入一个标签控件 Label1，设置其标题（Cption）属性为“学生成绩等级转换程序”。

（4）在窗体中放入一个标签用于提示输入学生成绩，设置其标题（Caption）为“请输入学生成绩：”。

（5）在窗体中放入一个文本编辑控件 Text1 用于输入学生成绩，设置它的初始值为 1.0 即设置它的 Text 属性值为 1.0。

（6）在窗体中放入一个文本编辑控件 Text2 用于显示学生成绩所在的等级。

（7）在窗体中放入一个命令按钮控件 Command1 用于执行等级的转换，其窗体布局如图 4.19 所示。

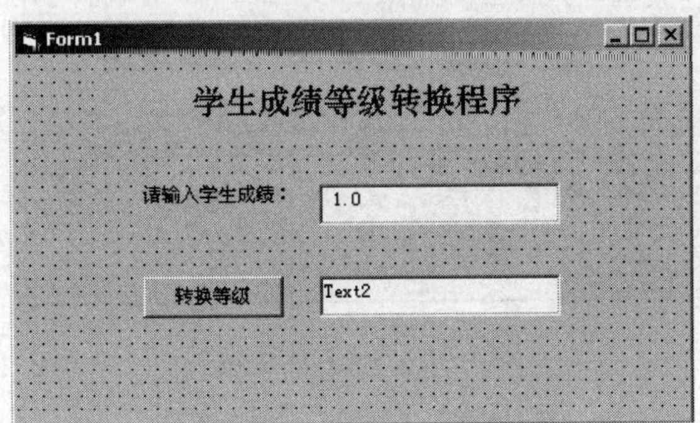

图 4.19　成绩转换的窗体布局

在工程运行后，只要用户输入学生的成绩，然后单击“转换等级”命令按钮，即可以显示该学生的成绩等级，因此，转换等级是一个事务，该命令按钮要执行这个事务，就需要编制它的相关的事件代码。

（8）为命令按钮编制单击事件过程代码，其过程代码如下：

```
Private Sub Command1_Click()
   Dim score As Single                    '定义成绩（score）变量
   Dim x As Integer                       '定义一个整型变量
   Dim grade As String                    '定义一个字符串变量
   score = Val(Text1.Text)                '将文本编辑框1控件中的字符串转换成实数
   x = score \ 10                         '将成绩用10整除
   Select Case x                          '逻辑表达式
   Case Is = 10, 9                        '条件表达式，下同
      grade = "优"                        '执行语句，下同
   Case Is = 8
      grade = "良"
   Case Is = 7
      grade = "中"
   Case Is = 6
      grade = "及格"
   Case Is <= 5, Is >= 0
      grade = "不及格"
   End Select
   Text2.Text = grade
End Sub
```

（9）运行工程检验成绩转换效果，如图 4.20 所示。

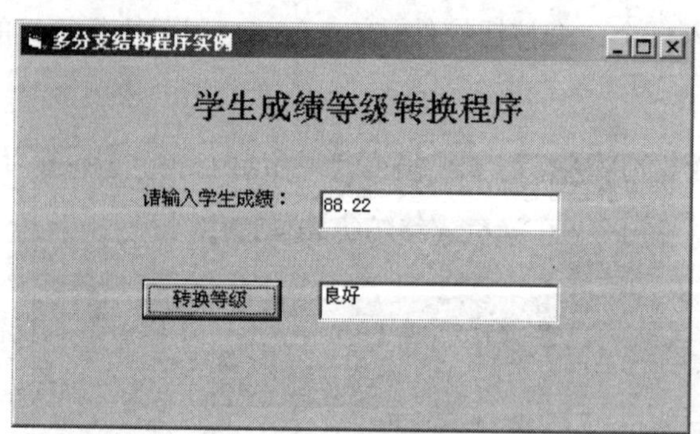

图 4.20　成绩转换效果

在例 7 中，我们首先定义一个单精度变量，用于代表学生成绩，然后定义一个整型变量，用 10 去整除“成绩”得到几个整数，这样便于编写判断语句。另外定义一个字符串变量，代表学生成绩的等级。

事实上，命令按钮代码的编制是比较灵活的。如我们不将成绩折合成整数，而直接对成绩进行判断也是可以的，其成绩转换的过程代码如下：

```
    Private Sub Commandl_Click()
    Dim score As Single                   '声明一个代表成绩的变量score
    Dim grade As String                   '声明一个代表等级的字符串变量grade
    score = Val(Text1.Text)               '将文本编辑框中输入的成绩转换为实数
    Select Case score                     '以score为逻辑表达式
    Case Is >= 90
      grade = "优"
    Case Is >= 80
      grade = "良"
    Case Is >= 70
      grade = "中"
    Case Is >= 60
      grade = "及格"
    Case Is >= 0
      grade = "不及格"
    End Select
     Text2.Text = grade
End Sub
```

例 7 是一个典型的多分支结构的应用实例，在程序设计中，用到了一个关键字 Is，在它的后面应该采用关系运算符=，>=,<,<=,<>等进行判断。注意到在分支结构体的内部不允许包含其他语句，如将成绩的等级显示语句“Text2.text=grade”放在结构体 Select Case score …End select 内部则系统会出错，不能正确地在窗体中显示等级。

要注意以下 3 点：

① 在多重选择的语句中，用于判断的变量不仅可以用数值型变量，同时也可以采用其他类型的变量作为判断。如在一个窗体中，用一个文本框输入一个字符串变量的值，用另外一个文本框显示出版社的名称。则第一个文本框的字符串作为判断的变量，它并不是数值型的，而是字符型的。其命令按钮的单击事件的过程代码编制如下：

```
  Private Sub Command1_Click()
   Select Case Text1.Text          '将文本框的属性值.Text作为表达式（字符串）变量
   Case Is = "出版社1"
     Text2.Text = "北京大学出版社"
   Case Is = "出版社2"
     Text2.Text = "机械工业出版社"
   Case Is = "出版社3"
     Text2.Text = "清华大学出版社"
   Case Is = "出版社4"
     Text2.Text = "电子工业出版社"
   End Select
  End Sub
```

这样，窗体运行的效果如图 4.21 所示。

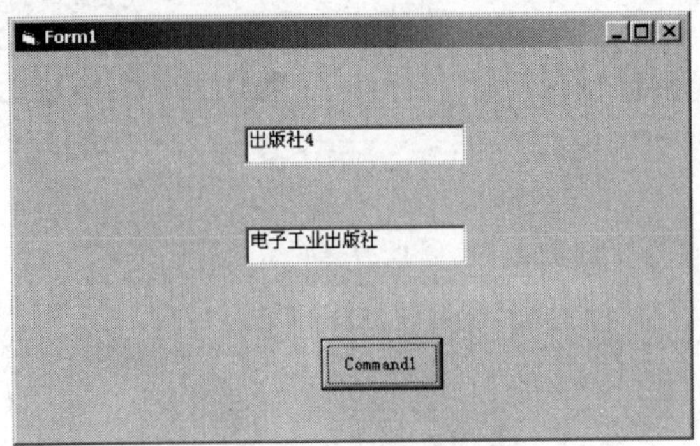

图 4.21　选择语句运行结果

② 作为判断的变量，它的每一个判断条件表达式除可以用具体的值（如“出版社 1”、“出版社 2”等）代表之外，还可以直接采用条件序号 1，2，3，…，n 来代表条件表达式，其效果是一样的，如在上例中的语句可以修改为：

```
Private Sub Command1_Click()
  Select Case Text1.Text
  Case Is = 1
    Text2.Text = "北京大学出版社"
  Case Is = 2
    Text2.Text = "机械工业出版社"
  Case Is = 3
    Text2.Text = "清华大学出版社"
  Case Is = 4
    Text2.Text = "电子工业出版社"
  End Select
End Sub
```

这样的语句行与前面的语句行是等价的。

③ 如果条件变量的取值与任何一个条件判断表达式的值不相符时，则什么也不执行。

4.2.3　可充当分支选择结构语句的控件

虽然分支结构语句和多分支结构语句在程序设计中有着重要的意义，但由于它的编程比较复杂，因此在可视化的编程工具中，有许多控件可以充当分支结构和多分支结构编程的控件，它们的使用对于解决多分支程序问题是相当方便和容易的。如在例 4 中采用一个复选框控件解决了显示“机械工业出版社”和“北京大学出版社”这一两分支结构的程序

设计问题。但对于需要显示多个出版社时如何编程的问题，除可以采用多分支结构编程的方法加以解决之外，这里采用控件的方法加以解决，以充分体现可视化程序设计的方法与传统的程序设计相结合的特点。

【例 8】在一个窗体中，用控件来分别显示“北京大学出版社”、“清华大学出版社”、“人民邮电出版社”、“机械工业出版社”4 个出版社。

如果利用可视化的控件来设计这一程序，问题将变得十分简单，其工程实现的步骤如下：

（1）启动 Visual Basic 集成开发环境并选择创建一个标准 EXE 工程。

（2）命名保存工程的单元文件和工程文件。

（3）在窗体中放入一个标签控件 Label1，设置其标题（Cption）属性为“出版社名称显示”。

（4）在窗体中放入一个标签 Label2 用于显示各个出版社；设置该标签控件的适当的字体字号。

（5）在窗体中放入 4 个选项按钮 Option1、Option2、Option3、Option4 分别用于执行显示 4 个出版社，这样窗体的布局如图 4.22 所示。

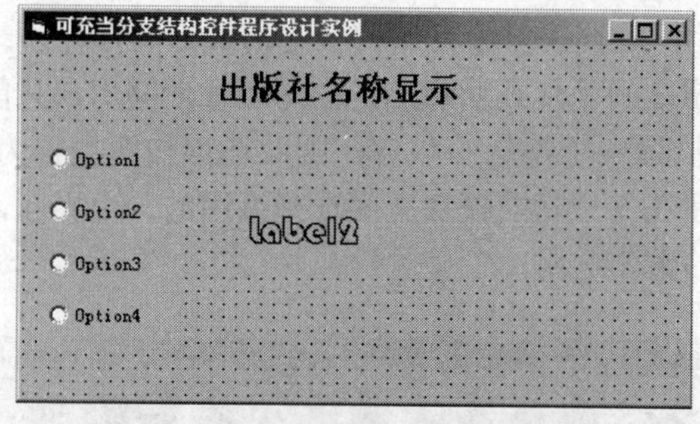

图 4.22　出版社名称显示窗体布局

（6）为每一个选项按钮编制单击事件的过程代码，其过程代码如下：

```
Private Sub Option1_Click()
  Label2.Caption = "北京大学出版社"
End Sub
Private Sub Option2_Click()
  Label2.Caption = "清华大学出版社"
End Sub
Private Sub Option3_Click()
  Label2.Caption = "人民邮电出版社"
End Sub
Private Sub Option4_Click()
  Label2.Caption = "机械工业出版社"
End Sub
```

最后运行工程并检验每一个选项按钮，可以显示其检验效果，如图 4.23 所示。

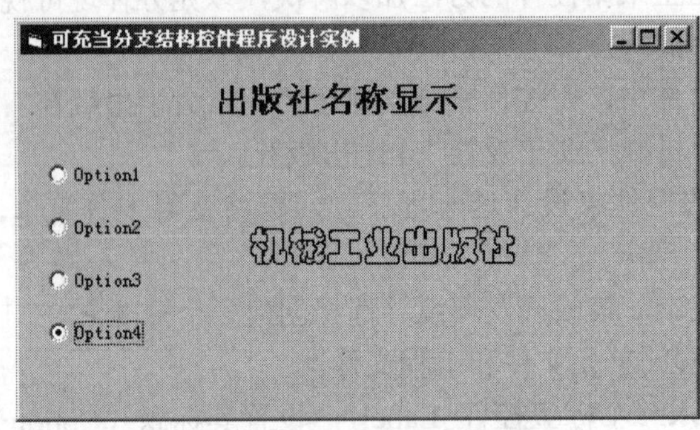

图 4.23　工程运行与出版社名称显示效果

分支结构的编程是一种传统的有效的编程方式，它往往应用于科学计算的问题的解决。但由于它的结构十分机械而且在多个条件出现的情况下，程序编制比较复杂，因此，通常在应用系统开发的程序设计中，并不常用多分支结构语句进行编程，而多采用控件来解决多分支结构程序设计的问题。

选项按钮 Option 控件是解决多分支结构程序的最好的控件，一个窗体中放入多个选项按钮时，多个选项按钮之间呈现互斥状态，程序运行期间用户只能在多个选项按钮之中单击或选择其中一个以执行一个特定的事务，因此选项按钮也称为单选按钮。如图 4.24 是一个系统中用选项按钮在各个功能模块之间选择调用的一个界面，这可以充分说明可充当分支结构语句的控件的重要运用。

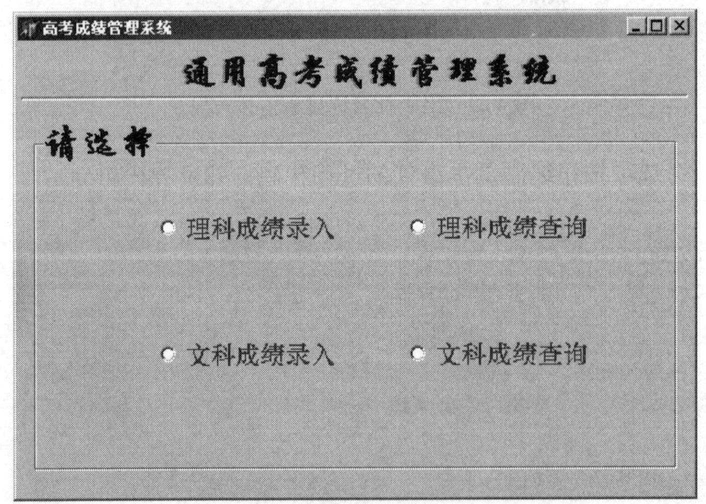

图 4.24　单选按钮与系统制作

在以上的界面中，用 4 个选项按钮来调用四个关于高考成绩的界面，这实际上就是对 4 个分支的选择。

关于多分支结构程序设计在工程计算或科学计算中的应用例子很多，各种运用也比较

灵活，读者可以采用举一反三的办法，结合例 6 和例 7 加以解决，在本教材后续内容的系统开发与制作中，将会遇到许多相关的问题，读者会得到更多的启发。下面是两个传统的多分支结构程序设计的经典例子，读者可自己制作一个工程来完成。

【例 9】已知一元二次方程 $ax^2+bx+c=0$（a,b,c 均为常数），制作一个工程，当输入一组实数 a,b,c 之后，计算并显示方程的根。

【例 10】某公司销售物品采用优惠的办法，其优惠条件是：

（1）在 10000 元以上的，按 9.5 折计算；

（2）在 20000 元以上的，按 9.0 折计算；

（3）在 30000 元以上的，按 8.5 折计算；

（4）在 50000 万元以上的，按 7 折计算。

试制作一个工程，输入货款时，计算并显示其优惠价。

4.3 循环结构程序设计方法

在客观实际中，一些事务的发生并不是按顺序结构的情况也不是按分支结构的情况进行的，而是按某种形式循环进行着。为了说明这一问题，先给出如下一个经典的循环计算的例子。

【例 11】计算 n!。

这一例子看似简单，实际上它代表程序设计中的一个经典问题和一种经典的方法，这就是循环结构程序设计方法，许多程序设计的教材中均引用该例子作为一个实例。

所谓循环结构程序就是一个事务周而复始地进行直到满足一定的条件为止，例 10 中的问题就是一个循环地作乘法的计算问题，也就是说，对于求数的阶乘的问题就是连续进行自然数的相乘的问题。循环的结束可以归结为两种情况：一是 n 的值，当 n 的值达到一定的值时便终止计算，如 n=100 时，就终止循环，本质上就是计算 100！的循环。终止循环的第二种情况是总体的值，如当 n!的总体值达到某个量时即终止程序的进行，需要用户计算总体的值或相应的 n 的大小。

循环结构的程序设计包括 3 种情况：①For 循环语句；②Do 循环语句；③While 循环语句。以下分别介绍这 3 种形式的循环语句。

4.3.1 For 循环语句结构的程序设计

首先介绍 For 循环语句，这种语句的一般格式为：

```
For 循环变量=初始值 to 终值 [步长]
    [循环体]
[Exit For]
    [循环体]
Next 循环变量
```

其中，循环变量用于计算中的某一个特定的变量，如计算 n!时，始终有一个变化的量，需要从 1 到 2…n 一直作乘法，因此计算 n!时，需要设定一个变化的量，我们称为循环变量，初始值则是循环变量的第一个取值，通常在科学计算中循环往往是针对整数运算进行的，因而初始值通常为整数。终值自然就是循环变量的最大能够取到的值，它由用户所定义或控制。步长是指循环变量每次增加的量，不指定循环变量的步长时，则默认步长为 1。循环体则是在循环进行的过程代码。Exit For 是在一定条件下退出循环的条件。

“Next 循环变量”则是进入下一循环过程，这种循环只有在循环变量达到终值时结束。

为了能够对 For 循环语句有一个基本的认识，以一个工程创建为例，先解决例 11 中计算 n!的问题。

（1）创建一个标准的 EXE 工程；

（2）命名保存工程文件与单元文件；

（3）在窗体中放入一个标签控件，设置其标题（Caption）属性为“请输入 n 的值:”；

（4）在窗体中放入一个文本编辑框控件 Text1，用于输入 n 的值，设置它的初始值，即 text 的属性值为 1；

（5）在窗体中放入另外一个标签控件，设置其标题（Caption）属性为“阶乘数为:”；

（6）在窗体中放入另外一个文本编辑框控件 Text2，用于显示 n 的阶乘的值；

（7）在窗体中放入一个命令按钮控件 Command1，用于执行计算 n!，这样，窗体的布局如图 4.25 所示；

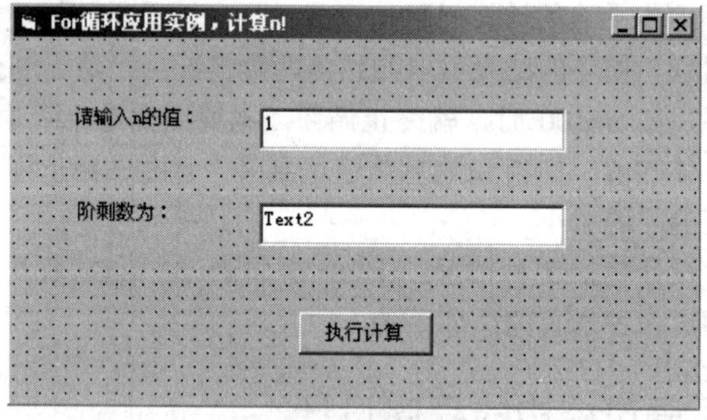

图 4.25　窗体布局

（8）为命令按钮编制子程序代码如下：

```
Private Sub Command1_Click()
Dim s, i As Integer          '定义变量
m = Val(Text1.Text)          '将输入到文本框的字符串转换成数值
s = 1                        '给s赋初值
```

```
For i = 1 To m
    s = i * s              循环，默认步长为1
Next i
    Text2.Text = Str(s)      '将得到的s的结果转换成字符串由文本框控件进行输出显示
End Sub
```

（9）运行工程检验循环效果，如图 4.26 所示。

图 4.26 循环与阶乘计算

在以上的例子中，采用了 For 循环语句编制了一个科学计算的小程序，首先声明了两个整型变量 s，i，它们是参与运算所必须的，其中 s 代表阶乘结果，i 代表循环变量。用一个数值转换函数将输入的值（字符串）转换为数值 M，作为循环的终值，然后令 s 的初值为 1，这个初值与循环变量的初始值不同，它代表 s 在循环之前的阶乘值（自然为 1）。再编制步长为 1 的循环结构语句 For i = 1 To m 和循环体 s = i * s，最后将求得的阶乘数显示出来。

在循环体的循环中，在进行下一次循环之前，均需要判断变量的终值是否达到，如果未达到，则为循环变量的值加 1，然后继续循环，否则结束循环，因此对于循环变量的判断是一个布尔值，它该值为真（True）时结束循环。否则执行继续循环。因此这种语句的意义是不难理解的。For 重复循环结构程序设计的逻辑框图如图 4.27 所示。

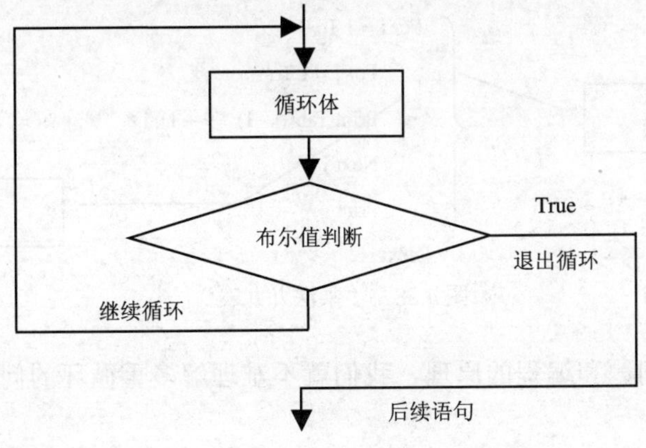

图 4.27 For 重复循环的逻辑框图

例 11 中的循环是比较简单的，往往在一个循环体中，还会包含其他的循环，因此循环结构只是一种基本的结构，关于它的运用是广泛的，在一个复杂的程序中，往往包含多重的相互嵌套的循环结构。但无论嵌套多么复杂，它们均是简单循环的综合运用。一个最经典的例子是关于乘法九九表的运算问题，编制这样的程序就需要用到双重嵌套的循环过程。

我们对这样的工程创建作一个简单的说明：在一个标准工程的窗体中，为窗体编制单击事件（Click 事件）的过程代码，即在窗体运行时，只要用户单击一下窗体，就会自动在窗体中打印“九九表”，其窗体的单击事件如下：

```
Private Sub Form_Click()
Form1.Caption = "乘法九九表"
For i = 1 To 9
    For j = 1 To 9
       Print Tab((j - 1) * 9 + 1); i & "*"; j & "=" & i * j;
    Next j
       Print
    Next i
End Sub
```

由于乘法九九表的运算涉及到一个二维的变量，即乘数和被乘数的变量，因此用 i 和 j 两个变量来代表，两个变量的初值均为 1，终值均为 9。在进行乘法运算时，既需要对乘数变量进行循环，也需要对被乘数变量进行循环，因此它就构成了一个双重循环问题。此处乘数和被乘数的地位是相同的，我们将循环变量 j 看成是被乘数，对于 j 的循环，它嵌套于 i 的循环之中，这样的循环称为内循环，相应地对于变量 i 的循环就称为外循环，如图 4.28 所示。

如果一个程序中涉及多重循环，则计算的顺序为从内到外进行，即先对内循环运算之后，再对外循环进行运算。

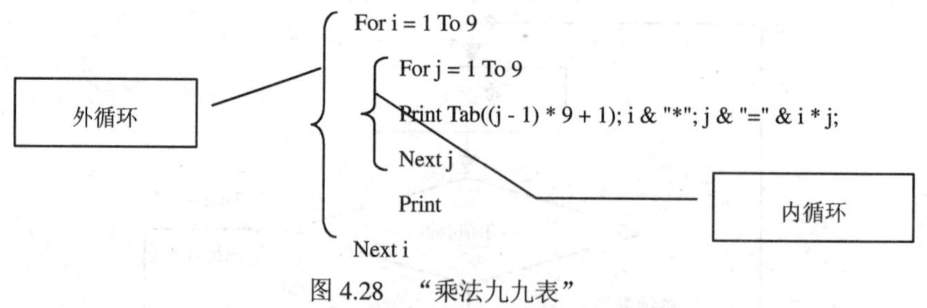

图 4.28 “乘法九九表”

从二重循环的问题和编程的原理，我们就不难理解多重循环的问题和掌握编程的方法了。

运行工程的乘法九九表的效果如图 4.29 所示。

剩法九九表

1*1=1	1*2=2	1*3=3	1*4=4	1*5=5	1*6=6	1*7=7	1*8=8	1*9=
2*1=2	2*2=4	2*3=6	2*4=8	2*5=10	2*6=12	2*7=14	2*8=16	2*9=
3*1=3	3*2=6	3*3=9	3*4=12	3*5=15	3*6=18	3*7=21	3*8=24	3*9=
4*1=4	4*2=8	4*3=12	4*4=16	4*5=20	4*6=24	4*7=28	4*8=32	4*9=
5*1=5	5*2=10	5*3=15	5*4=20	5*5=25	5*6=30	5*7=35	5*8=40	5*9=
6*1=6	6*2=12	6*3=18	6*4=24	6*5=30	6*6=36	6*7=42	6*8=48	6*9=
7*1=7	7*2=14	7*3=21	7*4=28	7*5=35	7*6=42	7*7=49	7*8=56	7*9=
8*1=8	8*2=16	8*3=24	8*4=32	8*5=40	8*6=48	8*7=56	8*8=64	8*9=
9*1=9	9*2=18	9*3=27	9*4=36	9*5=45	9*6=54	9*7=63	9*8=72	9*9=

图 4.29 乘法九九表工程运行效果

循环不仅仅是用于科学计算，它在应用系统开发的窗体创建和程序设计中也广泛地使用。考虑这样一个问题：在一个媒体播放器中，有“选曲”按钮、“播放”按钮、“暂停”按钮、“停止”按钮等，这些按钮为第一个命令按钮 Command1 复制粘贴而生成的命令按钮组 Command1（0）、Command1（1）、Command1（2）、Command1（3）、Command1（4）、Command1（5）、Command1（6）。则在窗体运行时，首先播放系统处于“选曲的状态”，即只有“选曲”按钮才可用，其他按钮均被禁用，在选曲之后，相关的按钮才处于可用的（激活）状态。

为了实现以上的功能即在窗体运行或打开时，播放系统处于“选曲”状态，则可以编制窗体的调用过程（Form_Load）代码如下：

```
Private Sub Form_Load()
    Command1(0).Caption = "请选曲"
  For i = 1 To 6
    Command1(i).Enabled = False
  Next i
End Sub
```

其中的代码 Command1(i).Enabled = False 就是让控件禁用的代码。这里用到了循环结构语句，其代码内容是不难理解的。其效果如图 4.30 所示。

图 4.30 按钮禁用效果

4.3.2 Do 循环结构的程序设计

Basic 语言体系中的第二类循环语句就是所谓的 Do 循环语句，该类循环语句有几种循环结构形式，列举如下：

① Do While ……Loop 语句。

这种语句的形式如下：

```
Do While 条件
    执行语句体
Loop
```

② Do ……Loop While 语句。

这种语句的形式如下：

```
Do
  语句体
Loop While 条件
```

③ Do Until ……Loop 语句。

这种语句的形式如下：

```
Do Until 条件
    语句体
Loop
```

④ Do……Loop Until 语句。

这种语句的形式如下：

```
Do
    语句体
Loop Until 条件
```

从英语的语法角度来看，无论 Do 循环语句的结构形式如何变化，它的本质都是一样的，其实质与 For 循环语句一样，它首先判断条件是否成立，如果成立则执行语句体中的语句，如果不成立，则退出循环语句执行其他语句。

为了说明 Do 循环结构嵌套的程序设计方法，我们先给出一个运用 Do 循环结构程序设计的完整的工程示例，并给出两种不同的算法，说明几种 Do 循环语句的等价性。

【例 12】计算 $M=1^2+2^2+3^3+4^4+\cdots+N^N$，直到 M≥1000（注条件参数不宜选

择过大，因为很容易造成 N^N 数据溢出)，试创建该工程并输出此时的 M 和 N 的值。

（1）启动 Visual Basic 6.0 集成开发环境并选择创建一个标准 EXE 工程。

（2）命名保存工程的单元文件和工程文件。

（3）在窗体中放入一个标签控件 Label1，设置其标题（Caption）属性为“计算级数的和直到 M>=1000，并指出此时的 M 和 N 应该为多少？”。

（4）在窗体中用一个映像控件 Image1 引入级数公式（注意：该公式是通过文本编辑后复制到画图工具中保存为位图文件形成的）。

（5）在窗体中放入一个标签控件用于标示 M 的值。

（6）在窗体中放入一个标签控件用于标示 N 的值。

（7）在窗体中放入一个标签控件用于标示级数公式。

（8）在窗体中放入两个文本编辑控件用于显示 M 和 N 的值。

（9）在窗体中放入两个命令按钮控件并用两种算法计算 M 和 N 的值。这样窗体的布局如图 4.31 所示。

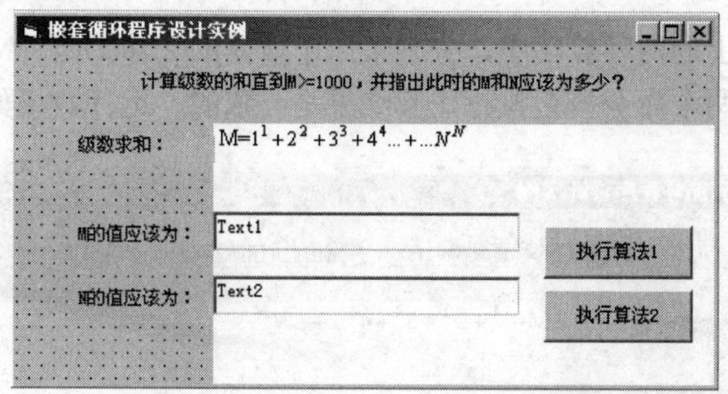

图 4.31　级数求和演示工程窗体布局

我们要用两种不同的算法解决问题，因此需要给该工程的“执行算法 1”和“执行算法 2”两个命令按钮编制相应的过程代码，其命令按钮单击事件的过程代码分别如下：

① 算法 1 命令按钮的过程代码：

```
Private Sub Command1_Click()
   Dim N, M As Integer
   mc = 1000
   N = 0
   M = 0
   Do
     N = N + 1
     M = M + Exp(N * Log(N))   } 循环
  Loop While M <= mc
  Text1.Text = Str(M)
  Text2.Text = Str(N)
End Sub
```

② 算法 2 命令按钮的过程代码：

```
Private Sub Command2_Click()
  Dim N, M As Integer
  mc = 1000
  N = 0
  M = 0
  Do While M <= mc
    N = N + 1                        循环
    M = M + Exp(N * Log(N))
  Loop
  Text1.Text = Str(M)
  Text2.Text = Str(N)
End Sub
```

可以看出，在以上的两种算法中，分别采用了前面的②和①两种 Do 循环语句，可以运行工程，然后采用两个命令按钮执行，其结果是一致的，运行效果如图 4.32 所示。

嵌套循环程序设计实例

计算级数的和直到M>=1000，并指出此时的M和N应该为多少？

级数求和：　$M=1^1+2^2+3^3+4^4...+...N^N$

M的值应该为：　3413

N的值应该为：　5

执行算法1

执行算法2

图 4.32　级数运算结果与项数 N 显示

这一程序实现的逻辑框图如图 4.33 所示。

读者还很容易将以上的算法修改为第③和第④两种语句形式，可以看出，它们执行的效果是完全一样的。

4.3.3　While 循环结构的程序设计

在循环结构的程序设计中，存在一种通常所说的“当型循环结构（即 While 循环结构）”的程序设计方法。当型循环结构类似于 Do 循环结构，它期望或给定一个控制循环的条件，如果控制循环的条件满足，则循环终止，如果控制条件永不满足，则循环无限进行下去。当型循环的基础语法如下：

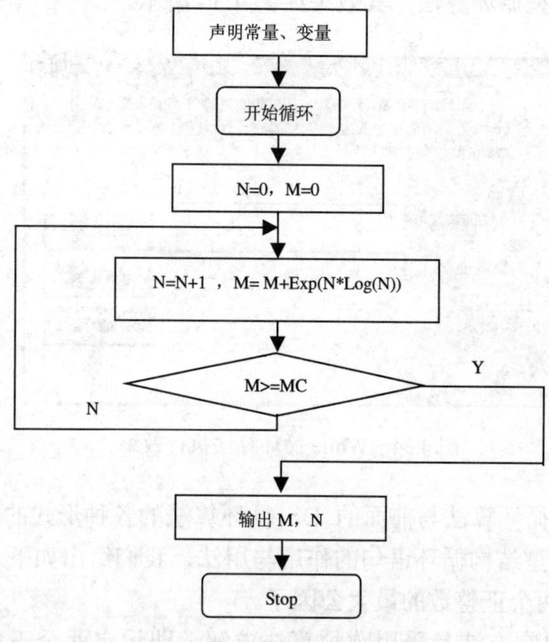

图 4.33　程序运行的逻辑框图

```
while 条件
   语句体
Wend
```

这种语句的意义是不难理解的，当循环语句与其他循环语句一样，循环之前首先对循环的条件进行判断并返回一个布尔值，如果布尔值为真，则执行循环，否则终止循环。在例 12 中，可以将算法修改为一个当型循环的算法。首先在例 12 的窗体中加入一个命令按钮，用于执行当型循环算法，编制该命令按钮的单击事件的过程代码如下：

```
Private Sub Command3_Click()
   Dim N, M As Integer
   mc = 1000
   N = 0
   M = 0
   While M <= mc
     N = N + 1
     M = M + Exp(N * Log(N))      While循环语句
   Wend
   Text1.Text = Str(M)
   Text2.Text = Str(N)
End Sub
```

运行工程后检验当型循环算法，其效果如图 4.34 所示。

图 4.34　While 循环算法执行效果

可以看出，While 循环算法与前面的 Do 循环算法的各种形式的效果是完全一样的。为了更进一步地说明当型结构循环语句的作用与用法，我们给出如下一个具体的例子。

【例 **13**】求任意两个正整数的最大公因子。

解决这个问题的通常方法是采用欧拉算法求解，即设定两个正整数为 A、B。则当 A<B 或 A>B 时，重复执行：

若 A>B，A=A−B

若 A<B，B=B−A

直到 A=B，此时 A（或 B）的值，即为所求得的最大公因子。

同样，将采用工程创建的方法来求解任何两个整数的最大公因子，它可以非常有效地说明 While 循环及其嵌套的使用方法，其工程创建的方法和步骤如下：

（1）启动 Visual Basic 6.0 集成开发环境并选择创建一个标准 EXE 工程。

（2）命名保存工程的单元文件和工程文件。

（3）在窗体中放入一个标签控件 Label1，设置其标题（Cption）属性为“计算两个正整数的最大公因子”。

（4）在窗体中分别再放入 3 个标签控件、3 个文本编辑控件和一个命令按钮控件，设置相关控件的标题，分别设置前两个文本编辑控件的初值即 Text 的属性值为 1，这样其窗体的布局如图 4.35 所示。

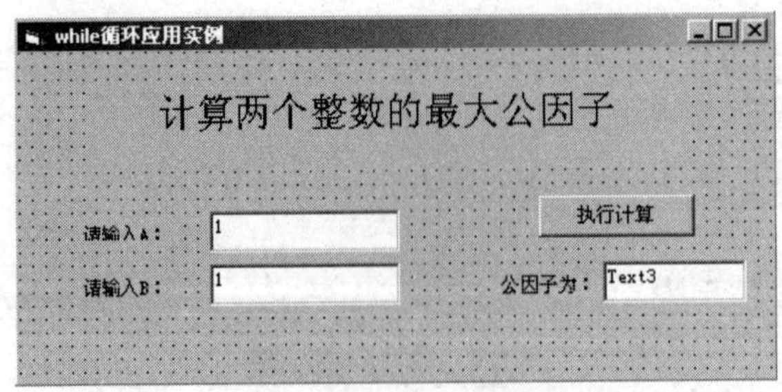

图 4.35　工程窗体布局

（5）最关键的是，需要为命令按钮编制执行求公因子事务的单击事件的过程代码，其过程代码如下：

```
Private Sub Command1_Click()
   Dim A, B As Integer
   A = Val(Text1.Text)
   B = Val(Text2.Text)
   While A <> B
     While A > B
       A = A - B
     Wend
     While B > A
       B = B - A
     Wend
   Wend
    Text3.Text = Str(A)
End Sub
```

（6）运行程序并输入两个整数 63 和 14，执行求公因子的事务，则其公因子自动出现在第三个文本编辑中，如图 4.36 所示。

图 4.36　当型循环程序运行效果

当型循环结构程序设计的用途十分广泛，它不仅可以用于求出两个整数的最大公因子，也可以广泛地用于各种科学计算之中。如可以将其用于解决例 10 中的数的阶乘问题。下面以实例加以说明。

【例 14】制作一个工程，用 While.….Wend 语句编制程序计算任意整数 N 的阶乘，并计算“10!”。

（1）启动 Visual Basic 6.0 集成开发环境并选择创建一个标准 EXE 工程。

（2）命名保存工程的单元文件和工程文件。

（3）在窗体中放入一个标签控件 Label1，设置其标题（Cption）属性为“用 While... Wend 语句计算 N!”。

（4）由于一些控件多次使用，读者已经比较熟悉，就不重复叙述了。窗体的布局如

图 4.37 所示。

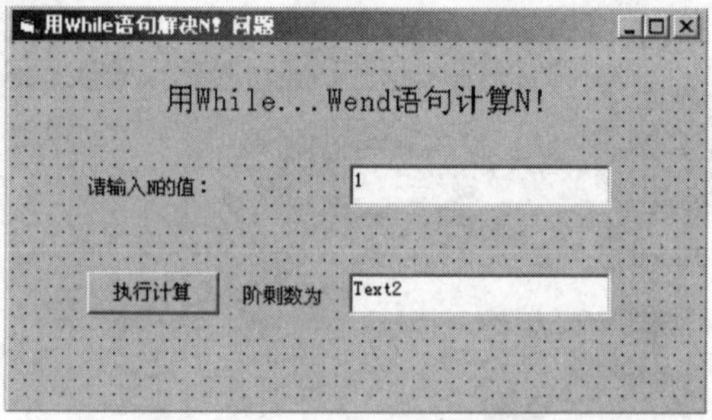

图 4.37　当型循环示例工程窗体布局

同样对于窗体中的文本框控件 Text1，对它设置了属性 Text 的值为 1（初值），这样可以避免未输入值执行程序时造成运行错误。

（5）编制用于计算阶乘的命令按钮的单击事件过程代码，其过程代码如下：

```
Private Sub Command1_Click()
   Dim N, J, I As Integer
   N = Val(Text1.Text)
   J = 1
   I = 1
   While I < N
     I = I + 1 ┐
     J = J * I ├      While 循环
   Wend        ┘
   Text2.Text = Str(J)
End Sub
```

最后，运行程序检验当 N＝10 时它的阶乘数，其结果如图 4.38 所示。

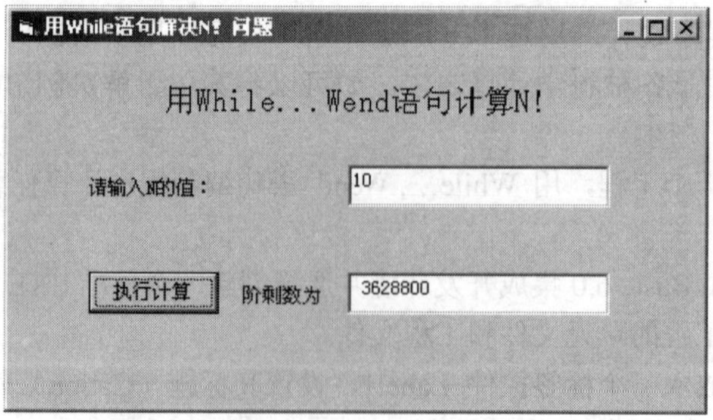

图 4.38　阶乘的计算结果

【注意】在以上的程序运行过程中，如果用户输入一个比较大的数，则可以发现，它的阶乘数将会出现“实时运行错误”的错误提示信息，造成数据溢出，因为 N 较大时，N！就非常大，这就是数据有效性范围的问题，为了解决这一问题，需要重新定义 J 的数据类型，使其能够有效的显示。

本章给出了在计算机编程中通用或常用的程序设计方法，即顺序结构程序设计方法、分支结构程序设计方法和循环结构程序设计方法，这些方法是最常用也是最有效的方法，虽然我们在本章中主要针对科学计算给出了一些工程创建的例子，但无论是对于数据库应用系统工程、图形图像处理、多媒体开发等，这 3 种程序设计方法均是常用或必须涉及的方法，因此本章节是程序设计语言和语法结构的重点。

4.4 习题

1．在 Visual Basic 语言体系中，程序结构可以规结为哪 3 种基本形式？

2．什么是顺序结构的程序设计和程序？编写一个顺序结构的程序并在 Visual Basic 6.0 中文版集成开发环境中实现。

3．Visual Basic 语言体系中，常量的赋值与变量的赋值有什么区别吗？

4．两分支结构的程序设计有几种语法形式？试举例说明。

5．什么是多分支结构的程序设计？

6．哪些控件可以用于解决多分支结构的程序设计问题？编制一个简单的程序。

7．用当型结构的程序设计方法创建计算 1+2+3+…+N 的工程，并求出当 N＝100 时的和。

8．利用 Do 语句结构程序设计方法创建计算 1+2+3+…+N 的工程，并求出当 N＝100 时的和。

9．理解内循环和外循环以及循环嵌套的意义。

10．创建一个工程用于：若 x=0.5，计算 $Y=1-x+x^2-x^3+x^4+\cdots+(-1)^N x^N+\cdots$，要求精度：$\left|(-1)^N x^N\right|<10^{-5}$。

11．创建一个工程，用于计算 $e\approx 1+\frac{1}{1!}+\frac{1}{2!}+\cdots+\frac{1}{N!}$ 的近似值，并求当 N＝100 时的值。

12．创建一个工程，用于计算 $1\times 2\times 3\times\cdots\times N$ 并计算出当 N＝10 时的值。

4.4 习题

Visual Basic 6.0 中文版应用开发的基本技能

第 5 章　Visual Basic 6.0 中文版窗体设计与按钮控件的运用

在前面的章节中，已经介绍了 Visual Basic 6.0 中文版所采用的 Basic 语言的一些基础知识和基本规则，介绍了数据库的基本理论、Visual Basic 6.0 中文版的集成开发环境和程序设计的基本方法。我们曾经指出，可视化的面向对象与面向过程编程有着本质的不同，可视化面向对象编程以对象为基础，它的加工内容几乎都是基于对象的。而对象的根基在于窗体，虽然窗体本身也就一个对象，但它是一个有别于别的对象的对象，也就是说，它是别的对象的载体，也是系统的模块，因此窗体设计直接影响着系统的开发。

归纳起来说，窗体的基本作用有 3 个：①窗体是其他对象的载体；②窗体是系统功能模块的表现和系统功能的载体；③窗体对系统有极大的修饰作用，窗体制作的质量在很大程度上决定了系统的质量。因此，本章将比较详细地介绍窗体的相关内容。

5.1　窗体的设计方法

在第 1 章中，曾经简略地介绍过窗体、对象以及子程序过程的控制，但窗体设计的内容是比较广泛的，为后面的应用系统开发的需要，将在本章比较深入地介绍窗体的设计。

5.1.1　主/从窗体简介

根据窗体的作用和从属的地位不同，窗体可以简单地分为以下两类：主窗体和从窗体。在第 3 章中已经利用 VB 的应用程序向导创建过一个多文档（MDI）的应用程序，我们已经看到了父子窗体之间的关系，通常也将父窗体称为主窗体，而将子窗体称为从窗体。但在本教材中，提到的主窗体与在第 3 章中用应用程序向导制作的多文档窗体中的父窗体有所区别，父窗体自然是主窗体，但此处将在一个系统中用于主控制界面的调用其他窗体的窗体均称为主窗体。因为单纯的父子窗体风格的应用系统在目前的系统开发中已经很少使用了。

1. 父子型窗体工程创建方法

尽管已经指出，单纯的父子窗体风格的应用系统在目前的系统开发中已经很少使用了，但作为一个知识点，仍将介绍在 Visual Basic 6.0 中文版中创建父子窗体及其应用系统框架的方法。下面以一个具体的实例加以说明。

【例 1】创建一个工程，其中一个窗体为父窗体，其他两个窗体为该父窗体的子窗体，同时用父窗体调用第一个子窗体，用第一个子窗体调用另外一个子窗体。

本例可以说明父子窗体的关系和创建父子型窗体的应用系统框架的基本方法和过程，而且还将进一步说明父子窗体的基本特征。该例的工程创建如下：

（1）启动 Visual Basic 6.0 中文版集成开发环境并选择创建一个标准的 EXE 工程，出现一个空白窗体 Form1，如图 5.1 所示。

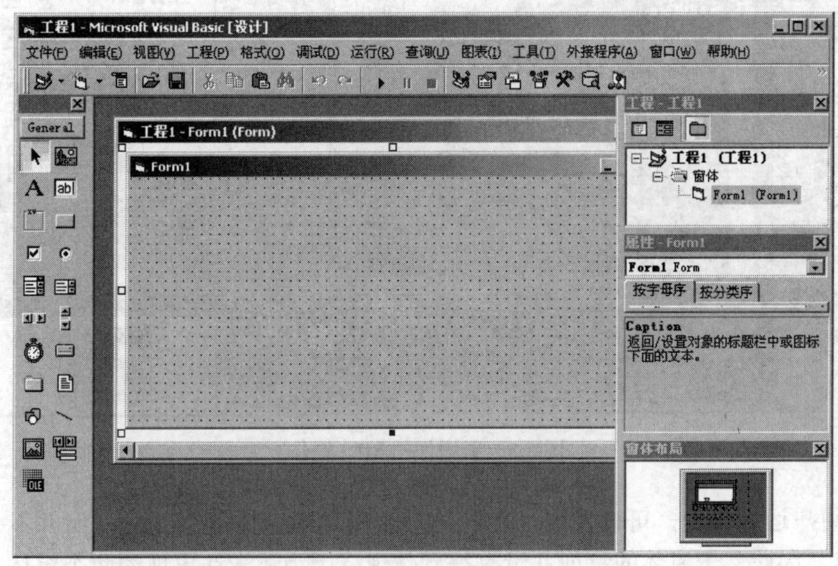

图 5.1　工程创建显示

（2）命名保存单元文件和工程文件，可以看出，这样创建的工程就是前面多次创建的常规的工程，它还不是一个父子窗体类型的工程，需要做其他的相关工作。为此在工程中增加一个新的 MDI 窗体，其方法如下。

（3）单击主菜单“工程/增加 MDI 窗体”，在工程中出现一个增加 MDI 窗体的对话框，如图 5.2 所示。

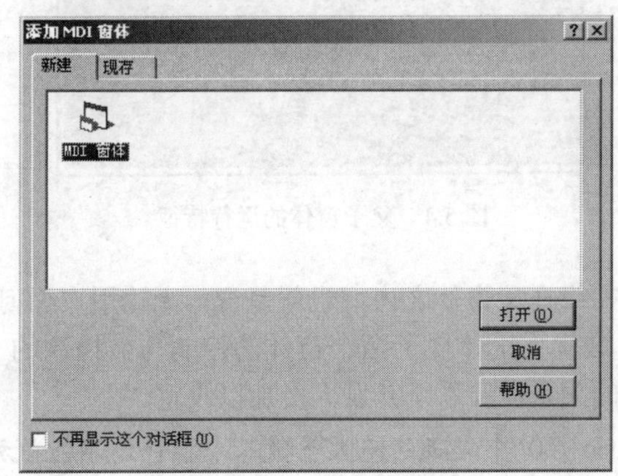

图 5.2　增加 MDI 窗体对话框

（4）单击“打开”命令按钮，则在工程中增加一个 MDI 窗体 MDIForm1，如图 5.3 所示。

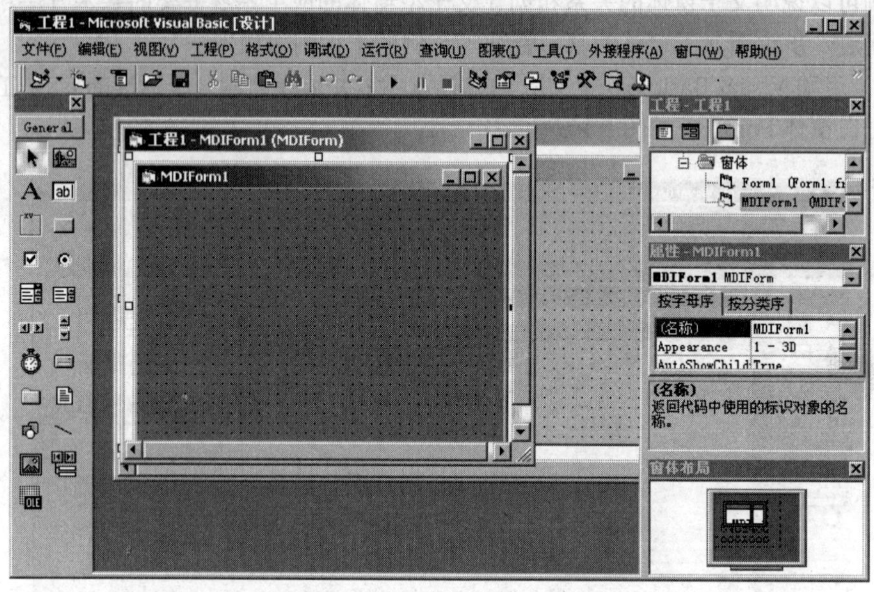

图 5.3　新增加的 MDI 窗体

如果用户运行工程，可以发现，此时第一个出现的窗体是 Form1，而并不是父窗体 MDIForm1，因此父子窗体的特征并没有得到体现，因为还未在出现的两个窗体之间建立“父子关系”，因此需要用如下操作。

（5）设置工程中的窗体 Form1 的 MDIChild 属性为“True”，则此后再运行工程，可以发现窗体 Form1 已经自动成为窗体 MDIForm1 的子窗体了，如图 5.4 所示。

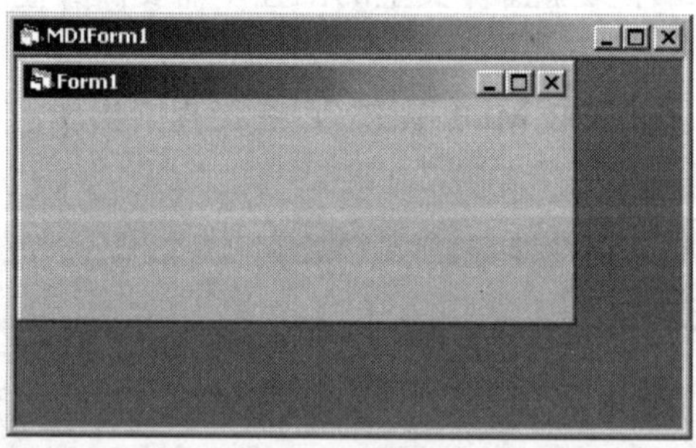

图 5.4　父子窗体的运行特征

可以看出，子窗体始终在父窗体之内，也就是说，无论用户如何拖拉子窗体，它也不能超出父窗体的边界，这就真正体现了两个窗体的控制与被控制的“主/从”属性关系。同时也说明，两个窗体的关系需要系统开发人员加以设定。

【注意】Visual Basic 6.0 中文版的绝大多数基本控件均不能被放置到 MDIForm1 之中，这是由它的特征所决定的，因为 MDIForm1 窗体作为父窗体，窗体运行时，它只

能供子窗体使用，它是子窗体在其中“运动”或“活动”的空间。这就出现一个问题，如何在父窗体中调用其他子窗体？

作为父窗体的 MDIForm1，它将作为系统的主控界面，因此，通常需要在其上方创建“菜单”，通过菜单方式对子窗体进行调用，这样不会占用子窗体的活动空间。关于菜单的问题，将在后面有专门的章节加以介绍，这里为了说明父子窗体工程的创建，先简单地介绍一下在父窗体中创建菜单的方法。

（6）通过工程管理器将 MDIForm1 放在前台，用鼠标右键单击该窗体的空白处，出现一个弹出菜单，单击“菜单编辑器”选项，可以为父窗体 MDIForm1 生成一个菜单，将第一个菜单名定义为“调用子窗体 Form1”，编辑的菜单如图 5.5 所示。

图 5.5　菜单编辑器

这样，确认后即在父窗体中创建了第一个菜单（如果需要，其他菜单的创建可同样进行），如图 5.6 所示。

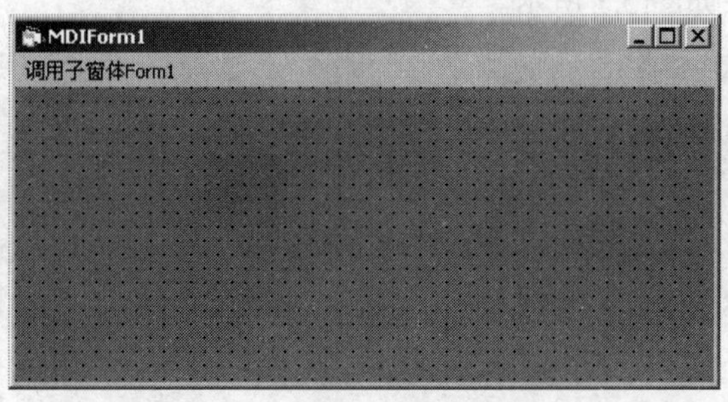

图 5.6　菜单创建的效果

在可视化的程序设计中，菜单仍然被作为一个对象看待，此处第一个菜单名是用于调用子窗体 Form1 的，因此菜单将承担着一个事务的执行，与其他控件（如命令）按钮一样，需要为菜单对象编制相关的过程代码，只需要双击菜单条目，即出现一个代码编辑器，在代码编辑器中编制过程代码如下：

```
Private Sub 调用子窗体Form1_Click(Index As Integer)
   Form1.Show
End Sub
```

这样用户可以随时在父窗体中关闭子窗体或调用打开子窗体。

（7）在工程中再增加一个“普通窗体”，所谓普通窗体就是创建标准 EXE 工程中的类型的窗体，在工程中增加的方法是：单击主菜单“工程/添加窗体”，出现一个新建窗体的类型选择面板，在面板中选择“窗体”，然后单击“打开”命令按钮，则在工程中出现一个普通窗体 Form2。同样，该窗体在系统运行时并不是原“父窗体”的子窗体，要使新添加的窗体同样成为子窗体，需要设置它的属性 DMIChild 为“True”。这样普通窗体 Form2 又成为父窗体 MDIForm1 的一个子窗体了。

在一个父窗体下可能有多个子窗体，但子窗体与子窗体之间是对等的关系，并不存在“主/从”关系，因此子窗体之间可以相互调用。为了说明这一点，不再用父窗体的菜单调用第二个子窗体，而用第一个子窗体调用子窗体，为此做如下操作。

（8）通过工程管理器将第一个子窗体 Form1 放在前台，此时作为普通窗体的第一个子窗体，就可以在其窗体中放入一个命令按钮控件 Command1，并为该命令按钮控件编制单击事件的过程代码，用于调用第二个子窗体，其命令按钮的过程代码如下：

```
Private Sub Command1_Click()
   Form2.Show
End Sub
```

对于子窗体 Form2，它作为工程的一个单元，需要命名保存。最后运行工程检验各窗体之间的调用，其效果如图 5.7 所示。

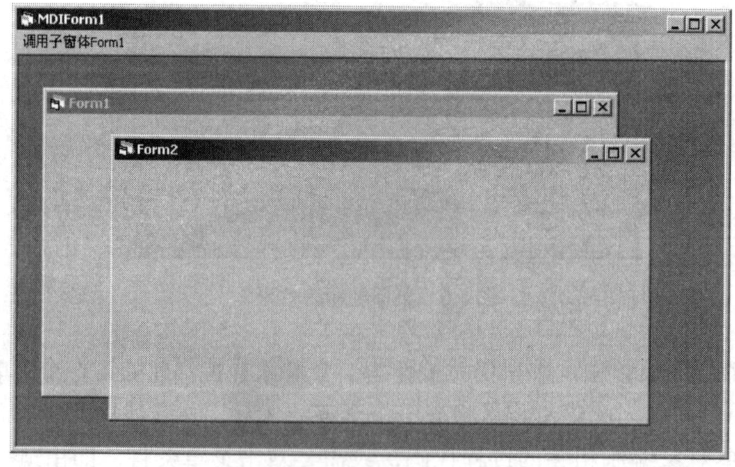

图 5.7　工程运行效果

作为子窗体的 Form2，在工程运行时，其移动范围仍只局限于在父窗体之中。要注意的是：

① 父子窗体工程只有在工程中有父子窗体类型出现时，其他窗体才能设置为其子窗体属性 MDIChild，在常规工程中的窗体是不能设置该属性的，否则将会出现运行错误提示信息。

② 通过本实例的制作，已经说明了创建一个父子窗体工程类型工程的基本方法和基本框架，至于每一个子窗体的功能和具体的开发方法，需要结合本章前后的其他内容进行。

2. 主/从窗体工程类型的创建

前面结合一个实例说明了父子窗体类型工程的创建方法，我们已经指出，父子窗体工程中的父窗体是主窗体，它是调用其他窗体的窗体。但目前父子窗体类型的工程创建已经较少涉及，因此本教材所指的主窗体的范围将有较大的扩展。

主窗体通常是指在系统设计期间，第一次创建或增加到工程的窗体，如在前面的章节中，启动 Visual Basic 6.0 中文版创建新工程时第一次出现的空白窗体，就是该工程的主窗体，主窗体在系统运行时也是最先出现的。与别的窗体相比，主窗体除创建的顺序和启动的顺序不同之外，不同之处主要体现在它的作用方面，主窗体的作用大致可以用于 3 个方面。一是可以作为系统启动的启动画面，因为主窗体在系统运行时首先出现，因此它最适用于作为系统的启动画面，如 Microsoft Windows 98/2000/XP 等均有它自已富有特色的启动画面；主窗体的第二个作用可用于系统权限认证的窗体，因为往往一些系统在启动时，首先要求用户进行权限认证，在权限认证通过之后，才能调用其他窗体；主窗体的第三个作用是用于系统的主控界面，这将充分体现主窗体“主”的内涵，我们指的主窗体多指这种类型的窗体。在这样一个概念界定之后，工程中的其他窗体并不完全局限于主窗体之中，而可以游离于主窗体之外，这样更有利于用户对窗体中的功能运用和对系统的操作。如图 5.8 就是一个比较典型的系统的主窗体风格。

在这样的主窗体中，系统开发期不仅可以创建菜单，而且可以放置任何其他的控件用于调用其他的窗体或执行其他程序。

窗体作为系统的主控界面时，可以说它是系统的操作“平台”，任何别的窗体均是通过主窗体进行调用的。因此它不仅是其他窗体调用的中心，也是功能模块调用的中心和系统管理的中心。因此对于系统主窗体的设计也是非常重要的，如果将主窗体作为系统启动画面，它将对整个系统起到非常好的修饰作用，如果主窗体作为系统权限认证的窗体，它将保证整个系统的安全，如果将主窗体作为系统的主控界面，则它将成为整个系统控制的中心。这将在后面的程序设计和应用案例中有充分的体现和说明。

图 5.8 系统主窗体

作为一个标准 EXE 工程，如果存在多个窗体，究竟用哪一个窗本作为系统的主窗体不是一层不变的，而是可以改变的，其关系是窗体之间调用关系的先后顺序。这种调用主要依据窗体调用语句 Show 来完成，如：

```
SecondForm.show;
```

或

```
SecondForm.Show 模式参数;
```

利用这两个命令，可以在一个工程的多个窗体之间，任意进行相互调用，但作为系统管理或操作平台的那个窗体，就是系统的主窗体，因此这样的主窗体与父子型窗体工程中的主窗体是有很大区别的。这类工程一般为标准 EXE 工程类型，而且其工程中的窗体几乎全部是“普通窗体”。如通过图 5.8 中的“集成教务管理系统”的主窗体调用其他窗体时，其他出现的窗体就成为主窗体的“从”窗体了，但这样的从窗体并不局限于主窗体之内，这样可以极大地方便用户对于系统的使用。如图 5.9 就是主窗体调用从窗体的效果。

【例 2】创建一个标准 EXE 工程，并在工程中增加两个窗体，然后用第一个窗体 Form1 调用第二个窗体和第三个窗体。

关于该例的应用例子在前面已经多次使用过，只需要在第一个窗体中用两个命令按钮创建两个菜单即可，我们给出该例子只是对主/从窗体的相关内容加以说明而已，该例的制作过程由读者自己完成。

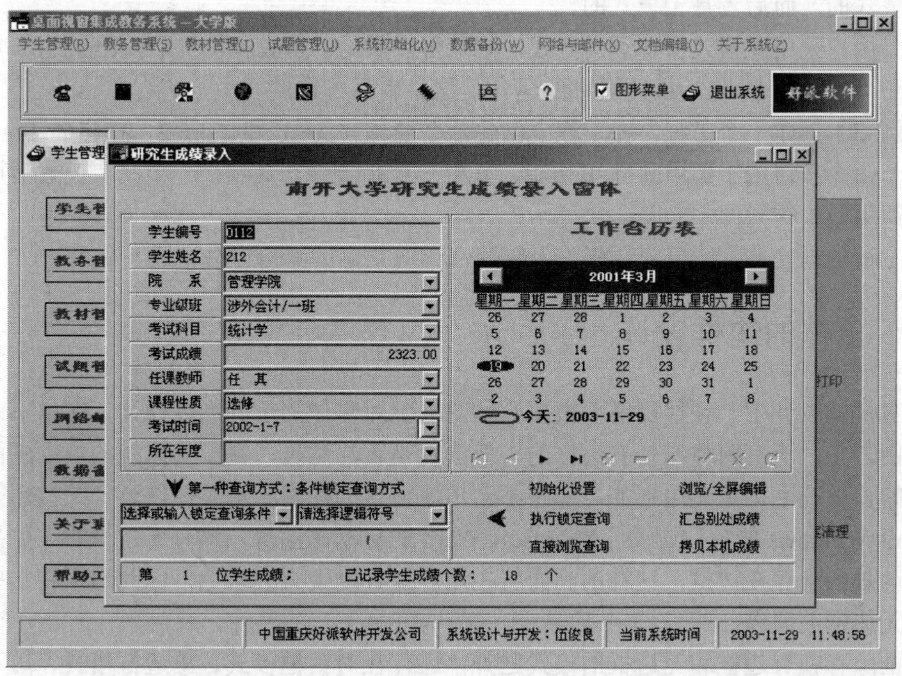

图 5.9 主/从窗体调用效果

5.1.2 模式窗体与非模式窗体

在前面已经指出，通过两个种命令即 Show 和“Show 模式参数”命令，均可以调用窗体，即存在无模式调用窗体和有模式调用窗体两种方式，但两种方式之间存在一定的区别，第一种调用方式称为无模式调用，调用的窗体可以与主窗体在前台和后台之间互相切换，而第二种调用方式称为有模式调用，调用出现的窗体始终处于前台位置，不能够互相切换。用户可以根据具体的系统和用户的需求确定按无模式调用或按有模式调用方式。

采用无模式窗体调用时，其默认的调用语句为 Show，如 Form2.Show 就是无模式的。采用有模式窗体调用时，其调用语句为 “Show 模式参数”。其中的模式参数和意义如表 5.1 所示。

表 5.1 模式参数意义表

模式参数	模 式	参数说明
0	无模式	等价于 show 语句，窗体可切换
1	有模式	窗体不可切换

也就是说，窗体调用采用有模式时，其中的参数 0 仍是无模式的，采用参数 1 则是有模式的，如：

Form2.show 0 等价于 Form2.show。而 Form2.show 1 则不等价于 Form2.show 0，前

者是有模式的，而后者是无模式的。

如果用户采用无模式窗体调用方式，则除可以采用 Form2.show 或 Form2.show 0 语句之外，还可以采用 Form2.show modal 语句，这三者是一致的。

【例 3】创建一个工程，在工程中创建两个窗体 Form1 和 Form2，在窗体 Form1 中放入两个命令按钮用于调用窗体 Form2，其中一个是无模式调用，一个是有模式调用，检验两种调用效果的异同。

该工程的创建非常简单，同样作为练习，该例子由读者自己去完成。

5.1.3　窗体的边框设计

在窗体的设计中，往往还需要根据具体的情况对窗体的边界加以设计，在本书前面的一切案例之中，所有窗体均是有边框的，但读者是否注意过，在一切系统的启动画面中，所出现的窗体几乎均是无边框的，即它不会出现窗体的标题栏和菜单以及开关按钮等，如 Microsoft Windows 的启动画面，Microsoft Word 的启动画面等，均是无边框的。如果在系统的启动画面中存在边框，这样的画面将在用户友好度上失去特色，因此通常将一些窗体设计成无边框的窗体。

边框除存在有边框和无边框的模式之外，还存在对话框模式、单边框模式、可调节模式等，窗体边框的设置主要取决于它的 BorderStyle 属性，如图 5.10 所示。

BorderStyle	2 - Sizable
Caption	0 - None
ClipControls	1 - Fixed Single
ControlBox	2 - Sizable
DrawMode	3 - Fixed Dialog
DrawStyle	4 - Fixed ToolWindow
	5 - Sizable ToolWind

图 5.10　窗体边框的属性与种类

对于一个无边框的窗体，运行时，它将隐藏上方的标题栏和工具按钮，因此如果有必要将窗体设计成无边框的窗体，则用户应该考虑相关的功能，如关闭窗体的功能等，如果需要在无边框的窗体中对窗体进行关闭，则需要在窗体中加入一个命令按钮或其他相关的按钮对窗体进行关闭。

对于一些窗体，如果需要固定窗体的大小，则应该将窗体设计成不可调整大小的窗体，通常应该设计成对话框式或单边框模式的窗体，只需要根据系统需要或用户需求进行相关的边框属性设置即可。

5.1.4　窗体的大小与定位

在系统运行期间，窗体调用后所停留的大小位置是系统设计中经常需要考虑的，设计窗体在运行期的大小和位置主要采用属性设计方法。

1. 窗体启动时停留位置的属性设置

窗体在运行期停留的位置主要有：①默认位置“窗口缺省”；②手动；③所有者中心；④屏幕中心。其窗体启动位置（StartUpPosition）属性的设置选项如图 5.11 所示。

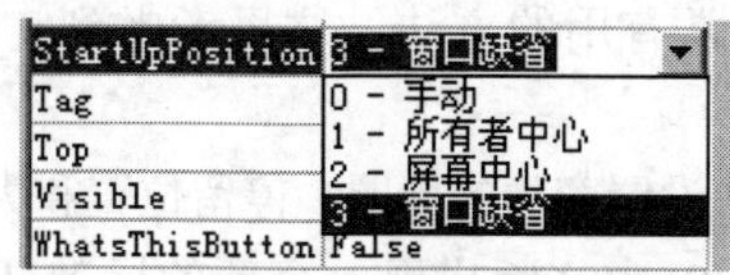

图 5.11　窗体的位置的属性选项

在窗体设计时，用户可以根据系统的具体需要来选择其中一个停留的位置。其中，“窗口缺省”即在系统设计时开发者设计的位置；“手动”则是指窗体启动后可以由用户任意拖动到所需要的位置；“所有者中心”则是指窗体在它的“宿主”的中心，如在一个父子窗体中，子窗体的“宿主”就是它的父窗体即父窗体是它的“所有者”，如果设置了子窗体的“所有者中心”属性，则子窗体在启动时将停留在它的父窗体的中心；“屏幕中心”属性则是指窗体在启动后停留在显示屏的中心位置。

窗体的启动位置除采用属性进行控制之外，也可以由用户通过相关参数进行确定，如窗体停留在屏幕左边、上边的位置可以由用户通过窗体的“Left”属性和“Top”属性加以控制，这两个属性确定了窗体在运行期间距离屏幕左边和顶边的位置。

2. 窗体大小的确定

窗体位置一经确定，其大小成为窗体控制的另外一个指标。一般地说，窗体大小可以在设计期用鼠标加以拖动，直到需要的大小为止，但如果已经将窗体的大小设置成固定大小，则这种拖动方法就不可使用了，因此在对窗体进行开发时，对窗体有一个精确的大小设置是必要的。用户可以通过窗体的宽度（Width）和高度（Height）属性加以控制，用户在设计窗体时，可以直接在这两个属性值处输入宽度和高度的参数。

3. 窗体的调用过程与窗体初化始方法

窗体的调用方法在前面章节已经多次运用过，但未明确加以说明。事实上，窗体有许多的过程，其中一个过程就是窗体调用过程，如图 5.12 所示。

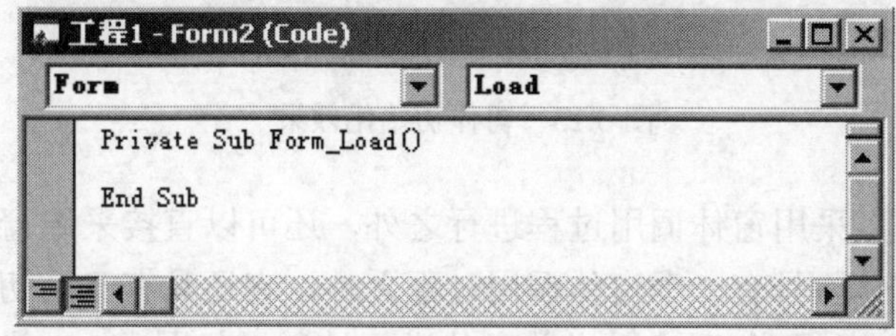

图 5.12　窗体调用过程

事实上窗体调用过程往往被称为窗体初始化过程，所谓窗体初始化过程就是在窗体启动时首先需要执行的过程，如系统参数的设置、全局变量的设置、窗体颜色的设置等，均可以在窗体调用时进行。这些设置是在窗体一启动时就执行了的，因此，通常将这种方法称为“窗体初始化”方法。

窗体初始化方法是一种非常有用的方法，这里考虑到它的重要性，特举例以进一步说明。

【例 4】用窗体初始化方法设置窗体的标题、停留位置和大小。其演示工程创建如下：

（1）启动 Visual Basic 6.0 中文版出现一个新的标准 EXE 工程，并出现一个空白窗体。

（2）双击窗体出现过程代码编辑器窗口，在代码编辑器窗口中选择窗体调用过程，即 Load 过程，然后编制该过程的过程代码。窗体调用或初始化的过程代码如下：

```
Private Sub Form_Load()                              '窗体调用或初始化过程
   Left = 192                                        '窗体启动时的左边距
   Top = 107                                         '窗体启动时的顶边距
   Width = 7440                                      '窗体启动时的宽度
   Height = 3750                                     '窗体启动时的高度
   Caption = "窗体位置、大小和颜色控制演示工程"        '窗体启动后的标题
   ForeColor = ClBlue                                '窗体启动后的前景颜色
   Position = poScreenCenter                         '窗体启动后居于屏幕中心
End Sub
```

在这段窗体初始化过程代码中，它规定了窗体的运行时在屏幕中的左边距、顶边距、宽度、高度、窗体标题、窗体颜色和停留的位置等。运行工程即可以查看该窗体的实际效果，如图 5.13 所示。

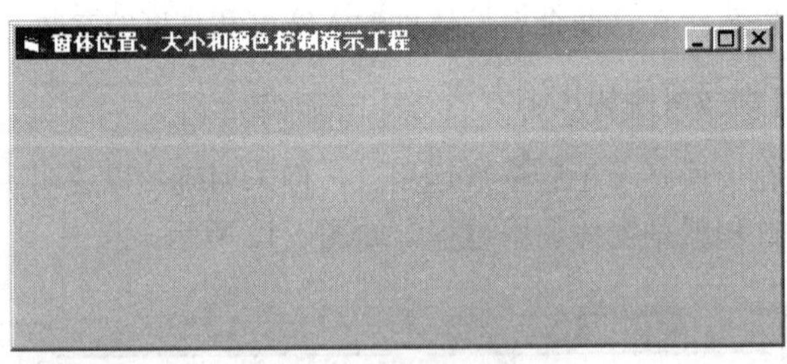

图 5.13　窗体初始化效果

窗体初始化除可以采用窗体调用过程进行之外，还可以直接采用窗体的初始化过程，也就是说，每一个窗体除具有一个窗体调用过程之外，它还具有一个初始化过程，也可以通过为初始化过程编制过程代码来对当前窗体进行控制，如图 5.14 就是一个窗体初始化过程代码的编辑效果。

通过该过程的运行，可以达到与窗体调用同样的目的。

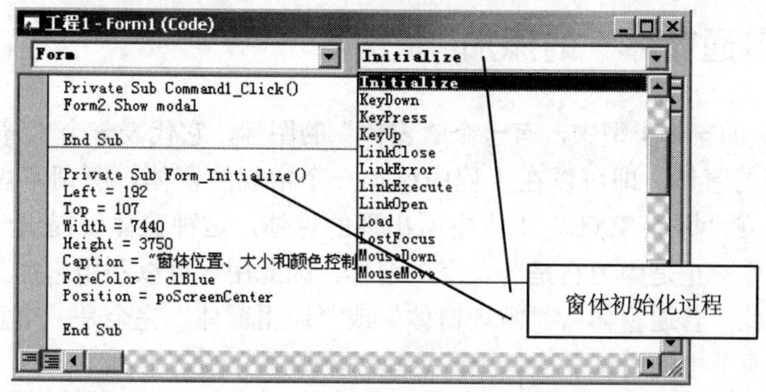

图 5.14　窗体初始化过程

5.2　Visual Basic 中文版窗体类型与系统开发

在前面经常使用窗体以进行工程的演示，曾用过的窗体有两种，一是标准工程中的“普通窗体”，二是在本章中已经用到的 MDI 窗体。我们知道，MDI 窗体是一个特殊类型的窗体，它主要在创建父子窗体型的工程中使用。在多数情况下，用到的是“普通窗体”。但作为普通窗体，它可以制作出许多不普通的功能窗体来，如权限认证窗体、对话框窗体、系统登录窗体等。但作为 Visual Basic 6.0 中文版，它已经为用户提供了许多类型的窗体的模板，在第 3 章的最后一节中，就曾经采用两个模板创建了两个工程。这里说明在 Visual Basic 6.0 中文版的工程开发期，如何在工程中增加几种类型的窗体（模板）。

通过前面的内容已经知道，在一个已经打开的工程中，通过 Visual Basic 6.0 中文版的主菜单“工程/添加窗体”，出现一个可为工程添加的窗体类型的选择面板，如图 5.15 所示。

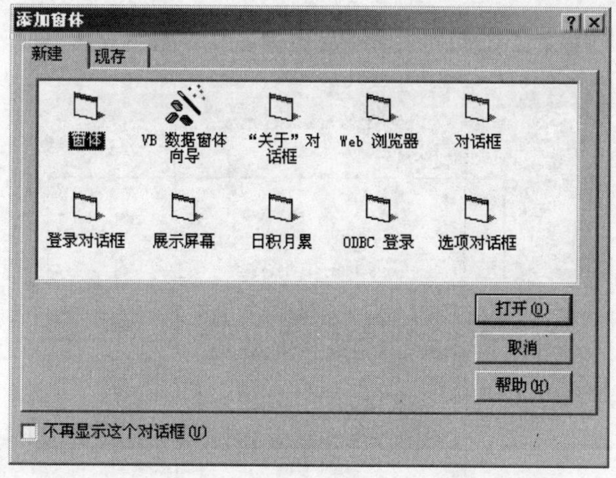

图 5.15　可添加的窗体类型选择面板

5.2.1 “普通窗体”的添加

在图 5.15 的窗体类型中，有一个“窗体”的图标，它代表一个“普通窗体”，只需要打开该种类型的窗体，即可以在工程中添加一个常规的窗体。所谓常规窗体或“普通窗体”就是在建立“标准 EXE”工程中所出现的窗体，这种窗体仅提供一个容器，一切均需要用户去制作，正是因为它是一个空白窗体，因此用户可以利用它加工出各种各样的功能窗体来，因此“普通窗体”、“常规窗体”或“通用窗体”完全是一个意思。关于这种窗体已经在前面章节中使用过多次，因此这里就不单独介绍它了。

5.2.2 VB 数据窗体向导

在一切的应用系统中，数据库应用系统占据约 80%的份额，因此开发数据库应用系统有举足轻重的意义。如何在工程中创建数据管理窗体呢？这里 Visual Basic 6.0 中文版为用户准备了一个“VB 数据窗体向导”，通过打开该向导，即可以按照向导的步骤创建出一个数据管理窗体来，成为工程的一个组成部分，也就是工程中的一个窗体。事实上，关于利用数据窗体向导制作窗体和系统的方法在第 3 章的末尾已经介绍过了，用户只需要在图 5.15 中选择“VB 数据窗体向导”打开后按第 3 章的方法即可在工程中添加一个数据窗体，从而形成一个数据库管理系统。

5.2.3 “关于”对话框窗体

在很多的应用系统中，往往需要用户开发制作一个“关于”对话框界面，以提供一些关于系统的说明，也体现系统开发的规范性，如图 5.16 就是 Visual Basic 6.0 的“关于”对话框界面。

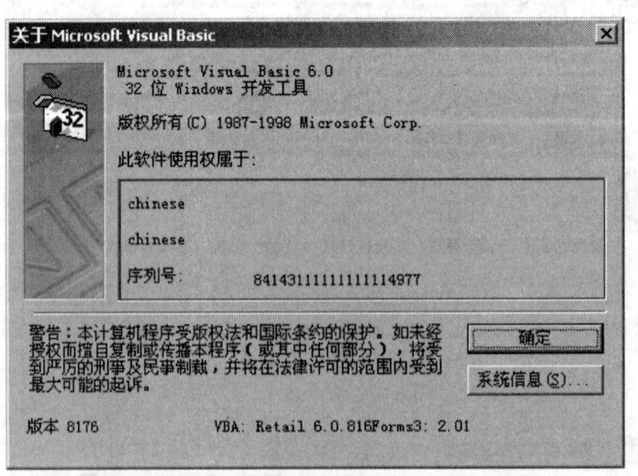

图 5.16 “关于”对话框界面

用户如何在自己的工程中制作一个类似的窗体呢？有两种方法，其一通过添加一个

“常规窗体”的方法，然后在窗体中增加一些标签或其他类型的控件制作该窗体；方法二就是通过添加“关于”对话框窗体，它可以快捷简便地生成这样的窗体。在工程中添加这样的窗体之后，出现一个窗体模板，用户只需要对该模板稍加修改即可，其窗体模板如图 5.17 所示。

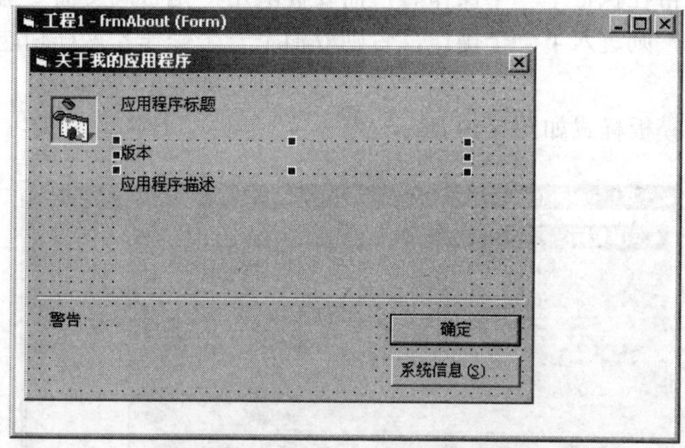

图 5.17　“关于”窗体模板显示

可以看出，用户只需要将窗体中的窗体标题、相关的文本修改为自己所需要的文字或图标即可。

5.2.4　Web 浏览器窗体

在为工程添加的窗体类型之中，还有一类窗体为“Web 浏览器窗体”的窗体模板，即是说，用户也可以快捷地在工程中创建一个 Web 浏览器应用程序，其窗体模板打开后效果如图 5.18 所示。

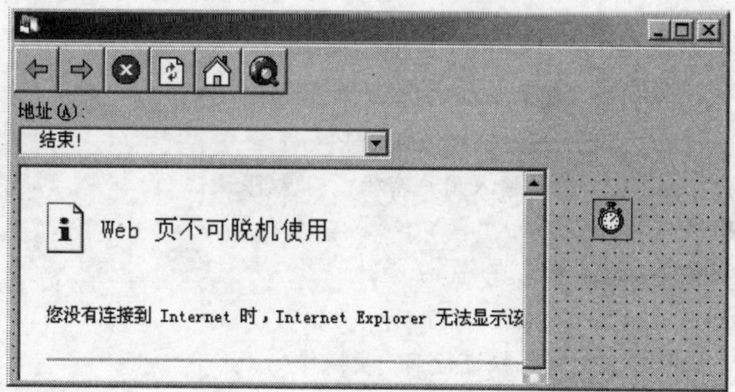

图 5.18　浏览器窗体的模板效果

可以说，这个窗体几乎与 Microsoft Windows 中的浏览器是一样的。注意在添加该类窗体时，系统将自动连接 Internet 网络，用户可以先终止连接，等窗体制作完成之后再连接。

5.2.5 “对话框”窗体

在一个应用系统中，时常需要进行“人机交互”式对话，这将体现系统的人性化的特征，也就是说，通常在执行下一个操作时，需要提醒用户是否确实需要执行下一个命令或操作，如确认执行，则进入下一个操作，否则取消下一个操作。这样功能的窗体，称为对话框窗体。

对话框窗体的模板样式如图 5.19 所示。

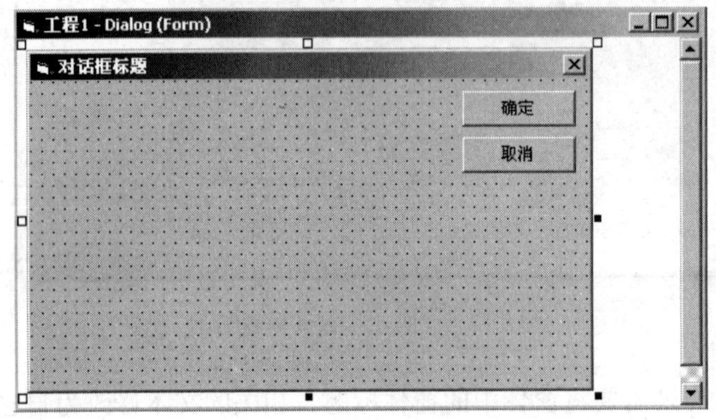

图 5.19 对话框窗体模板

对话框窗体制作的关键是创建对话机制，这就需要在对话框架窗体中为两个命令按钮编制过程代码，以一个权限认证窗体为例，也就是说，假设对话框窗体作为一个权限认证窗体，在用户输入密码之后，需要用“确定”命令按钮来检验用户的密码是否正确，如果正确，则调用窗体 Form2，否则不能进入下一个操作。下面的代码就是这样的一段关于“确定”命令按钮的代码。

```
Private Sub OKButton_Click()
   Dim msg
   oldmark = Data1.Recordset.Bookmark
   msg = Trim(InputBox("请输入用户密码", "权限认证"))
   msg = "密码 '" & msg & "'"
   Data1.Recordset.FindFirst msg
   If Data1.Recordset.NoMatch Then
      MsgBox ("密码不对，您无权进行下一步操作")
   Else
      Form2.Show
   End If
End Sub
```

关于对话框中的“取消”命令按钮，就是取消进入下一步操作的命令，一般的取消操

作就是关闭当前的对话框，其“取消”命令按钮的过程代码为：

```
Private Sub CancelButton_Click()
  Unload Me
End Sub
```

关于对话框的制作和消息机制的具体应用，也可参考下面的“登录对话框”窗体。

5.2.6 “登录对话框”窗体

登录系统即进入系统时，往往也是与权限认证联系在一起的，正因如此，Visual Basic 6.0 中文版的对话框类型中，给用户配备了一个“登录对话框”窗体模板，其窗体模板如图 5.20 所示。

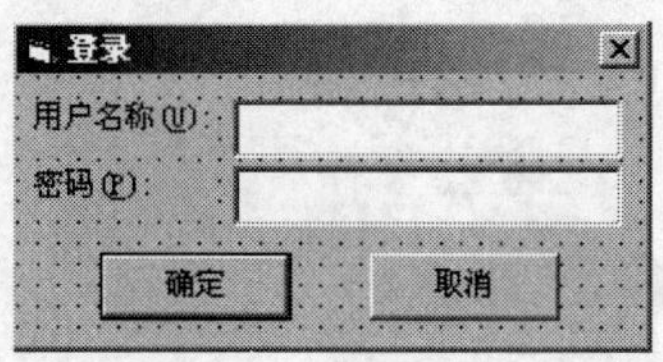

图 5.20 登录对话框窗体模板

用户在工程中可以直接添加一个登录对话框模板用作登录时的权限认证窗体，如果用户的密码输入正确，则调用后续窗体，Visual Basic 6.0 甚至已经为“确定”命令按钮和“取消”命令按钮编制了过程代码。用户通过双击“确定”命令按钮，出现它的代码编辑器，可以发现它的过程代码已经编制如下：

```
Private Sub cmdOK_Click()
    '检验密码的正确性
    If txtPassword = "password" Then
        LoginSucceeded = True
        Me.Hide
    Else
        MsgBox "无效的密码!", , "请重试! "
        txtPassword.SetFocus
        SendKeys "{Home}+{End}"
    End If
End Sub
```

在该过程代码中，如果登录窗体运行时用户输入了正确的密码，则调用后续窗体，否则显示提示信息。在具体的程序设计中，用户只需要将后续窗体的名称略作修改即可。

同样，对于登录窗体模板中的“取消”命令按钮，也有现成的代码可以使用，完全不需要用户单独编制，其代码如下：

```
Private Sub cmdCancel_Click()
    LoginSucceeded = False
    Me.Hide
End Sub
```

5.2.7 “展示屏幕”窗体模板

在工程中可以添加的窗体中，还有一个“展示屏幕”窗体类型，“展示屏幕”窗体添加到工程后的效果如图 5.21 所示。

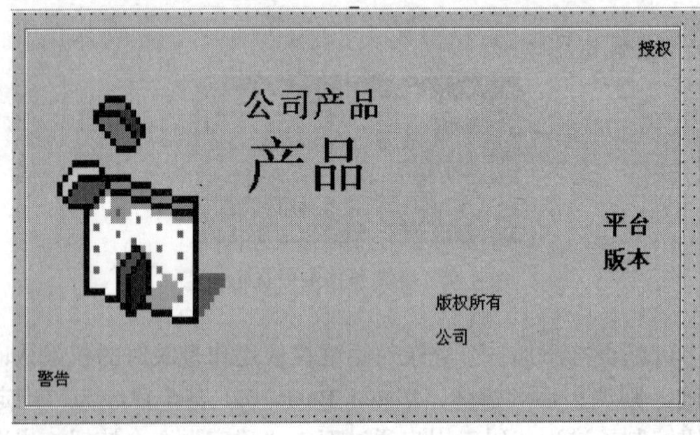

图 5.21 “展示屏幕”窗体

该类窗体与“关于”窗体的作用非常相似，它用于说明系统产品的权限归属、授权与警告等，如用户可以将窗体标签中的信息修改为自己需要的信息，如图 5.22 所示。

图 5.22 “展示屏幕”窗体修改效果

5.2.8 “日积月累”窗体模板

Visual Basic 6.0 中文版还为用户提供了一个“日积月累”窗体模板，用户也可以直接在工程中添加该类模板，“日积月累”窗体的主要功能是介绍产品或系统的使用经验与方法，用户可以在开发系统时，“逐页”地介绍系统的操作方法或注意事项等内容。“日积月累”窗体加入到工程后的效果如图 5.23 所示。

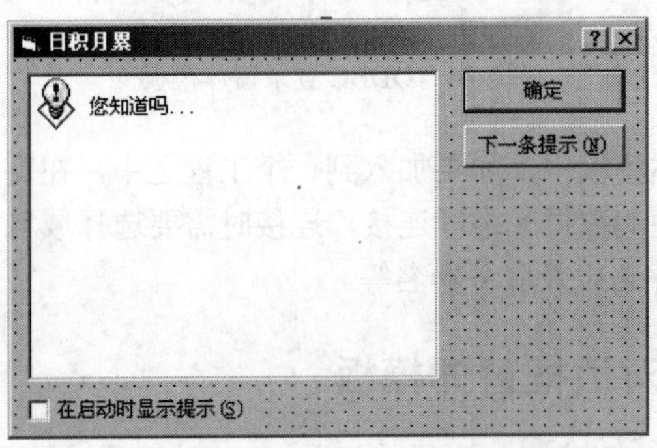

图 5.23 “日积月累”窗体模板

在开发“日积月累”窗体时，主要是输入窗体中的一个文本框 lblTipText 中的文字，即系统的使用经验或操作方法，输入方法是通过它的标题（Caption）属性中的内容。关于两个命令按钮“确定”和“下一条提示”Visual Basic 6.0 已经为它编制了过程代码，不需要用户编制，其过程代码分别如下：

```
Private Sub cmdOK_Click()
    Unload Me
End Sub

Private Sub cmdNextTip_Click()
    DoNextTip
End Sub
```

5.2.9 “ODBC 登录”窗体模板

在 Visual Basic 6.0 中文版中还有一个为进行远程数据库应用系统登录的窗体模板，该模板的运用与客户服务器系统的连接有关，涉及到许多比较专门的知识，由于本教材仅为读者掌握常用的程序设计方法和本地数据库应用系统开发的，属于大学本科教育的基本范围，因此，如需要时，读者可以参考相关的网络数据库应用系统开发的文献（本教材附有相关的参考文献）。“ODBC 登录”窗体模板如图 5.24 所示。

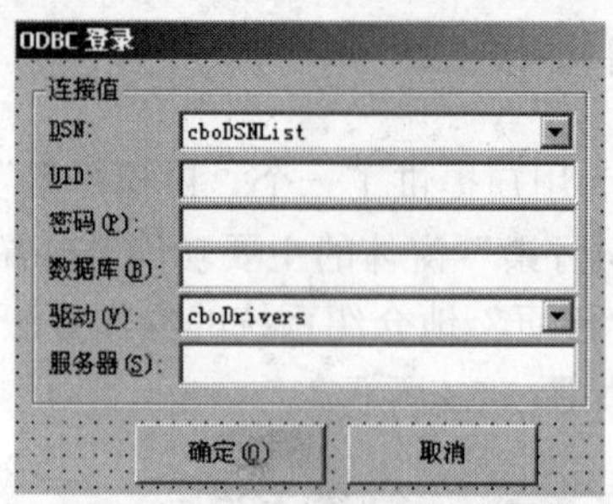

图 5.24　ODBC 登录窗体模板

在 ODBC 登录窗体模板中，如果加入到一个工程之中，在窗体运行时，需要用户首先对远程的 ODBC 类型的数据库进行连接，连接时需要选择域名、用户 ID 号、用户密码、数据库名、驱动程序名以及服务器名等。

5.2.10　“选项”对话框窗体模板

在 Visual Basic 6.0 中文版的工程创建中，还可以添加一个“选项”对话框窗体，该窗体是一个非常有用和常用的窗体类型。因为注意到，往往在一个工程中，一个窗体管理一个功能，也就是说，窗体往往是针对一个功能进行开发的，系统的多个功能往往是通过窗体之间的调用来完成的，这样将增大开发人员的劳动强度。自然的一个问题是，能否用一个窗体来管理或执行多个功能呢？这就需要用到“选项”类型的窗体。事实上，在许多 Windows 应用系统中，往往通过在一个窗口的界面中通过“选项”选择可以执行多个相互联系的功能。如 Microsoft Windows 中的 Internet 属性的设置窗口，就是通过这样的选项页面来完成多种相关或不相关的事务的，如图 5.25 所示。

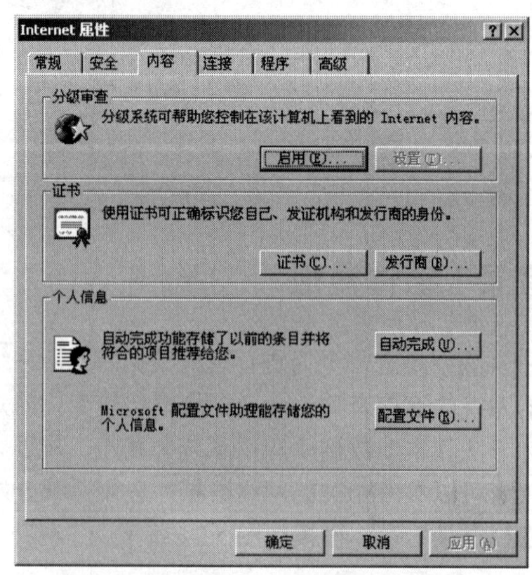

图 5.25　Internet 属性的设置窗口

事实上，在 Visual Basic 6.0 的工程中添加这样一个窗体是非常简单的，其添加的窗体模板如图 5.26 所示。

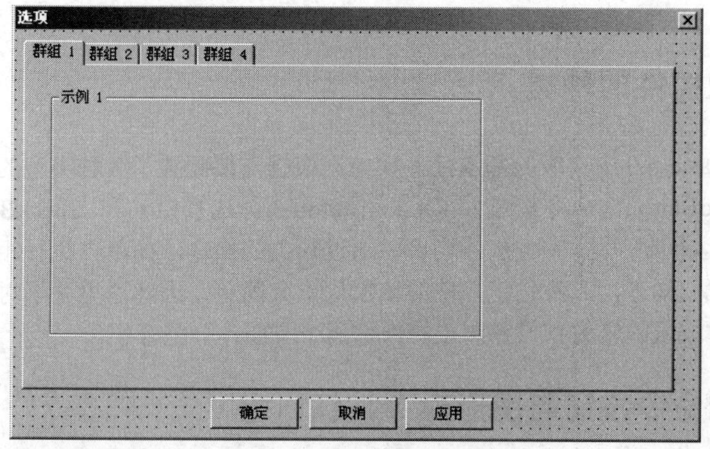

图 5.26 “选项”窗体模板效果

选项窗体模板的开发存在几个方面需要说明的问题：

① 如何在选项窗体模板中添加新的“群组”*（注：一个群组通常称为一个页面）。

② 如何删除多余的“群组”或页面。

③ 如何具体开发各个群组。

事实上，“选项”窗体模板有一个属性设置框，它可以对选项群组进行有效的管理和开发，致于每一个群组中即页面中执行什么事务或什么功能，需要用户根据相关的知识去开发。其页面属性设置可以通过单击鼠标右键打开“属性卡”来进行，如图 5.27 所示。

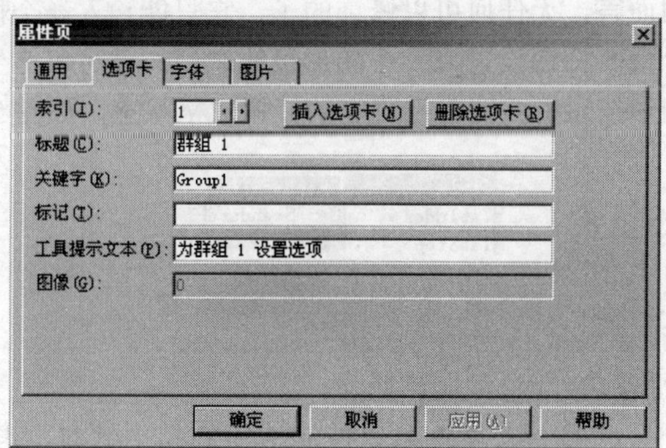

图 5.27 属性设置选项卡

5.3 常用按钮控件的运用技巧

窗体和按钮往往是相伴而生的，在前面已经多处使用窗体和按钮，可以发现，窗体往

往需要按钮来加以控制，如关闭窗体、调用窗体、执行窗体中的相关事务。因此本节将介绍一些关于按钮的使用技巧，在掌握了窗体和按钮的作用与用途之后，系统开发就有了一个良好的基础了。

5.3.1 按钮控件的种类

在 Visual Basic 6.0 中文版的基本控件库中，根据需要配置了 3 种类型的按钮，它们分别为：CommandButton（命令按钮），OptionButton（单选按钮）和 CheckBox（复选框按钮）。在系统的运行期，这 3 种按钮均可以通过相关的操作，如单击执行相关的事务。在前面的内容中我们知道，3 种按钮控件的编程均十分简单，因此这里并不对它们进行详细的介绍，只是对按钮的修改和设置焦点控件这两个方面作一些介绍。

5.3.2 标准命令按钮与图形命令按钮

在一个窗体中，放置一个命令按钮控件，但对于不同的开发人员而言，制作的效果截然不同，命令按钮在加工修饰方面有许多工作可做。

1. 标准命令按钮

一个命令按钮可以作为一个标准的命令按钮，在这样的按钮上，除可以给它加入一个按钮标题的文字之外，其他任何效果均不能修饰，如不能设置它的扁平状态或 3D 状态、加载的图片不能显示、加载的颜色不能显示等，它仅作为一个非常普通的按钮。

2. 图形命令按钮

对于标准命令按钮而言，无任何可以修饰的了，它只能输入一个标题属性和执行相关的事务。但如果将一个命令按钮设置为一个图形按钮之后，就可以产生许多特殊的效果。设置一个命令按钮为图形按钮的关键是设置它的按钮风格状态，如图 5.28 所示。

图 5.28 图形按钮的的属性设置

① 设置按钮的扁平或 3D 状态。

对于一个命令按钮，它有一个属性可以控制按钮的扁平状态，也可以设置为 3D 状态，设置扁平状态属性为 Flat 属性，该属性是一个布尔值，用户只需要选择 flat 选项，则按钮处于扁平状态，其属性设置如图 5.29 所示。

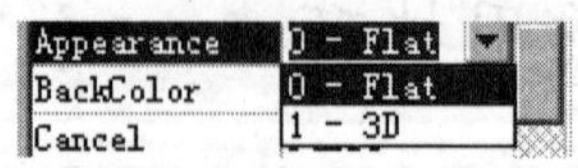

图 5.29 按钮的扁平状态设置

② 为命令按钮引入按钮图标，修饰按钮的效果。

在设置一个命令按钮为图形按钮之后，就可以为它加载一个按钮图标以修饰按钮了，加载图标的主要方法就是通过 Picture 开关从文件夹中引入一个按钮图标。图标按钮的效果如图 5.30 所示。

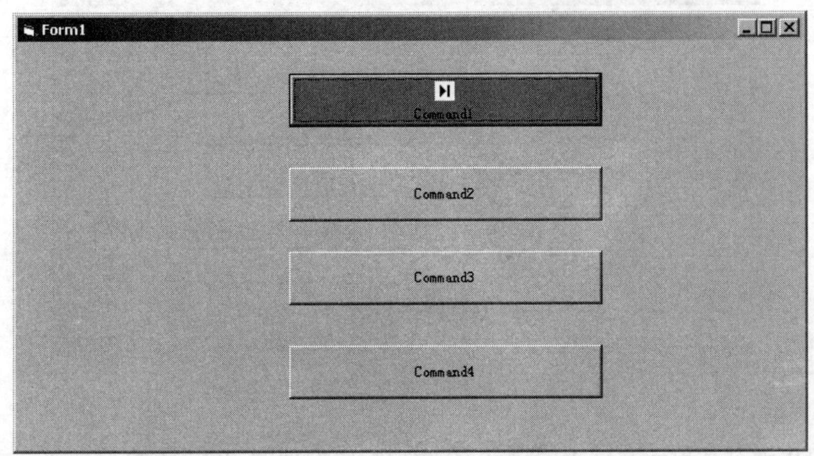

图 5.30 图形按钮加载图标后的效果

③ 为图形按钮增加不同的颜色。

作为图形按钮的命令按钮，用户可以为按钮赋予不同的颜色，这主要由它的背景色（BackColor）来设置，单击背景色设置属性的开关按钮之后，打开一个颜色盒，出现一些颜色选择方案，用户通过颜色盒选择一种颜色即可。

5.3.3 焦点控件与键盘响应

一个窗体中，在一个按钮或一个控件执行完某一个事务之后，往往通过按回车键后执行下一个事务，而不采用鼠标单击或双击的方式执行下一个事务。执行下一个事务时，需要由一个控件跳转到另外一个控件，将处于当前欲执行某种事务的控件称为焦点控件。焦点控件将显示出焦点的状态，即它的四周呈现深色，图 5.30 中的命令按钮在窗体启动时，就处于焦点状态。所谓焦点控件的转移就是需要通过按回车键的方式将一个焦点控件的焦点状态转移到另外一个控件，使其另外一个控件处于焦点状态成为焦点控件以执行另外的任务。如何进行这样的程序设计呢？

① 用 Tab 键控制控件的跳转顺序。

在同一类或近似类的一组控件之中，往往存在一个 TabIndex 属性，该属性就是控件的焦点顺序属性，属性的值为整数值，它往往从 0 开始排列，而且以同类或相近类控件出现的先后顺序按 0，1，2…自动排列。但对于开始值和排列的顺序值，用户也可以通过自己的方式加以排列，如按 2，4，6，8…或转 3，5，7，9…或任意其他的无规则但有大小的方式加以排列。

在窗体运行时，用户可以通过键盘中的 Tab 键在同类控件的不同焦点状态之间进行跳转。

【例 5】创建一个新的工程，在窗体中放入 5 个文本编辑控件，查看它们的 Tabindex 属性值并重新定义它们的顺序。窗体的布局如图 5.31 所示。

图 5.31　文本编辑控件跳转顺序设置界面

用户可以通过其单元文件查看这 5 个数据编辑控件的 Tabindex 属性值，它们按 0，1，2，3，4 自动产生的顺序，用户同样可以通过它们的属性将顺序修改为 2，4，5，6，8，然后在运行中，用键盘检验它们的先后跳转顺序。

值得一提的是，通过焦点顺序设置之后，控件还会按顺序循环往复地进行下去，这给用户编辑数据带来极大的方便。

② 用过程代码控制控件的跳转顺序。

在前面，通过对同类或相近类控件的 Tabindex 属性设置或其排列方式，系统在运行时可以用键盘中的 Tab 键来对这些控件进行跳转。但习惯上，用得最多的还是回车键或任意按键，这是绝大多数用户的习惯，同时用回车键或任意按键在不同控件之间的跳转，比用 Tab 键进行跳转效率高得多，因此这里要介绍如何通过按回车键方式来控制控件焦点的转移。

其实用键盘的按键转换控件的焦点顺序主要用到一个焦点控件设置的语句，为了说明其语法的应用，先看一个例子。

【例 6】在例 5 中，用回车键或任意其他的键在 5 个编辑控件中按先后顺序转换焦点控件。其工程制作方法如下：

（1）在工程的体中选中第一个数据编辑控件 Text1，编制该控件的“KeyDown”过程代码（可以看出 KeyDown 过程执行的事务就是在按下任意一个键后执行的事务），其过程代码如下：

```
Private Sub Text1_KeyDown(KeyCode As Integer, Shift As Integer)
  Text2.SetFocus
End Sub
```

从这段代码的意义可以看出，当控件的焦点在第一个文本编辑控件时，只要按回车键或其他任意键，则焦点控件就会跳转到第二个编辑控件，其关键语句为：Text2.SetFocus。

（2）在工程的窗体中为第二个文本编辑控件 Text2 编制“KeyDown”过程代码，其过程代码如下：

```
Private Sub Text2_KeyDown(KeyCode As Integer, Shift As Integer)
   Text3.SetFocus
End Sub
```

从这段代码的意义可以看出，当控件的焦点在第二个文本编辑控件时，只要按回车键或其他任意键，则焦点控件就会跳转到第三个文本编辑控件。

（3）采用以上相同的方法，分别为第三个文本编辑控件、第四个文本编辑控件和第五个文本编辑控件编制相应的过程代码，则可以分别实现控件的跳转过程。其相应的代码列示如下：

```
Private Sub Text3_KeyDown(KeyCode As Integer, Shift As Integer)
   Text4.SetFocus
End Sub
```

```
Private Sub Text4_KeyDown(KeyCode As Integer, Shift As Integer)
   Text5.SetFocus
End Sub
```

```
Private Sub Text5_KeyDown(KeyCode As Integer, Shift As Integer)
   Text1.SetFocus
End Sub
```

最后用户可以运行工程检验控件的跳转是否按设计的愿望在进行。

5.4 习题

1．窗体的作用有哪些？试结合一个应用系统加以说明。
2．主窗体的作用表现在哪几个方面？
3．掌握父子窗体类型的工程创建方法。
4．什么是模式窗体和非模式窗体？调用的方法分别是什么？
5．试举出几种控制窗体在运行期间的大小的方法？
6．如何用窗体初始化方法确定窗体的位置和大小？试举出几种方法。

7．掌握在工程中添加窗体的方法。

8．为什么要在同类或相近类型控件中设置跳转顺序？创建用 Tab 键控制同类或相近类型控件的跳转顺序与用 SetFocus 语句创建控件跳转顺序有什么区别和相同之处？

9．创建一个工程，用两种方法创建相近类型控件的焦点的跳转。

第 6 章 Visual Basic 6.0 中文版常用控件及基础编程

在前面的各个章节中，已经大量涉及 Visual Basic 6.0 中文版常用控件的一些运用方法，因为在可视化的程序设计中，控件与程序设计往往是不可分离的。仅管在前面的内容中对控件使用频率很高，但仅用到了几种类型的控件，而且并不是专门对控件进行系统的介绍，而是结合其他内容辅助地加以介绍，还有的控件的使用还未涉及，因此本章将比较系统地介绍各种控件在系统开发中的基本应用。

6.1 通用类（General）控件及其应用编程

Visual Basic 6.0 中文版已经为用户提供了一个通用类的控件库，它存放于一个通用（General）的控件面板之中，只要用户一打开 Visual Basic 6.0 中文版的集成开发环境，则该控件面板便展示在用户面前，供用户进行程序设计与系统开发所使用，如图 6.1 所示。

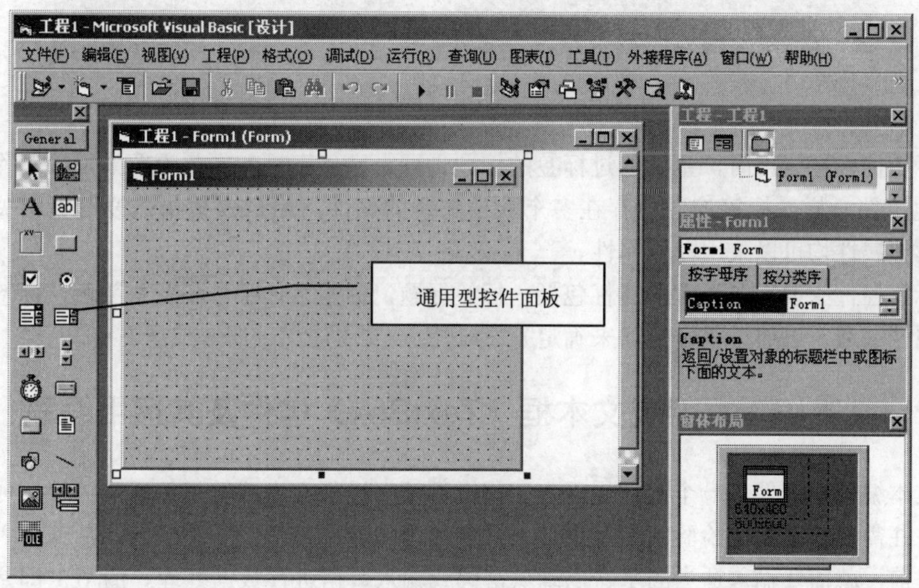

图 6.1 通用型的控件面板

6.1.1 标签（Label）控件的运用与编程

关于标签控件（Label），在前面的章节中，实际上已经多次使用过了，标签控件的运用非常简单，或者说它几乎无任何难度。但标签的作用不可小视，因为任何一个应用系统或工程，如果没有一定的说明标示的话，它将会变得暗然失色，就像一个城市没有路标一样，其结果是不难想象的。标签控件是一个重要的标示性的控件，虽然它一般不用于行为动作的执行，但它往往对一个系统起到画龙点睛的作用。可以说，应用系统的任何一个界面中，都少不了标签控件，标签控件广泛应用于窗体、报表以及系统的各个方面。如在图 6.2 中，应用较多的标签控件制作了一个系统的封面窗体，在这个窗体中，除一个版权标志不是标签控件之外，其他的一切控件均是标签控件。

图 6.2　标签控件的应用显示

标签控件在运用时，主要通过标签的标题设置、字体字号和颜色设置等加以制作的。与其他控件一样，标签控件也存在多个默认配置的属性，用户仅根据需要设置相关的属性，其他属性均可以采用默认属性。

标签控件主要需要设置的属性包括：标签标题，标签字体字号和背景颜色，标签的左边距属性（通常可通过鼠标拖动来确定）、顶边距，文本居中、居左或居右等。

6.1.2 文本编辑框架或文本框（TextBox）控件及其运用编程

文本编辑框控件是一个专门用于在工程运行期间进行文本或符号编辑的控件，如一个工程往往需要一些密码检验的专用窗体或数据处理的专用窗体，在系统启动后或进入某一功能之前，就需要输入适当的字符以确认密码或输入数据进行数据处理。图 6.3 即是一个系统的数据处理窗体，该窗体运行时即可以通过文本编辑框控件输入相关的信息。

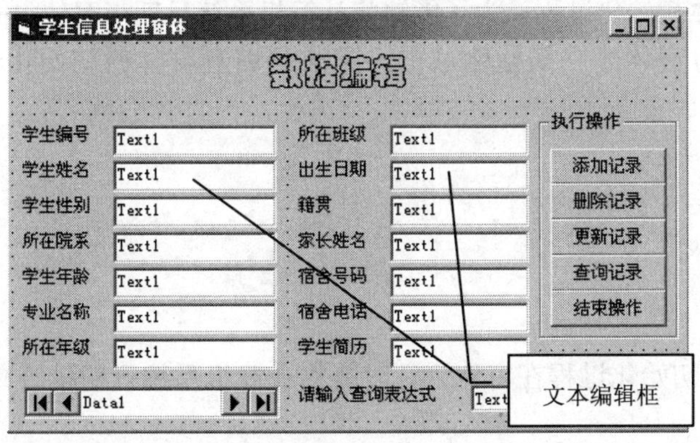

图 6.3　文本编辑框控件的运用窗体

本节先以一个实例来说明文本编辑框控件的运用，关于文本框控件的其他运用将在后面章节的数据库应用系统开发中有大量的介绍。

【例 1】用文本编辑框控件制作系统权限认证窗体，在通过权限认证之后，调用下一个窗体（注：此处建立的权限是一种动态的权限，即权限与计算机系统日期相联系，因此它是经常变动的）。其工程的创建过程如下：

（1）启动 Visual Basic 6.0 中文版集成开发环境，选择创建一个标准 EXE 工程。

（2）命名保存单元文件和工程文件。

（3）在工程中添加一个“普通窗体”Form2，命名保存该窗体。

（4）在第一个窗体 Form1 中放入一个标签控件，设置其标题（Caption）属性为“请输入用户密码”。

（5）在第一个窗体 Form1 中放入一个文本编辑窗体 Text1，用于窗体运行时输入用户权限。

（6）在窗体中放入一个文本编辑控件 Text2，用于联接系统的日期，并设置该控件的 Visible 属性为 False，即它在窗体运行时不可见。

（7）在窗体中放入一个命令按钮控件 Command1，用于检验用户输入的密码，这样窗体的布局如图 6.4 所示。

图 6.4　窗体布局效果

（8）建立窗体初始化过程。为了能够将计算机系统日期与窗体中的文本框控件 Text2 联系起来，需要为窗体建立初始化过程，方法是编制窗体的初始化过程代码，其代码如下：

```
Private Sub Form_Initialize()
  Text2.Text = Date
End Sub
```

可以看出，该初始化过程在窗体运行时就将计算机系统日期赋给文本框控件 Text2，作为用户的密码。

（9）编制权限检验命令按钮的过程代码。为了进行权限检验，需要为命令按钮控件编制单击事件的过程代码，其代码如下：

```
Private Sub Command1_Click()
  If Text1.Text = Text2.Text Then
    Form2.Show
  Else
    MsgBox（“对不起，密码不正确，你无权进入系统！”）
  End If
End Sub
```

这样整个工程创建完成，运行工程并检验权限检验，其用户输入的权限必须与计算系统的日期相一致，否则不能进入系统，如图 6.5 所示。

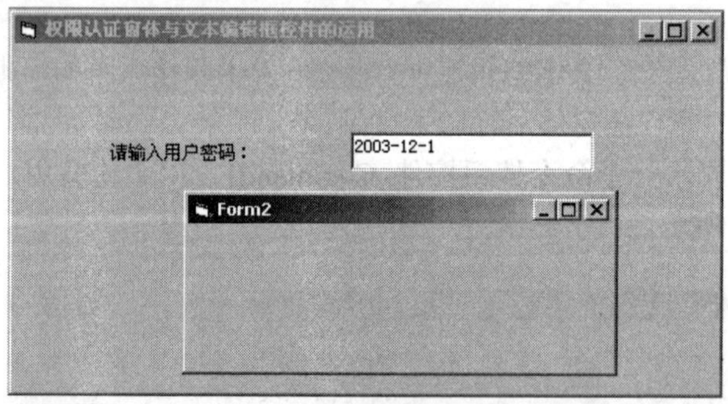

图 6.5　权限认证效果显示

【注意】密码输入框应该不以“明码”显示，而应该以“密码”形式显示，因此，在窗体中应该设置文本编辑框控件 Text1 的 PasswordChar 属性为“*”，这样，用户在输入密码时显示特殊的字符，如图 6.6 所示。

此外，如果用户输入的密码与动态变化的计算系统日期不同，则显示提示信息，如图 6.7 所示。

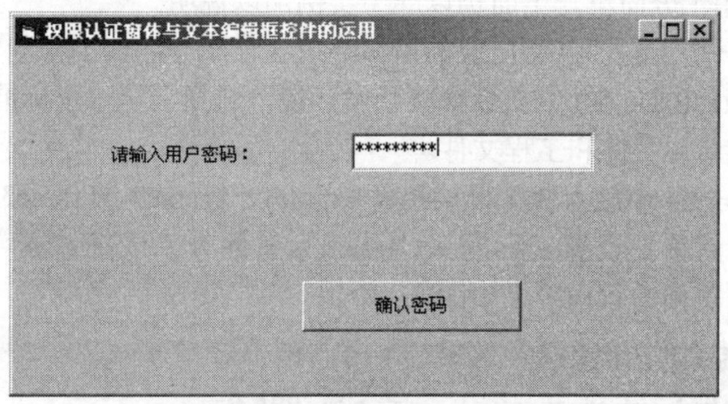

图 6.6　密码字符显示

图 6.7　信息提示与消息框

6.1.3　框架（Frame）控件及其运用编程

在一个功能窗体中，往往控件需要按性质进行分组，这样可以极大地增强窗体的修饰效果或用户友好度，它可以使得窗体规范、有条理，有良好的视觉感受。如可以将输入的文本框分成一组，将执行事务的命令按钮分成一组，这样更便于用户进行系统的操作与管理。可以按控件的操作功能分组、按使用的方式进行分组，将一些控件分离开来，使其形成层次感。图 6.8 的就是对一些控件的分组，它就是用框架控件实现的，它将一个界面分成若干个部分，这样非常便于用户对系统的操作。

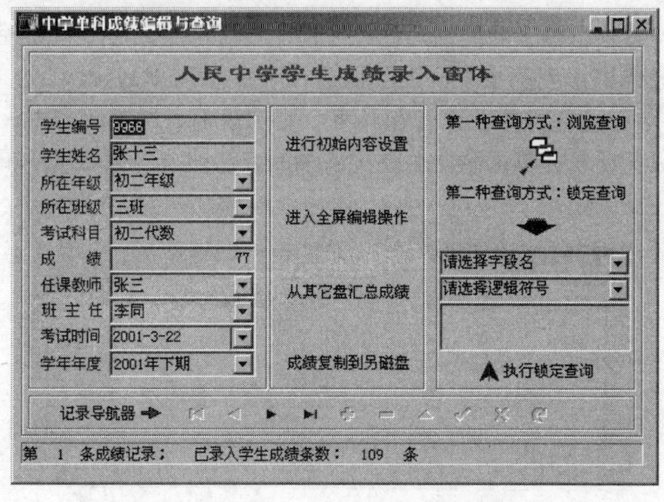

图 6.8　窗体分组与框架控件运用效果

框架控件的运用十分简单，下面仍以一个实例加以说明。

【例 2】创建一个工程，并将出现的窗体分成 3 个部分，其工程创建过程如下：

（1）启动 Visual Basic 6.0 中文版集成开发环境，选择创建一个标准 EXE 工程。

（2）命名保存单元文件和工程文件。

（3）在窗体 Form1 中放入 3 个框架控件 Frame1、Frame2、Frame3，调整分组框控件的位置和大小，然后分别设置其标题（Caption）属性为“成绩输入”、“成绩查询”和“成绩打印”，这样窗体的布局效果如图 6.9 所示。

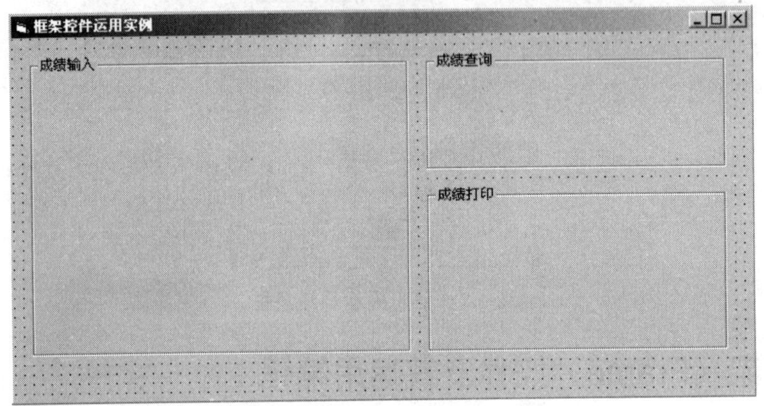

图 6.9　框架的应用与窗体布局

框架控件可以带有自身的标题（Caption）文本，也可以不用标题，如果需要带标题，则用户可以根据需要设置标题的字体、字号和颜色。这样，可以看出，通过框架控件的使用之后，比不使用框架控件的效果要好得多。

6.1.4　命令按钮（Command）控件及其应用编程

命令按钮控件是使用最多的控件，已经在前面多次运用，命令按钮控件的事件主要是单击事件，但它还有许多别的事件，如“键盘按下事件”（Key down）、“鼠标移动事件”（Mouse Move）等，这往往需要读者在具有一定的基础之后才能运用，因此本教材暂不加以讨论，读者只需要掌握单击事件的过程的编制方法即可。按钮可以编制的事件类型如图 6.10 所示。

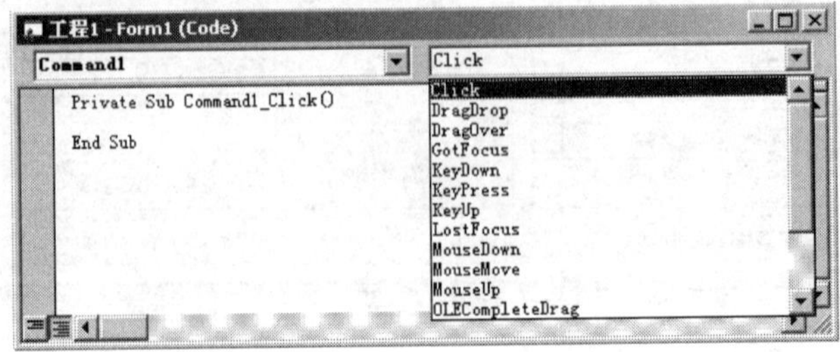

图 6.10　命令按钮的过程类型

一个执行的单击事件究竟执行什么样的过程，这完全需要按按钮执行的功能来确定，因此其代码的编制不能一概而论。

6.1.5 复选框（Check）按钮及其应用编程

在系统制作过程中往往需要大量运用复选框按钮，复选的意思就是在两个具有逻辑型或布尔型的选项之间，用户可以重复选择。复选框按钮的使用在前面的应用实例中结合其他的内容已经多次介绍过。可以说，在一切的 Windows 操作系统和应用系统中，用户随处可见复选框控件的应用。

现在的问题是，用户在自己的工程中，如何运用复选框按钮开发工程？仍以实例来加以说明。

【例 3】在一个应用系统中，存在一个主菜单结构的主窗体，同时还存在一个图形导航结构的“框架控件”作为图形导航的面板，用户可以通过主菜单的主窗体对系统进行操作，也可以通过面板中的图形导航结构对系统进行操作，为了方便用户，创建一种功能，可以让用户在主菜单和面板中的图形导航之间相互切换，这就可以利用复选框控件进行开发。如在图 6.11 所示的一个系统中，系统已经进入了程序的主控界面。

图 6.11 系统主按界面

在系统主控界面的右上角，放置了一个复选框控件，其复选框控件的标题（Caption）为“图形菜单”，用户只需要单击（或选中）该按钮界面即进入到图形菜单界面，如

图 6.12 所示。

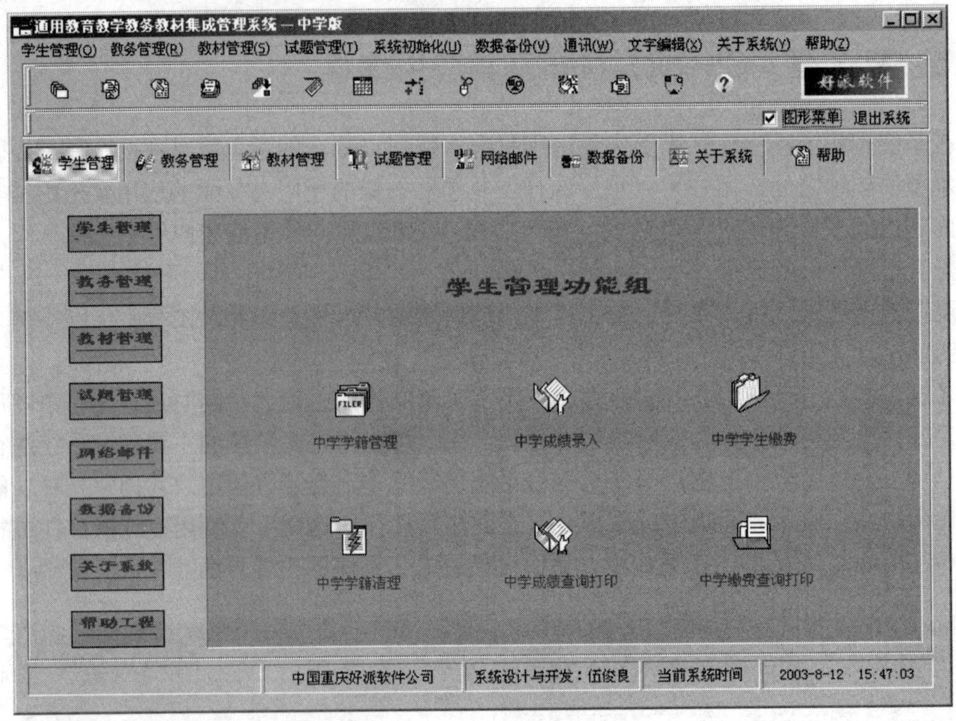

图 6.12　图形菜单界面

如果再单击复选按钮，它又回到主控界面。现在的问题是，如何运用复选按钮在图形菜单界面与主控界面之间进行切换？

实际上，这一功能的设计是相当简单的，读者只需要为复选框控件编制如下类似的过程代码即可：

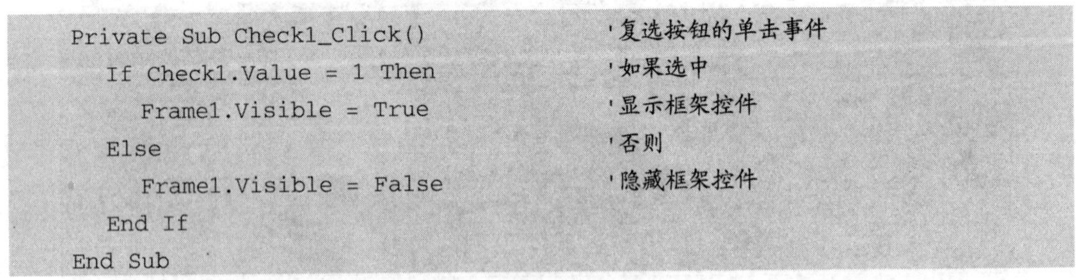

```
Private Sub Check1_Click()          '复选按钮的单击事件
  If Check1.Value = 1 Then          '如果选中
    Frame1.Visible = True           '显示框架控件
  Else                              '否则
    Frame1.Visible = False          '隐藏框架控件
  End If
End Sub
```

其窗体的布局如图 6.13 所示。

这一程序的编制和窗体的制作对于复选框控件的应用具有典型的代码意义，读者不难将其引入到其他的程序设计之中。

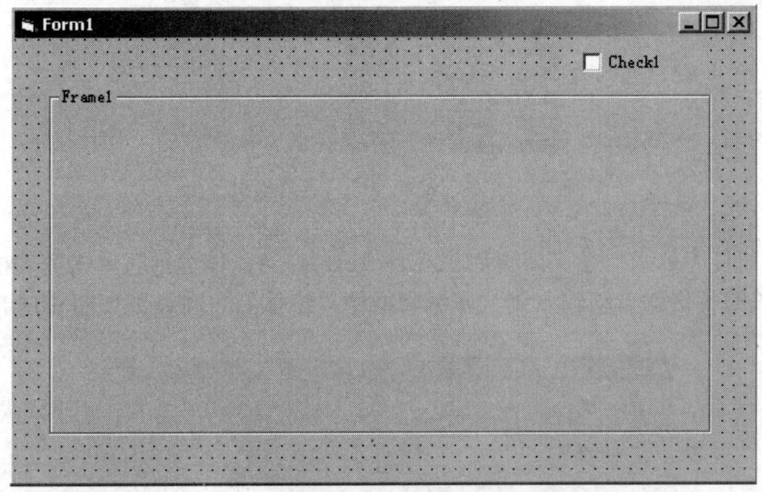

图 6.13　窗体的基本布局

6.1.6　选项（Option）按钮控件及其运用编程

选项按钮控件前面也已经用到过，它主要用于在执行多个事务的选项中选择一项，每个事件的执行是互斥的。选项按钮控件的运用可参考前面相关的“可充当多分支结构程序设计的控件”部分的内容，它们对于选项按钮的控件已经体现得十分充分了。

6.1.7　列表（ListBox）控件及其应用编程

在许多时候，可以打开一个列表框对一些事件作出选择，以便确定执行哪一个事务，这在 Windows 操作系统中也是经常用到，它与执行下拉菜单有些类似。

列表框控件的意义就是给出一个条目的列表供用户选择，选择后执行什么事件将是比较复杂的，它需要根据系统的具体功能来编制后面的事件。

现在的问题是，系统开发时，如何在列表框中生成列表框所需要的条目？关于这一问题，仍用一个实例来说明，这样比较好阐述一些。

【例 4】创建一个工程，生成一个关于“省份”的条目，用于输入“职工籍贯”，它们分别是“北京市”、“天津市”、“上海市”、“重庆市”、“四川省”、“山东省”等地，其工程创建过程如下：

（1）在 Visual Basic 6.0 中文版集成开发环境中创建一个新的工程，出现一个空白窗体。

（2）在窗体中放入一个列表框控件 List1。

（3）单击列表框控件的对象监视器中条目属性 List 的编辑框，可以编辑列表框的列表条目，如图 6.14 所示。

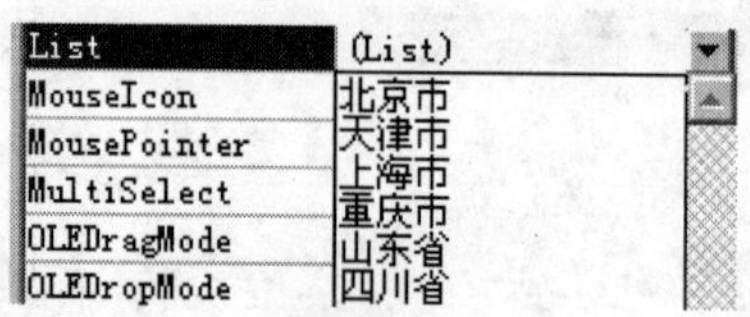

图 6.14　条目编辑属性与条目编辑效果

（4）在窗体中放入一个文本编辑框控件 Text1，当窗体运行且单击列表框中的某一个条目时，相关的省份就自动输入到文本编辑框中，窗体的布局效果如图 6.15 所示。

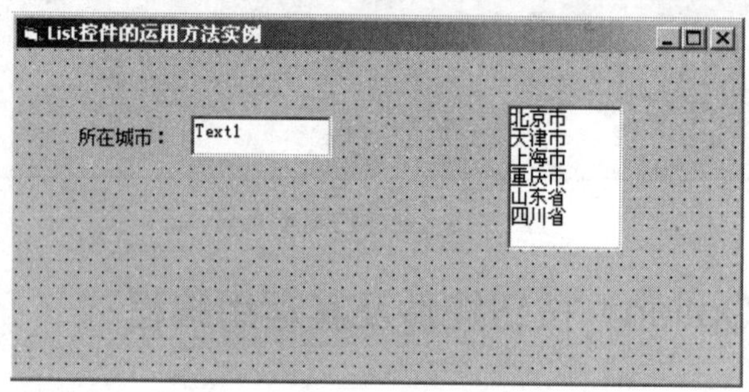

图 6.15　窗体的布局

（5）为列表框控件编制事件的过程代码，该事件的过程代码就是当窗体运行时，只要用户单击某一条目，该条目就自动跳入到文本编辑框中作为自动数据录入处理。其单击事件的过程代码如下：

```
Private Sub List1_Click()
  Text1.Text = List1.Text
End Sub
```

（6）运行窗体检验列表框控件的使用效果，如图 6.16 所示。

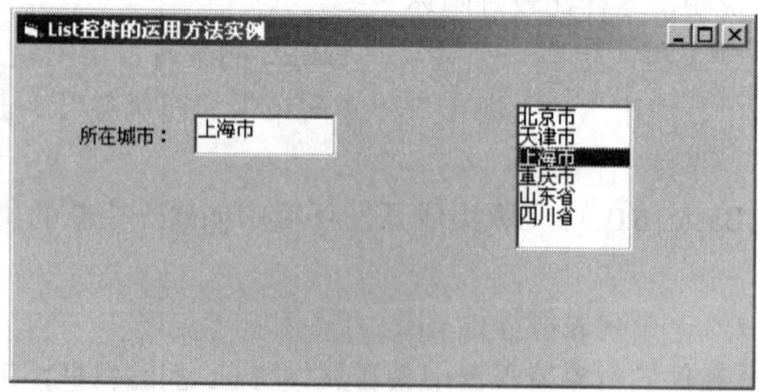

图 6.16　列表框控件的运用效果

列表框控件除条目生成外，它作为一种显示条目的工具，需要对其效果进行设置，也

就是说，列表框是显示文本条目的，可以为条目设置相关的字体、字号和颜色等。

通常列表框控件用于显示字符串的文本，一条一条的排列着，这种条目的排列称为标准格式的排列，除此之外，列表框中的条目还具有另外一种格式，这就是复选框格式，这可以通过 Style 属性来加以设置，其属性如图 6.17 所示。

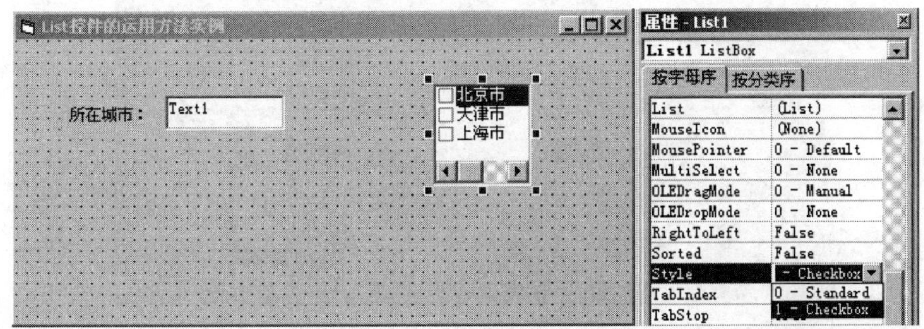

图 6.17　列表框“样式”选择

列表框中的列表在系统运行期是供用户进行选择的，除可以选择一行之外，也可以在列表条目中进行多行的选择，但这必须设置多行选择（MultiSelect）属性为 True。

另外如果条目编辑框中存在许多条目，往往需要有一个顺序排列的问题，如在医药管理系统中，药品条目最好按同类进行显示，如红药水、红霉素等，这样可以极大地方便用户对于条目的选择，为此需要为条目设置一个排列顺序（Sorted）的属性为 True。

列表框中列表的条目除在开发期进行人工输入产生之外，也可以通过一个数据表字段中的一些记录作为列表条目，这需要在介绍其他数据控件和相关的属性之后才能进行。

6.1.8　组合框（ComboBox）控件及其应用编程

组合框控件（ComboBox）与列表框控件（ListBox）的使用和制作非常类似，只不过列表框控件在工程运行时将全部条日显示出来，直接供用户选择，而组合框控件则只显示一个列表开关按钮，只有在打开列表开关之后才显示条目并供用户选择条目。

为了与列表框控件的应用形成对比，接着前面例 4 的工程继续进行说明。

【例 5】在工程的窗体中加入一个组合框控件（ComboBox），为组合框控件编制一些条目，然后为组合框控件编制相应的过程代码，只要组合框中的条目发生变化，它就自动将条目输入到文本编辑框之中进行数据录入。

此例的关键在于组合框的过程代码的编制，其他制作过程与列表框的制作过程都是一样的。为实现本例的目的，需要为组合框控件编制 Change 过程代码，该代码即是控件的变化引起相应事件的实时变化，其过程代码如下：

```
Private Sub Combo1_Change()
   Text1.Text = Combo1.Text
End Sub
```

除 Change 过程代码之外，用户同样可以编制单击事件代码，即选择条目中的一条文本并单击时，它也会自动输入到文本框之中，其效果如图 6.18 所示。

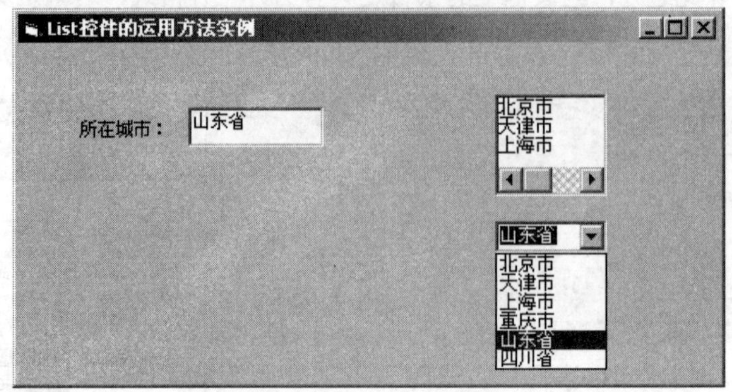

图 6.18 组合框控件的运用效果

组合框控件的单击事件的过程代码列示如下：

```
Private Sub Combo1_Click()
   Text1.Text = Combo1.Text
End Sub
```

同样，组合框控件列表中的条目也可以作为一个数据表中某一个字段中的记录，要开发组合框的这一功能，需要其他一些控件的结合使用和相关的设置才行。

6.1.9 滚动条（Croll）控件及其应用编程

在 Visual Basic 6.0 中文版的基本控件中，有一个水平滚动条控件和垂直滚动条控件，但由于其他一条控件往往自带有滚动条属性，如文本编辑框控件、窗体等均可以设置滚动条属性，通过控件的滚动条属性设置，就可以产生相应控件的滚动条。单独使用滚动条控件来制作滚动效果已经很少用了，因此不单独介绍滚动条控件的运用，仅对控件的滚动条属性加以说明。我们以文本编辑框控件为例，设置滚动条属性如图 6.19 所示。

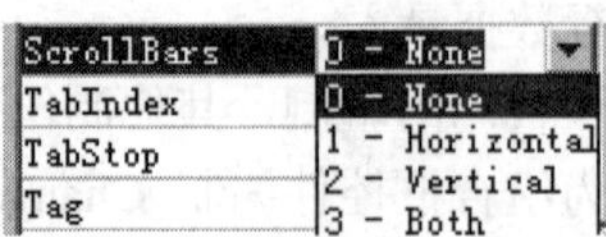

图 6.19 文本编辑框控件的滚动条设置

通常一些控件既可以设置水平滚动条，也可以设置垂直滚动条，或两者都设置，用户可以根据需要加以设置。

6.1.10 计时器（Timer）控件及其应用编程

计时器（Timer）控件主要用于在指定时间或按照设定间隔内执行一个事务。在系统运行期，计时器控件本身并不显示，也就是说，它是一个非可视的控件。

计时器控件的主要属性有两点，一是时间间隔（Interval）属性设置，二是它的“可用与禁用”（Enable）属性设置。先以一个例子来说明计时器控件的基本使用方法：

【例 6】用计时器控件计数，从 1 开始计数，如果计数达到 100，则重新开始计数，其制作方法如下：

（1）在 Visual Basic 6.0 集成开发环境中创建一个标准的 EXE 工程。

（2）保存工程文件和单元文件。

（3）在窗体中放入一个计时器控件 Timer1；设置它的间隔（Interval）属性为 60。

（4）在窗体中放入一个文本编辑框控件 Text1，设置属性 Text 为 1（初始值为 1），这样窗体的布局如图 6.20 所示。

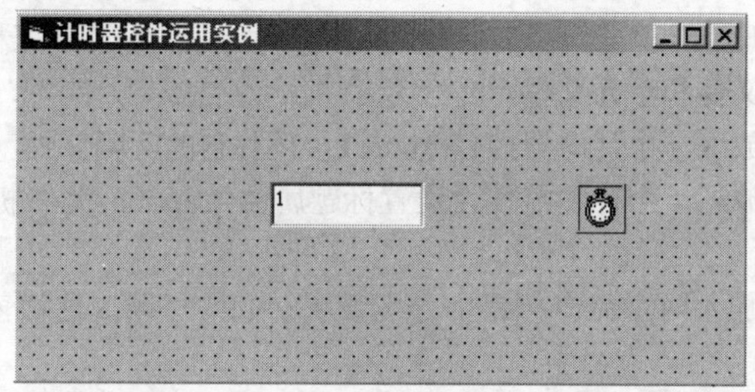

图 6.20 计时器控件运用窗体布局

（5）注意到，计时器控件的一个关键过程是它的 Timer 过程，也就是它自动执行事务的过程，因此为计时器控件编制 Timer 过程的事件代码，其代码如下：

```
Private Sub Timer1_Timer()
  Text1.Text = Text1.Text + 1
  If Text1.Text >= 100 Then
    Text1.Text = 1
  End If
End Sub
```

运行工程，计时器将按程序执行事件的进程，即自动计数，当文本编辑框中的数值到达 100 时它会自动返回到 1 并重新计数，其效果如图 6.21 所示。

图 6.21　计时器控件的计数效果

此例是一个非常重要的例子，它说明了计时器控件的工作原理和编程方法，我们很容易将该例方法引入到其他的程序设计之中，事实上，许多关于时间控制的程序均是通过该例引入的。为了说明计时器控件在程序设计和系统开发中的运用，下面再举几个例子。

【例 7】用计时器控件制作动画，让窗体运行时像时钟一样显示“机械工业出版社”，用户还可以让显示暂停或重新启动，工程创建的步骤如下：

（1）在 Visual Basic 6.0 集成开发环境中创建一个标准的 EXE 工程。

（2）保存工程文件和单元文件。

（3）在窗体中放入一个计时器控件 Timer1；设置它的间隔属性（Interval）为 60。

（4）在窗体中放入一个标签控件，设置标题属性 Caption 为“机械工业出版社”，并设置相应的字体字号。

（5）在窗体中加入两个命令按钮，分别设置它们的标题，这样窗体的布局如图 6.22 所示。

图 6.22　窗体布局

根据计时器间断时间的特性，可以制作图片的间断闪烁，从而达到制作动画的目的，因此仍需要为计时器控件 Timer 编写过程代码，其代码如下：

```
Private Sub Timer1_Timer()
  If Label1.Visible = True Then
    Label1.Visible = False
  Else
```

```
        Label1.Visible = True
    End If
End Sub
```

两个命令按钮的过程代码分别用于控件计时和重新计时，其过程代码分别如下：

```
Private Sub Command1_Click()
    Timer1.Enabled = False
End Sub

Private Sub Command2_Click()
    Timer1.Enabled = True
End Sub
```

这样运行工程就可以检验动画效果并对动画进行控制，如图 6.23 所示。

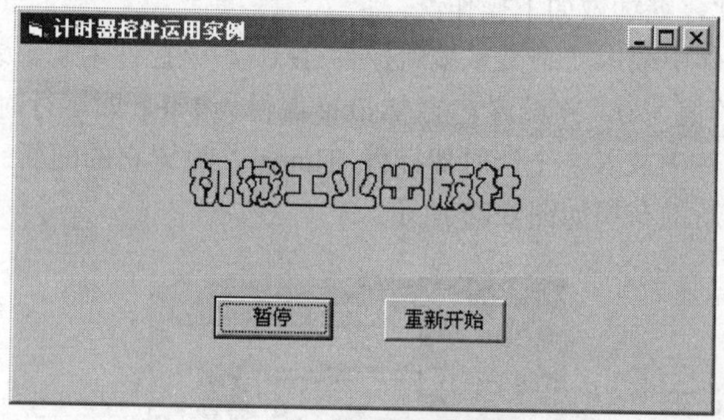

图 6.23　动画运行画面

【例 8】在一个权限认证窗体中，用计时器控件控制用户权限认证的次数。

一个系统需要权限认证，但用户如果多次不能输入正确的权限认证密码，则系统可以终止权限认证，通常权限认证的次数不大于 3 次。因此我们将制作这样一个权限认证窗体，工程创建的过程如下：

（1）在 Visual Basic 6.0 集成开发环境中创建一个标准的 EXE 工程。

（2）保存工程文件和单元文件。

（3）在窗体 Form1 中放入两个命令按钮控件，一个用于进入系统（调用密码窗体），一个用于退出系统，编制两个命令按钮的过程代码分别如下：

```
Private Sub Command1_Click()
    frmLogin.Show
End Sub

Private Sub Command2_Click()
```

```
    Unload Me
End Sub
```

（4）单击主菜单“工程/添加窗体”，出现一个添加窗体的类型选择面板，在该面板中选择“登录对话框”，则出现一个用于权限认证的窗体 frmLogin，保存该窗体的单元文件，其窗体如图 6.24 所示。

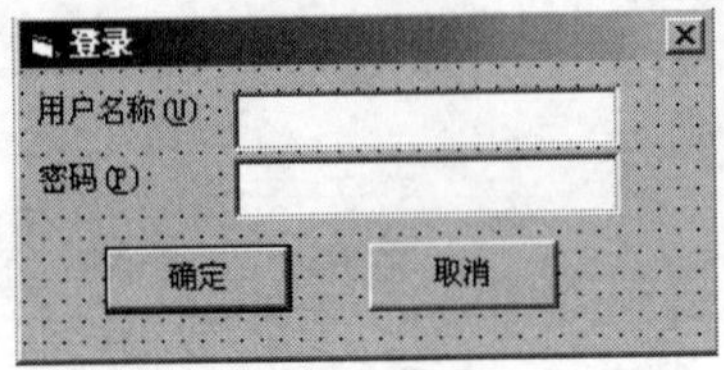

图 6.24　登录窗体

注意到登录窗体中的权限认证本身并无次数限制，因此，需要对权限“确定”的命令按钮加以改造，为此，继续做如下操作。

（5）在登录窗体中放入一个文本编辑控件 Text1，该控件用于记录权限认证次数，设置它的属性 Text1 的值为 0，并设置它的 Visible 属性为 False 即运行时不可见。

（6）在登录窗体中放入一个计时器控件 Timer1，设置它的间断（Interval）属性值为 2，这样登录窗体的新的布局如图 6.25 所示。

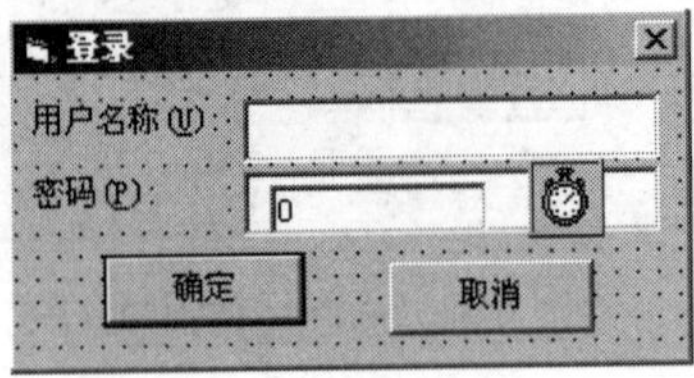

图 6.25　登录窗体的新布局

（7）编制计时器控件的 Timer 事件如下：

```
Private Sub Timer1_Timer()
  Text1.Text = Text1.Text + 1
  Timer1.Enabled = False
End Sub
```

（8）重新修改登录权限的“确定”命令按钮的过程代码，其过程代码修改后如下：

```
Private Sub cmdOK_Click()
    If txtPassword = "password" Then
        LoginSucceeded = True
        Me.Hide
```

```
    Else
      Timer1.Enabled = True
      MsgBox "密码错误，请重新输入！", "登录信息"
      If Text1.Text >= 3 Then
          MsgBox "权限认证超过三次，您无权进入系统！", "登录信息"
      End If
       txtPassword.SetFocus
       SendKeys "{Home}+{End}"
    End If
End Sub
```

这样运行工程，先进入系统启动界面，然后单击进入系统，出现权限认证窗体。在权限认证窗体中进行权限认证，如果密码正确，则调用其他窗体，否则显示错误信息，如果超过 3 次权限认证，出现“不能进入系统”的登录信息，如图 6.26 所示。

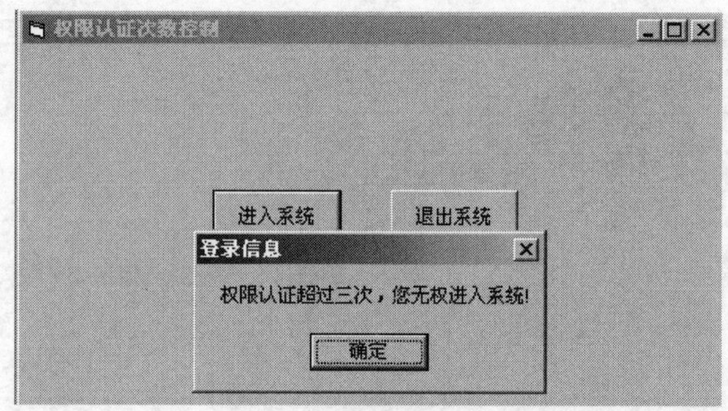

图 6.26　登录信息显示

计时器控件的运用是十分广泛的，如用户还可以通过它制作动态的字幕以及移动的图形等，这里就不详细加以说明了。

6.1.11　图形（Shape）控件及其应用编程

形状控件的作用主要是大系统设计时用于在表单上画各种类型的形状。可以画矩形、圆角矩形、正方形、圆角正方形、椭圆或圆，主要起修饰作用。图形控件也是系统开发中的辅助控件，在前面的章节中也已经介绍过，如在计算圆的面积和体积的科学计算工程中，就曾经在窗体中插入一个圆，这样使得计算和窗体极具针对性，具有良好的效果。总之图形控件的关键在于它的“形状属性”（Shape 属性），形状属性可以设置为椭圆、矩形、圆角矩形等，读者可以在窗体中放置一个图形控件并尝试设置其形状属性，然后观察图形运行的效果。此外，图形形状一经设置，还需要考虑图形的颜色属性的设置，图形控件的各种各样的图形效果如图 6.27 所示。

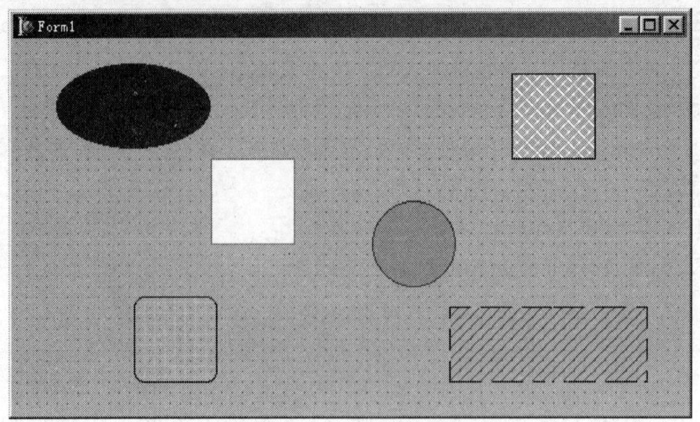

图 6.27　图形控件的各种各样的图形和颜色

另外利用各种图形的重叠，还可以产生更好的修饰效果，如图 6.28 所示。

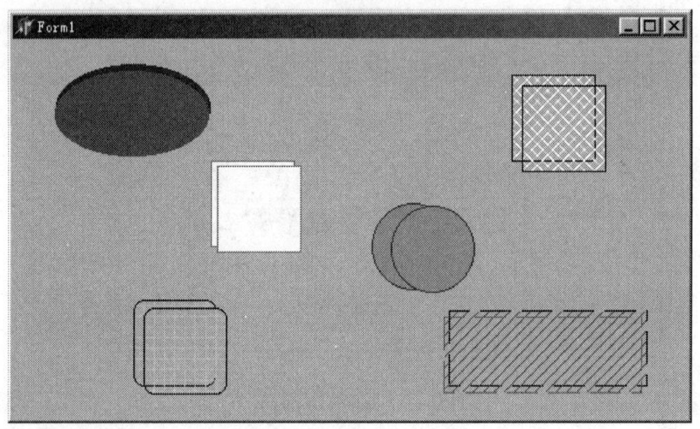

图 6.28　图形的组合效果

6.1.12　线条（Line）控件及其应用编程

事实上，线条控件也是一种图形控件，只不过它仅能够制作线条而已，但往往在窗体制作中也需要用到线条来修饰窗体，如在窗体中制作表格或对窗体进行划分等。线条控件的运用十分简单，其主要是各种类型的线条的设置，这由线条的“模式”属性来确定，模式属性如图 6.29 所示。

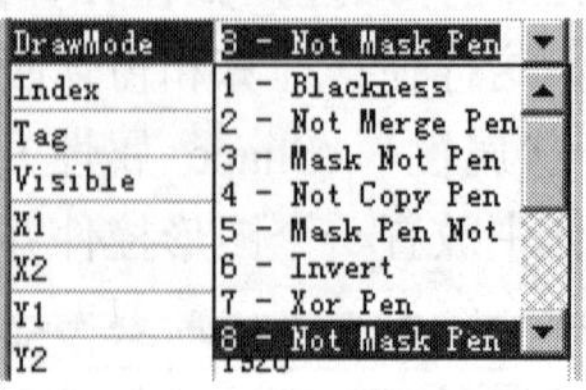

图 6.29　画线模式属性

线条的制作除画线的模式之外，还需要设置它的边框属性，通过该属性的设置可以制作出如实线、虚线、带点线等。

6.1.13 图片与映像（Picture and Image）控件及其应用编程

作为一般用户而言，图片控件仅用于修饰窗体，如果在一个窗体中放置一个图片，将使得窗体格外醒目，因此，往往在一些窗体中，放置一个图片，使得枯燥的窗体变得生动活泼。图片控件和映像控件均可以实现以上的功能，如图 6.30 就是这样一个窗体。

图 6.30 图片控件与窗体效果

如果以一个图片作为背景或在窗体的某个部分放置一个图片，其效果是显而易见的。

图片控件和映像控件使用的关键是在放入图片控件或映像控件之后，需要为该控件引入一个图片文件，这可以通过它们的 Picture 属性来加载。

关于图片控件和映像控件还有许多属性可以设置，如填充属性、缩放模式等。更重要的一点是，图片控件和映像控件在数据库应用系统中有非常重要的地位，如开发一个学生管理系统、一个职工管理系统或是一个居民户籍管理系统等，往往涉及的人员的照片是不可缺少的，这就需要用到图片控件来解决。由于这需要用到较多的数据库应用系统开发方面的知识，因此暂不作介绍。

6.1.14 数据（Data）控件及其应用编程

数据控件是制作数据库应用系统的最重要的一个控件，可以说，有了这一控件，它使得数据库应用系统的开发变得十分容易和简便，但由于数据库应用系统的重要性，将在专门的章节对数据库应用系统的开发和数据控件的运用作专门的介绍。

6.1.15 容器（OLE）控件及其应用编程

往往一些 Windows 应用程序需要单独在 Windows 操作系统中才能进行，但能否将 Windows 应用程序加入到用户自己开发的应用程序中加以运行呢？这是完全可以的，这就需要用到容器控件。

OLE 控件是一个容器控件，它是目标连接与嵌入的意思（Object Link and Embed），这个目标或对象就是任意的 Windows 应用程序也就是说，OLE 控件是专门用于容纳 Windows 应用程序这样的“对象”或目标的。

容器控件可以将一切的 Windows 应用程序加入到它之中，在用户创建的系统中执行各种各样的 Windows 应用程序，它可以减少在应用系统中启动 Windows 应用程序的环节而直接处理应用系统中所需要处理的应用程序。由于 Windows 应用程序特别丰富，不可能全部加以介绍，为此仍以一个具体程序的制作过程为例来对容器控件 OLE 加以说明。

【例 **9**】创建一个 Visual Basic 6.0 应用程序工程，用户执行微软的 PowerPoint 应用程序。工程创建的具体内容和过程如下：

（1）在 Visual Basic 6.0 集成开发环境中创建一个标准的 EXE 工程。

（2）保存工程文件和单元文件。

（3）在窗体 Form1 中放入一个 OLE 控件，在放置控件时，出现一个插入对象的对话框，对话框中列出了许多的“对象”类型，用户可以选择其中一个对象类型加以进行，这里我们选择 PowerPoint 应用程序为一个对象，并在界面中做如图 6.31 所示的设置。

图 6.31 插入对象选择

其中，显示为图标则指在用户创建的窗体中作为一个图标，以后用户在窗体中执行 PowerPoint 程序时，直接通过图标加以启动。作为演示的 PowerPoint 文件，这里给出它的

具体文件位置和文件名为“C:\Program Files\Microsoft Office\Templates\2052\产品概述.pot”。

（4）单击“确定”按钮即完成对象的插入，此时容器控件中已经包括了一个 Windows 应用程序，如图 6.32 所示。

图 6.32　容器 OLE 中对象的加入效果

对象一经加入后，用户便可以直接在窗体中对容器中的内容进行运行而无须启动 Microsoft Office 2000，为此作如下操作。

（5）运行工程，窗体中出现一个关于“产品概述”的图标，双击该图标，则运行产品概述的 PowerPoint 文件，直接进入 PowerPoint 文档的演示，如图 6.33 所示。

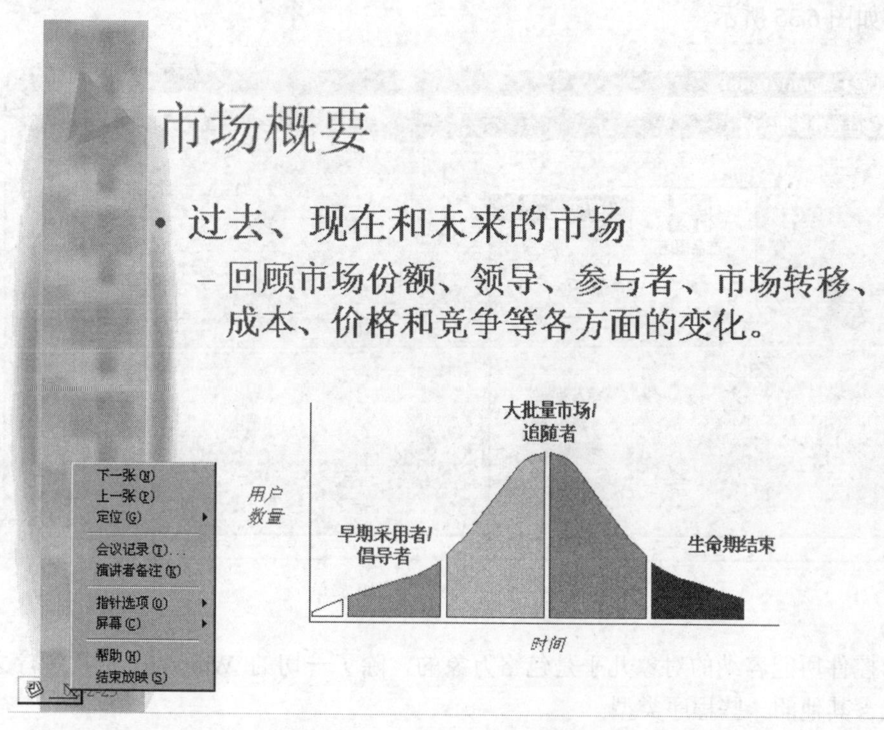

图 6.33　Windows 应用程序运行

可以看出利用容器控件对应用程序的调中是非常方便的。

也许在一个窗体中，需要调用多个 Windows 应用程序，那么在表单中，需要加入多个容器控件并插入多个 Windows 应用程序，但注意到每一个容器控件在表单中的显示是不美观的。因此，在加入容器对象时有一个选择即“将对象作为一个图标”，同时还可以用一个标签对图标加以说明。如图 6.34 所示是一个具有两个容器和两个 Windows 应用程序对象的窗体，运行工程后只需要对图标双击即可进行相关的应用程序运行。

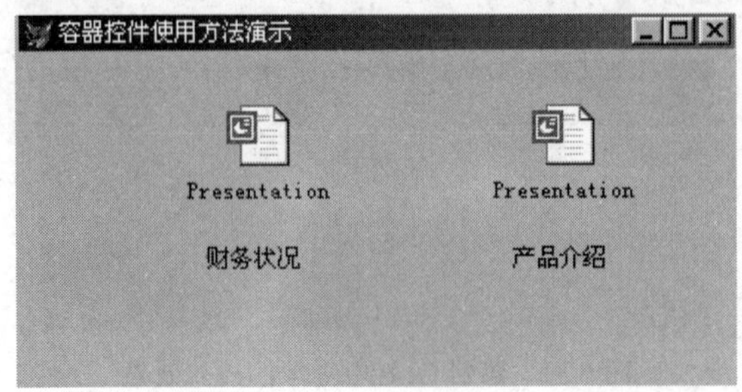

图 6.34　对象的图标表示与标签说明

此外，在对象的设计期，用户还可以对对象进行编辑，以满足在运行期能够符合运行的需要，其方法如下。

（6）右击选定对象，出现一个弹出式菜单，在弹出式菜单中选择相关的“编辑”选项即可，如图 6.35 所示。

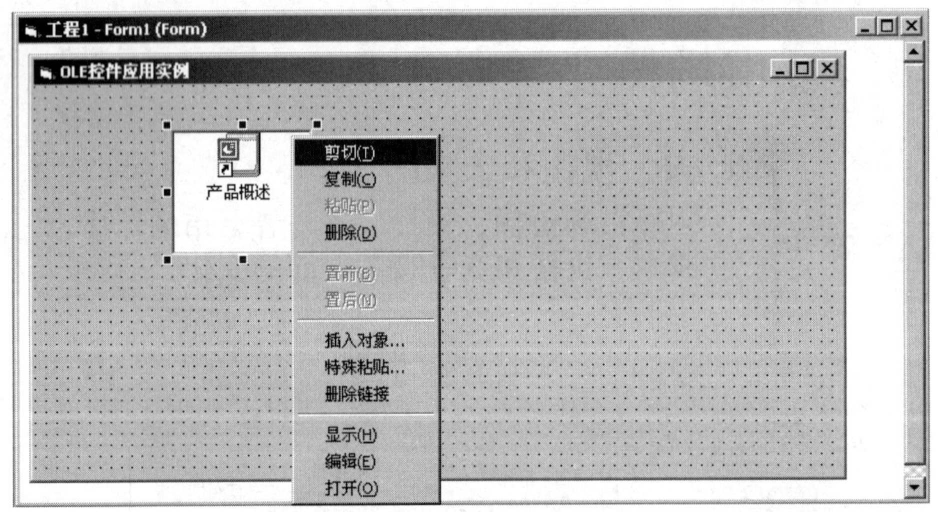

图 6.35　对象内容的编辑菜单

容器控件所能容纳的对象几乎是包络万象的，除了一切的 Windows 应用程序之外，还可以包含其他的一些程序类型。

本节最后需要说明的是，Visual Basic 6.0 中文版还有几个关于磁盘驱动器列表控件 Drive、磁盘目录列表控件 Dir 和磁盘文件名列表的控件 File，将在第 9 章的实例中加以应用说明，因为 Windows 操作系统已经高度成熟，单独进行 Windows 操作系统的功能开发已经成为多余。

6.2 Visual Basic 6.0 中文版控件的添加与应用编程

在 Visual Basic 6.0 中文版中，除了常规控件或通用控件之外，还有许多别的控件可以使用，但这些控件并未在通用控件面板中列出，需要时可以通过添加的方式将其添加到控件面板中。

6.2.1 添加控件选项卡

在添加控件时，可以在控件面板中增加一个专门的“选项卡”，用于集中管理添加的控件，在通用控件中增加选项卡的方法如下：

（1）右击控件面板，出现一个弹出菜单，如图 6.36 所示。

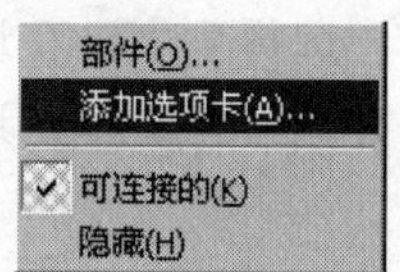

图 6.36　弹出菜单

（2）单击“添加选项卡”选项出现一个为新选项卡命令的界面，在“新选项卡名称”文本框中输入一个选项卡的名称，如“新添加控件”，如图 6.37 所示。

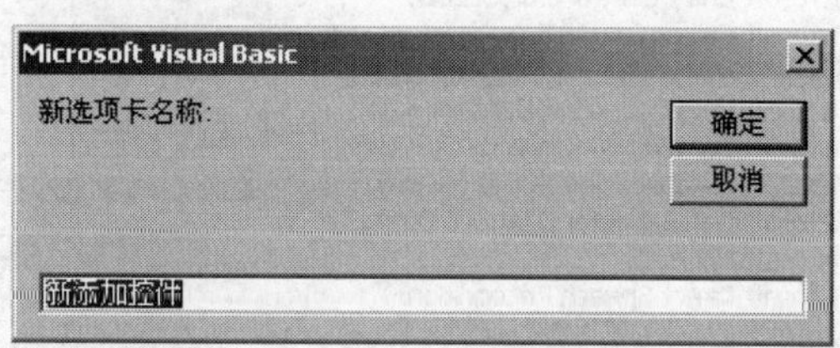

图 6.37　新选项卡命名

（3）单击“确定”按钮，则在控件面板中出现了一个新的选项卡。但可以发现，新的选项卡中并无任何控件，因为我们还未为新的选项卡添加任何控件，只有添加了控件之后，才能出现新的控件。

6.2.2 ADO 类控件的增加方法

由于 Visual Basic 6.0 中文版中可添加的控件有许多类，不可能一一加以说明，只就所需要的控件的添加加以说明。其他类型控件的添加方法读者只需要按相同的方式根据需要加以添加即可。这里首先介绍 ADO 类控件的增加方法，这是一类数据访问对象的控件，因此是数据库应用系统开发中非常重要的一类。添加该类控件的方法和步骤如下：

（1）在控件面板中创建一个选项卡并命名为“ADO 类控件”，则控件面板中出现该选项卡，如图 6.38 所示。

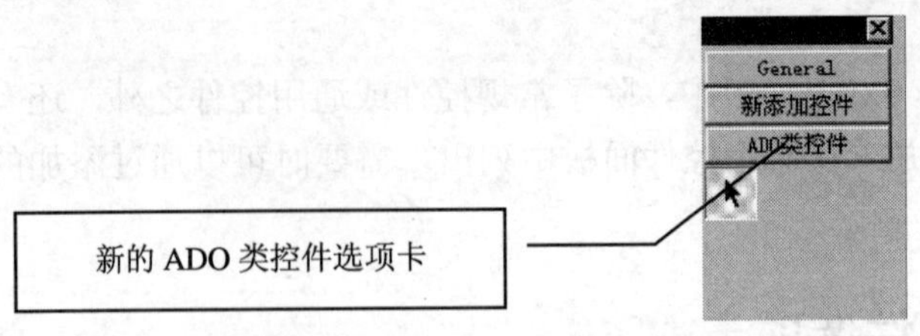

图 6.38　ADO 控件选项卡

可以看出，在新的 ADO 类控件选项卡中，同样无任何可用的控件，它需要通过添加操作加以添加。

（2）单击鼠标右键出现一个弹出菜单，然后在弹出菜单中单击“部件”即可以添加控件到控件面板中，出现一个控件类型选择列表，在选择面板中取消“只显示选定项”选项的选择，然后在控件列表中选择需要的控件类型，这里我们选择全部与数据库应用系统相关的控件，如图 6.39 所示。

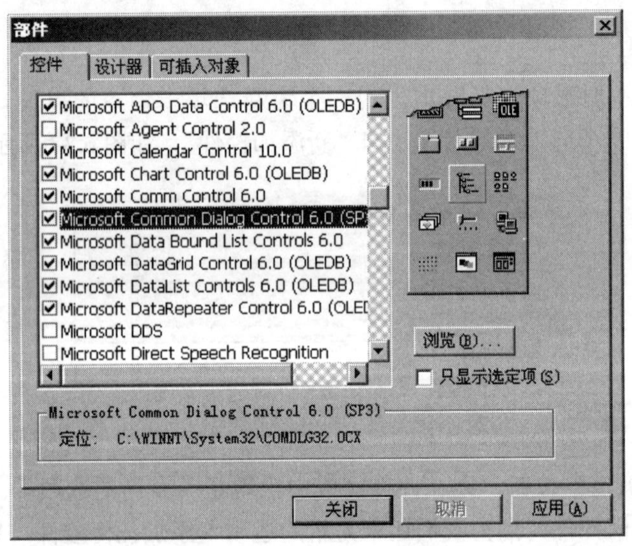

图 6.39　控件类型列表及控件选定

（3）单击“应用”按钮即可将选择的控件全部添加到控件面板之中。

但注意我们添加的控件并未按选项卡进行添加，这些添加的控件全部加入到了常规控件面板之中，如何将其添加到我们创建的“ADO 类控件”选项卡内呢？用户只需要用鼠标将其“拖动”到所需要的选项卡中即可。这样 ADO 类控件就添加完成了，如图 6.40 所示。

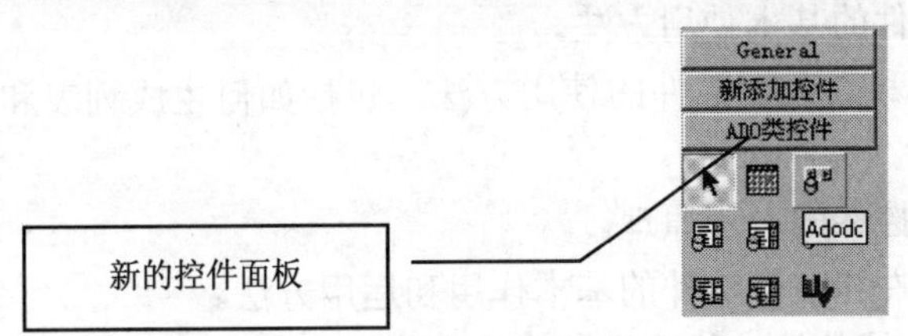

图 6.40 ADO 类控件添加效果

6.2.3 运用工程创建面板添加企业版控件

其实，在 Visual Basic 6.0 中文版中添加控件除按以上的方法进行之外，还有一种简单快捷的方法，就是在工程创建时添加全部的 Visual Basic 6.0 企业版控件，其方法如下：

（1）在 Visual Basic 6.0 中文版集成开发环境中单击主菜单“文件/新建工程”，出现一个工程类型选择面板，如图 6.41 所示。

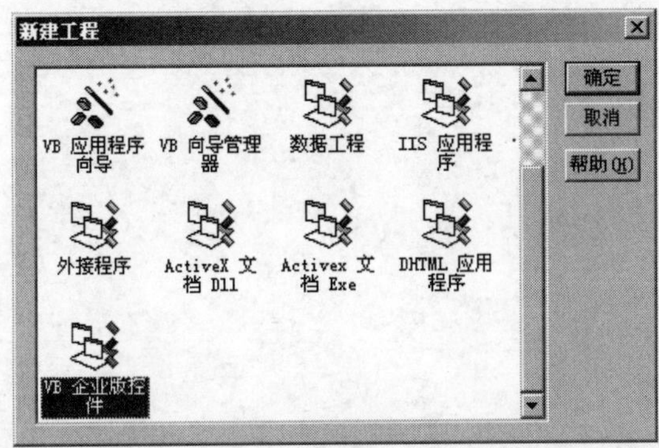

图 6.41 企业版控件选择

（2）单击“确定”按钮即将全部企业版的控件加入到控件面板之中。

本章介绍了 Visual Basic 6.0 中文版常用控件的使用方法和控件的添加方法。我们知道，控件是应用系统开发的基础和工具，但由于 Visual Basic 6.0 中文版控件众多，虽然一些常规控件的使用我们已经掌握，但许多别的控件还需要进一步的学习才能掌握，在后面的内容中，将逐步涉及一些其他控件的使用。

6.3 习题

1. 阐述标签控件的主要功能和运用方法。
2. 掌握文本编辑控件的基本运用方法。
3. 掌握复选框控件的基本运用方法和程序设计方法，试说明它的一般编程与什么程序设计方法有关，为什么？
4. 掌握选项按钮控件的使用方法，它与多分支程序设计结构有什么关系吗？

5．掌握框架控件的基本使用方法。

6．掌握组合框和列表框控件的使用方法，包括如何生成列表和如何运用列表进行数据输入。

7．掌握计时器控件的运用原理。

8．说明图片控件和映像控件的基本作用和运用方法。

9．试说明 OLE 控件的功能和作用以及使用方法。

10．掌握控件面板选项卡的创建和控件添加的几种方法。

第 7 章　Visual Basic 6.0 中文版与数据库应用系统开发

前面介绍了 Visual Basic 6.0 中文版中一些基本控件的基本使用方法，它为我们建立应用系统奠定了基础。但我们已经指出，应用系统开发往往涉及的要素众多，而且随着系统的不同所涉及的对象又有所不同，因此要对 Visual Basic 6.0 中文版有一个比较全面的了解，还需要进一步的学习。

掌握控件运用的主要目的就是进行程序设计和应用系统开发。为此，本章将介绍一些关于应用系统方面的知识，尤其是作为应用系统一个大类的数据库应用系统的开发运用，是本章介绍的重点。

7.1　数据库应用系统开发的意义

我们曾经指出，在一切的系统开发中，数据库应用系统占据了十分重要的地位，因为在人们的日常生活与社会经济和科技管理中，数据库应用系统是十分重要的，它广泛地应用于工业、农业、商业、医药和交通运输等各个方面，我们经常提到的“智能交通管理系统”、“银行存储系统”、“财务管理系统”、“通信管理系统”和“医院综合管理系统”等，就是数据库管理系统的典型代表，这些系统在社会管理中的重要作用，就足以说明数据库应用系统开发的重要性。

7.1.1　系统的一般分类

系统又称为系统软件（System Software），它是一个广泛的概念，是指专门为计算执行特定功能而开发的应用程序的统称。系统的分类主要是就其作用来进行的，一般地说，我们已经涉及的系统主要包括：

（1）操作系统。

操作系统（Operation System，OS）如 Microsoft Windows 98/2000/NT/XP 以及 Linux 等系统就是这类系统。它是计算机正常运行的必要软件，它们负责管理计算机软件和硬件的分配、调度、输入/输出控制和数据处理等基本工作。这些系统为计算机的使用提供了一个平台，也就是通常所说的操作平台，它是一切其他应用系统（应用程序）赖以存在的基础，没有操作系统的存在，其他系统就失去了意义。

（2）实用程序软件。

实用程序软件往往又称为应用软件，它是在操作系统的基础上运行的用于执行特定功能的系统，如文字处理系统 Microsoft Word 和 WPS 等，另外表格处理软件、图形处理软件和数据压缩软件等均是这类系统。

（3）工具软件。

严格地说，工具软件仍是实用程序软件，但人们往往将它分得更细一些，如磁盘管理系统、病毒防治软件、压缩与解压缩软件等，均属于工具软件的范畴，但它的开发规模往往较小，功能专一。

（4）数据库管理系统。

这类系统是专门进行数据处理的系统，如财务管理系统、工资管理系统、银行存储管理系统、交通运输管理系统等，均属于数据库管理系统。

（5）单用户系统和多用户系统。

从用户所使用角度来看，往往只在一台计算机上进行事务处理的系统，称为单用户系统，这类系统通常指数据库系统中的单用户版本的软件。

如果一个系统可以在一个网络系统运行，让多个用户同时处理相同的或不同的“数据源”，则称为多用户系统。一般来说，多用户系统仍是数据库系统的范畴。这类系统通常需要一个服务器应用程序和客户端应用系统，因此通常又称为 C/S 结构的应用程序（Client/Server）。

（6）B/S 结构的浏览器服务器应用系统。

这种系统往往也是一个多用户系统，但它与 C/S 结构的应用程序又有极大的区别，它是基于网络浏览器（Web Browser）和服务器（Sever）系统进行的，因此将它称为 B/S 结构的应用系统。如许多的网上购物系统就是这类系统。

7.1.2 数据库管理系统与其他应用系统的区别

在以上列示的众多系统中，我们不可能全部掌握一切系统开发的全部知识，它需要一个系统的学习过程。一本教材也不可能是一个万能的工具，因此作为本教材的重点，将对数据库应用系统作比较全面的介绍。数据库系统与其他的应用系统有什么区别呢？这是由数据库系统的特点所决定的，数据库应用系统主要有以下几个特点：

（1）数据库应用系统是基于数据库和数据表的创建从而进行数据存储、数据查询和数据打印传输的一个大类的系统，这决定了它的作用是限于数据处理而不是别的。

（2）数据库系统的开发与制作依赖于一类“数据控件”（当然不能脱离一些常用的控件），而其他系统的制作依赖于常规的控件或与它相关的专用控件。

（3）数据库管理系统的主要作用是进行大规模的数据处理而不是小规模的数据处理，否则就失去了数据库应用系统的意义。

（4）数据库应用系统应用范围极其广泛，它广泛应用于社会管理和日常生活的各个方面。

（5）与其他的应用系统一样，数据库应用系统功能是专门的而往往不是通用的，即往往一个数据库系统是专门处理某一特定领域的数据的，所谓的通用数据处理软件往往是不存在的，如 Microsoft Excel、Microsoft Access 往往被认为是通用的数据管理系统，但

可以设想，它能够适合于一切的与数据库相关的数据管理吗？如电讯或医疗卫生管理系统。因此，一个数据库管理系统往往是一个特定的系统，而不是一个通用的工具软件。Microsoft Excel、Microsoft Access 等只能是具有一定的数据处理能力的应用系统。

7.2 数据库应用系统创建的基本原理和基本过程

无论用户采用什么开发平台制作开发数据库应用系统，它都需要遵循一个基本的原则和过程，这些原则和过程大致如下：

（1）选择适用的数据库应用系统的开发平台。

目前，用于数据库应用系统的开发平台的选取比较广泛，用户可以选择一种适合于自己特点和熟悉的开发平台，如 Microsoft Visual FoxPro 6.0 开发平台、Visual Basic 6.0 开发平台、Visual C++ 6.0 开发平台、Borland Delphi 7.0 开发平台、Power Builder 8.0 开发平台等，这些都是比较优秀的制作数据库应用系统的开发工具。

（2）创建数据库和相关的数据表。

通常对于大多数数据库应用系统的开发，在选择一个适当的数据库应用系统的开发平台之后，数据库的创建和相关的数据表结构的创建就成为必要，数据库文件和数据表文件是进行数据存储和数据管理的基本工具，一切的数据库应用系统均是基于数据库和数据表文件进行工作的，脱离了数据库和数据表的数据库应用系统几乎是不存在的，正因如此，我们将这一类进行数据处理的系统称为数据库管理系统。

（3）创建数据处理窗体。

在数据库文件结构和数据表的物理结构创建之后，用户需要创建数据处理窗体，这类窗体专门用于进行数据的收集录入和加工整理。

（4）创建数据查询与统计窗体。

数据收集和录入是数据库应用系统的一个基本功能，但不是数据库应用系统开发的真正日的，数据库应用系统开发的真正目的是对收集的数据进行科学的利用，这种利用就是对数据的查询和统计，也是对数据信息的科学合理的应用。

（5）创建数据输出功能。

数据的输出功能主要是报表的制作和其他方式的数据信息的传输，用户对于收集的数据进行加工整理之后，再按用户的需要搜索查询或统计所需要的新的信息，在获得新的信息之后，就需要进行信息输出，如报表打印或通讯传输以建立信息管理档案。

7.3 Visual Basic 6.0 中文版数据工程的创建与工程管理

本教材是基于 Visual Basic 6.0 中文版开发平台进行的，而不是对一切的数据库开发平台加以介绍。但任何系统的开发均是基于工程的创建开始的，因此首先介绍 Visual Basic 6.0 中文版创建数据库应用系统开发中的工程创建方法与工程管理方法。

7.3.1 用 Visual Basic 6.0 中文标准 EXE 工程创建应用系统框架

作为一个数据库应用系统的创建，它可以按一个标准 EXE 工程创建，也可以按其他的方式创建。尽管在前面已经多次涉及到标准工程的创建，但为了后续问题的引入，仍需要首先介绍一下标准工程的创建问题。创建一个标准工程的一步骤如下：

（1）启动 Visual Basic 6.0 中文版开发平台，出现一个工程类型的选择界面，直接在工程类型中选择“标准 EXE”工程类型。

（2）单击“打开”命令按钮，出现一个空白窗体，这就是标准工程的第一个窗体，如果用户需要别的窗体，可以通过添加窗体的方法增加新的窗体。可以看出，在标准 EXE 工程创建之后，它的工程管理器中仅出现一个对象类型的“支点”，即窗体对象类型的支点，如图 7.1 所示。

图 7.1　标准工程的管理器

对于窗体支点，工程中出现的一切的窗体均“存放”在该支点内，形成一个或多个窗体的管理分支，用户可以通过对该窗体分支的管理，如在窗体分支中添加新的窗体，或删除不需要的窗体各项功能等，这只需要通过鼠标右键打开一个弹出菜单即可。其添加窗体的弹出菜单如图 7.2 所示。

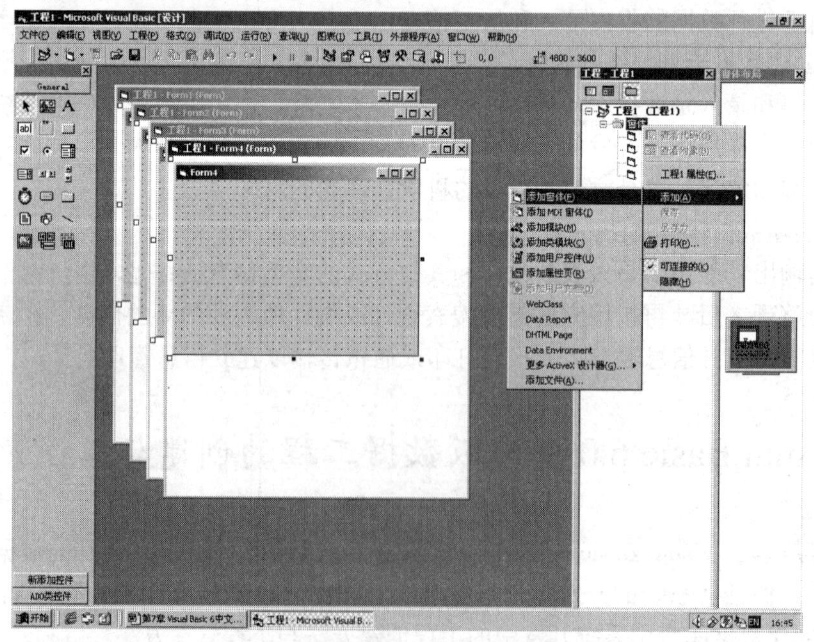

图 7.2　窗体添加的弹出菜单

通过窗体的添加之后，窗体分支中就形成了多个窗体，用户可以分别将其命名保存，然后开发生成的窗体，形成系统的特有功能。

但注意到在一个工程中，往往除需要窗体之外，还需要别的一些对象，如数据报表以及其他模板等，因此可以采用在工程中添加新的“分支”的方法添加新的分支，以便管理其他对象。由于一个数据库应用系统往往需要开发数据输出的一个或多个报表，需要用一个专门的“分支”来管理，因此以报表对象分支的添加为例，说明添加工程项目对象分支的方法如下。

（3）右击工程管理器中的工程题目，出现一个弹出菜单，在弹出菜单中再单击“添加”出现下一级的弹出菜单，如图 7.3 所示。

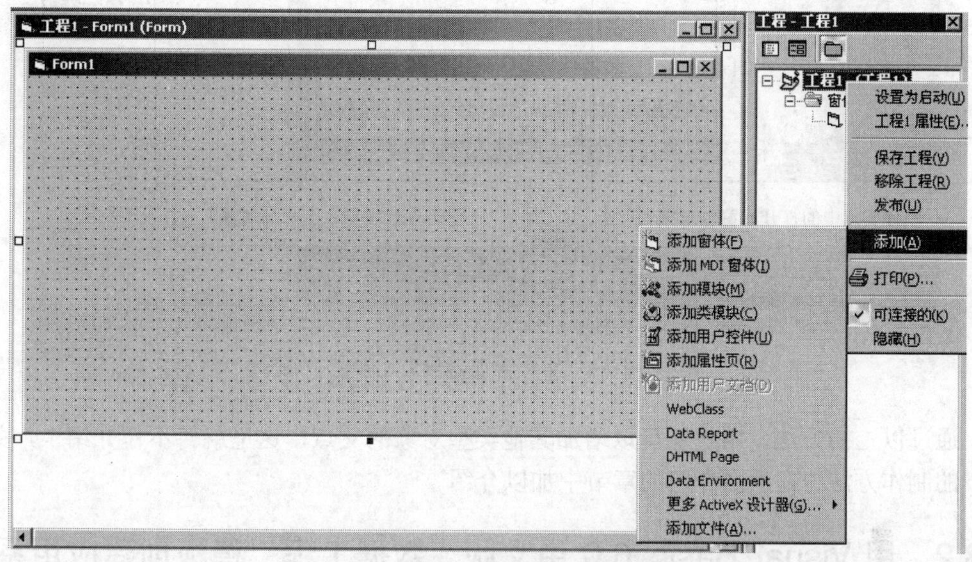

图 7.3　工程“分支”的添加菜单

（4）在下一级的弹出菜单中单击数据报表类对象“Data Report”，则在工程的管理器中形成一个“设计器”支点，它就是报表设计器管理的工具。如果用户在系统开发时需要多个报表，就可以通过“设计器”支点添加更多的报表模板以便开发相关的数据报表，当然在“设计器”中不需要的报表，仍然可以通过弹出菜单进行删除。工程添加分支和相应的对象之后，其效果如图 7.4 所示。

可以看出，工程的分支或一个支点尤如一个“文件夹”，它将对象按类型进行管理，如对对象的添加与删除等，这样对于工程的管理是十分方便的。注意到，在工程分支中的对象往往需要时才打开，不需要时可以关闭。

打开对象的方法是，在工程管理器中双击一个支点或单击支点的“+”号，则系统自动显示该支点中的全部对象。在全部的对象中，选择一个欲打开的对象，然后同样采用双击的方式，即可打开相关的对象，然后对该对象进行加工制作。

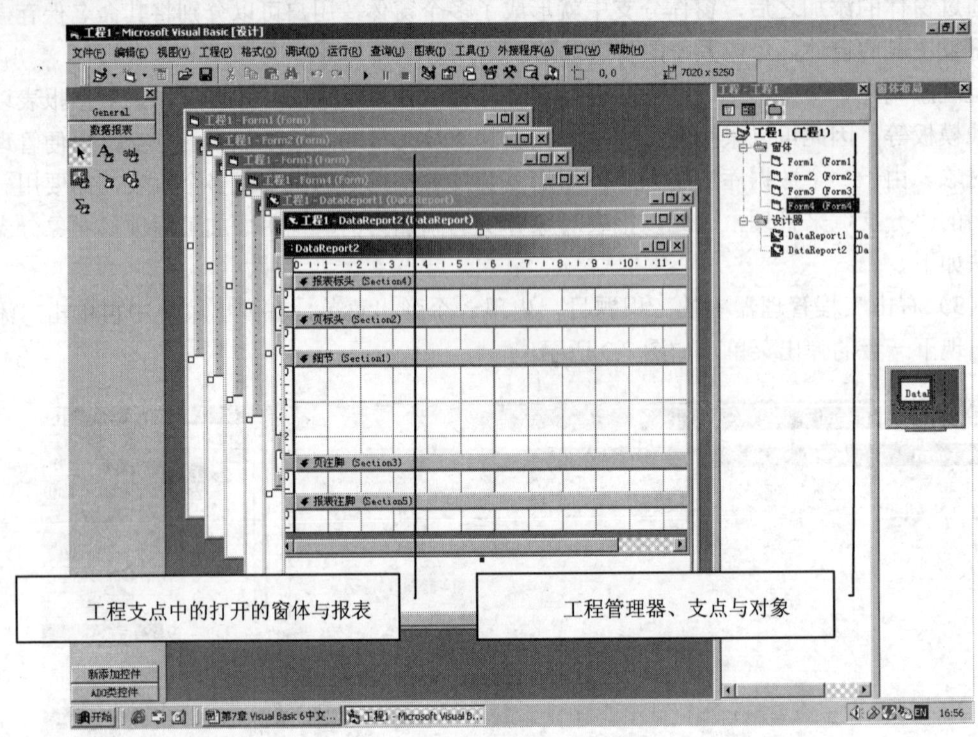

图 7.4　工程管理器与工程管理

通过以上的方法，用户还可以增加其他类型对象的支点，这里就暂不作介绍了，关于报表的制作方法将在后面专门的章节中加以介绍。

7.3.2　用 Visual Basic 6.0 中文版“数据工程”模板创建应用系统框架

前面，从一个标准 EXE 工程的创建开始，说明了数据库应用系统工程的创建和项目的管理，也许感觉通过添加分支的方法还不太快捷，那么可以通过“数据工程”的创建的方法来快速创建一个工程（实际上为一个工程的框架）。创建数据工程的方法与创建标准 EXE 工程的方法几乎一样，它的步骤如下：

（1）启动 Visual Basic 6.0 中文版开发平台，出现一个工程类型的创建选择界面，在工程类型中选择“数据工程”。

（2）单击“打开”命令按钮，然后出现数据工程的工程管理器，如图 7.5 所示。

可以看出，数据工程已经为用户创建一个“窗体”分支和一个设计器分支，这样极大地提高了工程创建的效率。在窗体分支中，为用户提供了一个未打开的窗体对象 frmDataEnv。用户可以将该窗体作为工程中的一个窗体命名保存打开加工制作以及关闭等操作，也可以在窗体中增加若干需要的窗体，然后加工制作或删除一些不需要的窗体，从而实现对窗体对象的管理。

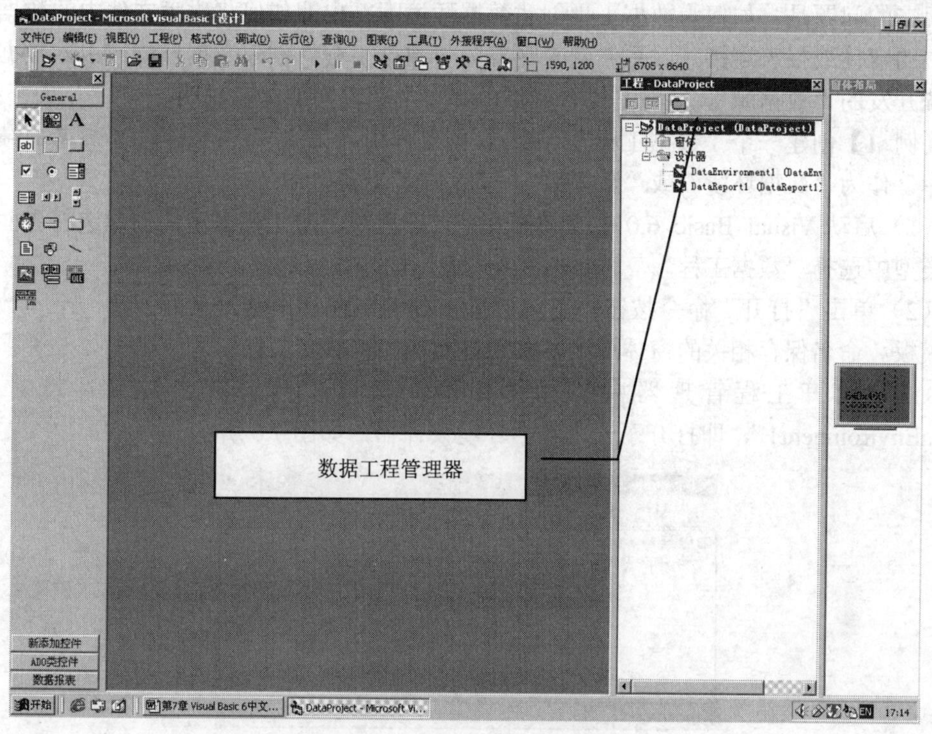

图 7.5 “数据工程”的管理器

同时注意到，数据工程同样为用户创建了一个“设计器”支点，在该支点中，创建了一个“报表模板”DataReport1，用户可以将该报表模板进行开发形成系统的一个报表，也可以添加新的报表模板，开发另外的数据报表。通过设计器，同样可以对其中的报表对象进行管理，如打开、关闭、添加、删除等操作。

【注意】数据工程之所以称为数据工程，除它已经为用户提供了开发数据库应用系统所需要的窗体支点和设计器支点之外，最关键的是它还在“设计器”中为用户创建了一个“数据环境”对象 DataEnvironment1。在数据工程中，为什么要创建一个“数据环境”对象呢，它有什么作用呢？

这是我们理解“数据库应用系统”的关键所在。我们知道，数据库应用系统是基于数据库文件以及数据库文件中的数据表进行数据存储、数据查询和数据输出的，那么如何将存放在磁盘文件夹中的数据库以及数据库中的数据表与窗体界面和数据报表模板产生联系呢？这是我们要掌握我了解的首要问题，也是理解和开发数据库应用系统的关键。

作为数据库应用系统，它管理的直接对象就是数据库及其中的数据表中的数据，因此需要将窗体或报表与这些数据库和数据表联系起来，这就是为系统开发创建“数据环境”，也就是为系统引入我们创建的“数据库”（如第 2 章中创建的“高考成绩管理数据库”等），数据库一经引入到工程，自然数据库中的一切数据表也就可以为工程中的一些对象所引用了（后面的内容将充分地体现这一点）。这就是 Visual Basic 6.0 中文版将由数据工程模板创建的工程称为“数据工程”的真正意义。

现在的问题是，如何为数据工程创建数据环境呢？也即如何将磁盘文件中的数据库与工程中的窗体或报表连接（联系）起来呢？为“数据工程”创建数据环境或引入数据库作为系统开发的“数据源”，往往是比较麻烦的，下面仍以实例加以说明。

【例 1】创建一个“数据工程”，并为数据工程引入第 2 章中创建的“高考成绩管理数据库”作为“数据环境”或“数据源”，其过程和步骤如下：

（1）启动 Visual Basic 6.0 中文版开发平台，出现一个工程类型的创建选择界面，在工程类型中选择“数据工程”。

（2）单击“打开”命令按钮，出现数据工程的工程管理器，从而创建一个“数据工程”模板。命名保存相关的窗体单元、报表单元和工程单元文件。

（3）打开工程管理器中的“设计器”支点，然后双击数据环境对象名“DataEnvironment1”，即打开了一个数据环境设计器，如图 7.6 所示。

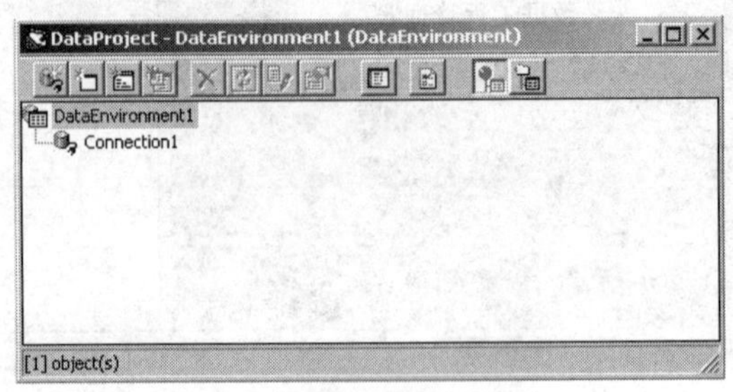

图 7.6　数据环境设计器界面

一个数据工程或其他的数据库应用系统的数据环境主要是通过“连接”（Connection）方法与磁盘文件中的数据库进行连接的。为了创建数据环境或将磁盘中的数据库与工程窗体与数据报表进行连接，需要进入连接（Connection），为此，做如下操作：

（4）在数据环境设计器中右击连接“Connection1”，出现一个弹出菜单，在弹出菜单中单击“属性”，出现一个数据链接选项卡，如图 7.7 所示。

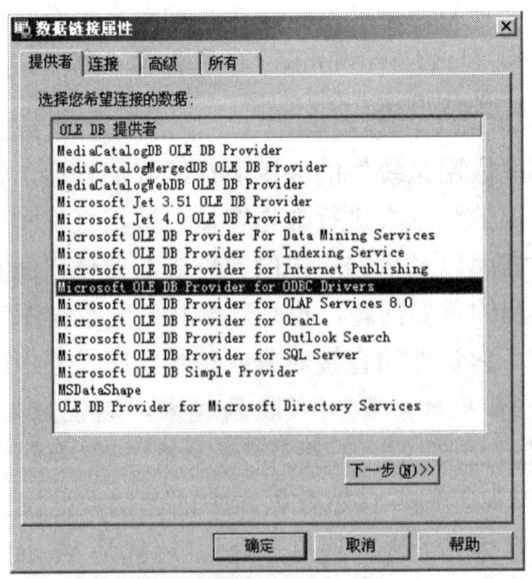

图 7.7　数据链接选项卡

首先系统提出用户选择需要链接的数据“提供器”或“提供者”，它实际上就是一种驱动程序。系统自动停留在默认的驱动程序上，即 ODBC Driver，这是一种微软的开放数据库的驱动程序，一般可采用这种程序进行数据的驱动。关于连接的方式有许多，这里仅对其中的一种加以介绍，其他方法读者可相应地使用。

（5）单击“下一步”按钮，出现一个连接界面，在连接选项卡中选择“使用连接字符串”进行连接，如图 7.8 所示。

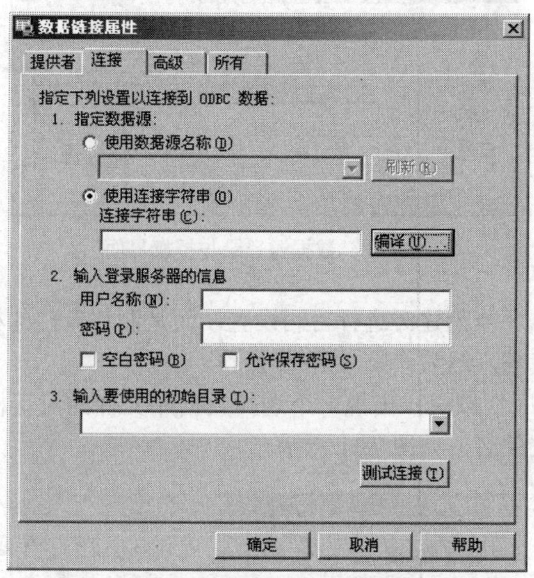

图 7.8 连接选项卡与连接选择

通常连接字符串可以通过“编译”按钮加以选择生成，首先出现一个“文件数据源”类型选择，即在第 2 章中创建的 Microsoft Access 数据库类型，如图 7.9 所示。

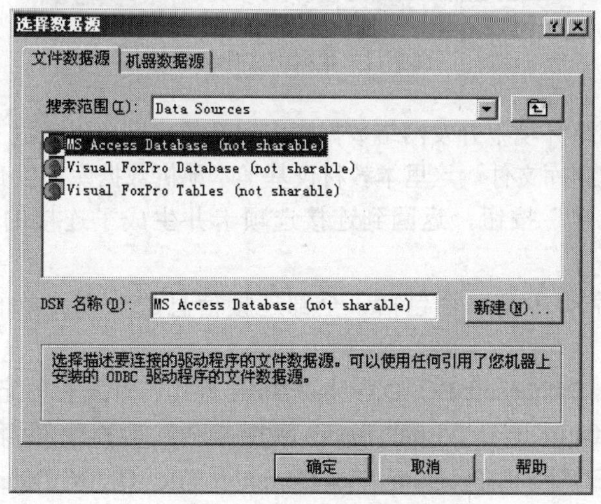

图 7.9 数据库类型选择

如果用户还未创建任何的数据库，可采用单击“新建”命令按钮创建一个新的数据库，前面我们已经在第 2 章中创建了数据库，因此直接进入第（6）步操作。

（6）单击“确定”按钮，出现一个数据库登录名称与权限设置界面，用户可以输入相应的登录名称与密码，这样在系统开发和应用中可以增加数据的安全性，其界面如图 7.10 所示。

图 7.10　数据源登录与授权界面

通常，并不在数据环境创建时进行密码设置，而是制作专门的权限认证窗体进行权限认证，因此可去除此步骤，然后作第（7）步操作。

（7）单击“数据库”按钮，出现一个选择数据库文件的对话框，用户可以选择磁盘路径与相应的数据库文件名，如图 7.11 所示。

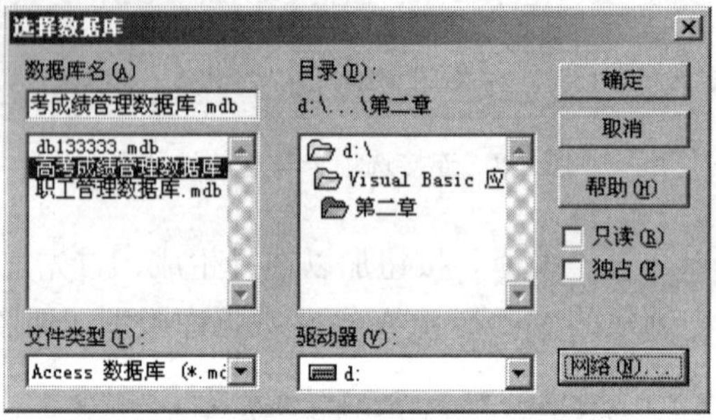

图 7.11　数据库文件选择

如果用户是在网络环境下开发网络数据库应用系统，则可以通过“网络”命令按钮连接网络服务器中的数据库文件。这里本教材仅基于本地机数据库加以介绍。

（8）单击“确定”按钮，返回到连接选项卡并生成了连接的字符串，如图 7.12 所示。

可以发现连接字符串是一个包括了全部连接信息的一个简单的“文本”，其字符串为：

DSN=MS Access Database;DBQ=D:\Visual Basic 应用与开发教程配例\第二章\高考成绩管理数据库.mdb;DefaultDir=D:\Visual Basic 应用与开发教程配例\第二章;DriverId=281;FIL=MS Access;FILEDSN=C:\Program Files\Common Files\ODBC\Data Sources\MS Access Database (notsharable).dsn;MaxBufferSize=2048;PageTimeout=5;UID=admin;从这个连接的字符串就不难看出连接的全部信息。

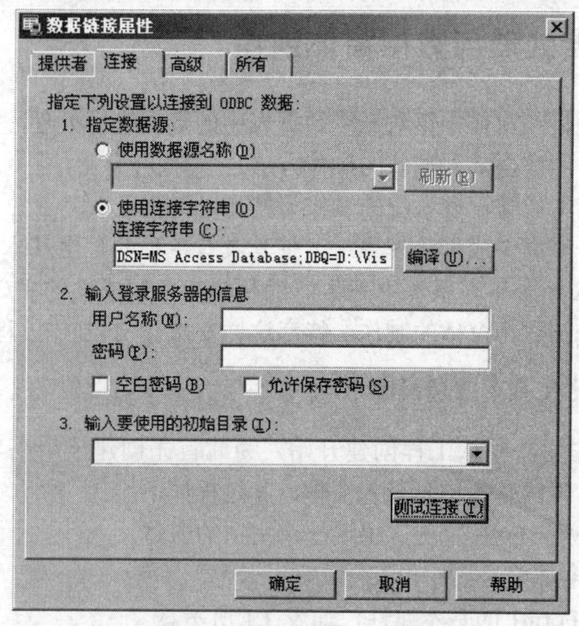

图 7.12　连接字符串生成界面

（9）以上已经完成了数据环境创建的过程，至于连接是否有效或成功，可以通过“测试连接”按钮加以检验，它会出现成功或不成功的提示信息。

在进行成功的数据连接之后，形成的数据环境为工程创建提供了所需要的数据库中的一切表，如“高考成绩数据库”中的“理科主表”、“理科从表”、“文科主表”、“文科从表”四个数据表，它可以为工程中的窗体开发或数据报表的制作所引用。

【注意】数据环境在工程创建中显得比较复杂，在后面的应用中，将用到许多别的控件来引入数据源，即数据库和数据库中的数据表，其方法比创建数据环境的方法简单得多。

7.4　单表数据处理窗体与主/从表数据处理窗体

前面已经用两种方法说明了数据库应用系统工程框架的创建方法，其实，这两种方法都可以达到同一目的，如一个的标准 EXE 工程仍可以创建设计器中的“数据报表分支”和“数据环境分支”，因此在后面的工程中，均以标准 EXE 的工程创建来展开，需要时可以灵活机动地添加工程管理的分支。

一个数据库应用系统的框架一经形成，就需要用户开发相应的窗体和报表了。这里将逐步地介绍各种窗体的制作方法，如单表数据窗体的制作、多表数据窗体的制作以及数据报表的制作。

7.4.1 单表数据处理与数据窗体创建

单表数据窗体是指在窗体中仅对一个数据表中的数据进行处理，如数据录入、查询等的窗体，这里首先介绍数据录入窗体的制作方法。

下面仍以学生高考成绩管理系统的制作为例加以说明。

【例 2】创建一个高考成绩管理系统，使其具有单独的学生基本情况录入界面、单独的学生考试成绩录入界面和联系学生基本情况和相应考试成绩的主/从数据录入窗体（注意：为从多个侧面介绍数据窗体的制作，特意这样安排），其制作过程如下：

1. 创建工程与考生基本信息窗体

任何系统的制作均需要从工程创建开始，为此首先创建一个高考成绩管理系统的项目，然后制作一个考生的基本信息录入窗体，其过程如下：

（1）创建一个标准 EXE 工程，出现一个空白的窗体。

（2）命名保存窗体单元文件和工程文件。

（3）设置窗体 Form1 的基本属性，如表 7.1 所示。

表 7.1 窗体 Form1 的基本属性表

属 性 项	属性设置内容
Caption	考生基本信息录入界面
StartUpPosition	2-屏幕中心
WindowsState	0-Normal
Picture	图片文件

在本窗体中，为了修饰窗体的效果我们特别为它加载了一幅图片，作为窗体的背景。

（4）在窗体中放入一个数据源控件 Data1，注意该控件也是为数据窗体引入数据源的，它位于 Visual Basic 6.0 中文版的通用类控件面板中。通过对它的使用可以看出，它比数据环境设置过程简单得多，同时数据控件还是一个数据导航的控件，它可以移动数据表的每一条记录，从而让用户以逐条记录查询方式查询数据记录，设置该控件的基本的和重要的属性如表 7.2 所示。

表 7.2 数据控件 Data1 的基本属性

属 性 项	属性设置内容
DataBaseName	D:\Visual Basic 应用与开发教程配例\第二章\高考成绩管理数据库.mdb
Connect	Access
RecordSource	理科主表

（5）在窗体中放入一个标签控件 Label1，注意到，由于窗体中放置了一个图片控

件，因此，标签控件应该使用“渗透”属性，以使标签与窗体溶为一体。标签控件 Label1 的属性设置如表 7.3 所示。

表 7.3 Label1 标签控件的基本属性

属 性 项	属性设置内容
Caption	高考成绩管理系统考生基本情况登记
Font	华文彩云
Forecolor	&H00008080&
BackStyle	Transparent
BorderStyle	1-Fixed Style

（6）在窗体的框架控件中放置 3 个文本编辑控件，同时放入 3 个标签控件用于说明文本框控件。文本框是用于输入记录使用的。它需要进行数据连接，主要通过属性设置加以进行，其中，全部文本框的基本属性设置如表 7.4 所示。

表 7.4 文本框属性设置

对 象 名 称	属 性 项 名	属性设置内容
TEXT1	DataSource	Data1
	DataField	准考证号
TEXT2	DataSource	Data1
	DataField	考生姓名
TEXT3	DataSource	Data1
	DataField	考前学校

其他 3 个标签控件的属性就不叙述了，其窗体的布局如图 7.13 所示。

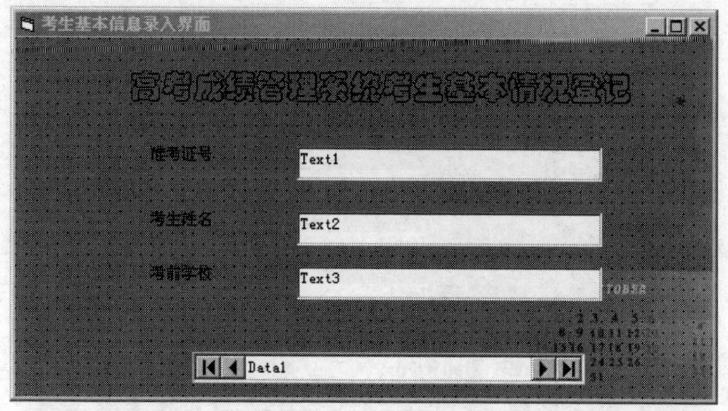

图 7.13 考生基本信息录入窗体布局

可以看出，考生基本信息录入窗体作为一个数据处理窗体，它的关键控件是一个通用控件面板中的数据控件（Data 控件），它是专门为数据窗体引入数据源或创建数据环境的

的一个控件。此外在窗体运行时，该控件还可以对数据表的记录进行逐条浏览，因此也将它称为一个导航器控件，它分别可以按“第一条记录”、“前一条记录”、“下一条记录”和“最后一条记录”进行浏览。需要读者对该控件的属性设置加以理解，其中的 DataBaseName 为数据库名，Connect 为连接属性，Access 为连接的数据库类型，RecordSource 为记录源文件，也就是数据库中的数据表文件。

3 个文本框控件的主要属性是数据源名称和数据字段名称即 DataSource 和 DataField。初次使用时也需要读者对表中属性和具体的设置方法加以理解。

（7）最后运行工程检验数据记录的浏览与显示情况，如图 7.14 所示。

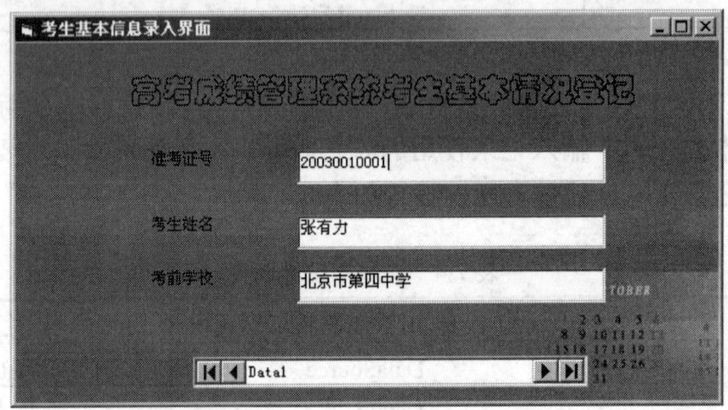

图 7.14　数据录入窗体的浏览效果

注意到，以上的窗体中的数据控件 Data1 并不具备数据添加能力，它只能用于引入数据环境和浏览数据记录，因此需要为窗体增加编辑记录的功能，为此作第（8）步操作。

（8）调整数据控件 Data1 的长度，然后在两旁各放置两个命令按钮控件 Command1、Command2、Command3、Command4。其按钮的标题和窗体的新布局如图 7.15 所示。

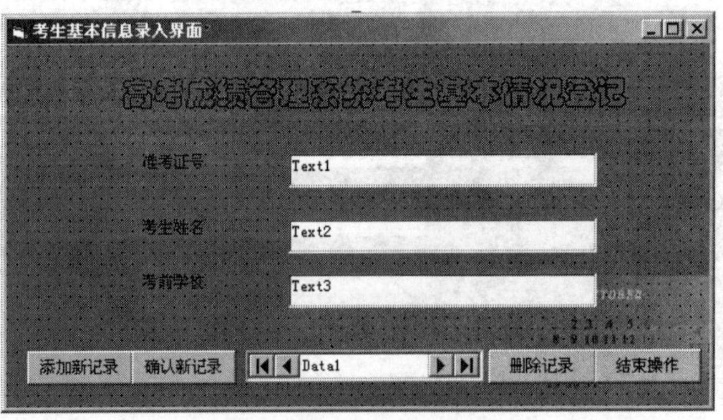

图 7.15　窗体的新布局

（9）为命令按钮编制过程代码。命令按钮是通过它的过程代码产生作用的，因此分别为 4 个命令按钮编辑“添加新记录”、“确认新记录”、“删除记录”、“结束操作”的过程

代码如下：

①“添加新记录”命令按钮的过程代码：

```
Private Sub Command1_Click(Index As Integer)
   Data1.Recordset.AddNew
   Command2.Enabled = True
End Sub
```

②“确认新记录”命令按钮的过程代码：

```
Private Sub Command2_Click()
   Data1.Recordset.Update
   Command2.Enabled = False
End Sub
```

③“删除记录”命令按钮的过程代码：

```
Private Sub Command3_Click()
   If MsgBox("删除记录将不能再恢复，确实需要删除记录吗", vbYesNo, "信息提示") =
vbYes Then
      Data1.Recordset.Delete
      Data1.Recordset.MoveNext
   End If
End Sub
```

④“结束操作”命令按钮的过程代码：

```
Private Sub Command4_Click()
   Unload Me
End Sub
```

这样就完成了一个数据录入窗体的制作。用户可以运行工程检验 4 个命令按钮的功能是否与希望的一致。

2. 添加与制作“考生成绩录入窗体”

前面已经完成了考生基本信息登录的窗体，用它可以方便地对考生的基本情况进行登记，这样的窗体在记录数据时有一个特点，就是逐条地增加记录，它的界面简捷，考生成绩一目了然，但由于需要按逐条记录进行添加，操作还不是很方便。作为本例的第二个部分，需要制作一个关于考生成绩的管理窗体，用于输入记录考生的成绩。制作考生成绩管理窗体的方法完全可以按制作考生基本信息登录窗体一样，通过数据控件和文件控件来完成。但考虑到需要从不同的侧面来介绍数据窗体方法，同时考虑到按逐条记录方式进行数据登记的不方便，因此在制作考生成绩录入窗体的制作时，将用到一些新的控件和新的思路。我们将考虑制作一个全屏幕的数据记录窗体，即在一个窗体中不仅可以录入一个考生的成绩记录，而且可以一一地输入多个考生的全部科目的记录。在制作这一窗体时需要用到一些通用控件面板中所没有的控件，因此首先需要添加控件。Visual Basic 6.0 中文版的通用控件面板中，并未有 Microsoft ADO data Control 控件（数据对象访问控件）和 Microsoft datagrid control 控件（数据表格控件），需要通过增加控件的方法将其加入，采用前面介绍的控件添加的方法将其添加到控件面板之中。添加时在微软控件列表框中选择其中的相应选项即可，其中包括 Microsoft ADO data Control 控件和 Microsoft datagrid control 控件，确定后可以发现控件已经加入到工具箱中，它便可以作为制作窗体的工具了。ADO 控件是 Microsoft Active Data Object 的简称，该控件可以直接对记录集进行访问并使用它对记录集进行导航浏览，并不需要编制程序代码。要让该控件能够访问数据记录集，必须首先连接该记录集。

在添加了新的控件之后，就可以着手进行窗体的制作了，其窗体制作过程如下：

（10）通过项目管理器在窗体分支中添加一个新的窗体作为考生成绩录入窗体（这种添加方式与通过主菜单添加窗体的方式本质上是完全相同的），命名保存该窗体。设置窗体的基本属性如表 7.5 所示。

表 7.5　窗体 Form2 的基本属性表

属　性　项	属性设置内容
Caption	考生成绩录入
StartUpPositon	2-屏幕中心
WindowsState	0-Normal

（11）在窗体中放入一个 ADODC1 控件，该控件具有与数据环境一样的功能，能与磁盘文件夹中的数据库文件进行连接，在使用之前必须作相关的连接，为此做如下操作。

（12）选中该控件并单击属性框中的 ConnectionStrng 右边的按钮，出现一个设置界面，如图 7.16 所示。

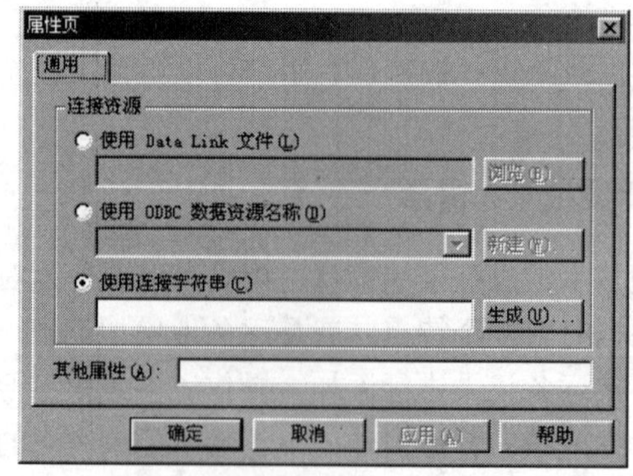

图 7.16　连接字符串设置

（13）在连接资源选项中选择“使用连接字符串”，然后单击“生成”按钮出现图 7.17 所示的数据集提供者类型选择，此处选择提供者类型为“Microsoft Jet 3.51 OLE DB Provider”。

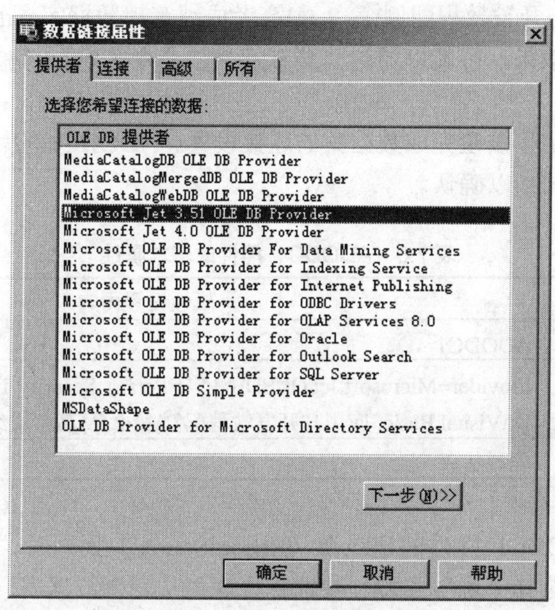

图 7.17　数据集提供者类型选择

（14）将页面切换到“连接”选项卡，并在该选项卡中选择数据库路径，如图 7.18 所示。

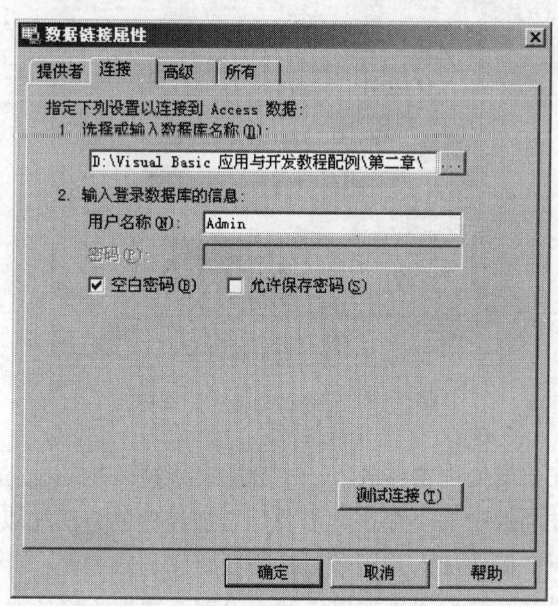

图 7.18　连接页面与数据库设置

此处的数据库路径与名称为“D:\Visual Basic 应用与开发教程配例\第二章\高考成绩管理数据库.mdb”（注意，数据库连接可直接通过界面中的按钮进行）。这样完整的连接字符串为：Provider=Microsoft.Jet.OLEDB.3.51;Persist Security Info=False;Data Source=D:\Visual Basic 应用与开发教程配例\第 2 章\高考成绩管理数据库.mdb。

同样对于连接的效果，可能以通过“测试连接”命令来进行检验，直到显示连接成功的信息为止。

（15）单击“确定”按钮完成数据集的连接设置。ADODC1 的属性归纳如表 7.6 所示，其他属性采用默认方式加以确认。

表 7.6　ADODC1 控件的基本属性

属性项	属性设置内容
名称	ADODC1
ConnectString	Provider=Microsoft.Jet.OLEDB.3.51; Persist Security Info=False; Data Source=D:\Visual Basic 应用与开发教程配例\第 2 章\高考成绩管理数据库.mdb
RecordSource	理科从表

注意在设置 ADODC1 控件的记录源（RecordSource）属性时，将出现一个记录源命令类型的设置界面，选择“表”类型，并选择“理科从表”数据表。从这个选择也可以看出，数据库已经连接成功，因为只有连接成功之后，数据库中的数据表才能正确地显示出来。其选择界面如图 7.19 所示。

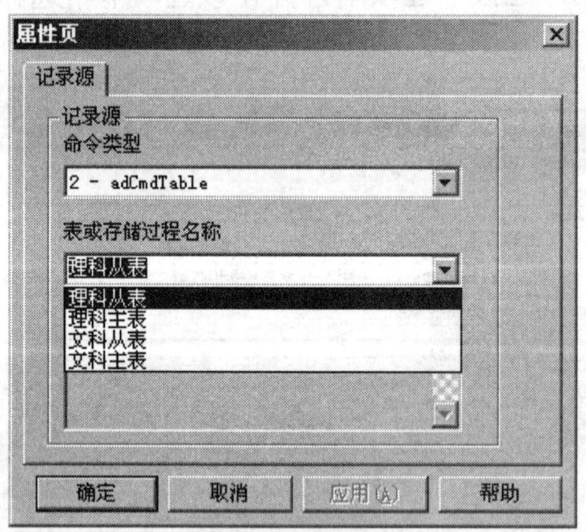

图 7.19　记录源命令类型选择

（16）接下来，在数据处理窗体放入一个数据表格控件 Microsoft datagrid control，同样，该控件在通用控件面板中并不存在，需要用增加控件的方法加以添增，已经在前面加以了说明。将该数据表格控件加入到窗体后，需要将它与数据源控件 ADODC1 绑定才能使用，这种绑定主要通过属性设置来加以进行，设置该数据表格的属性如表 7.7 所示。

表 7.7　DataGrid1 控件的基本属性

属　性　项	属性设置内容
名称	DataGrid1
Caption	高考成绩登录数据表
AllowAddNew	True
AllowDelete	True
AllowUpData	True
DataSource	Adodc1

以上是数据表格控件的基本属性，它们往往是必须设置的。如 AllowAddNew（允许增加新记录），设置该属性为 True 时允许增加新记录、否则不允许增加新记录；AllowDelete（允许删除记录），设置该属性为 True 时允许删除记录、否则不允许删除记录；AllowUpData 属性则在设置为 True 时允许刷新记录，否则不允许刷新记录；而关键属性 DataSource 即为绑定的数据源即设置值为 Adodc1。这样就将两个数据控件进行了绑定使用。窗体 Form2 的布局如图 7.20 所示。

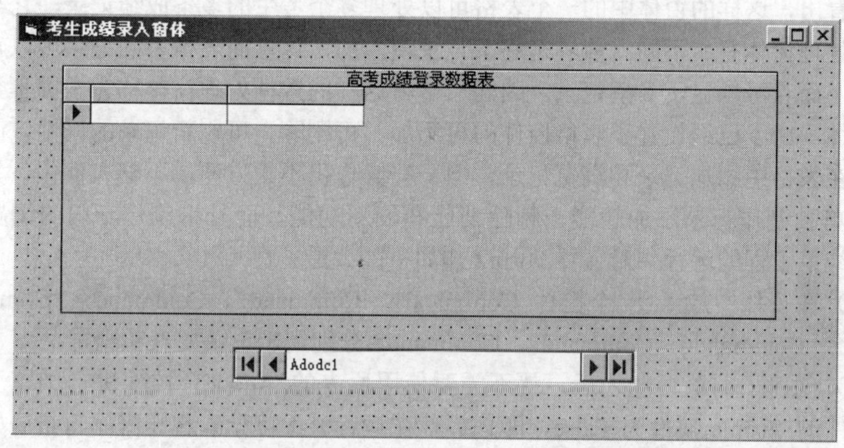

图 7.20　窗体的布局效果

注意到窗体 Form2 作为添加的窗体，因此在工程运行时，它并不会自动显示，只有通过其他的窗体来调用它。为此想到在一个考生的基本信息登录之后，就可以输入该考生的成绩，因此可以直接在窗体 Form1 即考生基本信息录入窗体中加入一个命令按钮来完成对窗体 Form2 的调用，并设置命令按钮的标题（Caption）属性为“登录成绩”。然后编制其过程代码如下：

```
Private Sub Command5_Click()
  Form2.Show
End Sub
```

（17）运行工程并检验调用窗体。运行工程后首先出现 Form1 窗体即考生基本信息窗口，然后通过“登录成绩”命令按钮调用窗体 Form2 即“考生成绩录入窗体”，其运行效果如图 7.21 所示。

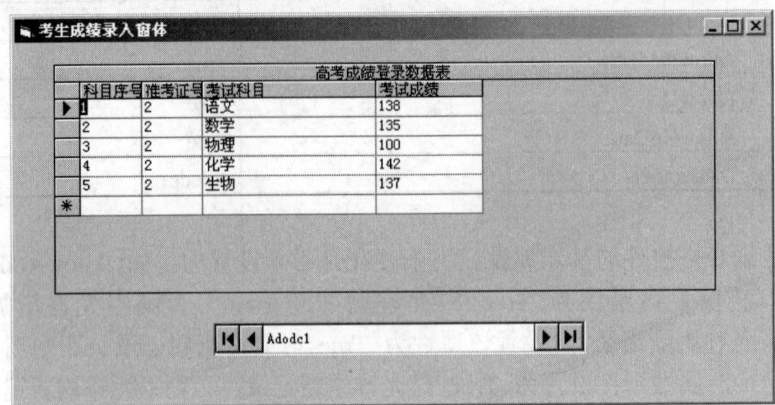

图 7.21　考生成绩录入窗体

可以看出，这样的窗体中的一个表格可以处理多个考生的多条成绩记录，它与考生基本信息的处理窗体有所不同。前者是逐条记录输入的，这里的表格中的记录可以输入许多条的记录，而且可以显示多条记录，因此通常将这样的数据处理窗体称为全屏幕数据处理方式的窗体。由于已经设置了表格控件的可添加、可删除、可刷新记录的属性，因此用户可以直接在表格中添加记录和浏览记录，但一些操作仍不太方便，不够人性化，为此仍需要为它们单独制作记录添加功能、删除功能和刷新功能，而且将制作专门的浏览查询功能。为此结束工程的运行并对窗体 Form2 作如下的改造。

（18）在窗体中放入 8 个控件 Command1、Command2、Command3、Command4、Command5、Command6、Command7、Command8 分别用于记录处理和浏览。

（19）创建了浏览功能之后，就不需要使用原来的 Adodc1 控件进行浏览了，因此设置该控件的 Visible 属性为 False，即该控件在运行时不可见。这样窗体的布局如图 7.22 所示。

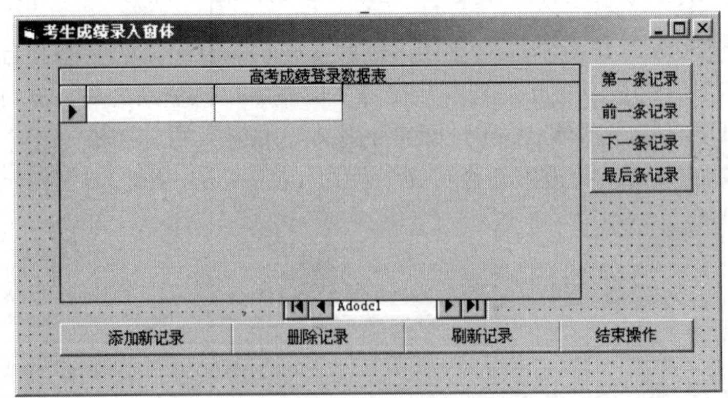

图 7.22　窗体的新布局

（20）为命令按钮编制过程代码。在一个窗体进行了恰当的布局之后，实现相关的功能就需要编制相关对象的过程代码，为此为 8 个命令按钮编制过程代码如下：

```
Private Sub Command1_Click()
  Adodc1.Recordset.AddNew                                        '添加新记录
End Sub

Private Sub Command2_Click()
  Adodc1.Recordset.Delete                                  '删除记录
End Sub

Private Sub Command3_Click()
  Adodc1.Recordset.Update                                        '刷新记录
  End Sub

Private Sub Command4_Click()
  If Adodc1.Recordset.BOF = True Then
    MsgBox ("已经在第一条记录！")
  Else
    Adodc1.Recordset.MoveFirst                                     '第一条记录
  End If
End Sub

Private Sub Command5_Click()
  If Adodc1.Recordset.BOF = True Then
    MsgBox ("已经在最后一条记录！")
  Else
    Adodc1.Recordset.MovePrevious                                  '前一条记录
  End If
End Sub

Private Sub Command6_Click()
  If Adodc1.Recordset.EOF = True Then
    MsgBox ("已经在最后一条记录！")
  Else
    Adodc1.Recordset.MoveNext                                   '下一条记录
  End If
End Sub
  Private Sub Command7_Click()
```

```
    If Adodc1.Recordset.EOF = True Then
      MsgBox ("已经在最后一条记录！")
    Else
      Adodc1.Recordset.MoveLast                         '最后一条记录
    End If
End Sub

Private Sub Command8_Click()
    Unload Me                                      '关闭窗体
End Sub
```

这样，基本上就完成了成绩处理窗体的制作，运行效果如图 7.23 所示。

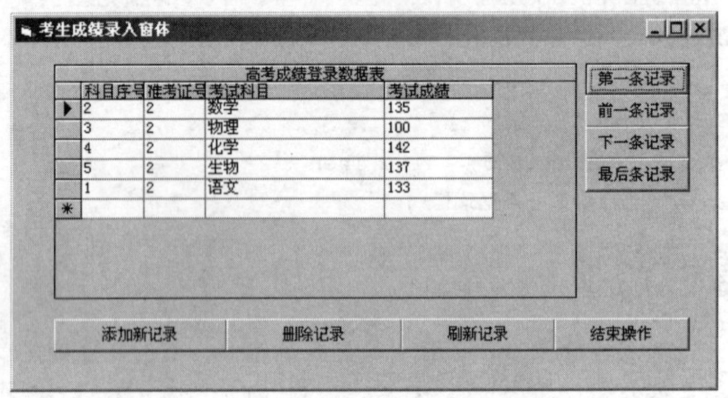

图 7.23　成绩处理窗体的运行效果

【注意】在进行记录指针的移动即记录的浏览时，加入了消息机制。如在将指针指向第一条记录时，如果记录已经在第一条记录了，则出现消息，以提示用户；否则将指针指向第一条记录，这样用户就可以查看第一条记录的信息，这是相当人性化的。

3. 制作关联的数据表窗体

前面在系统中制作了两个窗体，一个用于处理考生基本信息，一个用于处理考生的考试成绩，但这样的单独处理方式存在一个极大的问题，就是考生基本信息数据表中的考生基本信息也就是考生基本信息窗体中的考生信息不能与它的考生成绩窗体中的成绩一一地对应起来，因此将考生基本信息与考生成绩分开管理存在极大的问题。我们需要将每一考生的基本信息与该考生的每一科的全部成绩建立一种关系，这样在显示一个考生的基本信息之后，它会自动显示该考生的全部成绩，如果没有录入成绩，可以进行成绩录入，这就涉及到数据表的关联问题。

事实上，在前面的第 3 章中，已经通过“数据窗体向导”制作了关于高考成绩管理的主/从表的窗体，那是一种非常好的方法。但在那里，我们的目的仅是说明 Visual Basic 6.0

中文版的一些工具的应用方法，即使是关系向导的使用，也还有一些需要说明的东西。因此为完善本例和进一步说明数据窗体向导的应用，还将创建一个涉及主/从数据表的窗体，为此继续做如下操作。

（21）通过 Visual Basic 6.0 中文版本的外接程序管理器将数据窗体向导加载到集成开发环境之中，如图 7.24 所示。

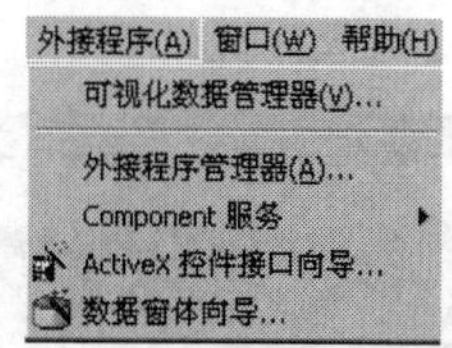

图 7.24　数据窗体向导

（22）在外挂程序菜单中单击“数据窗体向导”，出现制作窗体的步骤，其步骤请参考第 3 章中的最后一个例子。其创建的主/从数据窗体如图 7.25 所示。

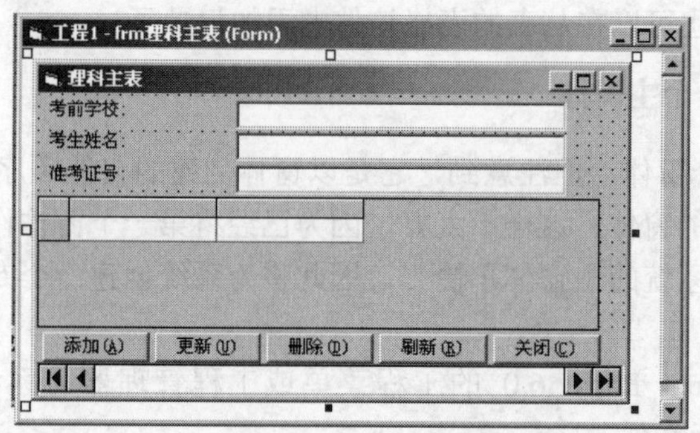

图 7.25　相互关联的数据表窗体

在这一窗体的制作过程中，选择了主/从表格式的窗体类型，而且通过“准考证号”字段将两个数据表关联起来，形成了一个以“frm 理科主表”为名的窗体。其中主表的字段记录全部由文本编辑框控件进行数据处理，从表中的记录由一个数据表格 grdDataGrid 控件进行处理，但由于向导过程只是一种快速生成窗体的“框架”，数据表中的数据在窗体形成之初还不能添加记录（主表记录可以添加），还需要对该控件的一些属性加以设置，以满足对信息管理的需要。数据表格控件的重要属性参数的设置如表 7.8 所示。

表 7.8　grdDataGrid 控件的基本属性

属　性　项	属性设置内容
名称	grdDataGrid
AllowAddNew	True
AllowDelete	True
AllowUpData	True

即使是设置了表格上的可添加、可删除和可刷新的属性，但表格控件在运行时还是不能进行添加新的记录。还需要为表引入可编辑的字段，这可以通过对字段的检验来实现，为此做如下操作。

（23）右击表格，出现一个弹出式菜单，在弹出式菜单中有一个“检索字段”选项，它用于为表格控件引入能够编辑控件的字段，单击该选项会出现一个对话框如图 7.26 所示。

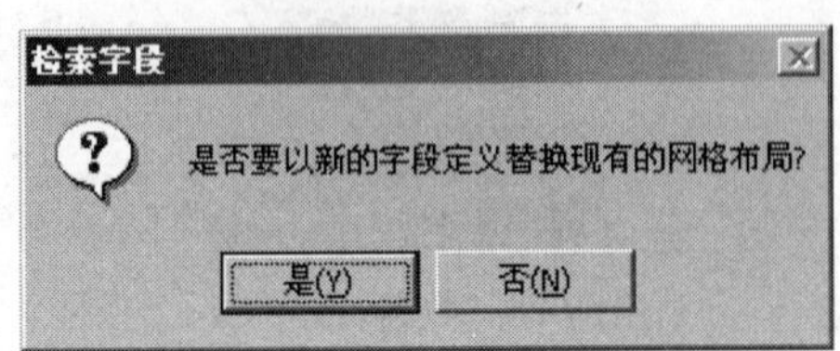

图 7.26　字段检验对话框

（24）单击“是”即确认替换窗体的原有布局，这样窗体在运行时，就不仅可以在主表中输入记录，而且也可以在从表的表格控件中添加记录了。

4. 为系统创建一个主窗体

前面创建了 3 个窗体，但注意到，它是以窗体创建的自然顺序将第一个窗体 Form1 作为系统启动时运行的窗体，这样不太好，因为已经将第一个窗体作为考生基本信息处理的窗体，再将它作为系统的主窗体不恰当。因此将为系统创建一个专门的主窗体来调用已经创建的 3 个窗体。

（25）通过 Visual Basic 6.0 的工程菜单或工程管理器为系统添加一个新的窗体 Form3，保存它的单元文件。

（26）在窗体中放入 3 个选项按钮控件，并分别设置窗体和 3 个选项按钮控件的属性如表 7.9、表 7.10 所示。

表 7.9　窗体 Form3 的基本属性表

属　性　项	属性设置内容
Caption	
StartUpPositon	2-屏幕中心
WindowsState	0-Normal

表 7.10　选项按钮的基本属性表

对 象 名 称	属　性　项	属性设置内容
Option1	Caption	基本信息处理
Option2	Caption	成绩录入处理
Option3	Caption	基本信息与成绩

这样窗体 Form3 的布局如图 7.27 所示。

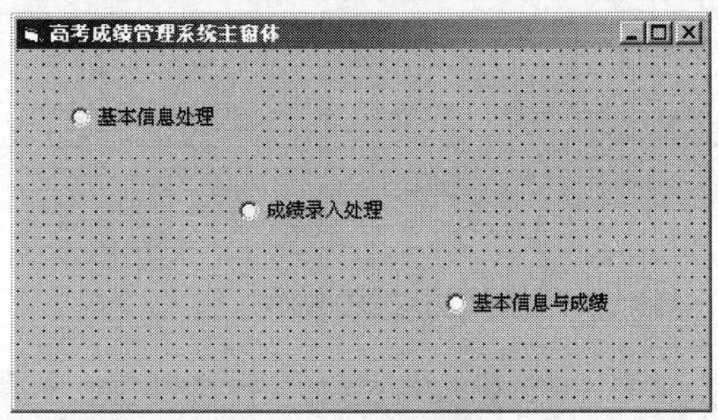

图 7.27　系统主窗体布局

我们欲将 Form3 作为系统的主窗体，但它仍需要我们作相关的设置才能实现在系统启动时首先出现它，如何设置呢？

（27）右击工程管理器出现一个弹出菜单，在弹出菜单中单击“工程属性”，出现一个工程属性管理界面，如图 7.28 所示。在工程属性管理界面中打开“启动对象”列表框，选择欲作为系统启动界面的 Form3，即在工程运行时首先出现该窗体。

图 7.28　启动对象设置

系统主窗体主要是对系统窗体的调用或程序的执行，但无论调用窗体或是执行程序，总需要用一定的对象来承担，这通常是用命令按钮来完成的。为了说明不同按钮的功能，已经在主窗体中放置了 3 个选项按钮用于调用 3 个窗体，这 3 个选项按钮的过程代码分别编制如下：

```
Private Sub Option1_Click()
  Form1.Show
End Sub

Private Sub Option2_Click()
  Form2.Show
End Sub
```

```
Private Sub Option3_Click()
   frm理科主表.Show
End Sub
```

这样工程运行与主窗体显示效果如图 7.29 所示。

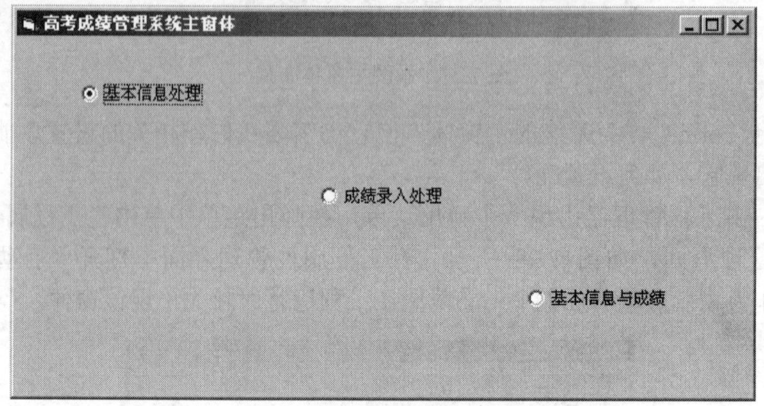

图 7.29　主窗体显示效果

在工程运行期，用户通过主窗体，就可以选择执行相关的功能和处理相应的事务。

7.4.2　数据查询机制的建立

数据库应用系统的主要功能是数据编辑与数据查询，在数据编辑功能实现之后，数据查询就变得非常重要了。前面已经指出，数据查询是对数据信息的利用，也就是开发使用数据库应用系统的真正目的。因此本节将介绍在数据窗体中建立查询机制的两种基本方法。

1. 建立单一匹配查询的方法

所谓单一查询就是根据系统指明的一个条件进行查询，用户无可选择。这种查询往往用于系统的用途非常明确也就是查询某一种指定的信息的情况下，如航班号的票务信息或由考生的准考证号查询考生的相关信息等。

建立单一查询的主要方法仍然是通过控件和该控件的过程代码的编制来完成的，下面仍以实例加以说明。

【例 3】在例 2 的高考成绩管理系统的主/从窗体中建立用准考证号查询考生的相关信息的一种查询机制，其方法如下：

（1）调整高考成绩管理系统的主/从窗体的大小并在其中放入一个命令按钮，设置其标题属性（Caption）为“按准考证查询”，其窗体的新布局如图 7.30 所示。

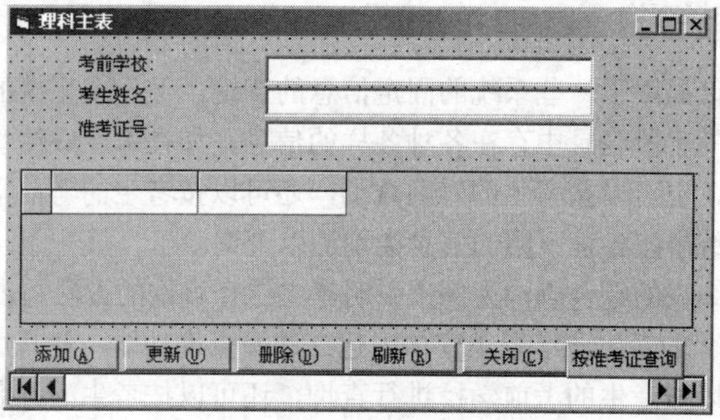

图 7.30　窗体的新布局

（2）编制查询命令按钮的过程代码。

【注意】在为查询命令按钮编制过程代码时，许多控件是在主/从窗体创建的过程中由向导自动命名的，因此在编程时需要根据相应的对象的名称来编制过程代码，其过程代码如下：

```
Private Sub Command1_Click()
   Dim caxuen                                          '定义一个查询的变量
   notestar = datPrimaryRS.Recordset.Bookmark          '将数据表中的记录指针位置赋给
   notestar
   caxuen = Trim(InputBox("请输入准考证号", "查询"))   '给查询变量赋值
   caxuen = "准考证号 like '" & caxuen & "'"           '定义查询字段与匹配的字符
   datPrimaryRS.Recordset.Find caxuen                  '在数据表的数据集中搜索符合条
                                                        件的记录
   If txtFields(0).Text = "" Then                      '如果未有记录，则显示相关的信息
      MsgBox ("没有符合条件的记录！")
   End If
End Sub
```

查询的运行效果如图 7.31 所示。

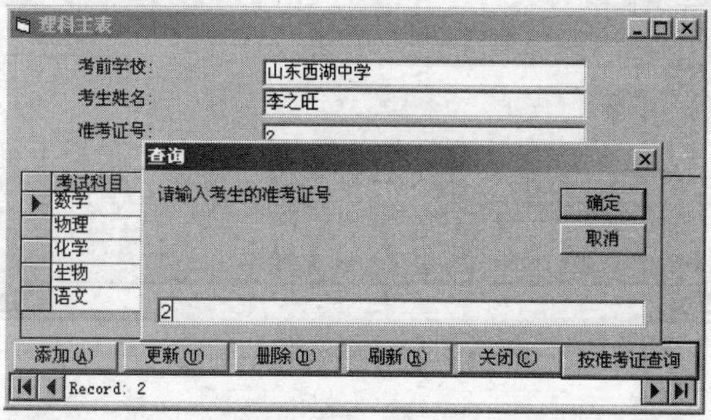

图 7.31　查询的运行效果

2. 建立综合选择查询

单一查询往往仅局限于一些系统的固定信息的查询，但一个系统的信息类别较多，也就是说它的数据表的字段记录中存在各种各样的信息。如在考生成绩管理系统中，可以按考生准考证号查询，也可以按考生的姓名查询，还可以按考生的考前学校进行查询。因此需要在所创建的系统中按各种不同的信息类别加以查询。

下面以考生成绩表的综合查询为例来说明建立综合查询的方法与步骤。

【例 4】在例 2 的考生成绩登录窗体中建立选择查询功能，使其可以按考生的准考证号进行查询，也可以按考生的考前学校进行查询，还可以按考生的姓名进行查询。建立这样的查询过程如下：

（1）将原来创建的单一查询命令按钮删除，因为选择查询包括了按准考证号的单一查询。

（2）在工程中将窗体切换至主/从窗体，在窗体中加入一个组合框控件 Combo1。

（3）为组合框控件 Combo1 编制列表条目属性，如图 7.32 所示。

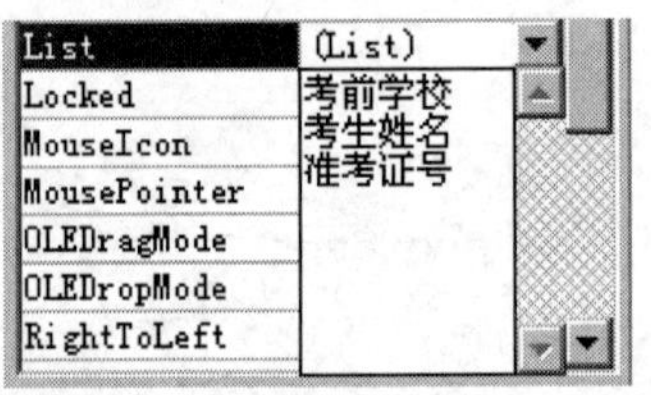

图 7.32 组合框的列表条目

（4）在组合框控件的上方放置一个标签控件 Label1，设置其标题属性 Caption 属性为“请选择查询方式”。

（5）在组合框控件的下方放入一个命令按钮控件，用于执行查询，设置其标题属性为“执行查询”，这样窗体的布局如图 7.33 所示。

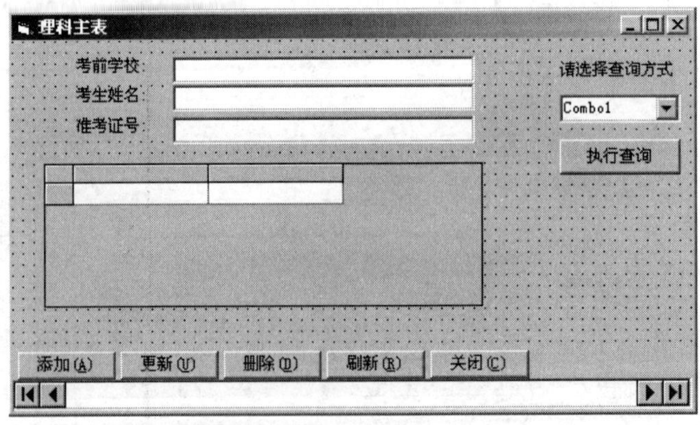

图 7.33 综合查询的窗体布局

与单一查询机制的建立一样，需要为执行查询的命令按钮编制相应的过程代码，其过

程代码如下：

```
Private Sub Command2_Click()
   Dim Caxuen
   oldmark = datPrimaryRS.Recordset.Bookmark
   Caxuen = Trim(InputBox("请输入" + Combo1.Text, "查询"))
   If Combo1.Text = "考前学校" Then
      Caxuen = "考前学校  like '" & Caxuen & "'"
   End If
   If Combo1.Text = "考生姓名" Then
      Caxuen = "考生姓名  like '" & Caxuen & "'"
   End If
   If Combo1.Text = "准考证号" Then
      Caxuen = "准考证号 like '" & Caxuen & "'"
   End If
   datPrimaryRS.Recordset.Find Caxuen
   If txtFields(2) = "" Then
      MsgBox ("没有符合条件的记录")
   End If
End Sub
```

（6）运行工程按不同的信息字段检验查询的效果，其选择的效果如图 7.34 所示。

【注意】①以上的两种查询方式基本上可以满足一般用户对于数据信息的查询的要求。在系统开发中，建立查询的方法比较多，除了可以建立以上的查询方法之外，还可以采用过滤查询方法，也可以采用 SQL 语言进行查询。这里不可能像一本工具手册一样全面介绍，读者在掌握本教材的查询方法的建立之后，其他方法可借助于其他的参考书很容易地加以掌握。②在查询值的文本框中输入中文字符时，它可能出现乱码，这可能是由于 Microsoft Basic 6.0 系统在汉化时出现的字符集问题，但只要输入的值准确，如输入的考生姓名正确，则乱码并不影响查询结果。

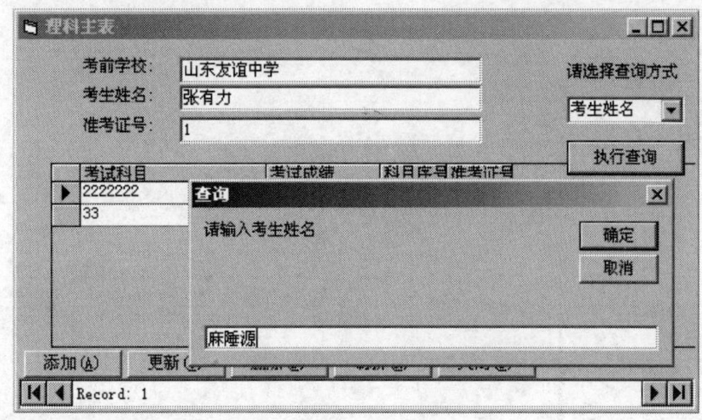

图 7.34　按考生姓名查询的效果

7.5 习题

1．阐述数据库应用系统开发与应用的意义。

2．阐述系统的一般分类并掌握各种类型系统的用途与作用。

3．了解数据库应用系统创建的基本过程。

4．掌握一个工程的框架的创建与工程管理方法。

5．在使用数据控件 Data 或 ADODC 控件时，为什么要进行数据连接？它与数据环境的创建有什么关系？

6．单表数据窗体与多表数据窗体有什么区别？

7．掌握用数据窗体向导创建多表数据窗体和单表数据窗体的方法。

8．掌握两种基本的查询方法的机制的建立方法。

第8章 报表创建的基本方法及其应用编程

概括起来说，一个数据库应用系统包括数据编辑的信息收集功能，数据查询的数据管理功能和数据传递的信息输出功能三个方面。数据库应用系统的第一个重要的功能就是对于数据信息的收集，它是数据库应用系统存在的前提，数据库应用系统就是基于数据信息的收集发生和发展起来的，在数据库概念出现之前，人们对于利用计算机进行信息管理往往是通过文本形式或数据报告式的文件进行组织的。这样的信息就像一个信息通报，通过一个文本文件进行信息输入、信息打印和输出传递，不具有任何特定的结构，如果说存在一定的结构的话，那就只能是通过对文本版式的排列组合所形成的结构，不能实现对数据的快速搜索和加工整理的功能，更不能形成自动化智能化的数据处理。

而数据库应用系统则不然，它是以数据库和数据库中的数据表的特定的结构为载体形成的各种格式或数据类型的数据信息单元（一个字段为一个特殊的数据信息单元），如文本格式、数值形式、图像形式等的数据单元，这样的特殊形式的数据信息的结构保存载体，结合数据信息处理界面的开发，使位于磁盘文件或数据库别名文件中的数据的保存、查询和输出的效率得到了极大的提高。数据库应用系统通过科学的系统设计方法，形成了人性化的数据处理界面，人们对于数据处理的速度得到了极大的提高，通过建立查询机制，用户可以对数据库系统中已经收集的大量的数据信息进行快速准确地搜索，同时还可以通过报表的设计和制作，形成标准化的信息输出格式。

因此，可以说，数据库应用系统是一种集自动化、智能化和人性化于一体的收集信息，处理信息和输出信息的管理工具。

在前面的相关章节中，我们已经基本掌握了对于数据库应用系统的信息收集界面的制作和信息查询功能开发的一些基本技能，它们主要是通过窗体的功能来加以实现，那么对于通过窗体运行后所获得的一些信息如何进行输出呢？

其实，信息输出是一个广义的概念，也就是说，数据信息输出可以通过多种方式和以多种形式进行。包括数据报表的输出方式、网络传递的数据输出方式、文本打印的信息输出方式、屏幕演示的信息输出方式等多种；信息的输出形式也多种多样，可以是文本形式的信息，可以是图形或曲线形式的信息，也可以是声音、动画、图像等多种形式的信息。

在一切的信息输出方式中，数据报表是信息输出最常用、最有效的一种。因此，这一章将介绍在 Visual Basic 6.0 的数据库应用系统工程中开发制作报表的一些基本方法。

报表的制作比较复杂和灵活，它需要一个不断学习的过程才能完全掌握。一个报表可能十分简单，如一个学生成绩单，往往是一个十分简单的报表，而一个工业企业的年终决算汇总表或一个高校的学校总排课表，则往往是一个十分复杂的报表。报表的复杂性在于

它的内容和结构的复杂性，此外，报表制作的复杂性还在于它的结构不是固定不变的，如工业企业甲和工业企业乙，如果不是同行业统一要求的话，往往对于年终决算汇总表制作的样式可能完全不一样。

在系统开发中，报表的制作与实际生产和生活中的报表的制作是完全一致的，报表制作就是需要人们对实际业务中的数据处理的输出得到真正的反映，这就不难想象报表制作的复杂性和灵活性了。因此读者需要掌握基本的方法，在基本技能掌握之后，就可以开发出任何多变的数据库应用系统的数据输出报表来。为使读者对于数据报表有一个直观的印象，先给出两个基本的报表样式，如图 8.1 所示。

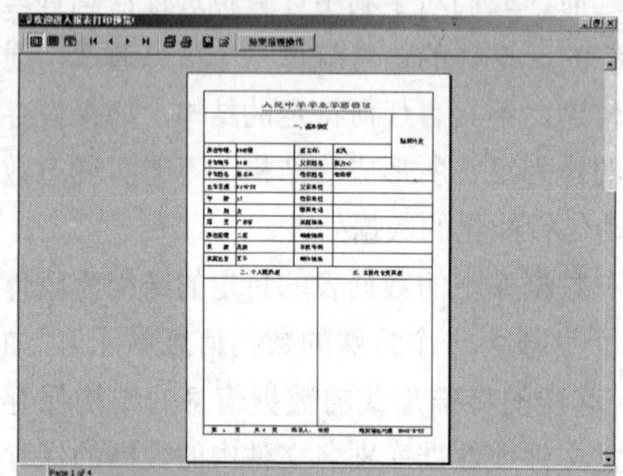

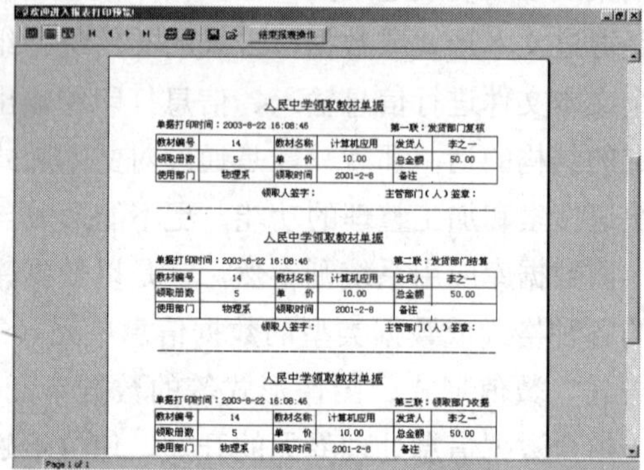

图 8.1　两种报表的样式

通过报表，用户可以对数据库应用系统中的数据信息进行全部或部分的打开浏览，也可以对数据库应用系统中的数据记录通过查询或锁定在一些特定的记录并进行打印。也就是说，对于一个好的报表的设计与一个数据处理窗体的设计一样，它也应该具有自动化、智能化和人性化 3 个特点。但作为以初学者为读者对象和作为一本教材而言，这里仅介绍基本的方法。

8.1　报表模板的创建与报表控件的应用

在 Visual Basic 6.0 的工程中，创建报表主要通过报表模板的方式进行创建，用户通过报表模板，结合报表控件的使用，就可以创建出所需要的报表来。在 Visual Basic 6.0 中文版的集成开发环境中，报表控件被集中在控件面板中的一个数据报表（DataReport）的基类控件库之中，如图 8.2 所示。

报表控件是伴随着报表模板的出现而出现的，也就是说，如果在一个工程中没有报表模板的创建，则在控件面板中就不出现报表类控件，反之，如果一旦出现报表模板，则报表控件随即出现，因此创建报表模板成为创建报表的起点。

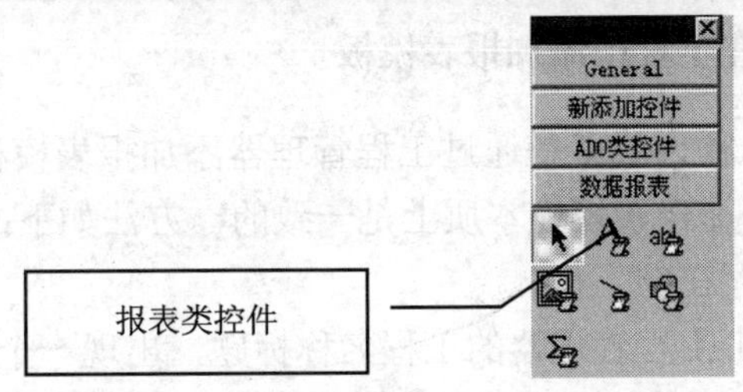

图 8.2　数据报表的基类控件

8.1.1　工程中报表模板添加的几种方式

Visual Basic 6.0 只有一个报表模板，但对于这一模板却有几种添加方式，在一个工程中添加报表模板可采用以下的几种方式进行。

1. 通过主菜单在工程中添加报表模板

前面提过，主菜单始终是系统开发中使用频率最高的一种工具，通过主菜单可以在工程中创建一个报表模板，如下所示：

（1）打开一个已经存在的工程。

（2）在 Visual Basic 6.0 中文版的主菜单中单击“工程/添加 Data Report”选项，则在工程中出现一个报表模板，并在工程管理器中自动增加了一个“设计器”支点，如图 8.3 所示。

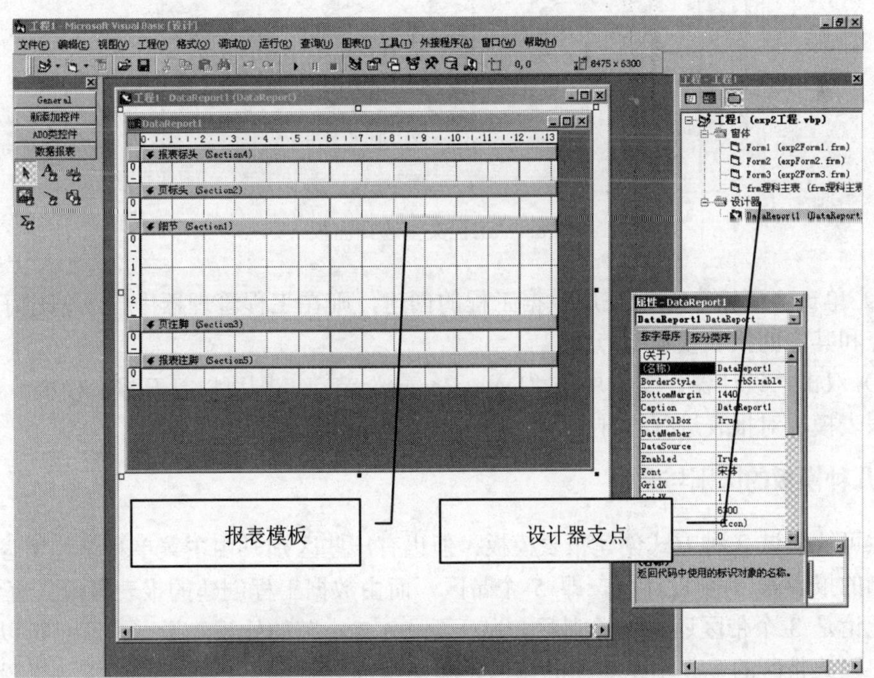

图 8.3　报表模板与报表设计器支点

2. 通过工程管理器在工程中添加报表模板

添加报表模板的第二种方式就是通过工程管理器添加报表模板，这种方式的报表模板的添加与采用菜单方式添加报表模板本质上是一致的，方法如下：

（1）打开一个已经存在的工程。

（2）用鼠标右键单击工程管理器的工程名称标题，出现一个弹出式菜单。

（3）在弹出式菜单中单击“添加/Data Report”，出现一个新的报表模板；其效果与用主菜单添加报表模板一样，在 Visual Basic 6.0 的集成开发环境中出现一个新的报表模板。

3. 通过数据工程的创建来创建一个报表模板

如果用户一开始就将工程的性质定位为“数据库应用系统”也即一个“数据工程”，则可以通过数据工程的创建来创建数据模板，方法如下：

（1）启动 Visual Basic 6.0 中文版集成开发环境。

（2）单击“文件/新建工程”出现一个工程类型的选择面板，在工程类型面板中选择“数据工程”，如图 8.4 所示。

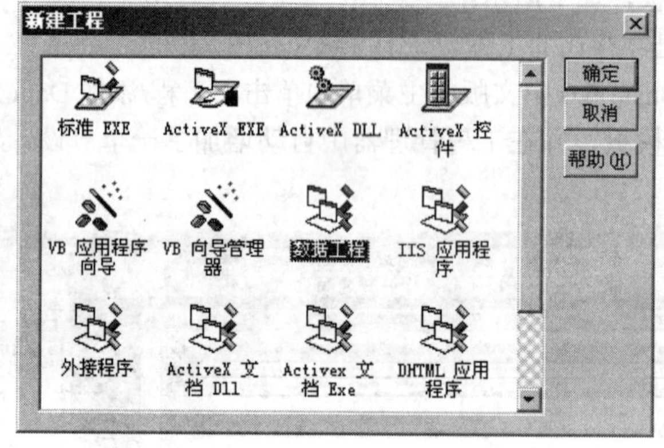

图 8.4　工程类型选择面板

（3）单击“确定”按钮完成数据工程的创建，则在工程管理器中自动创建了一个设计器支点和其中的报表模板节点。

（4）双击“设计器”支点中的“Data Report”节点，则可以打开报表模板，用户 sk 以通过报表模板对报表进行设计制作。

4. 几种模板的区别与联系

虽然可能通过 3 种方式创建报表模板，但也有一些区别，由主菜单和工程管理器在工程中添加的报表有 5 个设计区，即 5 个带区，而由数据工程创建的报表模板只有 3 个带区。但无论是 3 个带区还是 5 个带区，从下面 8.1.2 小节的知识知道，带区是可以增加或删除的，因此带区的多少不是本质的东西，关键是需要根据用户或系统的需求来设置带区的多少。

8.1.2 报表模板的基本概念与模板设计

报表模板为用户开发报表提供了一个“底板”，用户可以在该“底板”中根据需要创建报表数据输出的相关内容，但报表作为一种数据输出的工具，其布局需要满足用户的需求和数据输出的要求。因此首先需要对报表模板有一个基本的认识。下面以在工程中添加5个带区的报表模板的介绍开始，逐步说明报表的加工和制作方法。

1. 报表的带区及其功能意义

在工程中添加的报表模板有5个带区，可以通过报表模板的属性框显示这5个带区的名称，如图8.5所示。

图8.5 报表带区及名称

这5个带区分别为：

① 报表标题带区（Section4），用于设置报表的标题；

② 报表页标题带区（Section2），用于设置报表的相关页面的标题；

③ 报表细节带区（Section1），用于显示数据表字段中各个字段名的数据信息，这是最关键的带区；

④ 报表页注脚带区（Section3），用于显示报表的每一页的注释或页面数量与报表输出日期等信息；

⑤ 报表注脚带区（Section5），用于整个报表的注释或报表输出的日期或页面数设置。

在后面的报表应用开发中将一一对每一个带区的开发加以说明。

2. 增加与删除报表带区

无论是3个带区的报表模板或是5个带区的报表模板，只要求能够满足用户的需求即可，因此报表带区的多少不是决定的因素，关键是报表对于用户的需求。事实上报表带区可以是一个带区的简单报表，也可以是多个带区如8个或10个带区的复杂报表，这就需要通过带区的添加与删除来实现，添加报表带区的方法如下：

（1）用鼠标右键单击报表的任意空白区域，出现一个弹出菜单，如图8.6所示。

（2）在弹出的菜单中单击“插入分组标头/注脚”选项即可在报表模板中增加新的带区。

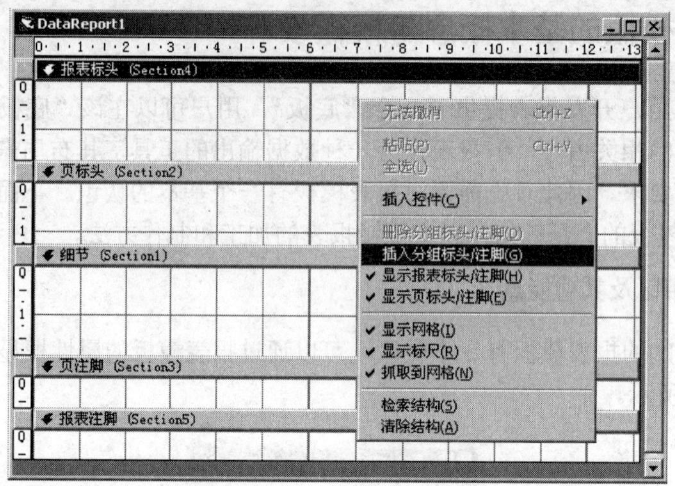

图 8.6 报表带区添加菜单

如果用户需要删除报表模板中的带区，则可以采用同样的方法，单击“删除分组标头/注脚”选项即可将相关的带区删除。

3. 报表页面宽度与带区宽度的调整

报表模板中每一个带区的功能是有所区别的，可以根据报表输出的信息要求来调整报表带区的宽度或报表页面的宽度。

报表页面的宽度就是报表进行数据输出时，也就是打印报表时的宽度，这个宽度用户可以通过鼠标拖动的方法来加宽或减少宽度。

报表的每一个带区的宽度均是可以调整的，主要可以通过带宽区的 Section 的 height 属性值来加以控制，当然更简单的办法是通过用鼠标的“拖动”来调整带区的宽度。

8.1.3 报表控件的运用

报表模板一经创建，相应的报表控件就出现在控件面板中并以专门的“选项卡”来分类。报表控件比较少，其使用也相对比较简单，主要包括：

1. 报表标签控件

该控件与窗体设计中的标签控件类似，主要用于给报表的标题或相关的控件加以标示。

【例 1】在报表的“报表标头”带区为报表加入一个标签控件用于标示报表的标题。这就需要用到标签控件，其方法如下：

（1）在报表控件中选择报表标签控件 Label1 并双击之，它会出现在选择的报表带区即报表标头带区中。

（2）为标签控件 Label1 设置标题（Caption）属性，如“高考考生成绩输出报表”。

（3）为标签控件设置字体字号与字体颜色属性（Font 属性），其效果如图 8.7 所示。

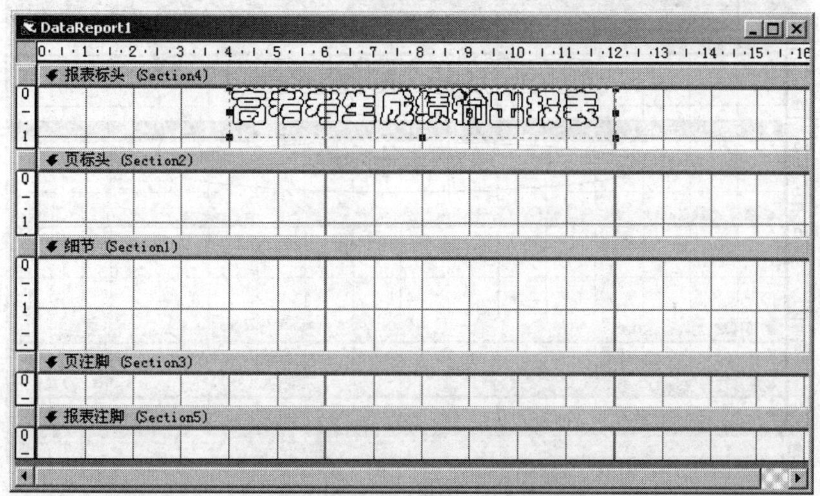

图 8.7　报表标签控件运用示例

2. 报表的图形控件

报表图形控件主要用于在报表的带区中插入一个图形来修饰报表。

【例 2】在报表的页标头中插入一个图形控件 Shape1 并设置图形为椭圆，然后再在该控件上放入一个标签控件以说明该页，其制作步骤如下：

（1）选择报表的页标头带区，然后在报表控件面板中选择图形控件并双击之，它会自动加入到报表的相应带区中。

（2）在页标头带区中设置图形控件的图形属性为椭圆，图形控件的图形选择如图 8.8 所示。

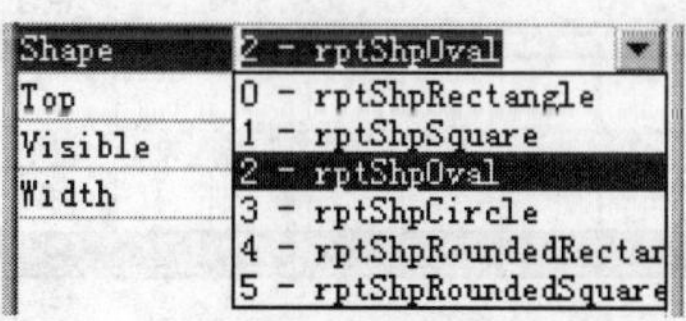

图 8.8　报表图形控件的图形属性

（3）适当调节图形控件的大小和位置，然后在图形控件的上方加入一个标签控件，说明带区的标题，其效果如图 8.9 所示。

3. 报表映像控件

报表除图形控件之外，还有一个映像控件 Image 控件，与窗体制作中的映像控件一样，用户可以通过映像控件为报表加入一个图片以修饰报表，如图 8.10 就是一个映像控件加载图片后的效果。

映像控件除用于修饰报表之外，主要作用还在于它可以输出显示图形格式的数据字段中的“数据”，如考生或职工的照片等。

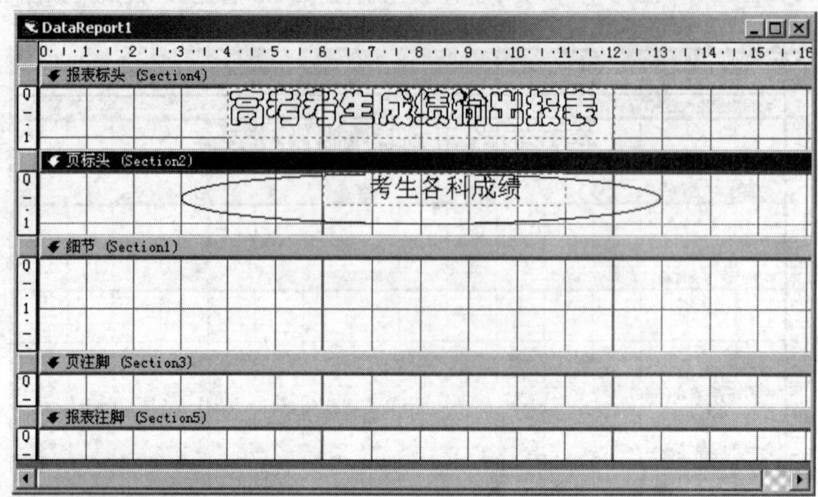

图 8.9 图形控件运用效果

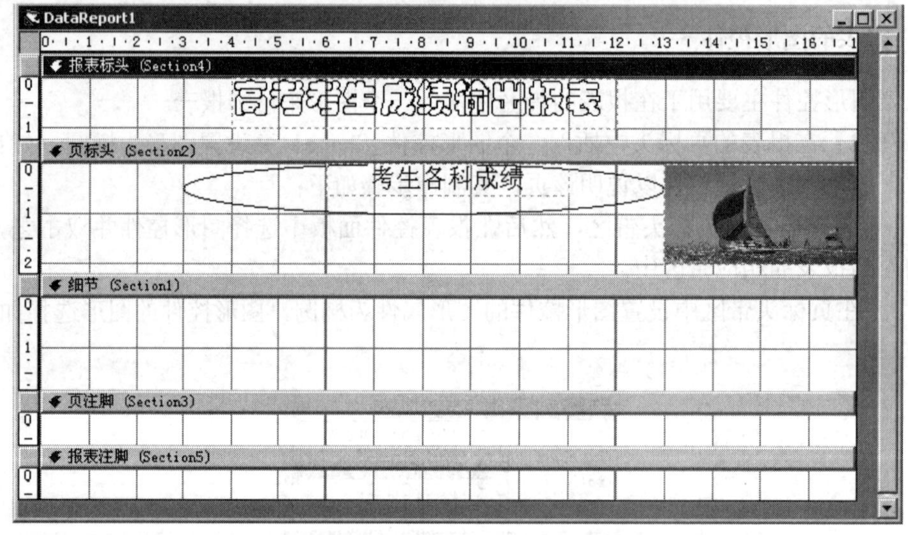

图 8.10 映像控件的使用效果

4. 报表的线段控件

一个报表可以制作成表格形式的报表，这就需要用到线段控件，通过线段控件可以在报表模板中画直线或垂直线以制作表格。

5. 报表的的文本显示控件 Text 和统计函数控件

这是报表控件中最重要的两个控件，关于它们的使用将在后面的报表制作中加以说明。

在制作报表时，除可以从报表控件面板中放置控件之外，用户还可以通过报表的菜单来直接插入控件，其方法如下：

（1）选择报表的带区。

（2）在报表的带区中用鼠标右键单击报表出现一个弹出菜单，如图 8.11 所示。

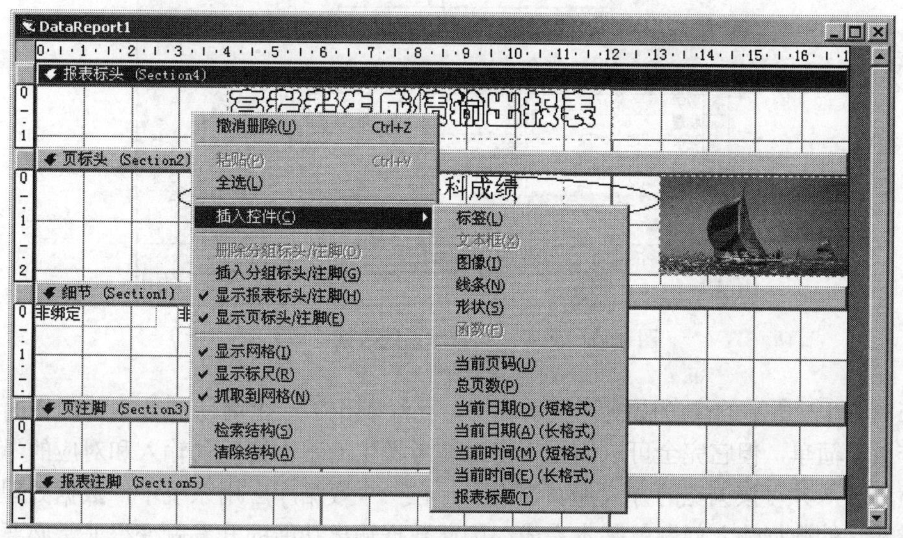

图 8.11　控件插入菜单

（3）在菜单中选择欲插入的控件类型或函数即可以在相应的带区中插入相应的控件或函数类型。

8.2　单表报表和主从报表的概念及其制作

一般地说，一个报表的页面中如果只需要显示一个数据表文件的数据信息，则这样的报表称为单表报表，例如一个报表只用于显示高考考生的基本情况或只显示考生的成绩，则这样的报表就是一个单表报表。如果一个报表的页面所反映的数据信息涉及到多个无关或相关的数据表文件的信息，则称这样的报表为多表报表，例如在高考考生成绩管理系统中，报表页面既需要反映每一个考生的基本情况，又需要反映每一个考生的成绩，则这一报表涉及两个相关联的数据表的信息，因此，这样的报表称为多表报表。我们将多表报表中涉及两个或多个相关联的数据表的报表，称为主/从报表。本章将分别对单表报表和主从报表的制作方法加以介绍。

8.2.1　单表报表的制作方法

我们曾经在第 7 章中开发了一个简易的高考学生成绩管理系统，其数据处理的运行界面如图 8.12 所示。

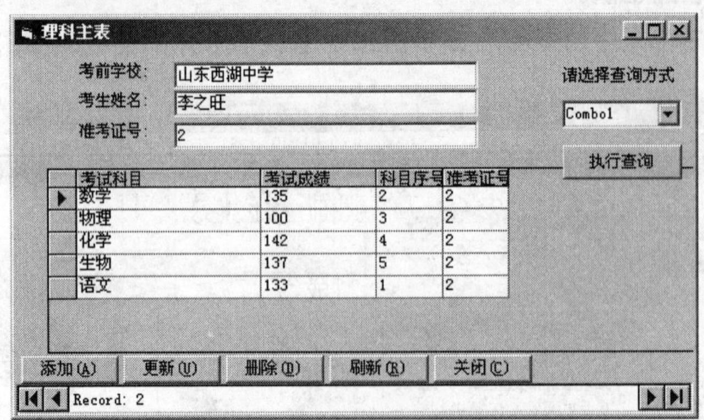

图 8.12 高考成绩管理系统数据处理界面

在图 8.12 所示的高考成绩管理系统中，已经制作了一个简易的数据处理界面，界面和制作虽然简单，但它完全可以满足用户对高考考生的基本情况的输入和对应的考生的各科成绩的录入并可按浏览的方式加以查询了。在一个数据库应用系统中，数据处理功能一经完成，它的数据输入问题就基本完成，因此数据输出功能的开发就变得非常必要了。因此，需要为高考成绩管理系统创建一个报表输出的功能，这样通过报表可以将每一位高考考生的成绩打印分送到各个考生。

在前面的高考成绩管理系统的设计与制作中知道，学生基本信息和学生成绩是相互关联的，但为了说明单表报表的制作方法，先给出一个仅输出学生成绩的报表（它仅涉及一个数据表文件，因此是单表报表）的如下开发实例。

【例 3】在高考成绩管理系统中，制作理科考生成绩输出的报表并对每个考生的总分数自动进行统计，其制作过程如下：

（1）打开第 7 章中的“高考成绩管理系统”工程。

（2）在工程中增加一个数据环境，其增加数据环境的方法如下。

（3）单击 Visual Basic 6.0 中文版主菜单“工程|更多 ActiveX 设计器（G）|Data Enviroment”，单击该菜单后在工种管理器中出现一个数据环境设计器和新的数据环境项目 DataEnvironment1，如图 8.13 所示。

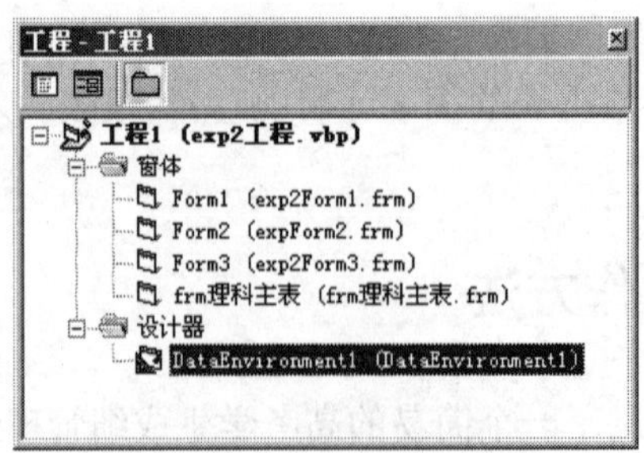

图 8.13 数据环境设计器及数据环境

【注意】数据报表与数据窗体一样，它首先需要为报表提供一个数据环境，这种数据

环境是通过命令和文本编制来加以实现数据连接的，因此做如下操作。

（4）双击数据环境 Connection1，出现数据连接设计器，如图 8.14 所示。

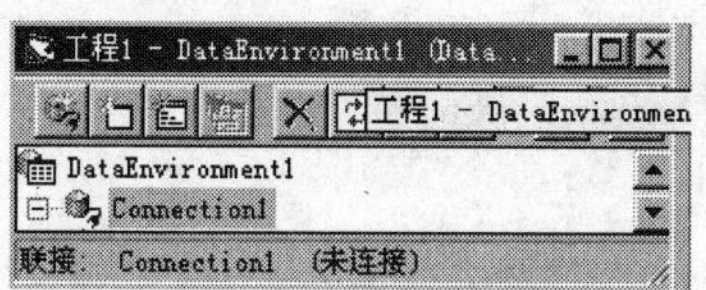

图 8.14　连接设计器

（5）用鼠标右键单击连接 Connection1，出现一个弹出式菜单，在弹出式菜单中选择“属性”选项，出现数据源提供器界面，在该界面中选择数据库提供者类型，如图 8.15 所示。

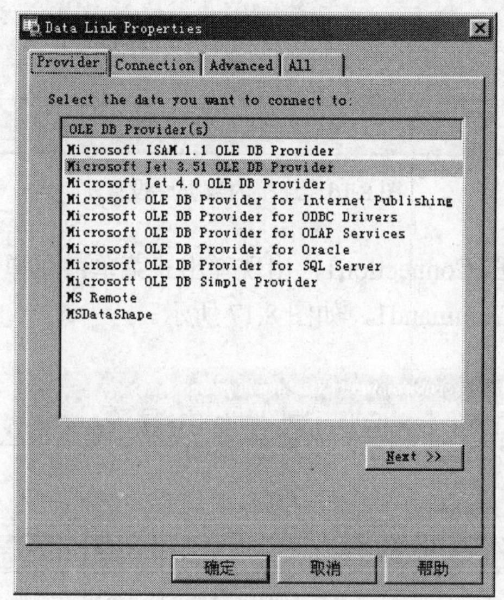

图 8.15　连接的数据类型选择

（6）选择默认的数据类型并单击“NEXT”按钮，出现连接的数据库名称，用户可选择第 2 章中所创建的数据库名，如图 8.16 所示。

最后检验连接，连接成功后，数据提供者或连接数据源属性的全称为：

DSN=MS Access Database;DBQ=D:\Visual Basic 应用与开发教程配例\第 2 章\高考成绩管理数据库.mdb;DefaultDir=D:\Visual Basic 应用与开发教程配例\第 2 章;DriverId=281;FIL=MS Access;FILEDSN=C:\Program Files\Common Files\ODBC\Data Sources\MS Access Database (not sharable).dsn;MaxBufferSize=2048;PageTimeout=5;UID=admin;

这样即将创建的数据报表就有了它的数据提供者，也即报表的数据源；但只有报表的数据源提供者还不行，数据源只是对数据库的连接，数据源还需要用命令来连接数据表文件，只有使用具体的数据表才能为报表提供真正的数据源，在数据环境中创建命令的方法如下。

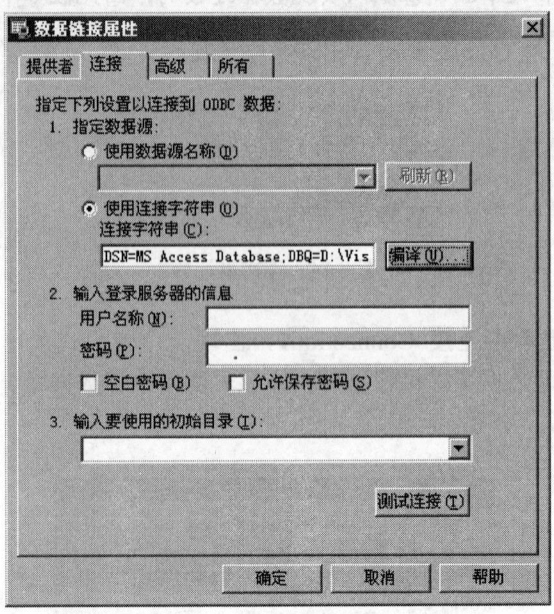

图 8.16　连接的数据库设置

（7）用鼠标右键单击 Connection1，出现弹出式菜单；在弹出式菜单中单击“添加命令”，出现一个新的命令 Command1，如图 8.17 所示。

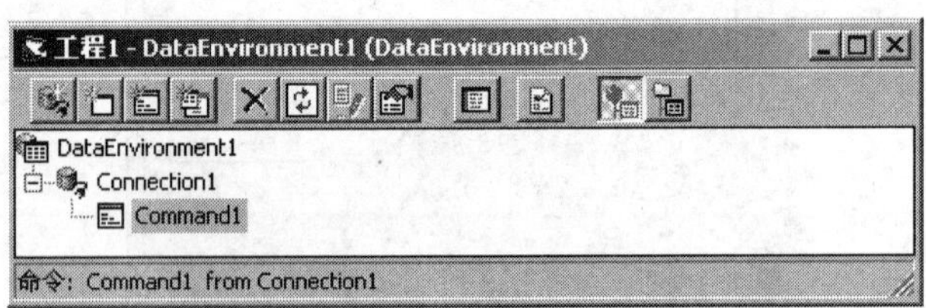

图 8.17　连接命令创建效果

（8）设置新的连接命令 Command1 的属性如表 8.1 所示。

表 8.1　命令 Command1 的属性设置

对 象 名 称	属 性 项 名	属性设置内容
Command1	ConnctionName	Connction1
	CommandType	2-AdcmdTable
	CommandText	理科从表

这样命令文件 Command1 为报表提供数据表即“理科从表”数据表作为报表的数据源。连接命令除可以通过属性设置之外，也可以通过对它采用鼠标右键打开一个属性对话框，在对话框中进行设置，其对话框如图 8.18 所示。

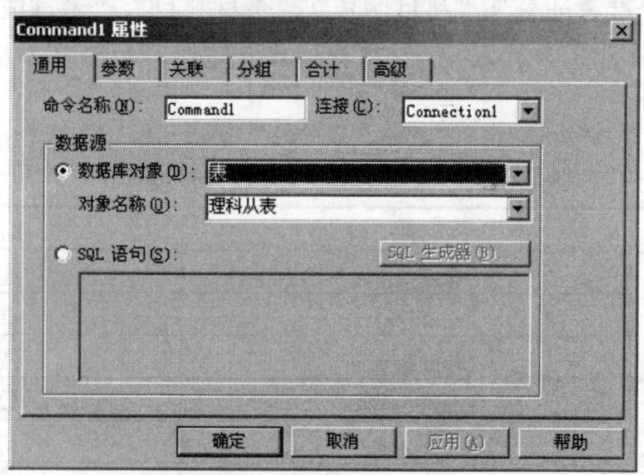

图 8.18　连接属性设置对话框

连接命令的属性设置之后，接下来做如下操作。

（9）通过 Visual Basic 6.0 中文版的工程管理器添加一个数据报表 DataReport1 对象，此后可以发现该报表也出现在工程管理器中，报表模板已经出现在集成开发环境之中。

（10）选择报表 DataReport1；在它的属性框中设置它的数据源（DataSource）属性为"DataEnvironment1"，即它以创建的数据环境作为数据源，设置它的"数据成员（DataMember）"属性为"command1"。

（11）在报表设计器的各个带区中放入相关的控件进行报表设计，其报表布局如图 8.19 所示。

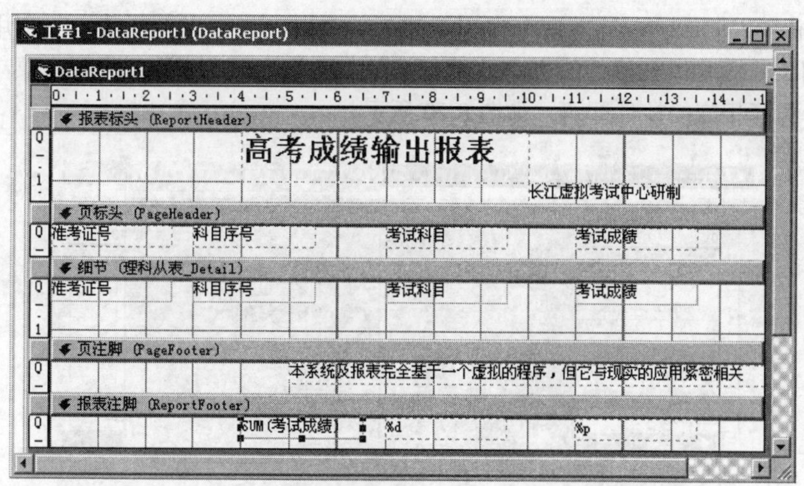

图 8.19　报表的基本布局

报表模板中各个带区控件的基本布局过程如下：

① 在报表标头带区中放入两个标签控件用于说明报表名称和其他信息。

② 在报表的页标头带区中放入 4 个标签控件用于说明报表每列的内容，即它们的

Caption 属性分别为“准考证号”、“科目序号”、“考试科目”、“考试成绩”。

③ 在报表的细节带区中放入 4 个报表文本框控件，4 个文本框控件的属性设置如表 8.2 所示。

表 8.2 报表中 4 个文本框属性设置

对象名称	属性项	属性设置内容
TEXT1	DataFormat	通用
	DataField	准考证号
	DataMember	Command1
TEXT2	DataFormat	数字
	DataField	科目序号
	DataMember	Command1
TEXT3	DataFormat	通用
	DataField	考试科目
	DataMember	Command1
TEXT4	DataFormat	数字
	DataField	考试成绩
	DataMember	Command1

这些数据报表文本框控件就是专门用于显示数据表相关数据字段中的数据的。

④ 在页注脚中插入一个标签控件用于对报表作一个基本的说明，其标题（Caption）属性内容为“本系统及报表完全基于一个虚拟的程序，但它与现实的应用紧密相关”。

⑤ 在报表注脚带区中插入两个报表控件，一个用于显示当前页数，一个用于显示报表打印日期，其插入报表控件的方法是通过鼠标右键单击报表出现一个弹出菜单，然后在弹出菜单中选择相应的控件即可，如图 8.20 所示。

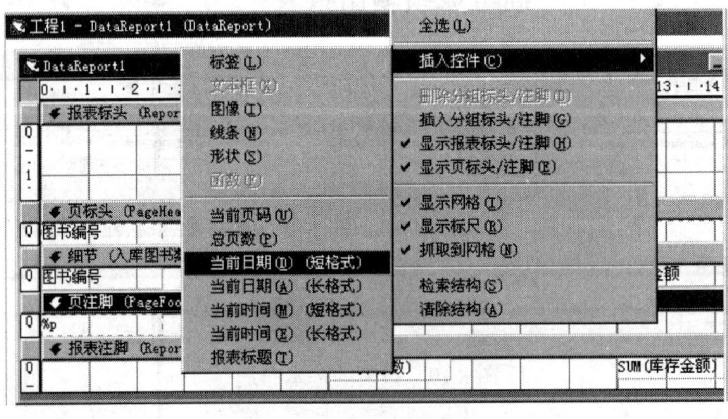

图 8.20 插入控件的方法

⑥ 在报表注脚带区中插入一个函数控件 Function1，用于求全部考生的总成绩，如果查询某一个考生的成绩时，这个函数的值就是一个考生的考试总成绩。对于函数控件，它

也需要设置数据成员、数据格式和数据字段，这里数据字段自然应该为“考生成绩”字段，因为该函数控件是对考生的考试成绩进行汇总的。函数控件是用于统计的，但统计类型也有多种，如汇总、平均、最大值、最小值等，因此这些属性的设置也是必要的。其函数控件的属性设置如表 8.3 所示。

表 8.3　函数控件 Function1 的属性设置

对象名称	属性项	属性设置内容
Function1	DataFormat	通用
	DataField	准考证号
	DataMember	Command1
	FunctionType	rptfuncsum

其中函数统计可选择的类型如图 8.21 所示。

FunctionType　0 - rptFuncSum
Height　0 - rptFuncSum
Left　1 - rptFuncAve
RightToLeft　2 - rptFuncMin
Top　3 - rptFuncMax
Visible　4 - rptFuncRCnt
Width　5 - rptFuncVCnt
6 - rptFuncSDEV
7 - rptFuncSERR

图 8.21　函数控件的可统计类型属性

这样就完成了一个数据报表制作，只需要在成绩处理界面的理科主表中加入一个命令按钮用于调用报表即可，其窗体的布局如图 8.22 所示。

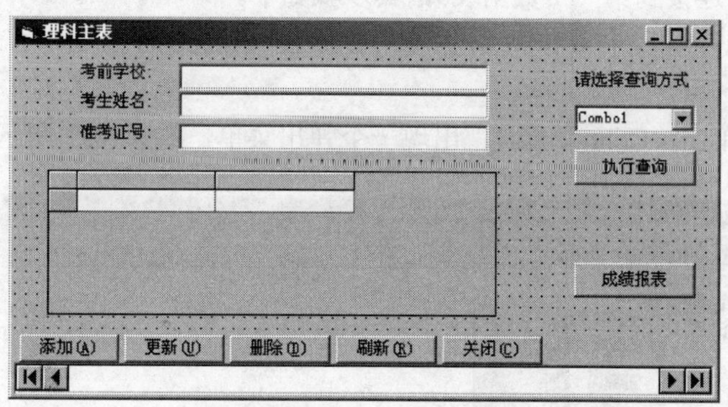

图 8.22　理科主表窗体新布局

在理科主表窗体中，需要为新的命令按钮编制调用成绩报表控件的过程代码，其命令按钮过程代码如下：

```
Private Sub Command2_Click()
   DataReport1.Show
End Sub
```

8.2.2 主/从报表的制作方法

前面通过对高考理科学生的成绩报表的制作，说明了用户自己创建一个报表的基本过程和方法。但注意到，在以上的报表中，并没有指定一个考生的基本信息，也就是说，一个成绩报表应该是一个特定的学生的成绩报表，它应该将该考生的姓名、准考证号和考前学校等相关信息联系起来。一个报表中显示或打印的信息应该涉及到两个相关的数据表中的信息，即"理科主表"和"理科从表"的信息。这与主/从数据窗体的制作一样，这两个数据表中的数据应该同时关联地加以显示与打印，而不是独立地加以显示与打印。这就涉及到主/从报表的制作。如何制作一个主/从报表呢？仍以实例加以说明。

【例 4】在高考成绩管理系统中，制作一个报表，该报表既能反映考生的基本情况，又能同时反映该考生对应的各科成绩，其报表制作过程如下：

（1）打开的工程文件仍是第 7 章中创建的高考成绩管理系统的工程文件；打开该工程文件之后，出现 Visual Basic 6.0 中文版的集成开发环境和项目的窗体。

（2）在工程管理器中增加新的报表模板 DataReport2，该模板就是用于制作本例中的报表的，保存报表模板。

作为第二个报表，它与第一个报表一样，不仅需要数据环境而且需要一个新的数据成员，这个数据成员就是用于管理理科考生基本信息的"理科主表"。我们需要为报表建立一个新的数据连接以便为报表引入这个数据成员（注意：数据环境中一个连接已经在例 3 中建立了，略去不再重复，仅需要为第二个报表在原数据环境的连接中创建一个新的连接命令即可，当然如果用户还未建立数据环境和连接第一个数据表，则需要创建数据环境和创建第一个连接并连接到第一个数据表），其步骤如下。

（3）在工程管理器中双击数据环境"DataEnvironment1"支点，出现数据环境设计器。

（4）用鼠标单击"Connection1"出现一个弹出菜单，如图 8.23 所示。

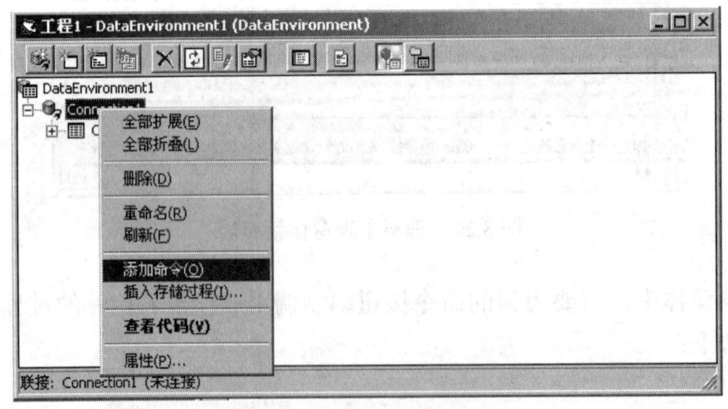

图 8.23　数据环境设计菜单

（5）单击"添加命令"选项则在原连接 Connection1 中出现一个新的命令 Command2，

由于原有的命令 Command1 连接了“理科从表”文件，因此现在的新命令 Command2 就应该连接主表文件即“理科主表”。其新命令 Command2 的连接属性如图 8.24 所示。

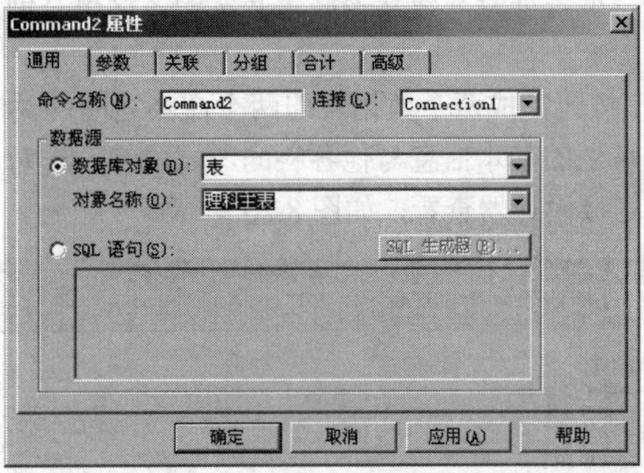

图 8.24　新命令的属性设置

确定后即在数据环境中建立了两个命令，一个用于连接主数据表，另一个用于连接从数据表。

（6）为“理科主表”和“理科从表”数据表建立关联。

【注意】在数据报表中的显示的数据是两个数据表文件“理科主表”和“理科从表”的相关信息，即一个考生的基本情况与它的考生成绩相互联系的信息。因此，需要在两个数据表之间建立一定的关系，这就是关联关系。但注意到在 Visual Basic 6.0 中文版中建立关联关系是通过数据环境中的连接命令来进行的。

由于已经将第一个命令 Command1 连接到“理科从表”，因此应该通过该命令将它连接到“理科主表”，其操作如下。

（7）在数据环境设置器中，打开第一个命令 Command1 的属性设计器，并在设计器中打开“关联”页面，在关联页面中做相应的关联设置，如图 8.25 所示。

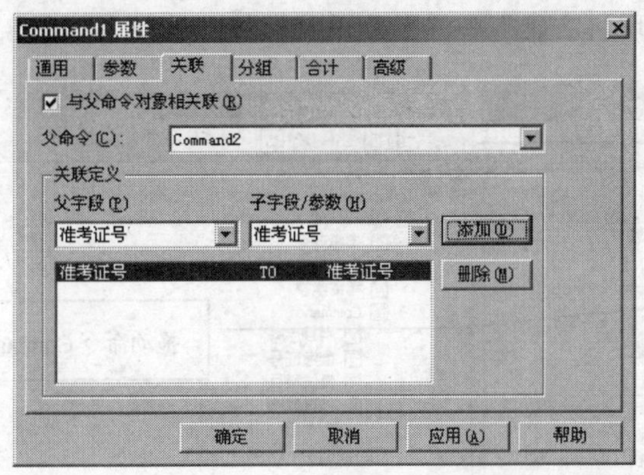

图 8.25　关联的建立效果

事实上，以上的关联是容易理解的，因为将第二个命令连接到主数据表“理科主表”，因此父命令自然选择为 Command2；同时，在创建数据表结构时已经在“理科主表”中以“准考证号”创建了主索引，而在从数据表“理科从表”中也以“准考证号”创建了第二索引，因此以“准考证号”建立关联是必然的，这也是创建数据表结构时所事先安排的。

（8）单击“确定”按钮完成两个数据表即两个命令之间的关联，使其数据报表中的信息相互一致，即一个考生的基本信息与他各科的考试成绩一一对应。两个命令所连接的数据表的字段可以通过连接设计器查看，如图 8.26 所示。

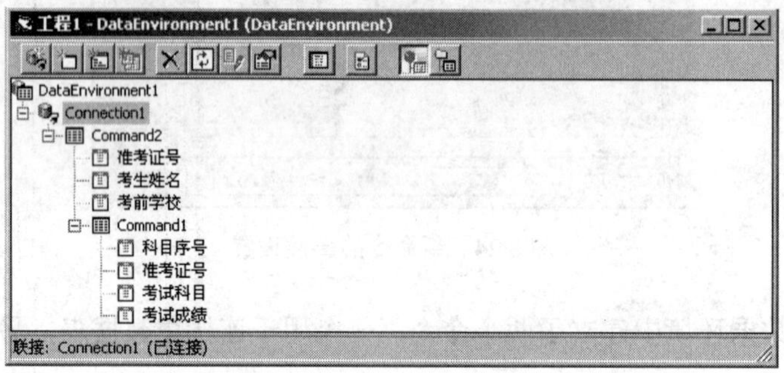

图 8.26　两个命令中的字段

（9）创建了以上的两个连接之后，已经为报表提供了两个数据表文件，此后就可以进入主/从报表的设计了。主/从数据表的创建过程如下：

① 在工程的设计器中双击第二个数据报表 DataReport2，出现报表设计器。在报表设计器中用鼠标右键单击报表设计器，出现一个弹出式菜单。在弹出式菜单中单击“显示页头/注脚”选项取消原来的“页头/页脚”带区的显示，即删除了原来的一个“页头/页脚”带区，这一步是必须的。

② 再用鼠标右键单击“报表设计器”出现弹出式菜单，在弹出式菜单中单击“插入分组标头/注脚”，出现一个新的带区。

③ 打开工程的数据环境设计器并用鼠标将数据环境中的第二个命令拖至分组标头 Section2 中，则出现“理科主表”中的全字段及标签，其效果如图 8.27 所示。

图 8.27　“拖动”命令 2 后的效果

注意到将命令 Command2 拖动到分组标头 Section2 之后，出现的字段名显示的文本框和标签是重叠在一起的，而且是纵向排列的，用户可以用鼠标将它们分开并按用户的意志进行排列，这里排列的效果如图 8.28 所示。

图 8.28　命令 2 放置到报表设计器中的字段名与标签

④ 同样，用鼠标将数据环境中的命令 Command1 拖动到细节带区，形成从表中的字段和相应的标签，如图 8.29 所示。

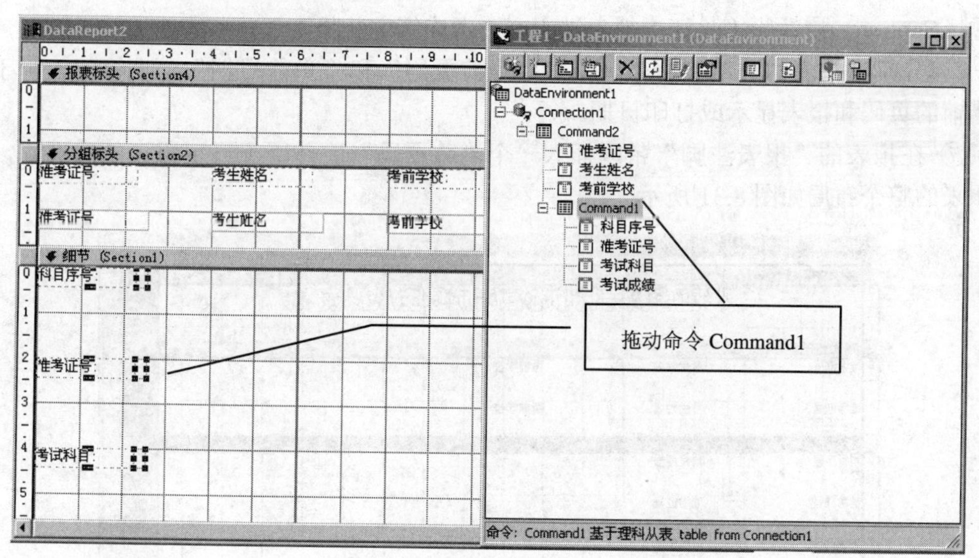

图 8.29　命令 1 中的字段和标签在细节带区中的形成

同样对于细节带区中字段的文本框和标签，通过命令 Command1 拖动到细节带区 Section1 之后，出现的字段名显示的文本框和标签是重叠在一起的，而且也是纵向排列的，用户同样可以用鼠标将它们分开并按用户的意志进行排列，这里排列的效果如图 8.30

所示。

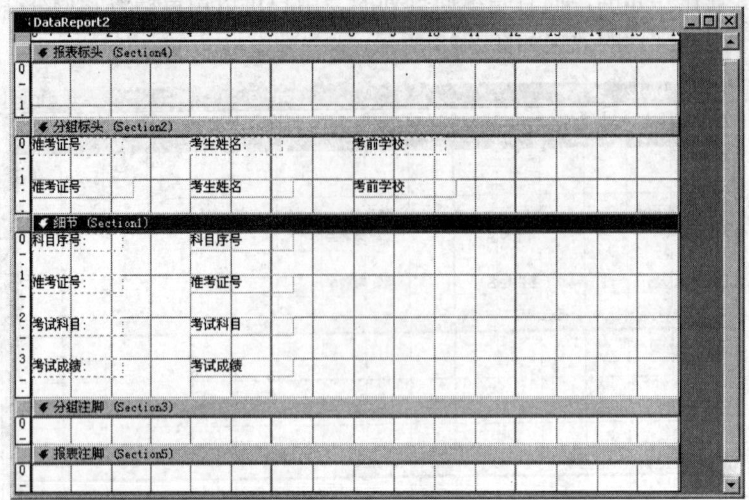

图 8.30　细节带区的字段文本框和标签控件的形成效果

可以看出，两个带区已经形成了主/从表数据显示的态势，这就是主/从报表的基本设计思路。读者也许会提出这样的问题，在主/从数据的相关带区中我们采用的是用鼠标从连接中拖动相关的字段到带区中，那么是否可以像制作单表报表一样，通过用户从报表控件面板中加入控件的方法来制作主/从报表呢？这是完全可以的，只不过相对烦琐一些。

⑤ 在报表的标题带区插入一个标签控件用于说明报表即用作报表的标题，设置它的标题（Caption）属性为“长江虚拟考试中心高考成绩主从报表”。

⑥ 分别在报表的分组注脚带区插入“当前页码”和“当前日期”两个控件，用于显示当前的页码和报表显示或打印日期。

⑦ 在报表的“报表注脚”带区插入一个“总页码”控件用于显示报表的总页码，这样报表的整个布局如图 8.31 所示。

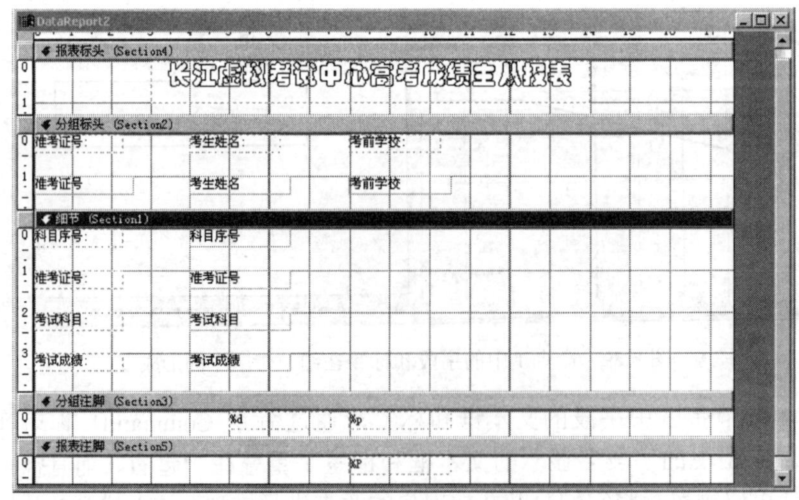

图 8.31　报表的整体布局

⑧ 最后，需要对报表的属性做如表 8.4 所示的设置。

表 8.4　报表 DataReport2 的属性设置

对 象 名 称	属 性 项	属性设置内容
DataReport2	DataSource	DataEnvironment1
	DataMember	Command2

在报表的属性设置中，将单表报表和主/从报表的数据环境均设置为 DataEnvironment1，因为在制作报表时所创建的数据环境为 DataEnvironment1。但在数据成员属性设置时，为什么要设置数据成员 Command2 而不设置 Command1 呢，这是因为 Command2 联接是的主数据表。也就是说，主/从数据报表数据成员应该设置为主表所在的命令而不是从表所在的命令，这是非常重要的。

报表一经制作完成，就需要用一个命令按钮来对它进行调用。用户可以在任何一个窗体，如系统主窗体或其他数据处理窗体中加入一个命令按钮，然后编制命令按钮的过程代码，其代码如下：

```
Private Sub Command3_Click()
  DataReport2.Show
End Sub
```

运行工程，然后对报表进行调用，得到报表的运行效果如图 8.32 所示。

图 8.32　报表的调用效果

报表模板在运行期为用户提供了 3 个工具。第一个工具是就保存报表内容打印的命令按钮，使用它可以将当前的报表内容通过打印纸进行打印输出。第二个工具是报表的导出命令按钮，使用它可以将当前的报表内容通过多种文件格式导出，导出时系统会自动打开一个保存报表内容的对话框，用户可以在对话框中选择适当的或需要的报表文件格式，然后再对保存的报表文件进行命名保存即可。此外报表的保存还可以根据用户的需要指定报表的页码范围进行保存，这是非常人性化的，如图 8.33 所示。

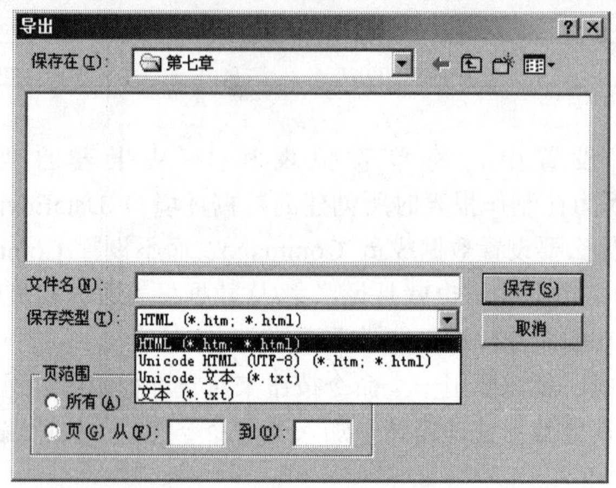

图 8.33 报表保存对话框

报表运行时的第三个工具是它的报表面导航器，它位于报表的左下方，报表导航器与数据窗体中的导航器功能基本一样，它可以让用户逐页浏览报表的内容，而数据窗体中的浏览导航器是按逐条记录进行浏览的。

8.3 报表的其他一些设计方法

前面，介绍了用户自己创建报表窗体和形成报表布局与实现报表数据显示与打印的各种方法，但指出，报表制作不是一层不变的，它需要随着系统的不同和各个用户的需求的不同而发生改变，因此报表制作是灵活多变的。因此在掌握报表制作的基本方法的同时，还需要掌握报表制作的其他一些相关的方法。

8.3.1 报表数据统计方法分析

报表的根本作用就是对数据信息的显示、打印和传递，尤其是对于一些重要的数据往往需要通过报表的统计数据加以显示。如各种类型的商业统计报表、人口统计报表、教育管理统计报表、体育卫生统计报表等，往往需要大量的统计结果，这样的报表更具有说服力，其效果更好。

统计数据的概念比较广泛，统计的指标和统计的形式也不尽相同的，它需要根据系统的管理对象和管理目的以及用户对于统计指标的需求来确定。

统计指标通常包括汇总指标，这类指标通常是通过求和方式进行的，在前面的例子中就曾经对每一位高考学生的成绩进行过求和的统计。统计指标还包括平均值指标、加权平

均值指标、方差指标、标准差指标以及变异系数的指标等（这些指标的意义读者可以查询相关的统计学教程）。

程序设计教程不是统计学教程，因此这里不是要说明每一种指标的意义，而是要说明在报表中对数据字段的数据建立统计的一般过程和方法。我们需要明确以下几个问题：

① 在报表中建立统计信息的对象是什么？

建立统计信息的主要对象就是对数据表中的一些重要的数字字段或数值字段进行统计，如学生成绩、高考上线的人数、上线人数与总人数之间的比例等。当然除数据字段作为统计的主要对象之外，其他的一些字段或窗体中的对象也可以作为统计的对象，如在前面我们曾经涉及到的对一个备注型控件（Memo 控件）的文本中的字数进行统计（Microsoft Word 中就可以由用户进行文本的总字数统计）。

② 报表统计数据是直接数据或是中间结果？

值得注意的是，报表中的统计数据或统计信息往往是中间结果而不是直接的数据，这就是说，数据表的结构中根本就不存在相应的统计结果的字段，报表中的统计结果是由数据表中相关的字段派生出来的结果，是中间结果。这样处理可以极大地简化数据表的结构设计，可以简化系统对于数据表和数据窗体的制作过程，可以极大地减少对系统的开销（因为中间结果往往不需要占据系统的内存）。中间结果在报表中进行显示可以极大地提高信息数据的准确性，因为报表中的数据不会再是需要在窗体中修改的数据了，它已经是由窗体进行数据处理后的最后结果所生成的。

③ 在报表中生成统计数据的方法是什么？

关于在报表中生成统计数据的方法，在前面的例子中已经作过介绍，任何方法均大同小异，因此不再重复，请参考前面相关的内容。

④ 有了报表作为统计结果，窗体中就可以不再需要统计数据了吗？

尽管报表具有很强的统计数据的能力，几乎一切的数据字段均可以在报表中进行各种各样的统计计算，但有时仍然需要在窗体中建立统计功能，因为报表显示和打印不是经常的事情，而利用窗体进行数据处理则是经常的事情。如在一个百货超市的前台收银系统中，对客户的“找零”操作是经常需要的，因此需要在窗体中开发相关的统计计算功能。

8.3.2 图形报表的制作

传统的报表几乎成为数字的载体，但是在当今，数据的概念已经极大地得到了扩展，如通信局的数据和股市行情中的数据的概念就广泛得很，数据概念本身已经包括了图形、图像、声音、动画、数字、数值、曲线等一切的内容，因此如何制作包括各种信息的报表变得必要了。

1. 为报表加载图形以对报表进行修饰

作为图形报表的第一种方法，将在报表的底板中或带区中为报表加载一个图形或一个标志，这样可以极大地提高报表的用户友好程度。如在前面的高考学生成绩通知单报表中，就采用了加载一幅图片的方法来修饰报表，这里也不再重复了。

制作这种图形报表的主要工具就是在报表中加入一个报表映像（RPTImage）控件，然后为该控件通过 Picture 属性引入一个位图格式的图片。这与窗体制作中的映像（Image）控件的使用是完全一样的。

2. 图形数据字段的数据表的创建与图形报表

创建第二种图形报表的方法是，在数据表的创建结构中，本身就创建了一个用于显示图形数据的字段，如考生的照片、学生档案中的学生照片字段，这就首先需要对数据表的结构加以精心的设计，关于这类数据表和相关的映像控件的使用在前面章节中已经有所介绍。

如果在窗体的布局中，存在图形数据的字段，则在窗体运行时，在窗体中的记录输入时就需要“输入”相关的图形数据。然后通过在报表中用报表数据映像（Image）控件对数据表中的图形加以显示。图 8.34 就有用于学生档案中的学生照片粘贴的数据字段，用户可以将相关的照片粘贴到照片处形成照片数据，然后在报表中显示该照片数据。

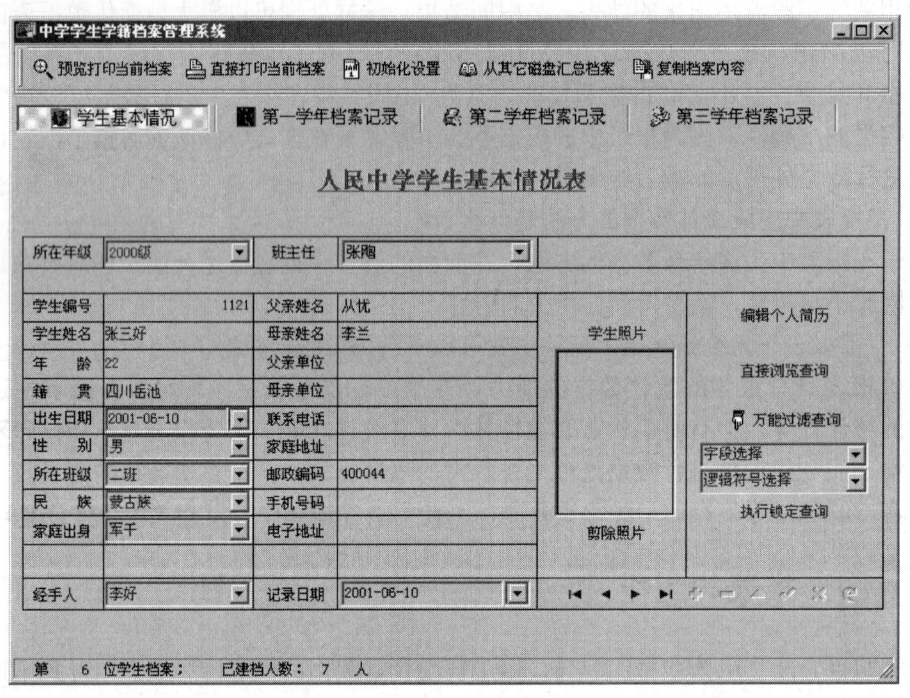

图 8.34 图形数据处理

数据表和数据窗体中存在图形数据格式的字段，则报表中可以显示图形数据也可以不显示图形数据，这需要根据用户的要求来确定。如果需要，则在制作报表中采用“拖动”方式加入字段的文本框和标签时，它会自动产生图形数据的字段；如果不需要显示图形数据，将拖动后的相关控件删除即可。

图形数据的处理和图形报表的制作的用途十分广泛，它主要用于居民户口管理、物质配送管理（商品的样品）、学生档案管理、生物分类管理等数据库应用系统的开发之中。

关于图形数据处理是和图形数据报表的制作是一个比较专业的过程，但有了本章的介绍和本章制作的说明，读者是不难实现的。

本章指出了 Visual Basic 6.0 中文版数据库应用系统开发中报表制作的重要性和必要性，同时还介绍了单表报表和主/从报表制作的具体方法，它基本上能够满足常规的数据库应用系统的开发需要。但我们知道报表和相关的报表控件的属性特多，许多属性需要根据报表及相应的控件需要来加以设置，因此它还需要读者在进一步的学习中注意掌握。

8.4 习题

1．一个数据库应用系统具有哪几个方面的功能？为什么？

2．数据库应用系统对于信息处理和传统的文本信息处理有什么区别？

3．数据信息输出的方式和形式有哪些？

4．什么是单表报表、多表报表和主/从报表？

5．为什么在创建报表时要创建数据环境和相关连接？

6．掌握报表带区的概念，了解各个带区的基本作用。

7．为什么主/从报表需要对数据环境中的连接进行关联，怎样理解对数据环境中的关联就是对主从数据表的关联？

8．什么主/从报表的数据成员属性需要设置为主数据表所在的连接？

9．表中的统计信息有什么特点？为什么不在数据表中创建一个字段来保存统计结果？

10．如何对报表的带区进行图像背景的修饰？如何制作一个包含图形数据处理的数据处理窗体和相应的数据报表？说明其思想方法。

第 9 章　Visual Basic 6.0 中文版图形图像处理技术简介

前面主要介绍了数据库应用系统的开发，我们知道，Visual Basic 6.0 具有强大的功能，它不仅可以开发制作数据库应用系统，而且还可以开发其他的应用系统，如多媒体播放系统、图形图像处理系统等。但教材的作用是有限的，它不是一部大百科全书，也不是一个工具手册，教材的根本目的是让读者掌握程序设计的基础语言和开发平台的基本运用以及应用系统开发的基本方法。因此本章作为教材的一个选学内容，将介绍运用 Visual Basic 6.0 进行图形图像处理的一些基本方法。

9.1　图形图像控件

9.1.1　图形图像控件与应用系统开发

前面章节中，曾经介绍过相关的图形图像控件的运用技术和在数据库应用系统的窗体制作及报表制作中的具体运用，但往往一个控件的作用和功能并不仅表现在一个方面，其使用的方式和运用的范围及其广泛，为此本章作为图形图像处理的专门介绍，将比较全面地说明图形控件与应用系统开发的关系及其更广泛的应用。为了对图形控件的运用与应用系统开发有一个直观的认识，首先看一个具体的实例。

【例 1】制作一个系统的动态等待屏幕，即在窗体中放置一个映像控件，使得映像控件中的图像在窗体内不停地移动，当撞击窗体的任何一处边框时，弹回到窗体内继续移动。

【注意】这一实例通常应用于制作如自助银行柜员机中的等待客户服务时的屏幕，即在系统休闲期，出现这样的一个屏幕显示，这是一种极好的方式。这样的窗体可以嵌入到系统的任何一个“位置”，即只要无业务处理，系统均自动显示该窗体。由于教材不可能联系一个具体的业务过程，因此只简单地制作一个这样的演示窗体，用户需要时，可以将其移置到相应的系统开发中，其窗体制作过程如下：

（1）启动 Visual Basic 6.0 中文版，选择创建一个标准 EXE 工程。

（2）在窗体中放置一个映像控件 Image1，并设置为它引入一个图片文件。

（3）在窗体中放置一个计时器控件 Timer1，设置该计时器控件的间隔（Interval）属性为 300，这样窗体的布局如图 9.1 所示。

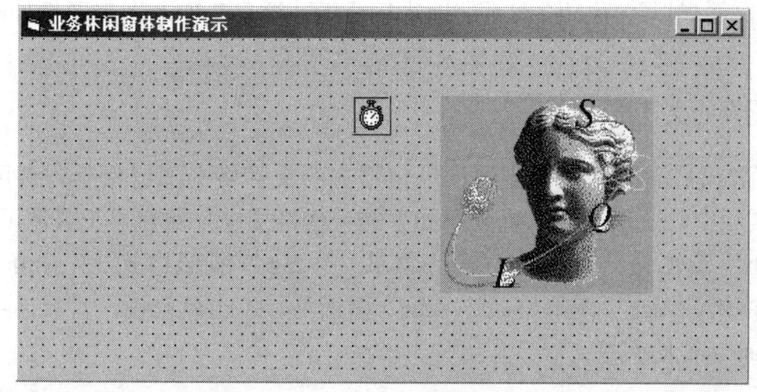

图 9.1　窗体布局效果

【注意】图像控件及其中的图像移动是由计时器控件的间隔属性来控制的，这在前面的章节中已经有所涉及，因此，需要为计时器控件 Timer 编制过程，其过程代码如下：

```
Private Sub Timer1_Timer()
   If Image1.Left > 0 Then
      Image1.Left = Image1.Left - 100
   Else
      Image1.Left = 6330
   End If
   If Image1.Top > 0 Then
      Image1.Top = Image1.Top - 100
   Else
      Image1.Top = 4990
   End If
End Sub
```

这样在工程执行时，窗体中的图片自动按照所设置的程序在窗体中进行移动。

本例说明，图形图像处理在系统开发中是经常需要用到的，但究竟什么是图形图像处理技术，它的外延和内涵是什么？

事实上，图形和图像处理有一定的联系也有一定的区别，这里并不细究它们的本质区别是什么，而侧重于它在系统开发和程序设计中的应用范围与作用形式。Visual Basic 6.0 中文版具有较强的图形和图像处理功能，主要手段有两种，一是运用图形图像控件参与系统开发和程序设计，这在前面的章节中已经有充分的体现，也将在后面的内容中继续加以运用；二是运用图形图像处理和相关的函数或命令进行图形绘制操作。归纳起来说，图形图像处理主要包括 3 个方面：①运用图形图像控件显示图形或数据表中的数据；②运用图形控件绘制图形；③运用函数或命令制作开发图形程序。

关于图形的显示方法，在前面的窗体制作和报表制作中，我们已经非常熟悉了，但主要是从应用的侧面加以说明，没有系统地进行分析。这里我们对图形图像处理作一些比较系统的介绍。

1. 图形图像的文件格式

无论是图形或是图像，往往需要按一定形式的文件格式加以保存与调用。在 Visual Basic 6.0 中文版中，图形文件可以采用如下的一些格式进行保存显示或调用：“.bmp”图形格式、“.dib”图形格式、“.gif”图形格式、“.jpg”图形格式、“.wmf”图形格式、“.emf”图形格式、“.ico”图形格式、“.cur”图形格式。也就是说，目前通用的图形格式文件 Visual Basic 6.0 均支持。

2. 系统设计期图形的加载

在系统开发中图形加载操作是经常用到的，图形加载主要包括：

① 在窗体中加载图形。在系统设计期，用户可以为一个窗体加载一个图形文件，作为窗体的一个背景，这可以极大地修饰一个窗体。在窗体中加载图形主要通过窗体的 Picture 属性来进行，这就不作介绍了。

② 在一个图形控件中加载图形。在窗体中，除可以在设计器通过窗体自身加载一个图形文件之外，还可以通过一个图形框（PictureBox）控件来加载一个图形文件，通过对图形控件的程序设计可以在系统中实现较好的效果，例 1 就可以说明这一点。

③ 通过映像（Image）控件加载图形文件，这与图形框控件的用法和作用基本一致。

3. 在系统运行期加载图形文件

图形文件除在系统设计期可以进行加载之外，往往还需要在系统运行期进行加载。如在一个居民户籍管理系统中，在系统设计期由系统开发人员来加载图形文件（居民的照片）往往是不现实的，它需要系统使用人员在系统运行期定期或不定期地对图形文件进行加载。在运行期加载图形文件，仍采用一个应用实例来加以说明。

【例 2】假设有一个人口管理系统，在运行时需要显示每一个人的照片，试开发这样的功能窗体。

（1）启动 Visual Basic 6.0 中文版，选择创建一个标准 EXE 工程。

（2）在窗体中放置一个映像控件 Image1。

（3）在窗体中放置一个磁盘驱动器连接控件 Drive1。

（4）在窗体中放置一个磁盘路径连接控件 Dir1。

（5）在窗体中放置一个磁盘文件连接控件 File1，设置它的 Picture 属性为：*.bmp、*.ico、*.cur、*.jpg，即 Visual Basic 6.0 所支持的图形文件格式。

（6）在窗体中放置一个命令按钮控件，用于执行显示照片操作，这样窗体的布局如图 9.2 所示。

【注意】上边设置的 3 个与磁盘相关的控件中，在第六章中未加介绍，并声明放在第 9 章的实例中说明，这里就对它们的实际运用加以介绍。这 3 个控件均位于通用控件面板之中，它们分别联系磁盘驱动器、磁盘文件夹、文件夹中的文件，因此需要将它们用相关的事件连接起来，为此需要为它们编制相关的过程代码，其过程代码如下。

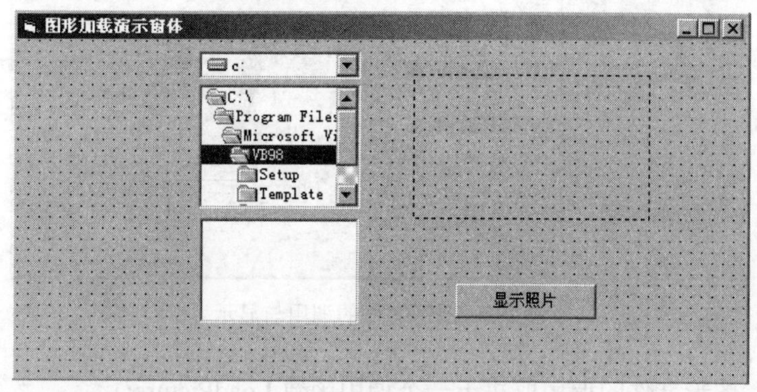

图 9.2　窗体布局效果

① 磁盘驱动器控件的“Change”过程代码：

```
Private Sub Drive1_Change()
   Dir1.Path = Drive1.Drive
End Sub
```

② 磁盘文件夹的“Change”过程代码：

```
Private Sub Dir1_Change()
   File1.Path = Dir1.Path
End Sub
```

通过这两个过程代码，它就将 3 个控件中的驱动器、文件夹和文件三者的关系联系起来了。

即文件夹控件中的文件夹是选定驱动器的文件夹，文件控件中的文件是选定文件夹中的文件。

最后，为了执行在文件控件中的照片的显示，需要为执行显示的命令按钮编制过程代码,其过程代码如下：

```
Private Sub Command1_Click()
   Image1.Picture = LoadPicture(Dir1.Path + "\" + File1.FileName)
End Sub
```

这样运行工程，选择驱动器，选择文件夹和文件夹中的“照片文件”，执行单击命令按钮，调用和显示选定的图形文件，其效果如图 9.3 所示。

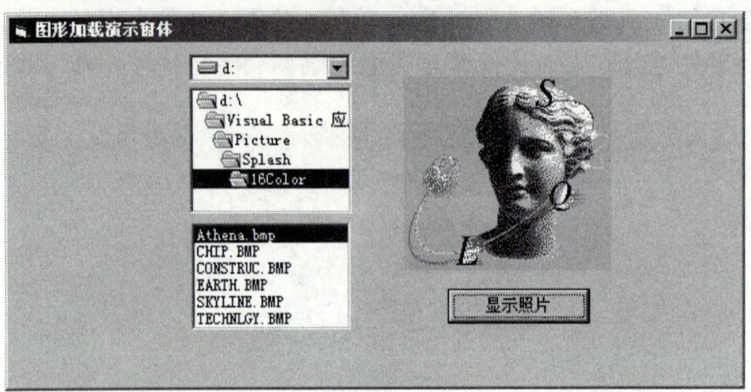

图 9.3　图形文件的调用与显示

可以看出，图形文件的调用取决于一个调用函数 LoadPicture()。

9.1.2　关于图片框控件的应用

图片框控件与映像控件的应用基本上是一致的，如在例 2 的窗体中加入一个图片框控件 Picture1，其他过程不变，仅修改执行显示的命令按钮的过程代码如下：

```
Private Sub Command1_Click()
   Image1.Picture = LoadPicture(Dir1.Path + "\" + File1.FileName)
   Picture1.Picture = LoadPicture(Dir1.Path + "\" + File1.FileName)
End Sub
```

然后运行工程并调用图形文件，它的作用将与映像控件的作用完全一样，其运行效果如图 9.4 所示。

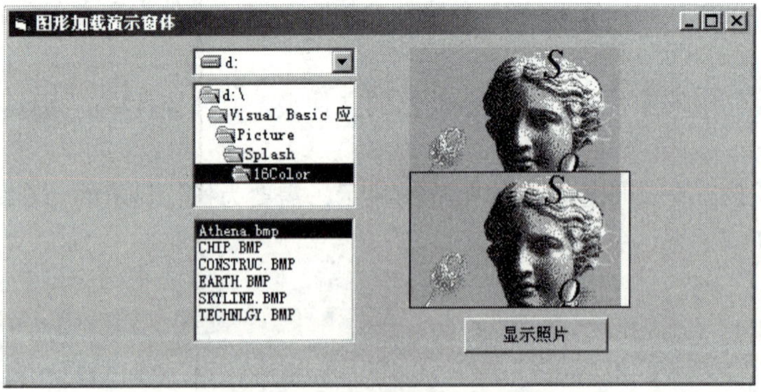

图 9.4　图形框控件运行效果

9.1.3 图形控件与数据库应用系统的开发

作为图形控件，除了可以显示和加载图形文件之外，它与文本编辑框控件具有同样的作用，可以广泛地应用于数据库应用系统的开发。注意到一个文本编辑框（Text）控件具有“数据成员”属性、“数据格式”属性和“数据字段”属性，同样图形（Picture）控件和映像（Image）控件也同样具有这三个属性，因此在进行数据库应用系统开发时，如果创建的数据表中创建了一个专门的图形格式的字段，则可以通过图形控件来进行数据字段的显示与编辑（在数据库应用系统中编辑图形可采用例 2 的方法，当然还可以采用别的方法，如打开对话框的方法进行添加和删除）。如果只用于显示数据库的数据表中图形格式的字段值，则只需要对加载的图形控件设置如图 9.5 所示的属性即可。

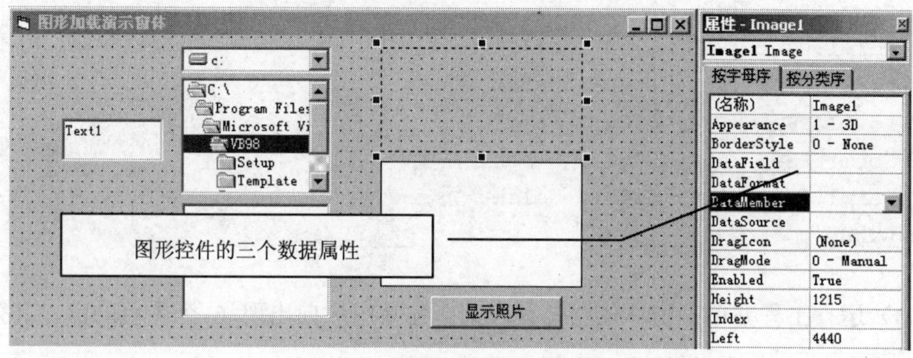

图 9.5 图形控件的数据属性设置

如果窗体中已经创建了数据环境和相关的连接，则通过这 3 个属性的设置，图形控件就可以与数据表中的数据字段连接起来，在工程运行期显示或编辑图形数据。

9.1.4 关于形状控件和线条控件的应用

在 Visual Basic 6.0 中文版的通用控件面板中，还有一个形状控件和线条控件，它们主要为窗体或其他对象添加一个形状或线段，以形成表格或对窗体进行划分，相关内容已经在第 6 章中加以了说明。

9.2 绘图方法与应用编程

所谓绘图方法就是通过一定程序代码的编制，利用 Visual Basic 6.0 的绘图函数在窗体或相关的对象中绘制如点、直线、圆、矩形和曲线等方法。在可视化程序设计已经比较成熟的今天，这些方法对于系统的开发已经少有涉及了，尽管本教材主要从可视化的系统设计和应用系统开发的角度为主线进行讲解，但对于绘图方法这样一个特殊的知识点，仍将给予简单的介绍。

1. 画点的方法与 Pset 函数

画点的方法就是在一个对象中画出一个指定颜色或默认颜色的点。关于画点方法的介绍，首先以一个实例开始。

【例 3】创建一个工程，工程运行时，在窗体中按一列画出 6 个黑色的点，当鼠标单击时，这 6 个点就出现在窗体中，该工程的创建如下：

（1）启动 Visual Basic 6.0 中文版，选择创建一个标准 EXE 工程。

（2）为窗体编制单击事件的过程代码，该过程代码是在窗体运行时画出 6 个黑色的点，其过程代码如下：

```
Private Sub Form_Click()
   Form1.PSet (800, 1000), balck
   Form1.PSet (800, 2000), balck
   Form1.PSet (800, 3000), balck
   Form1.PSet (800, 4000), balck
   Form1.PSet (800, 5000), balck
   Form1.PSet (800, 6000), balck
End Sub
```

（3）运行工程并单击窗体任意位置，则在窗体中纵向出现 6 个黑色的点，其效果如图 9.6 所示。

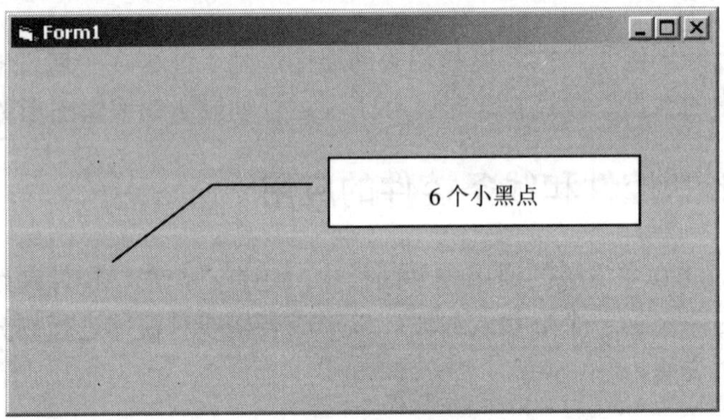

图 9.6　窗体中画点的效果

可以看出，在以上的画点过程代码中，涉及一些对象函数名和参数，其中 Form1 自然是窗体对象，PSet 为画点的函数名，(800，1000)等为点在窗体中的位置坐标，而 balck 为点的颜色。

画点函数的一般形式为：

```
[object.]pset(x, y)[, color]
```

其中对象除可以是窗体之外，还可以是任意的其他图形对象，如 Picture 控件、Image

控件等，如果在窗体中放置一个图形控件 Picture1，并修改窗体的单击事件的过程代码如下：

```
Privace Sub Form_Click()
   Form1.PSet (800, 1000), balck
   Form1.PSet (800, 2000), balck
   Form1.PSet (800, 3000), balck
   Form1.PSet (800, 4000), balck
   Form1.PSet (800, 5000), balck
   Form1.PSet (800, 6000), balck
   Picture1.PSet (800, 1000), balck
   Picture1.PSet (800, 2000), balck
   Picture1.PSet (800, 3000), balck
   Picture1.PSet (800, 4000), balck
   Picture1.PSet (800, 5000), balck
   Picture1.PSet (800, 6000), balck
End Sub
```

则运行工程，单击窗体之后，不仅在窗体中画出 6 个点而且在图形控件 Picture1 中也画出 6 个点，其效果如图 9.7 所示。

图 9.7　两个对象中画点的效果

在画点的程序设计中，除对象名是不可缺少之外，坐标参数决定了点的位置，坐标值可以是整数，也可以是小数。如果画一系列的垂直的点，则各个点的行坐标应该全部相同。同样，如果画一系列的平行的点，则这些点的列坐标应该全部相同。除了画垂直或平行的点之外，根据坐标的设定，还可以画出许多规则的或不规则分布的点，如圆、椭圆、正弦曲线等。

在画点的过程代码中，每一个点需要一个颜色的参数，如果不输入任何参数，则其点的默认颜色为黑色。关于颜色参数的设置问题就不详细说明了。

【例 4】创建一个工程，在窗体中画 4 万个点，使其布满整个窗体，其工程创建如下：

（1）启动 Visual Basic 6.0 中文版，选择创建一个标准 EXE 工程。

（2）为窗体编制单击事件的过程代码，该过程代码是在窗体的最大宽度和最大高度的范围内画出 4 万个点，其过程代码如下：

```
Private Sub Form_Click()
   For i = 1 To 4000
      x = Form1.Width * Rnd
      y = Form1.Height * Rnd
      Form1.PSet (x, y), 7
   Next i
End Sub
```

运行工程，单击窗体检验在窗体中画点的效果，如图 9.8 所示。

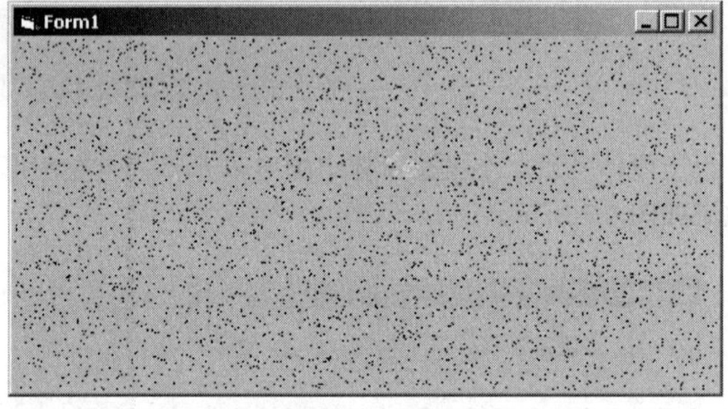

图 9.8　窗体中布满点的效果

2. 画直线的方法与 Line 函数

在一个窗体或一个对象中画直线是进行图形处理的另外一种方式，与画点的方法一样，在窗体或对象中画线的方法主要取决于一个 Line 函数。我们知道，两个点决定一条直线，因此在函数中需要两个点的坐标参数，此外，与画点一样，直线或线段也可以进行颜色设定，这同样需要颜色参数的设置来实现。画线函数的一般形式为：

```
[object.] Line [(x1, y1)]-(x2, y2)  [, color]
```

【注意】如果对选定的对象进行编程，对象名可以忽略。

【例 5】在窗体中画一条斜线，线段的起点和终点分别为(500, 500)，(2000, 2000)。对于本例，只需要为窗体编制一个单击事件的过程代码，工程创建过程就不再重复说明了，窗体单击事件的过程代码如下：

```
Private Sub Form_Click()
   Line (500, 500)-(2000, 2000), 7
End Sub
```

在运行工程并单击窗体后，出现一条倾斜的线段，其效果如图 9.9 所示。

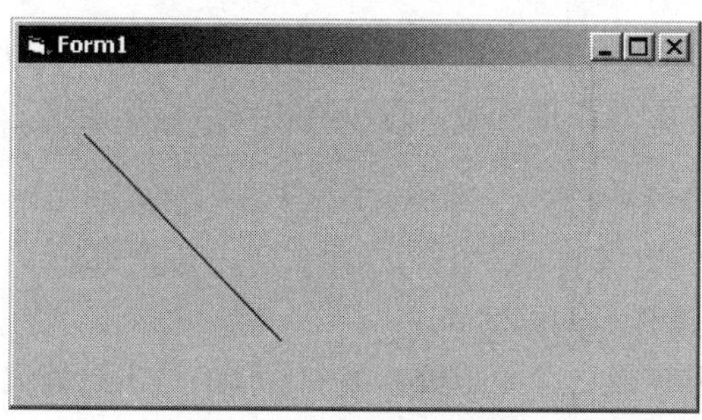

图 9.9　斜线画出的效果

事实上，有了画线函数的使用之后，用户可以编制任意的折线或封闭图形如规则的多边形或不规则的多边形。如果画多边形，只需要在各个线段之间首尾相连，即第一个线段的终端坐标为第二个线段的起点坐标。

【例 6】在窗体中画一个封闭的图形，其点的坐标分别为(500, 500)、(2000, 2000)、(2000, 2000)、(4000, 3500)、(4000, 3500)、(4500, 2500)、(4500, 2500)、(500, 500)。

同样为窗体编制单击事件的过程代码如下：

```
Private Sub Form_Click()
   Line (500, 500)-(2000, 2000), 7
   Line (2000, 2000)-(4000, 3500), 7
   Line (4000, 3500)-(4500, 2500), 7
   Line (4500, 2500)-(500, 500), 7
End Sub
```

运行工程并检验画图的效果，如图 9.10 所示。

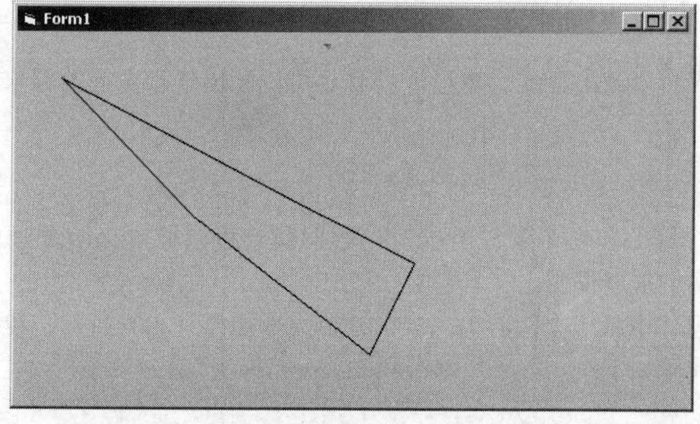

图 9.10　封闭图形的画出效果

通过本例的实践，不难在窗体中画出如矩形、平行四边形、正方形、立方体等图形。

3. 画矩形框的方法及其相关函数

前面已经知道通过画线的方法可以直接创建任意的矩形和多边形，但 Visual Basic 6.0 中文版函数库中存在一个画矩形的函数，可以直接产生矩形图形。其函数形式如下：

```
[object.]Line [(x, y1)]-(x2, y2)[, color],B
```

也就是说，矩形框是可以直接产生的，在直线函数之后加上一个参数“B”，即可以画出矩形框来，其中 B 是 Box 的缩写。

【例 7】在一个窗体中画一个矩形框，编制窗体的单击过程代码如下：

```
Private Sub Form_Click()
  Line (1000, 1000)-(3000, 2000), 1, B
End Sub
```

运行工程然后单击窗体，则出现一个矩形框，如图 9.11 所示。

图 9.11　矩形框的画出效果

为什么可以通过两点画出一个矩形框架呢？因为一个矩形由它的两个对角顶点所确定。只需在画直线的函数后加上一个参数 B 即可以由两个对角顶点画出一个矩形来。

4. 画圆的方法与 Circle 函数

通过函数不仅可以画出直线、矩形，而且还可以画出任意半径的圆来，画圆函数的一般形式如下：

```
[object.]Circle [Step](x, y), radius[, color]
```

一个圆由一个圆心和一个半径所确定，因此我们可以通过该函数画出任意指定的圆来，下面以一个实例加以说明。

【例 8】在窗体中画一个圆心为（2000,2000),半径为 1000 的圆。我们只需编制窗体单击过程的事件代码如下：

```
Private Sub Form_Click()
  Form1.Circle (2000, 2000), 1000, 3
End Sub
```

其工程的运行效果如图 9.12 所示。

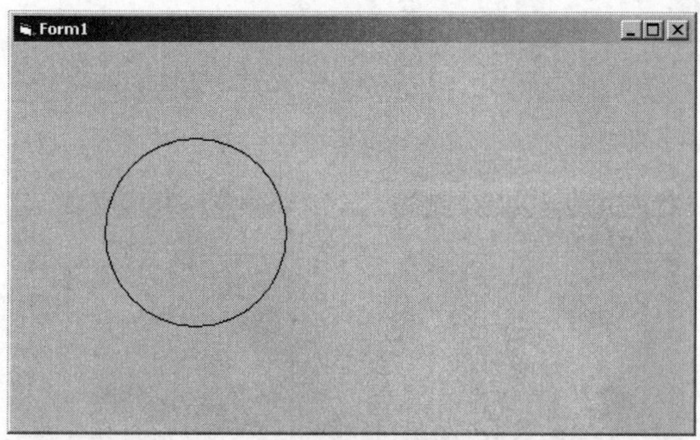

图 9.12　在窗体中画圆的效果

【例 9】在窗体中按等间距画 10 个同样大小的圆。只需要将前例中窗体的单击事件的过程代码略加修改即可，其过程代码如下：

```
Private Sub Form_Click()
   For i = 1 To 10
      Form1.Circle (1000 * i, 2000), 1000, 3
   Next i
End Sub
```

运行工程得到画圆的效果如图 9.13 所示。

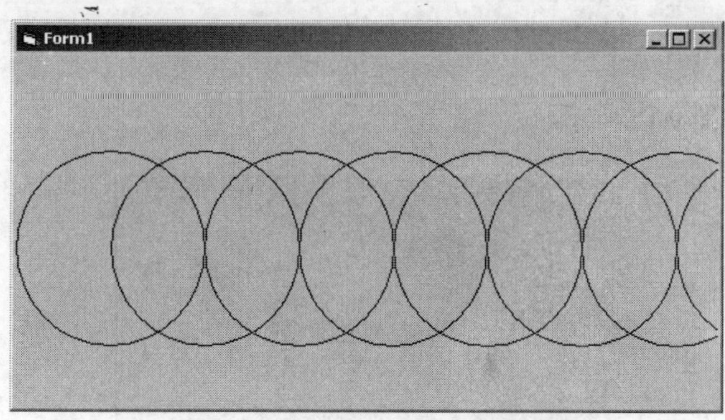

图 9.13　等间距的圆的画出效果

如果需要画出 10 个同心圆，则只需要改变圆半径的大小即可，修改上例代码如下：

```
Private Sub Form_Click()
   For i = 1 To 10
```

```
        Form1.Circle (2000, 2000), 100 * i, 3
    Next i
End Sub
```

其效果如图 9.14 所示。

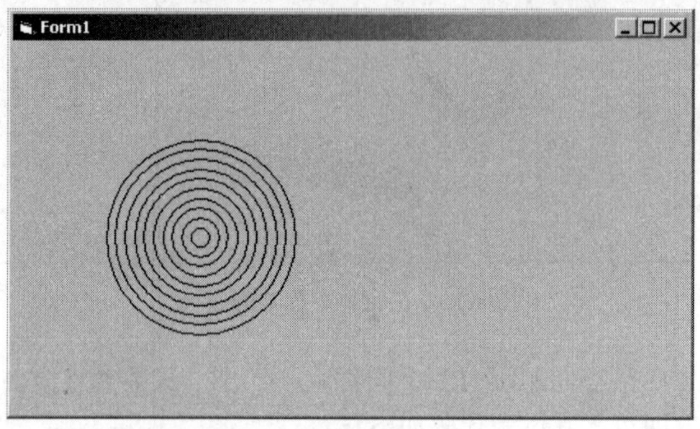

图 9.14　同心圆的画出效果

根据以上两例的原理既可以修改圆的半径，又可以修改圆的位置，这样可以制作出一个“万花筒”的效果来，只需要修改过程代码如下：

```
Private Sub Form_Click()
    For i = 1 To 10
        Form1.Circle (100 * i, 1500), 100 * i, 3
    Next i
End Sub
```

其画出效果如图 9.15 所示。

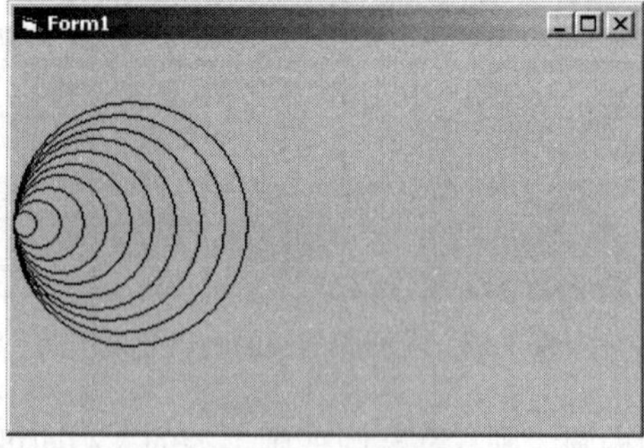

图 9.15　万花筒效果

关于绘图的方法很简单，用户可以根据以上的基本程序画出各种各样所需要的图形来。

【例 10】利用圆心和颜色的动态变化画出一个“五光十色”的万花筒。

事实上，在进行画圆的程序设计中，往往其圆的半径和颜色可以相互关联地产生变化，每画一次圆，颜色和半径就产生一次变化，这样的色彩更加丰富，编制窗体的单击事件过程代码如下：

```
Private Sub Form_Click()
   R = 255 * Rnd                                      '设置绿色为一个随机值
   G = 255 * Rnd                                      '设置蓝色为一个随机值
   B = 255 * Rnd                                      '设置蓝色为一个随机值
   XPos = ScaleWidth / 2                              '设置x轴为窗体宽的一半
   YPos = ScaleHeight / 2                             '设置y轴为窗体高度的一半
   Radius = ((YPos * 0.9) + 1) * Rnd                  '设置半径在窗体的0%~50%之间
   Circle (XPos, YPos), Radius, RGB(R, G, B)          '使用随机色画圆
End Sub
```

然后运行工程，用户不断地用鼠标单击窗体，则可以画出各种色彩的圆来，其效果如图 9.16 所示。

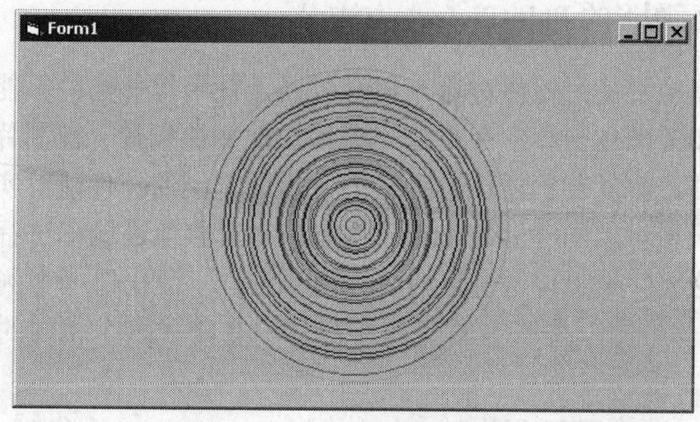

图 9.16　真正的万花筒效果

5. 画弧的方法与 Circle 函数

很显然，圆弧是圆的一个部分，因此画圆弧可以采用画圆的方法来实现，画圆弧与画直线一样，它有一个起始的角和终点的角度，这就决定了采用画圆的办法画圆弧需要增加新的参数，画圆弧的函数的一般形式如下：

```
[object.]Circle [Step](x, y), radius, [color], start, end[, aspect]
```

如画一个从 0°~180° 的半圆，它的过程代码如下：

```
Private Sub Form_Click()
   Const PI = 3.14159265
   Circle (3500, 1500), 1000,  0, PI
End Sub
```

其画出的效果如图 9.17 所示。

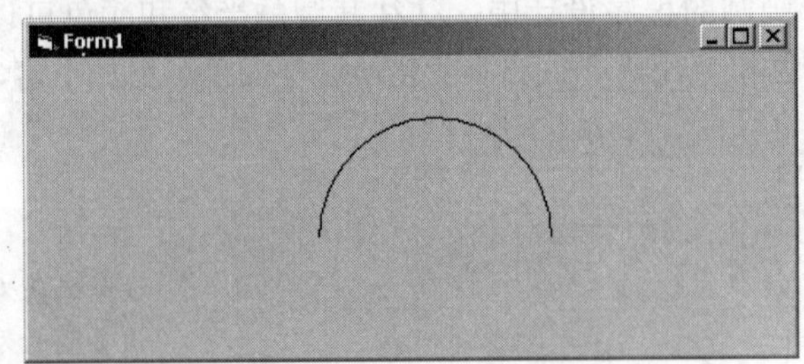

图 9.17　半圆的画出效果

9.3　图形处理

图形处理在应用系统和科学技术应用中有广泛的应用，如图形的转换、旋转、钝化、柔化等。但图形处理涉及一个专门的方向，往往应用范围比较专一，因此在此也仅对该内容作一些简单的介绍。

1. 在窗体中重画图形的 PaintPicture 方法

可视化编程往往经常使用控件对象，但有时候，使用控件往往不能处理在窗体中重画某一对象的问题。如考虑在窗体中存在一个图片控件并加载有一幅图片，如何将图片框中的图片在窗体中重画，即复制到窗体自身之中，借助于别的控件能够实现吗？这往往是比较困难的。但可以采用对象的 PaintPicture 功能来对对象通过编程进行重画，这比使用控件本身或借助于别的控件来实现这一目的要方便得多。下面仍以一个例子开始介绍。

【例 11】将窗体中的一位职工的照片在窗体中复制成多个相同的图像，其工程创建的步骤如下：

（1）创建一个标准的 EXE 工程。

（2）在窗体中放入一个图片控件 Picture1，并为它加载一个图片，这样窗体的布局如图 9.18 所示。

图 9.18　窗体布局效果

（3）为窗体编制单击事件的过程代码如下：

```
Private Sub Form_Click()
  For i = 0 To 10
    For j = 0 To 10
      Form1.PaintPicture Picture1.Picture, j * _
         Picture1.Width, i * Picture1.Height, _
         Picture1.Width, -Picture1.Height
  Next j, i
End Sub
```

（4）运行工程并单击窗体之后，出现图像的复制效果，如图 9.19 所示。

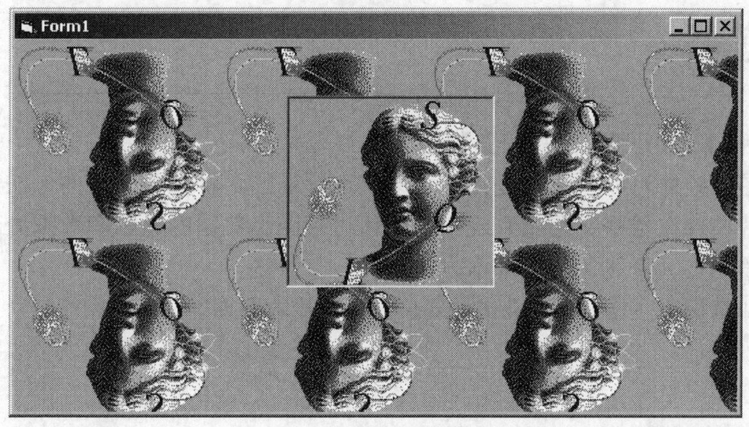

图 9.19　图片的复制效果

可以看出，在以上的过程代码中，使用了窗体对象 Form1 的一个 PaintPicture 方法并对对象 Picture1 的 Picture 进行了复制。因此对图像进行复制或重画取决于窗体的 Paint 方法，该方法可以在用户选定的任意区域复制选定对象的图像。

Paint 方法的一般语句如下：

```
[object.]PaintPicture pic, destX, destY[, destWidth[, destHeight[, srcX
_[, srcY[, srcWidth[, srcHeight[, Op]]]]]]]
```

此处，目标对象可以是一个窗体、一个图片框或一个图片递交的打印对象，如果对象默认，则将当前窗体作为默认的对象。其中 pic 参数必须是作为窗体或图片框对象的 Picture 对象。

目标的 X 轴和 Y 轴是对象的 picture 的水平和垂直定位，目标宽度和目标高度参数是用于设置复制或重画图片时对象中的 picture 的宽度和高度。

srcX 和 srcY 参数是图片复制时的左上角 X 轴和 Y 轴的区域。

如果选择 Op 参数，则定义一个光栅选择操作(如 AND 或 XOR) 这决定了将目标对象的 picture 复制在目标区域中。

2. 图形的变换

也许读者已经发现，在前例中的图片是倒置的，这实际上提出了一个实质性的问题，就是图片的变换问题，如何才能将图形倒置过来，图片如何从一种状态转换成另外一种状态？这些问题涉及面比较广泛，也不是本教材的主要目的，有兴趣的读者可以参考相关的资料。

本章作为一个选学的内容，简单地介绍了图形图像控件在应用系统中的开发及应用。作为一些基本应用，给出了图形的绘制方法和图形处理的简单说明，以让读者有一个基本的了解，不作为本教材的要求。

9.4 习题

1．根据例 1，说明利用图片控件制作动画的基本原理。
2．掌握图片控件对象在系统设计期和系统运行期的两种加载图片的方法。
3．明图片控件在数据库应用系统中是如何进行图形数据的显示和数据处理的。
4．掌握绘制点、直线、圆的基本方法。
5．理解和掌握重画图形的 PaintPicture 方法的基本原理。

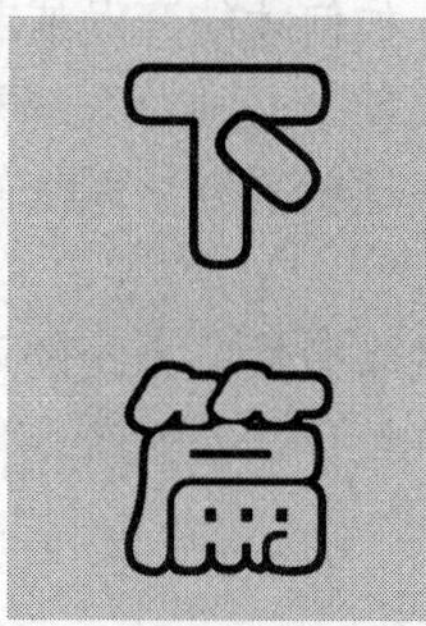

应用系统开发

第 10 章　可视化集成开发环境下应用系统分析与系统设计方法

在前面的章节中，已经介绍了关于 Visual Basic 6.0 中文版许多方面的内容，包括数据库文件与数据表结构创建、工程的创建、报表制作和图形图像处理等，其内容是非常广泛的。但我们不难发现，在介绍的内容和引入的一些实例中，只能根据教材的循序渐进的展开原则，结合 Visual Basic 6.0 中文版集成开发环境中对象与系统之间的关系逐一地对一些相关的知识加以介绍。因此一些实例仅仅是一些小的例子，它们还并未形成一个所谓的完整的应用系统。

应用系统开发的真正意义在于开发者为用户提供一个可用的系统。如何才能开发或制作一个真正意义上的系统呢？这就需要在进行任何的应用系统的开发之前，必须对系统开发的目的和意义有一个充分的认识。什么是系统？如何构筑一个系统？这就需要从系统的分析和设计开始。

系统是一个相互联系的总体，作为一个应用系统，它是关于系统的有效性、系统的可靠性、系统的功能与实效性的总称。本章将通过实际的内容和案例，介绍什么是系统，什么是系统分析与系统设计的方法与过程。

10.1　应用系统的一般模式

一个系统往往是一个整体，但一个应用系统总体由哪些基本要素构成呢？这里首先介绍应用系统的一般模式。人们常说，软件=文档+代码，这就是说，一个应用系统就是各种各样的文档与代码的结合体。文档就是一个工程中创建的各种各样的文件，如数据库文件、数据表文件、窗体文件、报表文件或程序与类文件等。代码就是涉及这些文件制作过程中编制的代码，如一个窗体中对象的功能实现的过程代码，窗体调用与关闭的过程代码等。文档与代码涉及到用户开发工作的方方面面，也不能简单地阐述清楚，读者可以从本教材的全部内容中加以体会和理解。

那么一个应用系统应该具有什么样的模式呢？掌握这一点对于系统的开发是非常有好处的。一般地说，一个应用系统往往具有如图 10.1 所示的模式。

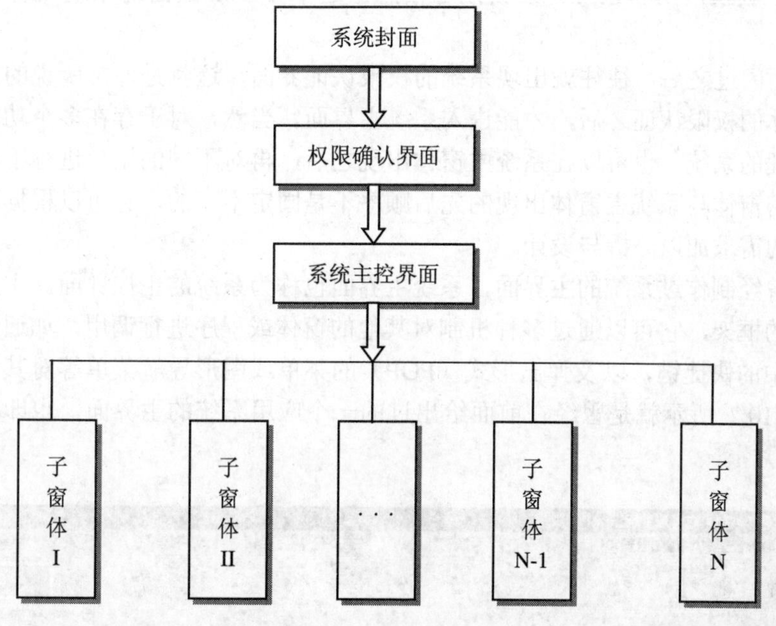

图 10.1　系统模式图

这种模式往往是许多应用系统所共有的，因此将它称为应用系统的一般模式。应用系统的一般模式确定了在进行系统设计时对系统功能模块的划分、系统流程与逻辑框图的制作的基本过程。一个应用系统的模式是系统设计的一个过程，也是对业务流程的现实模拟。

可视化编程环境中的面向对象的系统分析与设计，与面向过程的程序设计方法有很大的不同，在传统的面向过程的程序设计中，主要由一大堆的分析文档和逻辑框图纸所构成，这些文档的制作是相当麻烦而枯燥的。而在可视化的编程环境中，往往可以通过窗体和控件的布局来进行，不需要太多的文字和逻辑图。

归纳起来，可视化环境下的系统分析与设计具有如下几个特点：①在可视化的编程环境中进行系统分析与设计将极大地减少程序设计人员的劳动强度；②系统分析与设计的针对性强，准确度高，具有直观性；③系统分析与设计与系统开发的过程几乎是同步的，系统分析与设计的过程之中包含直接开发的步骤；④系统分析与设计已经由传统的文档化方法转化为模块化方法，一切的分析过程均可以通过窗体和控件作为模块进行现实的模拟；⑤系统分析与设计简单快捷，将会极大地缩短系统的开发周期，从而间接地延长了系统的生命周期。

在系统的一般模式中，系统封面通常称为软件的封面。一个应用系统包含了许多的内容，它尤如一本书，需要用一个封面来加以修饰、说明与包装，几乎一切正式发布的应用系统均有系统封面，如 Windows 98/2000 等，都有自己的富有特色的软件封面，也就是说，系统封面是对应用系统的一种封装或包装。在实际应用中，一个软件系统封面就是一个闪动（Splash）画面，在系统启动时首先出现该画面。在一个系统封面中，主要包括系统的名称、版权声明和系统开发日期等信息，这个 Flash 画面对系统具有很强的修饰作用。

系统封面闪过之后，往往就出现系统的权限认证界面，这就是通常所说的加密窗体。通过加密窗体的权限认证之后，才能进入系统主界面。当然，对于存在多个功能模块需要作为分权管理的系统，也可以在系统主窗体出现之后，再对不同的用户进行不同的权限认证，因此加密窗体与系统主窗体出现的先后顺序不是固定不变的，它可以根据系统的具体情况和用户的需求加以分析与设计。

在前面曾经制作过系统的主界面，系统主界面也称为系统的主控界面。主控界面是一个应用系统的框架，它可以通过多种机制对其他的窗体或程序进行调用，如通过主菜单、快捷键面板中的快捷键，以及弹出形式（POP）的菜单或图形导航菜单等对其他窗体进行调用。如图 10.2 所示就是曾经在前面给出过的一个应用系统的主界面，也即一个图形导航界面。

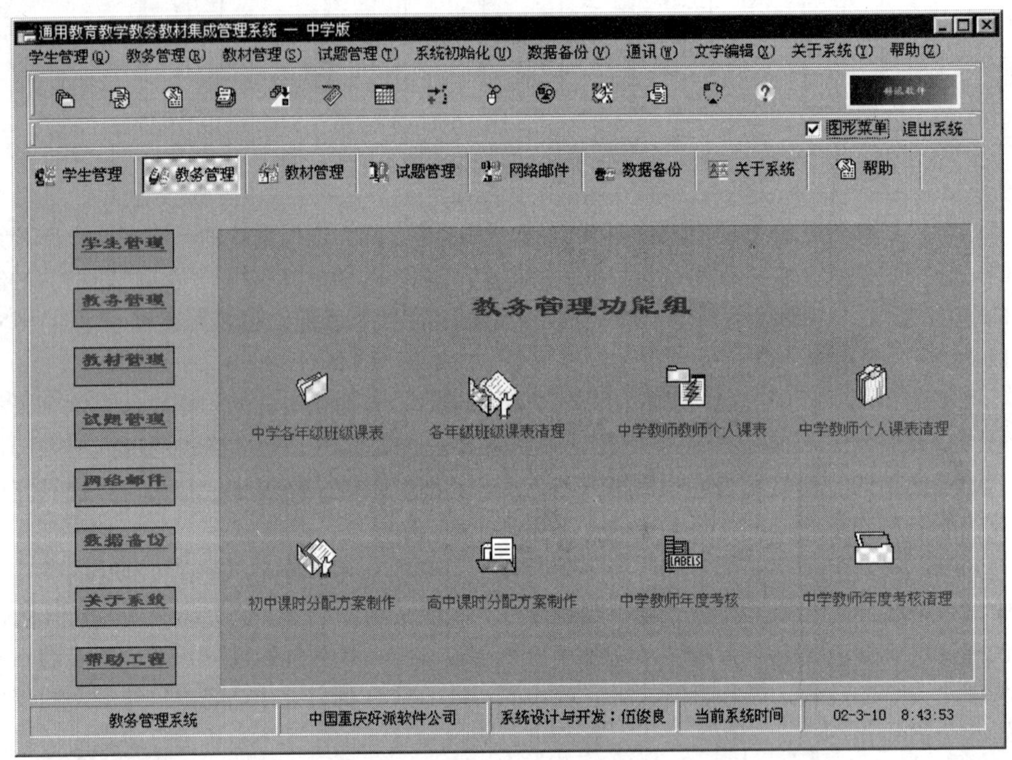

图 10.2 系统主界面与图形导航

一个系统的主界面有如下几个作用：①它是整个系统的框架；②它对系统的作用是一种集成的作用，通过主窗体的主界面，整个系统被集成于一体，形成一个相互关联的总体，这个总体之中，各个局部之间的调用只是时间先后的关联问题，各个功能之间互相联接\相互依存，并无轻重之分；③系统主窗体同样对整个系统有一个极大的修饰作用，系统主窗体制作的质量，对于系统的功能和视觉效果都是有影响的。

10.2 系统分析与设计方法

什么是系统分析与设计？系统分析与设计所涉及的内容比较广泛，它基本上贯穿于整个系统的实际制作过程，其中包括：系统结构的分析与设计、系统功能的分析与设计、数据库分析与设计、数据表的结构分析与设计、系统界面分析与设计、国际化的需求分析与设计、数据输出方式分析与设计、系统硬件需求分析与设计等。系统分析与设计往往以一个设计报告为载体加以制订并输出，因此首先介绍系统分析与设计报告的编制。

10.2.1 制作系统分析与设计报告

尽管在可视化的集成开发环境下，系统分析与设计在许多情况下均是可以通过窗体与控件的模块方式加以进行的，但系统分析与设计的最终结果，需要形成一个文本。这就是说，在编写任何一个应用程序之前，首先应该对该系统进行仔细地分析与设计，编写一个规范的系统设计报告，来详细说明系统需求、功能和界面设计的内容，这样的文本通常称为系统分析与设计报告。系统分析与设计报告应该包含下面所需要的内容。

1. 系统应该具有的功能

系统应该具有的功能就是在设计时需要客户指明系统所需具备的功能，往往这些功能就是客户提出的一些具体要求，也称为客户需求。例如：一个应用程序提供订单输入功能，该功能应允许用户创建新订单，直接向订单中添加记录，或从以前的订单中选择记录，计算包括折扣和运费在内的运算等；计算订单中每种货物的货款、所有货物货款的小计和订单总计等，这些功能就是需要用户详细阐明的。另外，用户系统启动或在查看编辑数据之前，需要进行登录，由此保证系统的安全性，这就是一个典型的系统功能要求。

2. 不包含的功能

在一个应用系统的方案订制之前，往往需要在系统设计报告中指明一些不包含的功能，以便明确客户方与应用系统供应开发方的责任和义务。如一个应用程序不需管理账目票据款项中的应收票据和库存票据，必须首先在系统设计报告中加以声明。

3. 界面需求

界面需求就是在系统设计中，对界面提出的具体要求，如在哪些地方需要弹出菜单，主界面是否需要图形导航功能、界面是否必须满足或全部按照 Windows 标准制作等，这些都是界面设计的要求。除此之外还应该尽可能达到外观漂亮、操作直观等一些细节要求，均可以由用户方提出。

尽管界面需求的制作往往是机械的，一个界面的质量往往难以量化，这些主观的界面要求在细节上也很难描述，所以在整个开发周期中，界面制作需要与客户进行沟通，以达到双方满意为止。

4. 国际化的需求

系统是否需要满足国际化需求还是只满足本地化需求，如一个应用程序往往需要有多种语言支持能力或需要进行多种语言的本地化，在编写代码时，必须符合本地化工具的标准要求，这也是一种系统需求。

5. 数据输出方式

在系统设计中，需要指明数据输出的方式，如采用窗体显示数据进行数据输出或是采用报表输出方式、电信专线传递方式或是别的方式。

6. 系统硬件需求

往往一些系统并不完全具备通用的系统要求，如操作系统的要求，它并不是在任何操作系统中均可以运行的。此外对于硬件系统也是如此，往往一些程序需要在特殊的硬件设备或专用的硬件设备中加以运行，离开这些环境未必能够运行，因此对于系统的需求也应该详细阐明。例如：一种基本的情况是，程序经常需要指明该应用程序必须能够满足在最小内存和处理器下运行的要求，并指明需要（能够）在什么像素（如 800×600dpi）和显示模式下显示。也需要指明该程序的支持系统，如适合于 Windows 98/2000/Me/XP 和 Windows NT 等各种开发平台运行的通用系统。

在系统分析与系统设计报告中，仔细推敲这些规范，这样可快速生成该应用程序中的主要窗体原型。一般地说，在可视化工具中开发制作一个应用系统，往往可以通过功能模块的模拟来对系统需求加以说明，而编制报告时无须编写函数或代码，这些功能模块原型完全可以反映一些客户需求的功能，客户可以对界面和功能进行反馈，然后将一些需要补充的功能模块添加到报告中去。在可视化编程环境中的系统设计过程，往往与系统的制作过程几乎是一致的或是同步的，它与传统的系统设计过程是不完全一样的。

应用程序的制作过程是一个不断完善的过程，在开发程序的过程中，客户的反馈无须添加到规范文档中，而是直接集成在应用程序中。

7. 系统结构图

系统设计的工作在很大程度上可以由它的结构图来反映，一个好的系统结构图基本上代表了设计报告的基本内容并作为系统设计的基本依据，因此在系统设计和分析中，往往需要制作一个系统结构图。如图 10.3 所示就是一个培训管理系统完整的系统结构示意图。

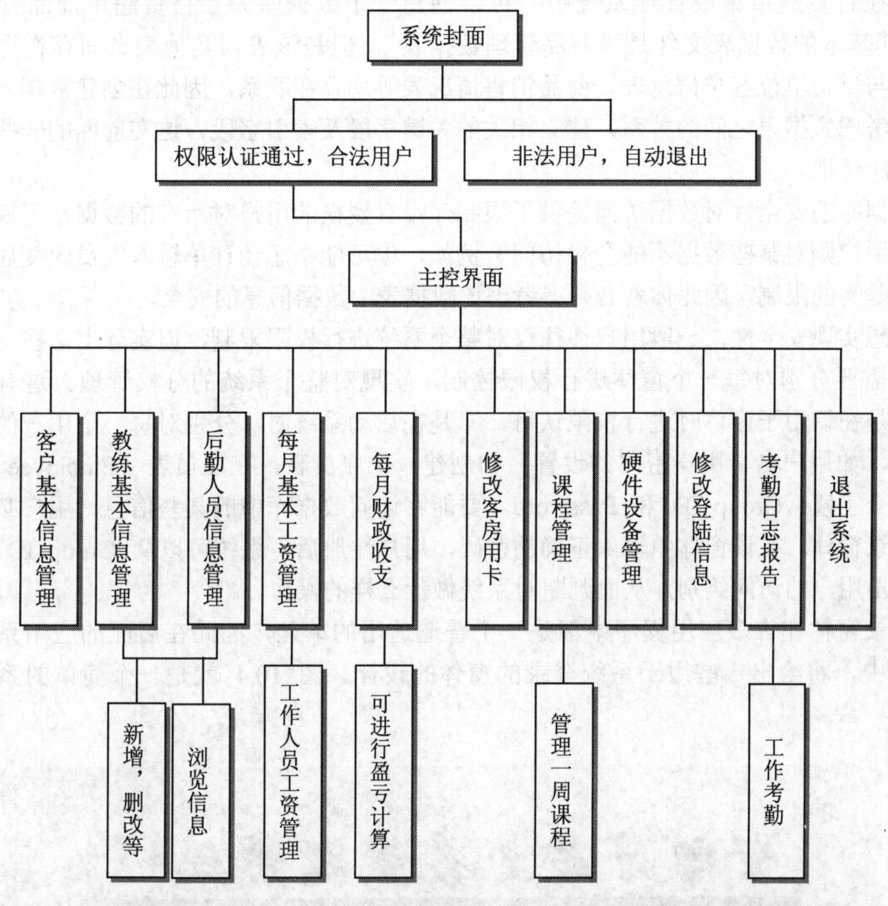

图 10.3　系统结构示意图

10.2.2　数据库设计

在可视化程序设计的早期版本中，往往数据库和数据表的概念是不加区分的，因此一些系统和教材中的数据库设计就包括数据库文件设计和其中的数据表的结构设计。前面已经指出，在 Visual Basic 6.0 中文版中数据表是通过数据库进行管理的，它与其他开发平台中的数据库管理本质上是一致的。因此作为一个数据库应用系统，它的一切基础就是一个或多个数据库及其数据库中的数据表，数据库是作为数据环境或数据源（也称为数据成员）引入到窗体中的，这一点在前面章节的数据环境创建和连接命令的创建中已经深刻地体会到了。系统的有效性直接取决于数据库或数据成员的有效性，因此，数据库与数据表结构的设计是数据库应用系统开发的重要环节。

一般地说，数据库及其数据表的设计主要反映在如下 6 个方面：① 表的结构和表之间的关系的设计；② 数据表的安全性设计（数据的安全性设计）；③ 数据的一致性设计；④ 数据的有效性设计；⑤ 数据维护的设计。这些设计在数据表的设计器中均可以由用户进行设置或定义。

如在百货超市集成管理系统中，可以创建一个数据库为“百货超市商品管理数据库”，其基本的数据表文件是“商品管理数据表”，但是该表与其他表之间存在许多的联系，如与供货单位客户信息表、商品销售情况表等均存在联系，因此在创建数据库时，一定需要考虑数据表之间的关系，建立相关的关键字段及索引字段，这在前面的一些实例中已经有所体现。

数据库的安全性对数据访问提供了限制，没有授权的用户对所有的数据都无权访问，而有些用户则对某些数据不能全权访问。例如，你可能不想让订单输入人员改变雇员信息或用户赊购的限制，因此你就必须得考虑该数据表中数据信息的安全。

要想实现安全性，一般用户往往仅对整个系统进行权限限制，但实际上，在一些系统中往往需要分别对每一个窗体进行权限控制，实现对整个系统的分权管理。这有两种途径，一是在调用子窗体时进行权限认可，二是在启动系统时，分别对每一个用户的权限进行认证，如用户名、用户密码的设置。如创建一个雇员表，在雇员表（Employee 表）中添加两个字段：Group_ID 和 Password。要能够访问数据库中的某些信息，用户必须经过一个登录窗体，在该窗体中输入正确的密码，用户注册后，系统可以从 Group_ID 字段值上判断出用户的访问级别，从而判断对系统做什么样的操作。

登录窗体在许多应用程序中都是一个普遍适用的单元，因此在后面的应用系统的开发案例中，将给出一些用于系统登录的窗体的设计。图 10.4 就是一个简单的系统登录界面。

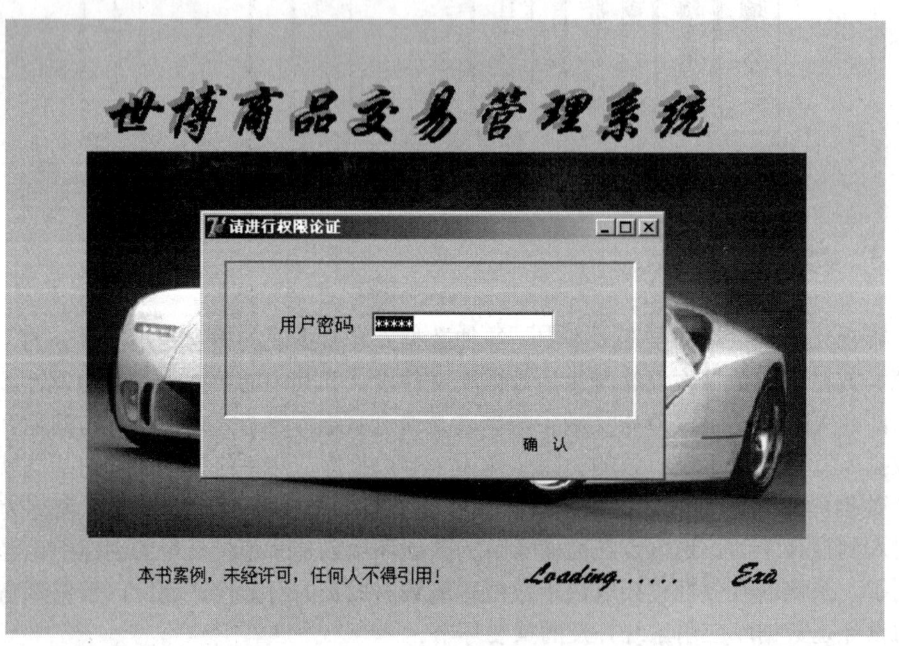

图 10.4 用户权限认证显示

系统登录本质上就是一个逻辑判断，当一个逻辑值为真时，就可以进入系统，否则就拒绝进入系统或相关的操作。

关于数据库设计中数据的一致性、有效性设计在前面也曾经有过介绍。如两个数据表，一个是用于数据编辑的数据表，另外一个是用于数据备份的数据表，则两个表之间的数据表结构应该一致，即字段名称、大小、小数位数等均应该是一致的，否则会造成数据的丢失或破坏。简单地说，数据的有效性就是指在数据表设计时对数据录入时的数据类型、数据格式、数据大小和范围的限制，这种设计可以极大地提高数据处理的速度和准确性。

数据维护则是对一些基本数据的添加、删除、修改等。如商品名称数据表的基本数据中的新商品名称的添加、已经过时的商品名称或不再使用的商品名称的删除或商品产地信息的修改等；又如操作人员管理数据表中新增操作人员的添加、调离的操作人员的信息删除等，都是系统数据维护的最好说明。通常在一个系统的使用中，只有主管人员才能进行数据的维护操作。如在一个系统中，一切操作人员的用户名称、用户密码只有系统主管人员才能进行增加、修改和删除，其他任何操作人员只能知道自己个人的数据情况。图 10.5 为权限维护窗体的运行效果。

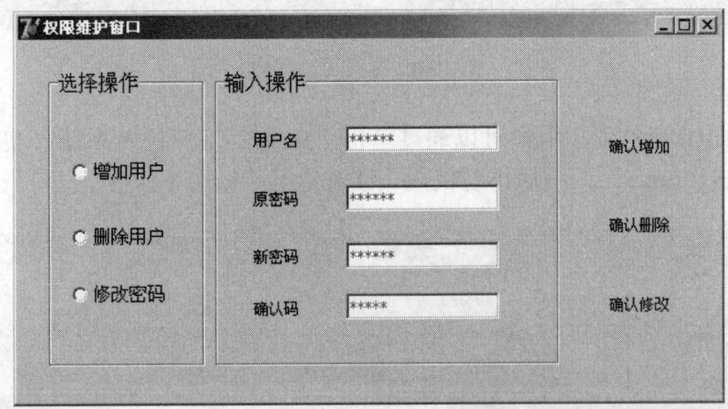

图 10.5　权限数据的维护演示

10.3　系统分析与设计的应用实例

本节给出一个“商品交易管理系统”的系统分析与设计的演示例子，说明该系统中各个部分设计的大致方法。

1. 系统启动封面与权限认证界面合二为一

在对一个系统的设计中，往往一些过程并不是固定不变的，而是根据具体的情况来进行的。如在“商品交易管理系统”中，将系统封面与权限认证窗体合二为一，即是说，在系统启动时，出现系统封面，用户可以并且需要在系统封面中进行权限认证。其系统封面运行时的效果如图 10.6 所示。

图 10.6　系统启动封面

在系统封面出现之后，用户可以通过单击“Enter……”进入系统，实际上就是进行权限认证。单击“Enter……”后出现权限认证对话框，如图 10.7 所示。

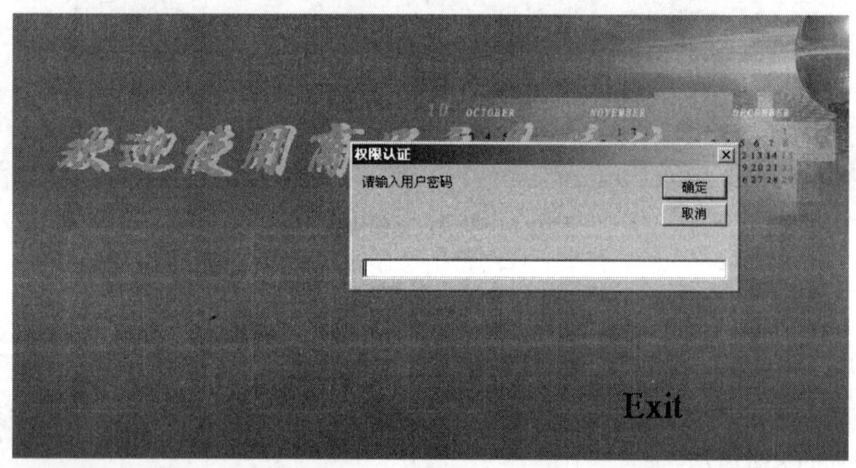

图 10.7　权限认证对话框

2. 设计 Windows 系统的主控界面

通常的商务管理系统（如银行和通信管理系统）与常用的系统软件和工具软件有一定的区别，它们并不全部按照视窗（Window）系统的菜单（下拉菜单）方式设计主窗体，而是一种直接的按钮式的或触摸屏按钮式的系统。但为了说明菜单的制作方法，在“商品交易管理系统”的制作中，仍设计主窗体为标准的视窗风格的系统，其主窗体如图 10.8 所示。

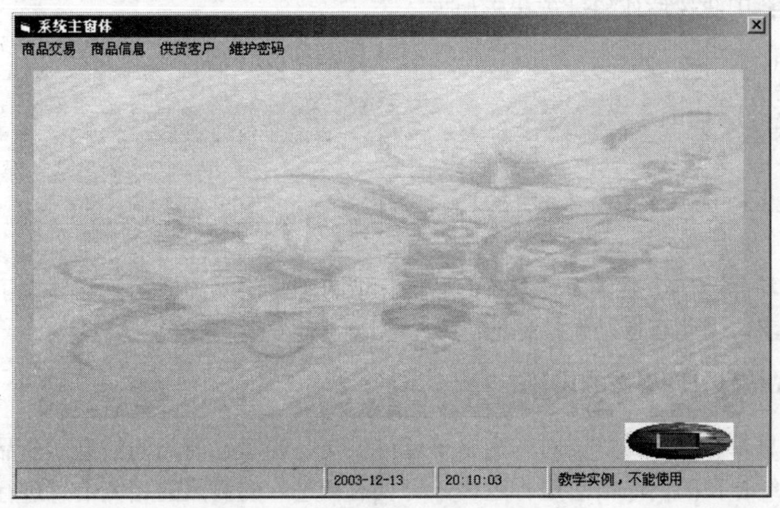

图 10.8 商品交易管理系统的主界面

3. “商品交易”窗体的设计

作为一个商品交易管理系统，一个人性化的商品交易窗体的制作是必要的。商品交易窗体主要用于在商品交易中对每次交易的内容进行记录，对其交易金额进行自动计算。此外，在商品交易窗体中可以浏览显示全部交易记录，也可以添加新的交易记录，这是主要的功能。该窗体的运行效果如图 10.9 所示。

商品交易窗体

价格	件数	交易日期	小计	商品编号
50	2	2002-4-10	100	0002
100	2	2002-4-11	400	0003
200	3	2002-4-15	300	0004
200	2	2002-4-12	400	0002
300	4	2002-4-13	800	2222
200	20	2002-4-13	6000	0004
			0	

商品编号 0002
价格 50
件数 2
交易日期 2002-4-10
金额小计 100
新交易
返回
记录：2
刷新记录
删除记录

图 10.9 商品交易界面设计与运行效果

尽管看上去，商品交易界面并不是很复杂，但在程序设计中需要用到许多的技术和方法，使其商品交易变得自动化、智能化和人性化。如在商品编号输入之后，它应该自动从商品基本信息数据表中显示该商品的价格，在输入交易件数或数量并按回车键之后，它应该自动显示小计金额，而不需要用户去计算。如果进一步的深入分析，它还应该实现对客户的自动“找零”功能。此外在交易时期的输入中，系统应该自动填入当时计算机系统的日期，也不需要用户去输入。这些将极大地提高系统的性能。因此对于输入件数文件框的“变动”事件，即在它当中输入的数据发生变化时，其他的数据如交易的小计金额就自动地计算出来，因此该控件的过程代码如下：

```
Private Sub Text3_Change()
  Text5.Text = Str(Val(Text2.Text) * Val(Text3.Text))       '即小计金额
                                                             =单价*件数
End Sub
```

这样的功能，往往被认为是系统的智能化或自动化的功能，由于它体现了操作人员对该功能的需求，因此它也是人性化的。

4. 商品信息处理界面的设计

商品信息是一个交易单位对本交易单位可供交易的库存商品的信息，商品信息处理界面可以对已经存在的商品信息进行查询，可以对新进入的商品的相关信息进行记录，对已经不需要交易的商品的信息进行删除等。其商品信息处理界面的设计和运行效果如图10.10所示。

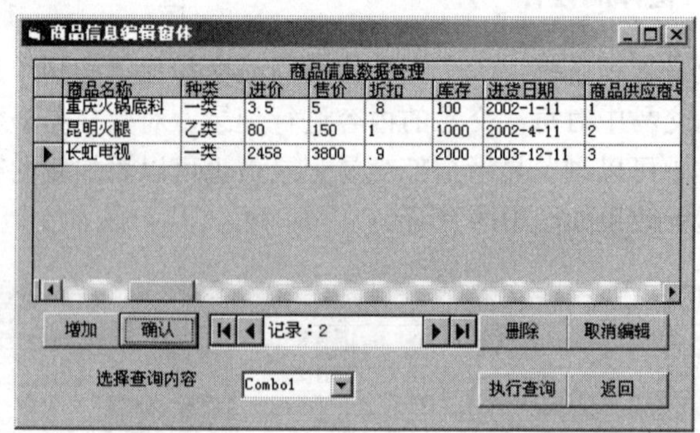

图 10.10 商品信息处理界面的运行效果

5. 商品供货商信息界面的设计

作为一个商品交易的单位或公司，商品供货商的信息是他们所必须掌握的，这是他们进行业务联系的一种手段。商品供货商信息处理窗体就是处理商品供货商的信息的窗体。其窗体的运行效果和设计可以参考图10.11。

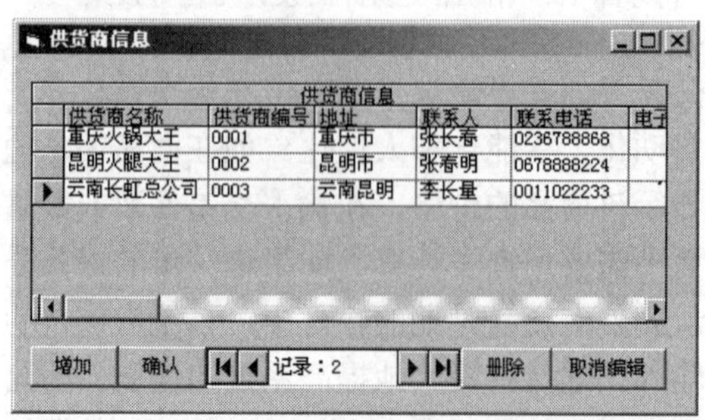

图 10.11 商品供货商窗体的运行效果

6. 用户权限维护窗体的设计

作为一个商品交易系统，系统往往在主管人员之后还有众多的其他操作人员需要使用。因此，系统主管人员经常需要对系统的使用权限进行维护，如新的操作人员的权限授与，调离的操作人员的权限删除或现有的操作人员的权限变更或丢失后的变动等，都需要进行维护，因此我们设计一个权限维护窗体如图 10.12 所示。

图 10.12　权限维护窗体的设计

在窗体的设计中，显然，用户的密码是不能采用显式的方式显示在别人面前，而需要用“密文”显示。因此需要设置密码所在的文本框的显示格式。

此外，在窗体中设置了一个数据控件 Data1，但该数据控件并不是进行数据导航浏览的，因为对用户密码进行导航浏览是无任何意义的，因此应该设置它的 Visible 属性为 False，即在窗体运行时并不显示该控件。该控件是用于引入数据库和数据表的（请参考前面的第 6 章，关于控件的使用方法）。

在权限维护的窗体中，最关键的是下面 4 个功能命令按钮的过程代码，其代码如下（供参考）：

```
Private Sub Command1_Click()
  Dim msg
  oldmark = Data1.Recordset.Bookmark
  msg = Trim(InputBox("请输入原用户密码", "确认原密码"))
  msg = "密码  like '" & msg & "'"
  Data1.Recordset.FindFirst msg
  If Data1.Recordset.NoMatch Then
    MsgBox ("你无权增加用户")
    Data1.Recordset.Bookmark = oldmark
  Else
    Data1.Recordset.AddNew
    Command4.Enabled = True
  End If
End Sub
```

```
Private Sub Command2_Click()
   Dim msg
   oldmark = Data1.Recordset.Bookmark
   msg = Trim(InputBox("请输入原用户密码", "确认原密码"))
   msg = "密码  like '" & msg & "'"
   Data1.Recordset.FindFirst msg
   If Data1.Recordset.NoMatch Then
      MsgBox ("你无权删除用户")
      Data1.Recordset.Bookmark = oldmark
   Else
   If MsgBox("确实要删除该用户吗", vbYesNo, "提示信息") = vbYes Then
      Data1.Recordset.Delete
      Data1.Recordset.MoveNext
   End If
   End If
End Sub

Private Sub Command3_Click()
   Dim msg
   oldmark = Data1.Recordset.Bookmark
   msg = Trim(InputBox("请输入原用户密码", "确认原密码"))
   msg = "密码  like '" & msg & "'"
   Data1.Recordset.FindFirst msg
   If Data1.Recordset.NoMatch Then
      MsgBox ("你无权修改用户密码")
      Data1.Recordset.Bookmark = oldmark
   Else
      Data1.Recordset.Edit
      Command4.Enabled = True
   End If
End Sub

Private Sub Command4_Click()
   Data1.Recordset.Update
End Sub
```

在以上的 4 个命令按钮的过程代码中，无论是添加新用户或是删除原有的用户，均需要先对原有操作者的权限进行认证，如果你自己不是合法的用户，则自然不能添加或删除用户的密码，这也是需要考虑的一种人性化的需求。权限认证窗体的运行效果如图 10.13 所示。

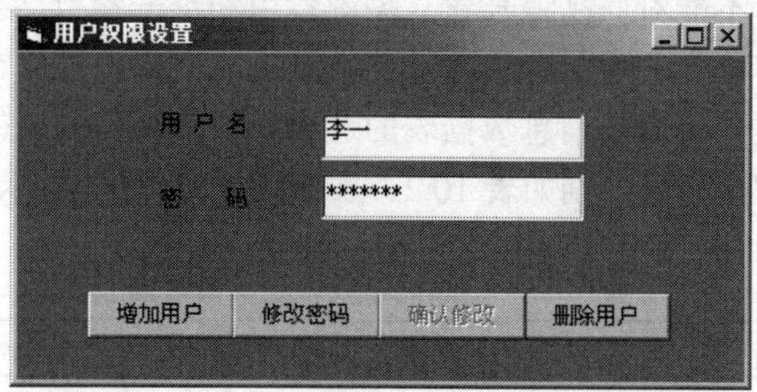

图 10.13　权限维护窗体的运行效果

7. 数据表的结构设计

对于任何数据库应用系统的创建，其数据库和数据表的创建是其他工作的基础，在进行系统开发之前，首先需要创建相应的数据库和数据表。创建数据库和数据表可通过 Visual Basic 6.0 中文版 “外挂程序”中的“可视化数据管理器”来进行，可参考第 2 章中的相关内容。这里，创建的数据库和数据表如图 10.14 所示。

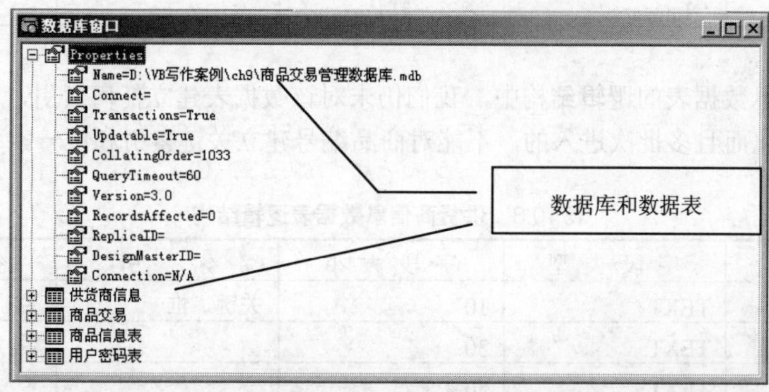

图 10.14　可视化数据管理器中数据库与数据表的创建

根据第 2 章中所介绍的相关的数据库与数据表的知识，在创建数据表之前，首先需要进行数据表的逻辑结构的创建，然后再根据逻辑结构创建数据表的物理结构。

在商品交易管理系统中，将使用一些数据表，但这里首先需要的一个数据表就是商品效果数据表，它是商品交易窗体的记录源。其数据表的逻辑结构如表 10.1 所示。

表 10.1　商品交易数据表逻辑结构

字 段 名 称	字 段 类 型	字 段 大 小	索　引	忽 略 空 值
商品编号	TEXT	10		否
价格	Currency	默认		否
件数	Integer	默认		否
交易日期	DATE/TIME	默认		否
小计	Currency	默认		否

在创建数据表时，不能对商品编号建立关键索引和惟一索引，因为，在商品交易中，可能需要建立多笔交易业务，因此商品编号不能惟一。

其次，还需要创建一个商品信息数据表的逻辑、供货商信息表的逻辑结构和一个系统用户权限表的逻辑结构，它们分别如表 10.2、表 10.3 和表 10.4 所示。

表 10.2 商品信息数据表逻辑结构

字段名称	字段类型	字段大小	索引	忽略空值
商品编号	TEXT	10		否
商品名称	TEXT	50		否
种类	TEXT	20		否
进价	Currency	默认		否
售价	Currency	默认		否
折扣	Currency	默认		否
库存	Integer	默认		否
进货日期	DATE/TIME	默认		否
商品供应商号	Integer	默认		否

在商品信息数据表的逻辑结构中，我们仍未对该数据表建立任何索引，同样，商品信息是不断地变化而且多批次进入的，不能对商品编号建立关键索引和惟一索引。

表 10.3 供货商信息数据表逻辑结构

字段名称	字段类型	字段大小	索引	忽略空值
供货商编号	TEXT	10	关键、惟一	否
供货商名称	TEXT	30		否
地址	TEXT	50		否
联系人	TEXT	20		否
联系电话	TEXT	13		否
电子邮件	TEXT	50		否

在表 10.3 中，将供货商品编号设置为关键和惟一的索引，因为在进行供货商信息处理时，一个供货单的记录是惟一的。

表 10.4 用户权限数据表逻辑结构

字段名称	字段类型	字段大小	索引	忽略空值
用户姓名	TEXT	20		否
密码	SINGER	4	关键、惟一	否

可以看出，在用户权限数据表的结构中，将“密码”字段设置为关键的和惟一的字段，因为往往一个系统中每一个合法用户仅有一个密码。

有了以上的数据表作为系统的数据成员或记录源，其窗体的制作就可以进行了，这就回到了前面说明过的几个窗体的功能，可以看出，数据表与数据处理窗体往往是不可分割的。

本章从系统的一般模式开始，说明了在可视化编程环境中进行系统分析与系统设计的必要性与基本方法，说明了它与传统的系统分析与系统设计的区别，并阐明了系统分析与系统设计报告编制的基本内容，最后给出一个具体的实例来说明系统分析与设计的过程。值得指出的是，商品交易管理系统是一个比较复杂的系统，教材中的例子可能与实际的应用系统之间存在较大的区别，因此仅供学习参考使用。

10.4 习题

1. 理解应用系统的一般模式有什么好处？
2. 可视化的集成开发环境下系统分析与设计有什么优点？
3. 系统封面的作用有哪些？
4. 系统主窗体或主界面有哪些作用？
5. 什么是系统分析与系统设计报告，它主要包括哪些内容？
6. 说明数据的一致性和有效性设计的必要性。
7. 理解 10.3 节系统分析与设计应用实例的全过程。
8. 应用系统分析与系统设计的原理，试自己设计一个应用系统的基本框架。

第 11 章　Visual Basic 6.0 中文版应用系统开发中的集成技术

在前面章节中，尽管介绍了 Visual Basic 6.0 中文版许多方面的基础知识和基本技能，其中包括数据表的创建及其数据库别名的创建、工程的创建以及报表的制作等，其内容是非常广泛的。但不难发现，在介绍的内容和引入的一些实例中，只能根据教材的循序渐进的原则，结合 Visual Basic 6.0 中文版集成开发环境中各种对象的作用与系统开发之间的关系逐一地对一些相关的知识加以介绍，因此一些实例仅仅是一些小的例子，它们还并未形成一个所谓的真正完整的应用系统。如何才能将所学习的各个局部的知识，用于制作并形成一些具体的系统？这就需要介绍进行系统集成的原理和方法。

本章介绍窗体集成与调用技术、报表集成与调用技术、加密框制作技术与系统集成、消息框利用技术以及在系统集成中所需要用到的其他相关技术，如窗体菜单的制作方法等。本章对教材有一个总体归纳的作用。

11.1　应用系统封面的制作与系统集成

根据前一章介绍的应用系统一般模式原理，在一般情况下，系统运行时，往往一个系统总是从封面开始，然后进入权限认证窗体，随后进入系统总控界面，由总控界面对其他各个功能界面进行调用，这为我们进行系统集成提供了一个非常清晰的思路。因此本节就沿着这个思路来进行。

在一个系统中，如何将一个窗体作为系统的启动画面即系统封面？通常有如下一些方法：①自然顺序法；②人工控制法；③窗体导向法。

11.1.1　用自然顺序法创建系统封面

所谓的自然顺序法就是将在创建工程时的第一个窗体作为系统封面，因为在创建的一个新工程中，无论如何，第一次创建的窗体在工程运行期是最先出现的，除非进行人为的控制。根据应用系统的一般模式原理，就可以将它设计为系统封面，其他窗体作为加密窗体、主窗体或其他的功能窗体。

但是，由自然顺序法创建的第一个窗体并不具有闪烁功能，它在系统运行时将停留下来，即它不是一个 Flash 画面。如何才能将他自制成一个闪动的画面？这就需要对它进行一定的功能的创建。下面以一实例来加以说明。

【例 1】创建一个新的工程，在工程中加入另外一个窗体，将第一个窗体 Form1 作

为系统启动封面，将第二个窗体作为系统主控界面，并将系统启动画面 Form1 控制在 20 秒内进行显示，在系统启动画面之后，出现系统主窗体 Form2。其工程创建的过程如下：

（1）启动 Visual Basic 6.0 中文版并选择创建一个标准 EXE 工程，出现集成开发环境和一个空白窗体 Form1，这就是默认的系统主窗体，设置它的相关属性；命名保存工程文件与单元文件。

（2）在窗体 Form1 中放入一个 Timer1 控件和一个文本编辑框控件 Text1，这两个控件专门用于对窗体显示时间进行记数。窗体 Form1 的布局如图 11.1 所示。

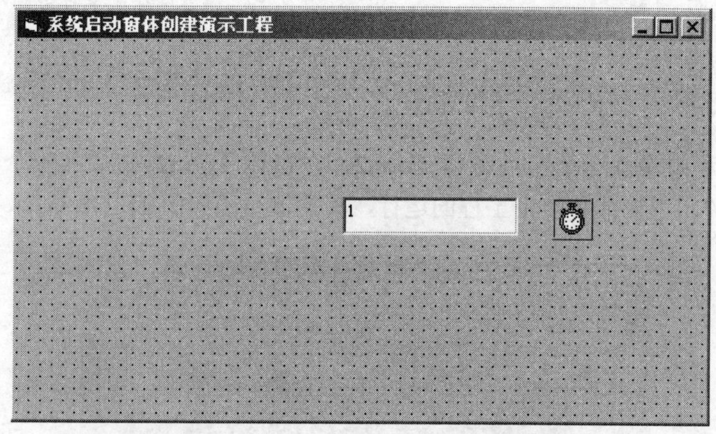

图 11.1　窗体 Form1 布局效果

【注意】由于 Form1 作为系统的启动画面，因此通常设置它为无边框的；Timer1 控件本身是一个非可视的，因此采用默认设置，而 Text1 控件是一个可视的控件而且其默认值不是字符串型的，但由于它仅起一个记数的功能，因此我们设置它的可视属性为 false，即运行时不可见，而且需要给它赋初值 1。根据这些要求，设置窗体 Form1 及其中的控件属性如表 11.1 所示。

表 11.1　窗体及控件属性设置表

对象名称	属　性	属性值	属性值说明
Form1（第一个窗体）	Caption	系统启动窗体创建演示工程	标题运行时不可见
	BorderStyle（边框类型）	None	运行时无边框显示
	名称	Form1	窗体名称
	SartUpPosition	屏幕中心	运行时居于屏幕中心
Timer1（计时对象）	Interval	60	1/60 秒间隔
Text1	Visible	False	运行时不可见
	Text1	1	初值为 1

【注意】窗体 Form1 在运行期的显示时间是由 Timer1 控件进行控制和由 Text1 控件

进行记录的，因此需要对 Timer1 控件编制相关的过程代码。其方法是，双击该控件，出现一个 Timer 的事件编辑器，编制过程代码如下：

```
Private Sub Timer1_Timer()
  Text1.Text = Text1.Text + 1                ' 数值累计
  If Text1.Text >= 20 Then                   ' 判断条件
     Timer1.Interval = 0                     ' 终止计数
     Form2.Show                              ' 调用窗体Form2
     Form1.Hide                              ' 隐藏窗体Form1
  End If
End Sub
```

（3）在工程中增加一个新的窗体 Form2，在窗体 Form2 中放入一个命令按钮控件 Button1，用于关闭主窗体和整个工程的运行，其窗体布局如图 11.2 所示。

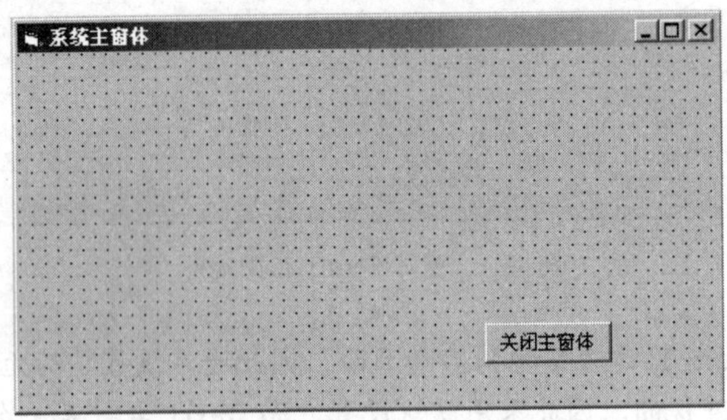

图 11.2　Form2 布局效果

作为演示，窗体 Form2 的布局非常简单，其属性就不再列表说明了。

从窗体 Form1 中的 Timer1 过程代码的注释不难看出其封面窗体 Form1 的显示和隐藏过程，同时该代码也给出了一个调用窗体 Form2 的过程，这个过程本身就是系统的一个集成的过程，它将系统之间的窗体通过一定的方式组合起来形成了一个有机的整体。我们不难通过对工程的运行和系统封面的控制时间的显示及窗体的调用效果来加以检验。

另外，窗体 Form2 为系统的主窗体，在系统运行结束时需要关闭。关闭主窗体的同时需要关闭系统启动窗体，因为在前面的过程中系统启动窗体 Form1 是一直处于隐藏状态（Hide），因此在窗体 Form2 中命令按钮的单击事件的过程代码如下：

```
Private Sub Command1_Click()
  Unload Me
  Unload Form1
End Sub
```

11.1.2 用人工控制法制作系统封面

前面按工程创建中窗体出现的顺序将第一个窗体作为系统的启动画面。事实上，如果在一个工程中，存在多个窗体，如果不希望将第一个窗体用作系统启动的窗体而是作为别的窗体，如系统的主窗体（在前面章节的实例中出现过这情况），那么能够将工程中的别的窗体或后续的窗体作为系统启动画面吗？这是完全可以的，这就需要通过人工干预的方法加以实现。实际上前面的章节中已经涉及到该问题，在这里作为系统集成的一个专门章节，重新详细地加以说明是必要的。这种方法较之前面的方法相对复杂一些，下面以一个实例加以说明。

【例 **2**】创建一个工程，在工程中创建 3 个窗体 Form1、Form2、Form3，用第 3 个窗体作为系统启动窗体并用第 2 个窗体作为系统主界面，其制作过程如下：

（1）启动 Visual Basic 6.0 中文版选择创建标准 EXE 工程出现集成开发环境和一个空白窗体 Form1，命名保存工程文件与单元文件；再在工程中增加两个窗体 Form2、Form3，并保存相关的单元文件。

（2）在 Visual Basic 6.0 中文版的集成开发环境中选择工程管理器并将窗体 Form3 置于开发的前台，如图 11.3 所示。

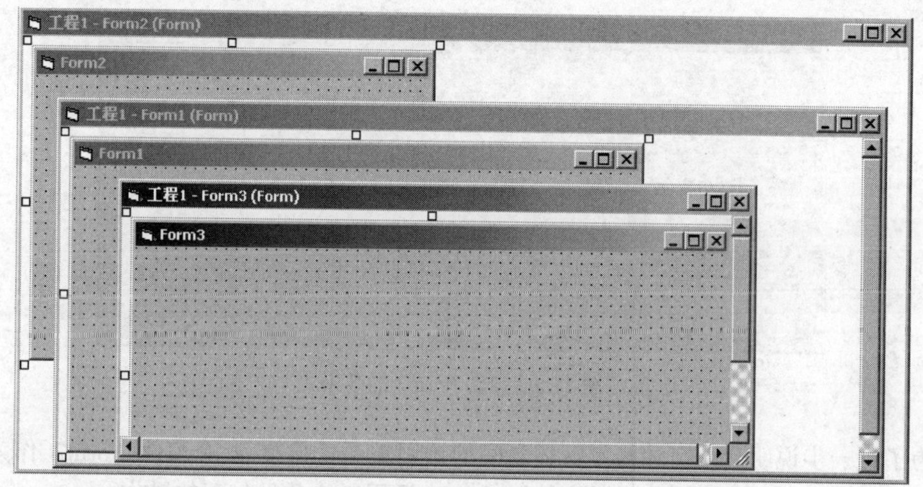

图 11.3 工程选项设置卡

可以看出，在工程的选项设置卡中出现了我们创建的 3 个窗体 Form1、Form2、Form3，系统将第 1 个窗体 Form1 默认为启动窗体，在工程运行时首先出现第 1 个窗体，但这不是目的。我们需要将第 3 个窗体作为系统启动窗体，将第 2 个窗体作为系统的主窗体，为此需要继续如下操作。

（3）单击 Visual Basic 6.0 中文版“工程/工程 1 属性”选项，出现一个工程属性管理器对话框，如图 11.4 所示。

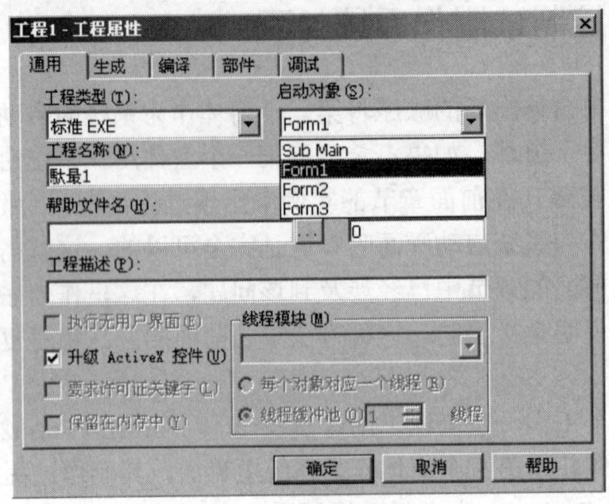

图 11.4　工程属性管理对话框

从工程属性管理对话框中不难看出，工程中已经存在 Form1、Form2、Form3 这 3 个窗体，而且其启动对象是 Form1。只需要将启动对象设置为 Form3 窗体即可。用户再运行工程时，它的启动画面中出现的窗体不再是 Form1 而是 Form3，如图 11.5 所示。

图 11.5　启动 Form3 的效果

为了进一步说明启动窗体与主窗体之间的调用关系，将第 2 个窗体 Form2 作为系统的主窗体，这样它需要由系统启动窗体 Form3 来调用，为此做如下的操作。

（4）结束工程检验程序，在窗体 Form3 中放置一个 Timer1 控件和一个文本编辑框控件 Text1，这两个控件专门用于对窗体显示时间进行记数。窗体 Form3 的布局如图 11.6 所示。

同样，由于 Form3 作为系统的启动画面，因此通常设置它为无边框的。Timer1 控件本身是一个非可视的，因此采用默认设置。而 Text1 是一个可视的控件且其默认值不字符串型的，但由于它仅起一个记数的功能，因此设置它的可视属性为 false，即运行时不可见，而且需要给它赋初值 1。根据这些要求，设置窗体 Form3 及其中的控件属性如表 11.2 所示。

图 11.6　窗体 Form3 的布局效果

表 11.2　窗体及控件属性设置表

对 象 名 称	属　　性	属 性 值	属性值说明
Form3（系统启动窗体）	Caption	系统启动窗体创建演示工程	标题运行时不可见
	BorderStyle（边框类型）	None	运行时无边框显示
	名称	Form3	窗体名称
	SartUpPosition	屏幕中心	运行时居于屏幕中心
Timer1（计时对象）	Interval	60	1/60 秒间隔
Text1	Visible	False	运行时不可见
	Text1	1	初值为 1

与例 1 一样，窗体 Form3 在运行期的显示时间是由 Timer1 控件进行控制和 Text1 进行记录的，因此需要对 Timer1 控件编制相关的过程代码。其方法是，双击该控件，出现一个 timer 的事件编辑器，编制过程代码如下（注意与例 1 的区别）：

```
Private Sub Timer1_Timer()
  Text1.Text = Text1.Text + 1              '数值累计
  If Text1.Text >= 20 Then                 '判断条件
    Timer1.Interval = 0                    '终止计数
    Form2.Show                             '调用窗体Form2
    Form3.Hide                             '隐藏窗体Form1
  End If
End Sub
```

这样，用户在运行检验工程的启动和对窗体 Form2 的调用情况时，它会在 20 秒内调用窗体 Form2，如图 11.7 所示。

图 11.7　窗体 Form2 的调用

将窗体 Form2 作为系统的主窗体，在主窗体关闭时，往往需要关闭系统中的全部窗体，以结束整个系统的运行。因此如果在窗体 Form2 中加入一个命令按钮用于关闭主窗体，则其过程代码如下：

```
Private Sub Command1_Click()
   Unload Me
   Unload Form1
   Unload Form3
End Sub
```

如果工程中存在多个窗体 Form1、Form2、…、FormN，则着装主窗体时应该着装全部的其他的窗体，以结束和释放工程中的全部窗体对象，这样，关闭命令按钮的过程代码应该编制如下：

```
Private Sub Command1_Click()
   Unload Me
   Unload Form1
   Unload Form3
   …
   Unload FormN
End Sub
```

11.1.3　用应用程序向导法创建系统封面

Visual Basic 6.0 中文版具有一个应用程序向导。前面结合其他方面的问题介绍过如数据工程的向导的使用方法。这里再一次使用“应用程序向导”来说明系统整个框架包括系统启动封面和其他窗体的快速制作方法。

应用程序向导除可以创建一个应用系统所需要的一切窗体之外，如果需要创建数据库应用系统，则还可以通过应用程序向导创建专用的数据管理工程，也就是说，数据工程的

向导模板是应用程序向导的子模板。这里仅结合应用程序向导来说明系统框及启动画面的制作。关于应用程序向导的使用以如下的实例来加以说明。

【例 **3**】通过 Visual Basic 6.0 中文版来创建一个应用程序框架，其中包括系统启动窗体、权限认证窗体、系统主窗体、系统选项功能窗体和系统说明窗体等多个类型的窗体。其“应用程序向导”的使用过程如下：

（1）启动 Visual Basic 6.0 中文版，出现一个工程创建的选择面板，在选择面板中选择“应用程序向导”。

（2）双击“应用程序向导”图标，进入向导的开始过程即应用程序向导介绍，如图 11.8 所示。

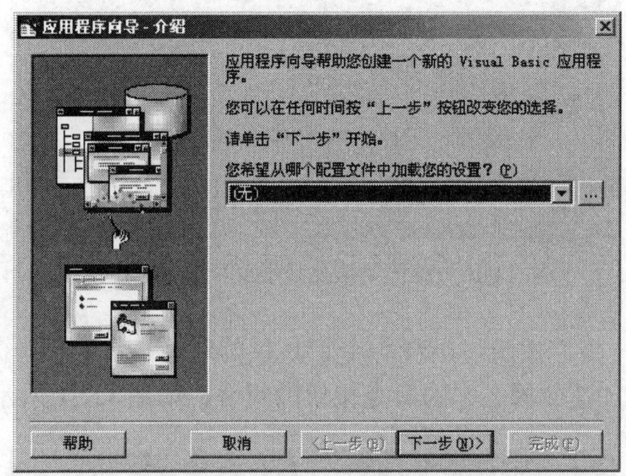

图 11.8　应用程序向导说明界面

（3）单击“下一步”按钮出现应用程序界面选择设置对话框，如图 11.9 所示。

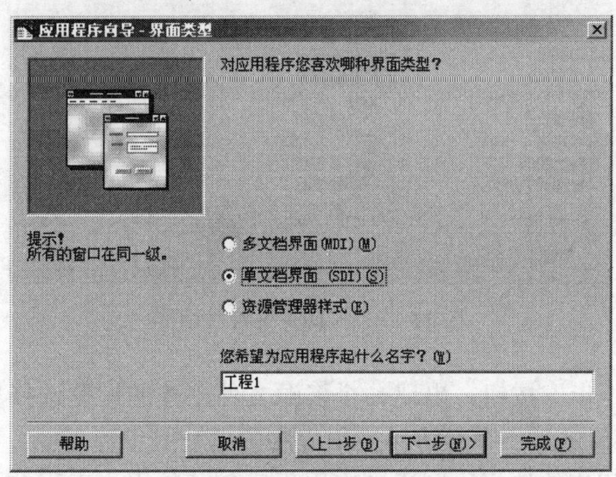

图 11.9　工程界面选择

由于在前面章节的应用中已经就多文档界面工程的创建问题有过具体的应用和相关的说明，因此此处不再选择多文档界面，而选择“单文档界面”工程类型。此外，如果必要，用户还可以为工程重新命名一个新的名称，此处采用默认的工程文件名。

（4）单击“下一步”按钮出现一个菜单生成的栏目设置和选择的对话框，在对话框中用户可以为窗体选择设置所需要的菜单名称。此处选择全部的菜单及其子菜单，如图 11.10 所示。

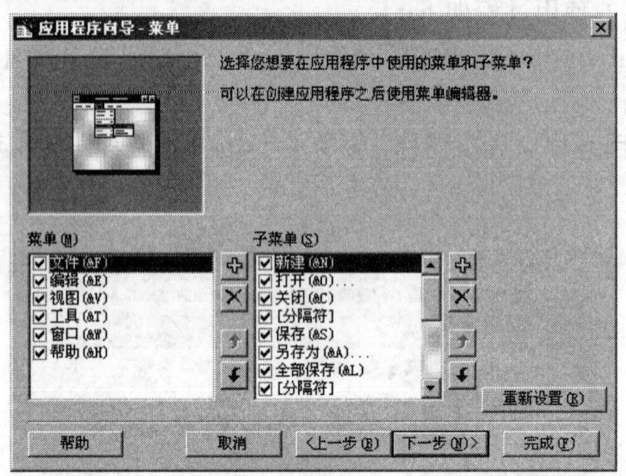

图 11.10　窗体菜单及其子菜单设置对话框

（5）单击“下一步”按钮，出现一个工具栏的选择设置界面，工具栏就是对应一些菜单条目的并放置在加速面板之中的命令按钮的组合，如图 11.11 所示。

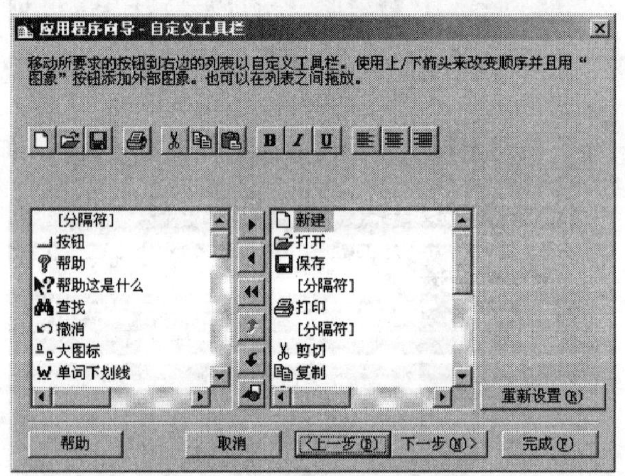

图 11.11　工具栏设置对话框

（6）单击“下一步”按钮，出现一个资源文件创建的设置选择界面，通常可以选择不创建资源文件，然后进入一个可访问应用程序的地址的设置界面。如果用户设置相应的 Internet 地址并作了相应的选择，则通过应用程序创建的用户工程在运行时可以连接相关的地址进行网页浏览。一般工程可选择“否”，即不在应用程序中浏览网页。

（7）单击“下一步”按钮，出现一个工程中的窗体的类型选择对话框，在对话框中做如图 11.12 所示的选择。

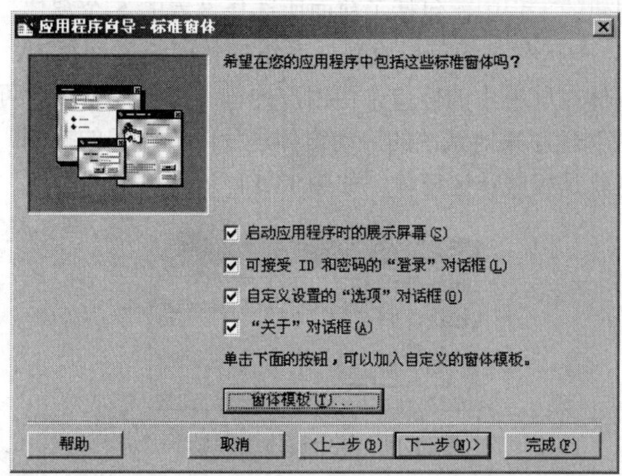

图 11.12　工程中的基本对话框设置

该对话框设置的是在向导结束后可在工程中创建的窗体，为说明问题，选择了以前的窗体，如启动时的展示屏幕也就是系统封面、登录对话框即权限认证窗体等。如果需要用户在向导过程中还可以通过“窗体模板”按钮设置更多的窗体，此处暂不设置。如果单击“下一步”按钮，用户可以进行数据库的连接以在工程中创建数据库窗体，同样此处也不作选择，因为我们的目的仅在于说明系统启动窗体的制作和系统框架的形成，为此做如下操作。

（8）单击“完成”按钮完成工程的创建，也就是向导的运用过程。出现工程管理器和工程中的全部窗体，如图 11.13 所示。

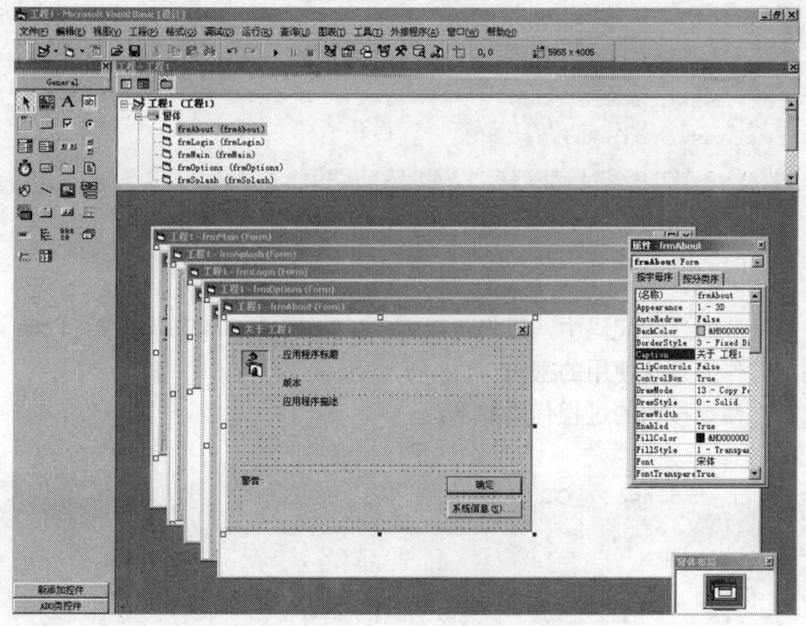

图 11.13　工程向导创建的窗体

在这一由向导创建的工程中，包括了前面所选择设置的 5 个窗体，其中就有一个系统启动窗体 frmSplash。但运行工程可以发现，系统窗体闪烁时间很短，以致于无法看到其闪烁的过程，因为窗体在屏幕中的停留未由用户的程序所控制。用户可以采用前面介绍的例 1 或例 2 中的方法和程序来对系统的启动窗体进行闪烁时间的控制。启动窗口闪烁之后即出现登录窗体，也就是权限认证窗体，如图 11.14 所示。

图 11.14　登录窗体运行显示

【注意】由于在后面的内容中将介绍系统加密窗体的制作，需要用到对用户权限的认证或取消认证的过程和方法，因此这里列出上图中的“确认”和“取消”命令按钮的过程代码，这样一方面可以让读者在以后的开发制作中加以参考，另外一方面可以与后面给出的加密窗体权限认证的程序设计加以比较。

①“确认”命令按钮的过程代码如下：

```
Private Sub cmdOK_Click()
    If txtPassword.Text = "" Then
        OK = True
        Me.Hide
    Else
        MsgBox "密码错误，再试一次！", "登录"
        txtPassword.SetFocus
        txtPassword.SelStart = 0
        txtPassword.SelLength = Len(txtPassword.Text)
    End If
End Sub
```

在此权限认证的过程代码中，用户可以在 If txtPassword.Text = "" Then 语句中加入任意的密码字符作为系统使用的密码。

②“取消”命令按钮的过程代码如下：

```
Private Sub cmdCancel_Click()
    OK = False
    Me.Hide
End Sub
```

以上采用应用程序向导的方法说明了系统启动封面制作的第 3 种方法，通过此方法，用户还可以非常快捷地创建一个应用程序的框架。

11.2 系统加密窗体制作与系统集成

在前面介绍了系统封面窗体的制作，在系统封面的制作过程中，它已经包含了系统的窗体调用的一些方法，目前用到的窗体调用方法有两种，分别为：①无模式窗体调用（show）方法；②有模式窗体调用（ShowModal）方法。这些方法的应用本质上就是一种系统集成技术，它将窗体有机地联系在一起，供用户在系统运行时调用。如系统启动封面将系统登录窗体联系起来，系统权限认证通过之后，再进入系统主窗体，因此它又将系统主窗体联系起来，这就体现了一种系统的集成概念。

在系统开发中，系统安全是系统设计和开发中的另外一个重要方面，信息安全问题始终是困扰用户和开发者们的一个问题。在一个应用系统中，往往数据安全机制设置是必要的，但系统安全是一个相对的指标。一个系统的安全性能往往取决于它的使用的对象和使用范围，随着使用者范围的扩展而安全的概念有所不同，因此在一些系统理论中，系统安全往往是一个相对的指标。这里我们并不就系统安全的理论加以讨论，而只是将系统加密的两种具体方式介绍给读者，它们是一些建立系统安全机制的基本方法。

在前面的第 3 种创建应用系统的封面的实例中，已经涉及到系统权限窗体的制作问题，也就是系统登录窗体的制作问题，事实上，通过应用程序向导可以直接产生一个应用系统的权限认证或登录窗体，其权限认证的相关的过程代码行为：

```
If txtPassword.Text = "123456" Then
```

也就是说，用户在系统运行期只有在权限输入框中输入“123456”字符串才能进入系统的主窗体。这样的密码是嵌入到程序过程之中的，程序一经完成或编译打包之后，密码不能修改，那么如何才能在用户的系统运行期通过系统主管或用户自身对密码进行修改呢？这需要首先讨论关于加码的方法问题。

11.2.1 静态加密方法与系统集成及其缺陷

在一些计算机密码学理论中，往往有许多经典的加密算法，虽然这不是本书所研究的对象，但它们归结起来，无外乎两种情况：一是静态加密方法，二是动态加密方法。所谓静态加密就是按照前面的 If txtPassword.Text = "123456" Then 语句编制权限认证过程代码的方法，静态加密方法也称为“绝对文本密码”方法，这种权限的设置在程序或系统运行期是不可以修改的，除非重新修改原程序代码。

在一般的学习使用教材中，往往以静态加密的方法为主来说明系统密码和系统权限认证的过程。

在前面涉及到一些通过权限数据表进行权限认证的说明。通过用户数据表创建加密窗体的加密方法具有一个很大的优点，这就是通过这种加密方法可以开发一个进行密码维护与更新的窗体，专门用于对用户权限的维护。用户可以随时更新自己的密码，同时通过权限维护窗体也可以建立多个用户的密码，让同一系统在不同的权限范围内由不同的用户进行不同内容的操作。该方法还可以对通过权限维护表单对用户进行增加或删除的操作，从而进行用户管理。

但通过用户密码表进行权限认证也存在一些问题，因为这样的权限认证表单是基于密码数据表的，它可以借助于数据表创建工具进行显示和修改。因此，尽管用它作为系统加密的方法似乎是一种“经典”的方法，但是这种方法加密是不太安全的。

避免权限数据表中的权限数据借助于其他工具打开或修改的加密方法是，利用“绝对文本值”加以权限认证，而不采用数据表方法。我们以一个例子来说明这种加密方法。

【例 **4**】创建一个工程，在系统启动封面与系统主窗体之间创建一种权限认证机制，只有在通过权限认证之后，才能进入系统主窗体，如果 3 次都不能通过权限认证，则自动退出系统，其工程的创建过程如下：

（1）启动 Visual Basic 6.0 中文版创建一个新的标准 EXE 工程，保存工程文件与第一个单元文件。

（2）设置窗体 Form1 为无边界格式，因为我们将该窗体作为系统的启动窗体。

（3）在窗体 Form1 中放置一个标签控件 Label1，并设置其标题（Caption）属性为“系统正在登录......”，设置它的字体字号和相关属性。

（4）在窗体中放入一个计时器控件 Timer1 和一个文本编辑控件 Text1，其作用与例 1 一样，主要控制系统封面的显示时间（窗体布局及相关的控件的属性设置请参考例 1 中的相关内容）。

（5）编制其 Timer1 控件的事件代码如下：

```
Private Sub Timer1_Timer()
   Text1.Text = Text1.Text + 1
   If Text1.Text >= 20 Then
      Timer1.Interval = 0
      Form2.Show
      Form1.Hide
   End If
End Sub
```

该代码主要控制 Form1 的显示时间并调用窗体 Form2。

窗体 Form1 的布局如图 11.15 所示。

（6）在工程中增加一个新的窗体 Form2，用于检验用户密码，保存窗体的单元文件。

（7）在窗体 Form2 中放入一个标签控件用于标示密码输入，设置其标题（Caption）属性为“请输入密码”。

（8）在窗体 Form2 中放入一个文本框控件 Text1，用于输入用户密码，注意由于该控件是用来输入密码的，其显示字符应该是不可读的，因此设置它的 PasswordChar 属性为“*”。

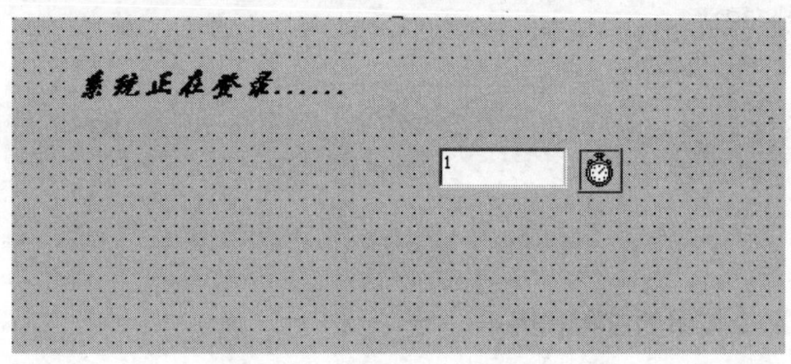

图 11.15　窗体 Form1 的布局

（9）在窗体中放入一个文本框控件 Text2，用于记录用户已经输入密码的次数，如果输入密码的次数大于 3 次，则自动退出系统。由于该控件是自动记录用户输入密码的次数，它在系统运行时不可见，因此需要设置它的 Visible 属性为 False。

（10）在窗体 Form2 中放入一个命令按钮控件 Button1，用于确认密码，放入一个命令按钮 Button2 用于取消权限认证，这样窗体 Form2 的布局如图 11.16 所示。

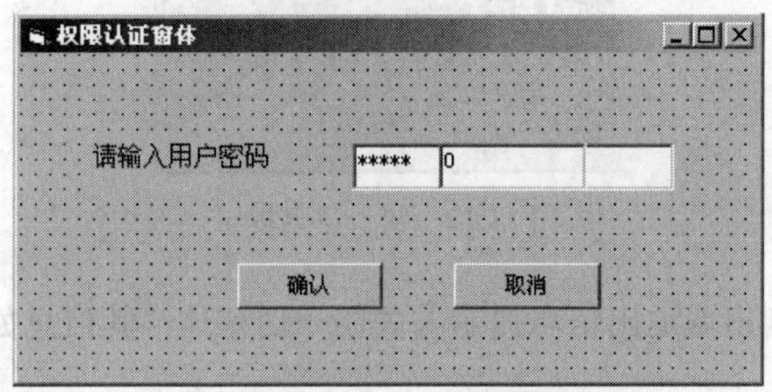

图 11.16　权限认证窗体布局

（11）在工程中添加一个新的窗体 Form3 作为系统主窗体，因为在权限认证窗体之后应该调用系统的主窗体，保存窗体 Form3 的单元文件。

（12）为窗体 Form2 中的“确认”和“取消”两个命令按钮编制过程代码如下：

①“确认”命令按钮的过程代码：

```
Private Sub Command1_Click()
  If Text1.Text = "123456" Then
    Unload Form1
    Unload Form2
    Form3.Show
  Else
    MsgBox ("密码错误，不能进入主窗体，重新输入密码！")
  Text2.Text = Text2.Text + 1
    If Text2.Text >= 4 Then
      MsgBox ("对不起，你不是合法用户，不能进入系统！")
```

```
            Unload Me
            Unload Form1
            Unload Form2
        End If
    End If
End Sub
```

②“取消”命令按钮的过程代码：

```
Private Sub Command2_Click()
  Unload Me
End Sub
```

（13）最后运行工程检验权限认证效果，如果输入密码错误则显示错误信息，如图 11.17 所示。

图 11.17　错误信息提示

如果 3 次不正确则出现退出信息提示并关闭一切窗体，其信息如图 11.18 所示。

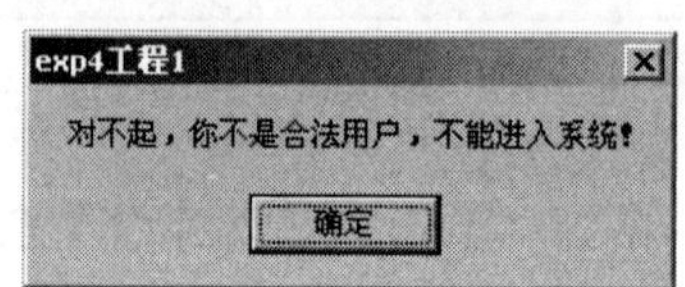

图 11.18　非法用户信息

在以上的加密方法中，它的密码是一个绝对不变的文本即字符串，因此通常将其称为静态加密方法。这种方法与数据表加密相比，它具有优点也存在缺点：其优点是这种加密往往不容易被破解；其缺点是，静态加密在系统中一经编译，它无法进行权限维护与修改，在密码泄露的情况下，只有修改系统的原代码重新编译，否则不能由用户重新设置权限。

11.2.2　动态密码算法及其应用

为了解决静态加密存在的局限性，一种新的加密方法被提出，这就是通常所说的动态加密算法。所谓动态加密算法就是用户的权限不是由一个固定不变的文本给出，而是一个动态变化的表达式、字符串或一定的符号系统，这就解决了静态加密算法的不足。鉴于算

法分析本身不是本教材的编写目的，而是本教材的一种具体应用，因此本小节给出一个动态加密的方法在系统集成中的应用实例。

【例 5】创建一个工程，为该工程的系统在启动时创建一种权限认证机制，其中用户的权限是一个不断变化的量。

作为不断变化的量，运用最多的是计算机系统日期参数，因为计算机的系统日期是随时变化的，而且还可以由用户做调整。因此在本例中，将借助计算于系统时间作为用户的密码。

与前一例一样，我们需要制作一个系统的启动窗体，然后制作系统的加密窗体，通过启动窗体调用加密窗体，然后在通过系统加密窗体的权限论证之后，调用或拒绝调用系统主窗体。这里仅将系统加密窗体的制作过程加以说明，其他的过程请参考前面的例子。

（1）在工程中增加一个窗体 Form2 作为系统的登录窗体，设置窗体的相关的属性。

（2）在窗体中放入一个标签控件 Label1，用于标示密码输入，设置其标题（Caption）属性为“请输入密码”。

（3）在窗体中放入一个文本框控件 Text1，用于输入用户密码，设置其 PasswordChar 属性为“*”。

（4）在窗体中放入一个 Text2 控件用于记录权限论证的次数，由于该控件在窗体运行时不可见，因此设置其 Visible 属性为 False。

（5）在窗体中放入另一个文本框控件 Text3 用于显示系统时间，由于该控件在系统运行时也不可见，因此设置其 Visible 属性为 False。

（6）在窗体中放入一个命令按钮控件 Button1 用于执行权限认证，放入另外一个命令按钮 Button2 用于取消权限认证，这样窗体的整个布局如图 11.19 所示。

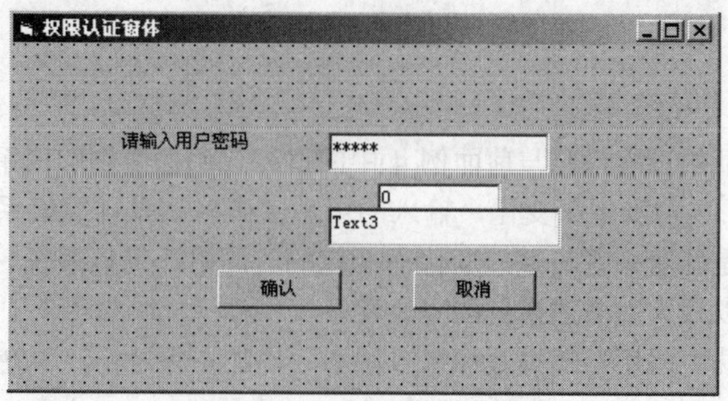

图 11.19　系统加密窗体布局

为了能够让窗体 Form2 中的文本框控件 Text2 在窗体出现时与计算系统日期联系起来，我们需要为该窗体编制窗体调用过程代码（Load 过程），其过程代码如下：

```
Private Sub Form_Load()
   Text3.Text = Date                          '显示系统日期
End Sub
```

同样需要为执行权限认证的命令按钮编制过程代码，其单击事件的过程代码编制如下：

```
Private Sub Command1_Click()
   If Text1.Text = Text3.Text Then
      Unload Form1
      Unload Form2
      Form3.Show
   Else
      MsgBox ("密码错误，不能进入主窗体，请重新输入！")
      Text2.Text = Text2.Text + 1                                  '累计判断次数
      If Text2.Text >= 4 Then
         MsgBox ("对不起，你不是合法用户，不能进入系统！")
         Unload Form1
         Unload Form2
         Unload Form3
      End If
   End If
End Sub
```

“取消”命令按钮的过程代码如下：

```
Private Sub Command2_Click()
   Unload Me
End Sub
```

注意该权限论证的过程代码与前面例 4 中的过程代码的区别和联系。它的主要区别在于判断条件中的 If 语句发生了变化，输入的用户密码应该是计算机系统当前日期这个参数，而这个参数又是随着系统日期的变化而变化的。同时计算机系统的日期还可以由用户自行设置，这样可以极大地增加系统的安全性。

在系统加密方法中，还有随机数加密方法和硬件加密方法，这不在本教材讨论之列。

11.3 窗体菜单创建、窗体调用、报表的调用与系统集成技术

在前面各个章节中，介绍了关于窗体的制作与调用、报表的基本制作技术与调用方法，但多是运用命令按钮加以调用或集成的，事实上窗体或报表的调用除可以用命令按钮调用之外，在一个标准的 Microsoft 应用程序中，通常还用菜单来对其他窗体或对象进行调用。因此，这里将比较详细地介绍如何在 Visual Basic 6.0 集成开发环境中为窗体尤其是

为主窗体创建菜单，然后运用菜单的方式对系统中的其他窗体或报表进行调用或集成。

11.3.1 Visual Basic 6.0 菜单编辑器及其菜单创建

在以美国微软开发公司开发的 Microsoft Windows 为标志的窗口型应用程序软件问世以来，人们一直将其作为软件开发或系统设计的标准参照物，在这样的应用系统之中，主控界面的主菜单以及加速键面板中的加速键和状态条的制作成为主控界面的“主体工程”，为此，要掌握 Windows 风格的应用系统开发，首先必须学会在窗体中对主菜单进行制作。

菜单通常运用于系统主窗体中，主窗体或系统主控界面中的菜单往往包括主菜单和子菜单，两者是相辅相成的。菜单在窗体中的应用，能够体现一个系统的专业化水平，同时也为用户使用系统提供了方便。因此在应用程序中制作菜单是一个基本的任务。这里就介绍如何在窗体中制作菜单并用菜单调用其他窗体或报表的方法。

在 Visual Basic 6.0 中文版中，主菜单主要是通过一个菜单编辑器加以设计和创建的。菜单设计器的打开有两种方式：

（1）通过工具 Visual Basic 6.0 中文版集成开发环境中的“工具”菜单打开菜单编辑器，如图 11.20 所示。

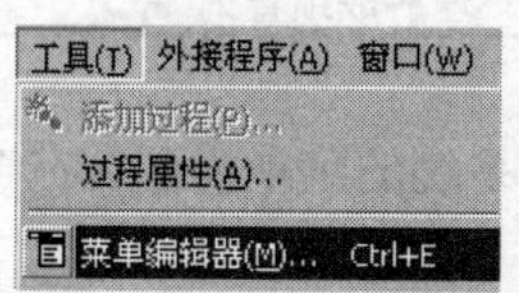

图 11.20 工具菜单

【注意】菜单是为工程中的窗体进行创建的，因此，从工具菜单中打开菜单编辑器的前提是首先需要创建一个工程并有一个存在的窗体作为当前开发的对象。在这样的情况下 Visual Basic 6.0 中文版集成开发环境中“工具”菜单中的“菜单编辑器”选项才处于激活状态，否则它处于非激活状态，即“灰暗”状态。

（2）打开菜单编辑器的第二种方法是直接在窗体中进行，下面仍以一个演示工程为例来加以说明。

【例 6】创建一个标准 EXE 工程，将工程中的第一个窗体作为系统主控界面，并在该窗体中调用其他窗体。

（1）创建标准 EXE 工程，保存工程文件和单元文件。

（2）右击窗体 Form1 中的任意空白位置，出现一个菜单编辑器，如图 11.21 所示。

（3）规划菜单条目。在创建菜单之前，首先应该规划出窗体所使用的菜单条目以及主菜单的下级子菜单的条目。菜单包括菜单条目名称、下拉子菜单条目名称以及菜单对应的快捷键的定义等。这里以前面的高考成绩管理系统为例来说明菜单条目的规划。在高考成绩管理系统中，所需要的菜单条目设计如表 11.3 所示。

图 11.21　菜单编辑器

表 11.3　高考成绩管理系统菜单设计

菜单类型	考生成绩管理分类	
主菜单	理科成绩管理	文科成绩管理
子菜单	理科成绩录入	文科成绩录入
	理科成绩查询	文科成绩查询

表 11.3 给出了高考成绩管理系统的菜单规划，在窗体中创建菜单时就需要按该规划进行创建，其过程如下。

（4）在菜单编辑器中创建主菜单条目“理科成绩管理”，其效果如图 11.22 所示。

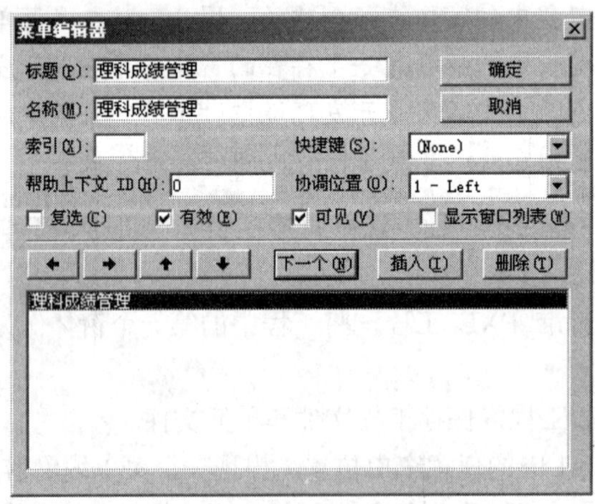

图 11.22　理科成绩管理主菜单

（5）在菜单编辑器中单击“插入”按钮，出现下一个主菜单条目的编辑界面，在菜单编辑器中创建主菜单条目“文科成绩管理”，其效果如图 11.23 所示。

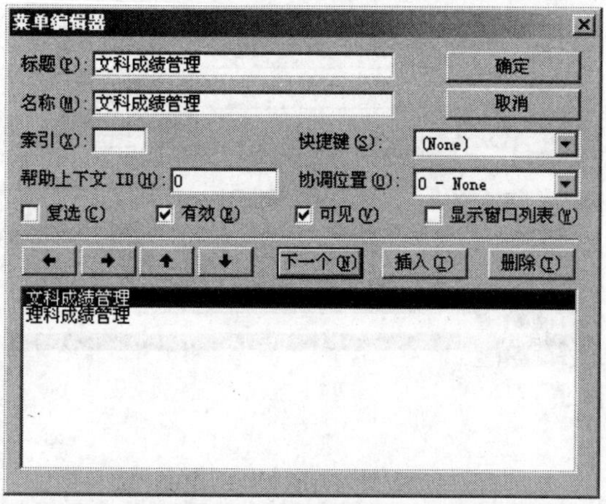

图 11.23　文科成绩管理主菜单

有了窗体的两个主菜单条目，需要为它们创建下一级的子菜单条目，即“理科成绩录入”、“理科成绩查询”、“文科成绩录入”和“文科成绩查询”。

（6）用“↑”按钮将“理科成绩管理”主菜单移动到第一行。

（7）用“插入”按钮在理科成绩管理菜单条目和文科成绩管理菜单条目中插入一个空的菜单条，然后单击“→”按钮，则给出一个创建新的子菜单的空间，如图 11.24 所示。

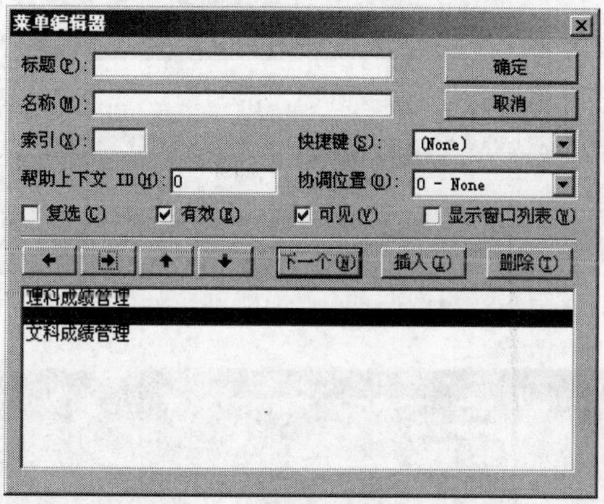

图 11.24　子菜单条目的空间位置

（8）为“理科成绩管理”主菜单创建第一个子菜单条目“理科成绩录入”并为该子菜单定义一个快捷键为“Ctrl+A”（注意：主菜单不能定义快捷键），如图 11.25 所示。

（9）创建其他的子菜单条目，采用与“理科成绩录入”子菜单的创建相同的方法可以创建其他 3 个子菜单条目。这样最终生成的菜单如图 11.26 所示。

（10）单击“确定”按钮完成菜单的制作过程，如果菜单创建中存在问题，系统将会给出相关的提示信息，用户可以对菜单进行修改。其菜单在工程中的运行效果如图 11.27 所示。

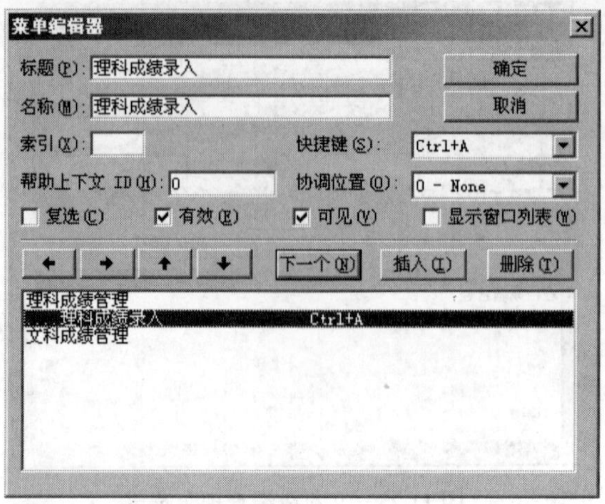

图 11.25　子菜单条目生成效果

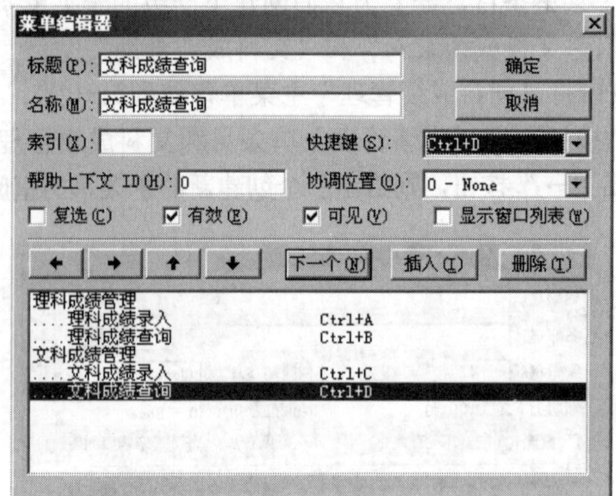

图 11.26　最终生成的菜单

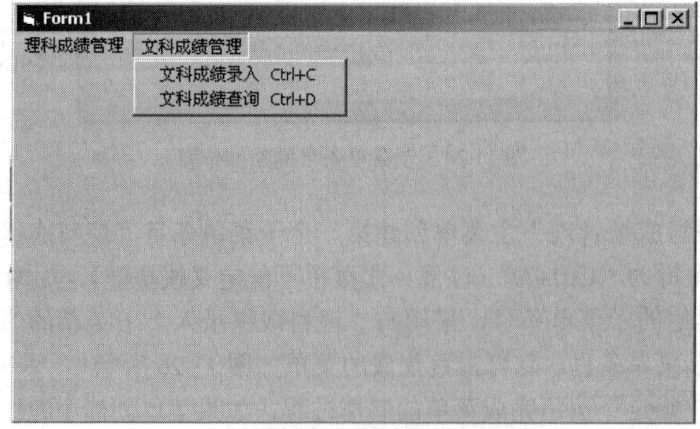

图 11.27　菜单的运行效果

11.3.2 菜单条目的事件过程代码的编制与系统集成

菜单条目一经创建，它就成为系统中的一个对象，作为菜单本身，它与一般命令按钮的作用和功能是一样的，主要用于调用其他对象或执行其他程序，如窗体或报表的调用等。在系统的运行期，使用菜单对其他对象进行调用的过程，就是执行一个事务的过程，因此在系统设计期，需要为这些事务编制相关的过程代码。

【例 7】在例 6 的工程中，添加 4 个新的窗体 Form2、Form3、Form4、Form5，分别用于制作“理科成绩录入”、“理科成绩查询”、“文科成绩录入”、“文科成绩查询”；然后用 4 个子菜单分别调用这 4 个窗体，这样就形成一个完整的系统框架。

（1）继续例 6 的工程。

（2）添加 4 个窗体 Form2、Form3、Form4、Form5 并保存相应的单元文件。

（3）分别编制 4 个子菜单条目的过程代码，以第一个子菜单“理科成绩录入”的过程代码编制为例，做如下操作。

（4）在窗体 Form1 中双击“理科成绩录入”菜单，出现一个过程代码编辑器，编制过程代码如下：

```
Private Sub 理科成绩录入_Click()
   Form2.Show
End Sub
```

（5）运行工程并检验子菜单对窗体的调用，其效果如图 11.28 所示。

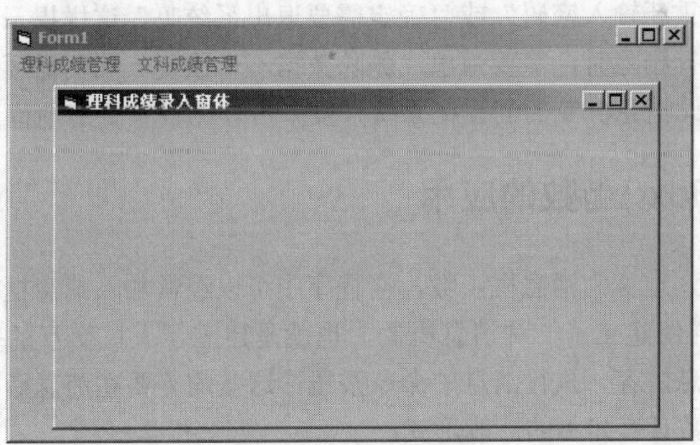

图 11.28 子菜单对窗体的调用

（6）用同样的方法编制其他 3 个子菜单条目的过程代码，其过程代码分别如下：

```
Private Sub 理科成绩查询_Click()
   Form3.Show
End Sub
```

```
Private Sub 文科成绩录入_Click()
    Form4.Show
End Sub
```

```
Private Sub 文科成绩查询_Click()
    Form5.Show
End Sub
```

这样就完成了在系统的主窗体中创建菜单条目和为菜单创建过程代码的过程。如果用户不仅是将菜单用于调用窗体，如还需要调用报表，则只需要在过程代码中对调用的对象加以修改即可。

可以看出，菜单的作用与命令按钮的作用是基本一致的，只是作用的方式有所区别而已。

11.4 对话框与消息机制的建立与系统集成技术

对于一个系统，在执行相关事务的过程中，往往是按人机交互的任务处理方式进行的。在系统的运行期用户往往根据相关的信息来执行前面或后面的任务，因此在系统开发期，需要建立相关事务之间的一些消息机制，以实现指导用户完成操作的功能。在消息机制的创建中，我们已经涉及到许多的应用，如在进行系统权限认证或系统退出的过程中，系统会经常弹出“重新输入密码”或“确定需要退出系统吗”这样提示信息；又如，在对数据表中的记录进行删除时，需要弹出“删除数据不可恢复，确实需要删除数据吗？”这样的提示信息。因此消息机制的创建在系统开发中占有比较重要的地位。

11.4.1 MsgBox()函数的应用

MsgBox()函数，也称为消息框函数，在程序中可以经常加入消息框函数为用户提供一定的“消息”，这样便建立了一种消息机制，也就是建立了人机交互的基础。消息框具有消息框的标题、消息内容、执行消息的命令按钮，这些均需要在消息函数中通过参数来确定。一个消息框函数具有如下的一般形式：

```
MsgBox prompt[,Bottons][,title][,helpfile,context]
```

其中，prompt 参数就是为用户提供的消息“文本”，它通常为一个字符串，消息框函数中的按钮 Bottons 参数则是定义按钮的数目与形式。设置不同的参数，则将显示不同的按钮个数和按钮的类型，如图 11.29 就是一个消息框函数的运行效果和按钮个数与类型。

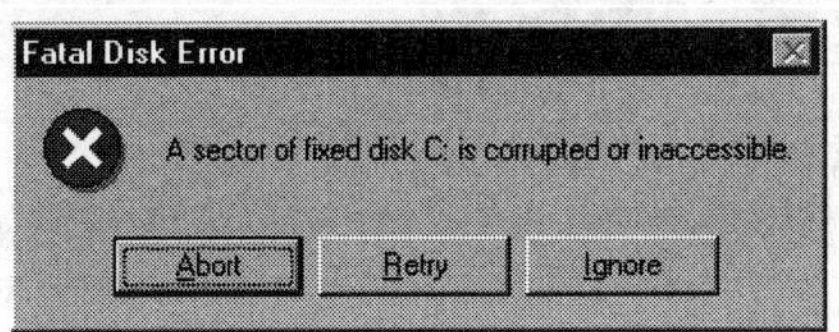

图 11.29　消息框按钮的个数与形式

helpfile 和 context 参数则是为用户提供帮助内容，这一参数比较少用。也即是说，在消息框函数中，主要设置前面 3 个参数的内容。

为了对消息框函数的参数有一个完整的应用说明，我们给出如下实例：

【例 **8**】在窗体中放入一个命令按钮，用来调用一个消息。编制命令按钮的过程代码如下：

```
MsgBox "打开文件时出现错误！" & vbCrLf & "请重试一次！", vbExclamation, "消息框标题"
```

其工程的运行效果如图 11.30 所示。

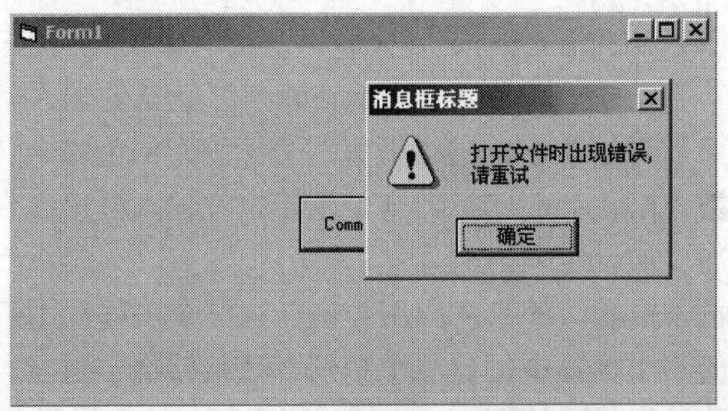

图 11.30　消息框函数与参数的应用

消息框函数中的标题和消息文本主要由用户进行设计，但消息框中命令按钮的个数和按钮的形式是多种多样的，因此不太方便用户记忆，但也无须用户记忆，因为在为消息框函数设置按钮的个数时，系统会自动出现一个消息框函数的语法与参数选择的智能提示界面，如图 11.31 所示。

消息框函数主要输出一个信息，让用户根据信息进行操作，因此通常也将消息框函数称为输出函数框。

11.4.2　输入消息框函数的应用

与输入出函数框相对应的，在一些系统的使用中，需要提示用户输入一些信息，以便系统做进一步的操作，这也是一种消息机制。如在系统启动后，需要用户输入用户密码，这时候就需要用到一个函数来执行，这个函数就是输入消息框（InputBox）函数。

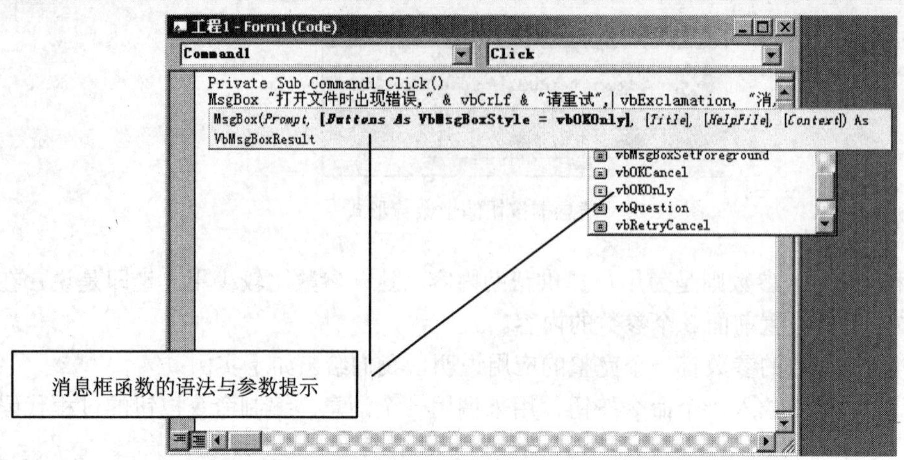

图 11.31　消息框参数设置的智能提示

InputBox 函数与输出消息框函数的基本形式非常类似，它的函数形式如下：

```
InputBox prompt[,title][,default],[,xpos,ypos][,helpfile,context]
```

其中，prompt[,title] [,helpfile,context]参数的意义与输出框 MsgBox 的意义相同。而[,default]参数则为一个字符串变量，用于显示在输入区默认的输入信息，如用户经常使用的一些固定的值，就可以通过该参数进行设置，若无固定的值输入，则该参数可以采用默认方式即不输入该参数。[,xpos,ypos]参数则是用于定位输入框出现在屏幕中的位置的坐标参数，用户可以根据需要加以定位。

同样，为了说明输入框函数的具体应用，特创建一个工程，用于检验用户密码。

【例 9】在工程的一个窗体中创建一个按钮，该按钮用于显示一个输入框并输入用户密码。编制命令按钮的过程代码如下：

```
Private Sub Command1_Click()
   InputBox "请输入用户密码", "权限认证", "123456", 2000, 3000
End Sub
```

这样工程运行的效果如图 11.32 所示。

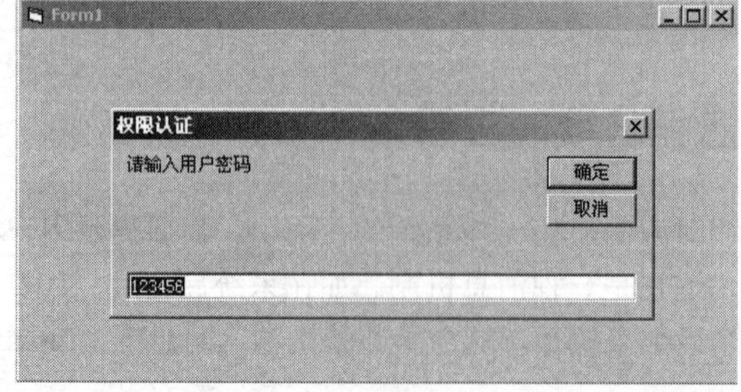

图 11.32　输入框函数的应用效果

可以看出，用输入框函数进行权限认证存在一定的局限性，因为它输入的值为“明码”显示，不如前面介绍的权限认证方法科学。

本章介绍了 Visual Basic 6.0 中文版在系统集成中的一些问题，主要包括：主窗体与其他窗体的调用问题，主窗体与报表的调用问题，主窗体菜单制作与系统集成的问题，消息框函数与系统集成的问题。这些问题均是在系统制作中所需要的，因此读者需要认真掌握。

11.5 习题

1．试说明系统集成的基本思想和所涉及的一些基本方法。

2．说明建立系统封面窗体的几种方法。

3．掌握系统权限认证窗体的制作方法。

4．掌握主窗体菜单制作的方法并说明菜单与命令按钮在系统集成中的功能作用的异同。

5．建立机制有哪两个函数？并在工程中分别用它们制作一个消息框。

第 12 章　Visual Basic 6.0 中文版应用系统开发实例

前面介绍了 Visual Basic 6.0 中文版在工程计算和应用系统开发方面的基础理论、基本应用和系统开发的一些知识，尤其是数据库应用系统开发的许多知识。读者掌握了前面这些知识后就具备了一定的项目开发的基础。但应用系统开发的学习过程是一个实践性的过程，而且需要长时间的系统开发的训练才能对一个应用系统开发平台和相关的语言有足够的认识，因此，本章将介绍两个利用 Visual Basic 6.0 中文版开发数据库应用系统的例子，这对于读者充分理解本教材的内容和掌握系统开发的一般性方法是大有好处的。

12.1　用 Visual Basic 6.0 中文版制作一个完整的高考成绩管理系统

在本教材写作的整个过程中，利用了一个模拟的“高考成绩管理系统”作为基本素材，因为这个系统具有数据库应用系统的典型特征，这个例子一直贯穿于整个内容介绍的全过程。但由于教材总是按照一定的大纲和线索逐步展开的，相关的知识也需要一步一步地加以介绍，因此在对“高考成绩管理系统”的一些开发方法的介绍中，总是分散地、零碎地结合相关的知识点和相关的内容在进行的。为了对该系统的制作有一个全面的认识，也作为系统开发与制作的一个基本的总结，这里给出“高考成绩管理系统”的一个比较完整的制作过程。

12.1.1　系统设计与制作的目的和意义

高考成绩的统计与查询工作是一件非常复杂和具有重要社会意义的事情，它涉及面广泛，数据量大，如有不慎，将会造成巨大的影响。目前，我国高考成绩查询已经有非常成功的系统，但作为学习计算机编程，尤其是用 Visual Basic 6.0 中文版编程的实例，也许还是一次尝试。通过对该系统的设计与制作，读者将会对数据库系统开发，尤其是用 Visual Basic 6.0 中文版开发数据库系统，有更为深刻的认识。

同时，成绩处理具有通用性，高考成绩管理系统中的程序不仅只适合于处理高考成绩，对于各级各类学校的成绩处理也具有代表性。为此，只要掌握了高考成绩系统的开发应用，其他成绩管理系统的开发应用也就迎刃而解了。

12.1.2 系统功能的分析与设计

作为高考成绩管理的系统，它应该具有如下的一些功能：

① 高考成绩录入编辑功能。如成绩的添加、修改、编辑等功能。

② 自动统计功能。管理系统能够对每一位学生的总成绩和平均成绩进行自动统计。

③ 高考成绩查询功能。查询系统应该按准考证号进行查询，因为准考证号在全国都是统一的，每一考生有一个而且是惟一一个准考证号，因而按准考证号进行查询是最科学和恰当的。

④ 从管理的对象来看，成绩管理系统分为理科成绩管理和文科成绩管理两种情况，使用时可以非常方便地在两者之间进行切换，以根据各种考生进行分类查询。

⑤ 应该具有报表功能，通过报表能够为每一位考生分发成绩单。

⑥ 系统中将用到一个“高考成绩管理数据库.mdb”，并在其中创建了“理科主表”、“理科从表”、“文科主表”、“文科从表”和一个“权限表”，其中“理科主表”和“理科从表”相关联，“文科主表”与“文科从表”相关联。

⑦ 文科成绩的相关窗体制作与理科成绩管理的相关窗体的制作几乎是完全一致的，因此对于文科成绩管理的相关窗体制作仅略加介绍。图 12.1 所示是系统的功能模块设计。

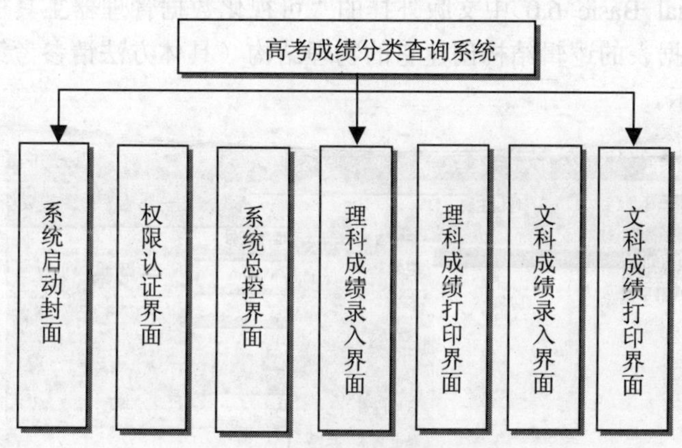

图 12.1 系统功能模块设计

12.1.3 数据表结构设计与创建

按照系统创建的顺序，将首先为系统创建必要的数据表的逻辑结构和物理结构。

1. 创建理科主表

先定义理科学生成绩管理的主数据表，它分别管理学生的“准考证号”、“学生姓名”和“考前学校”3 个方面的内容。而性别、年龄、出生地点等信息均无须再在数据表中加以说明，因为一个考生的准考证号将包含这些内容。定义理科主数据表的逻辑结构如

表 12.1 所示。

表 12.1 “理科主表”逻辑结构定义

字段名称	字段类型	字段大小	索引字段
准考证号	Integer	默认	主索引 惟一索引
考生姓名	Text	18	
考前学校	Text	28	

在理科主数据表的逻辑结构定义中，将学生的“准考证号”字段定义为主索引和惟一索引字段，因为在全国的所有考生中，考生编号是不能重复的，每一考生必须有惟一的一个准考证号码。此外，关键字段的建立除使该字段记录的数据具有惟一性之外，关键字段是进行数据表之间连接的重要手段，往往在数据表之间的连接中，是通过一个数据表的关键字段与另外的数据表的关键字段或第二索引的字段进行关联，从而将两个数据表的记录有机地联系起来。

在创建数据表的物理结构之前，首先通过 Visual Basic 6.0 中文版外挂的“可视化数据管理器工具”创建一个“高考成绩管理数据库.mdb”的数据库文件。将该文件保存到“D:\ Visual Basic 应用与开发教程配例\第 12 章\”中，保存的数据库名为“高考成绩管理数据库”，其扩展名“.mdb”自动生成，无须用户输入扩展名。

然后通过 Visual Basic 6.0 中文版外挂的“可视化数据管理器工具”，在数据库文件中，根据理科主数据表的逻辑结构创建它的物理结构（具体方法请参考第 2 章的有关内容），如图 12.2 所示。

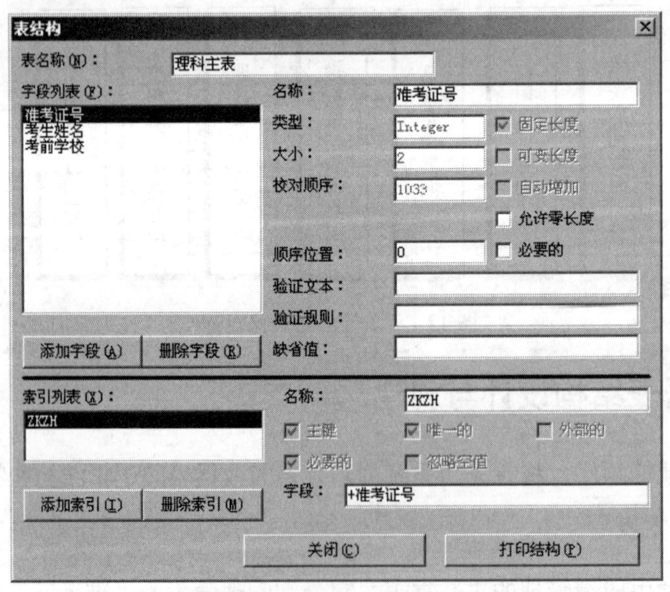

图 12.2 理科主表结构创建

该数据表的物理结构说明，在数据表的结构创建时，安排了准考证号为关键字段，故

其关键字设置前有一个+号。另外，设计了该考生的考前学校，即考试前所在学校，这样，一旦查询到该考号，便立即知道该学生原所在学校，原学校情况的反映往往是必要的。

2. 创建理科从表

在高考成绩的数据表结构中，从表的字段仍然比较少，主要包括 4 个字段：准考证号（它与主表中的准考证号相关联）、考试科目、考试成绩和科目序号。其逻辑结构如表 12.2 所示。

表 12.2 “理科从表”逻辑结构定义

字 段 名 称	字 段 类 型	字 段 大 小	索 引 字 段
科目序号	Integer	默认	惟一索引
准考证号	Integer	默认	
考试科目	Text	18	
考试成绩	Single	默认	

【注意】在理科从数据表的逻辑结构定义中，定义科目序号为惟一索引字段，这是因为在从表中学生存在几个考试科目的成绩需要登录，而每一学生的每一科目的成绩不能重复，因而需要建立该字段为惟一索引字段。

同样，运用 Visual Basic 6.0 中文版外挂的“可视化数据管理器工具”，根据理科从数据表的逻辑结构创建从数据表的物理结构，其结构创建如图 12.3 所示。

图 12.3 理科从表结构

3. 创建“文科主表”数据表与“文科从表”数据表

文科主表数据表与理科主表数据表的结构和创建过程完全一致，文科从表数据表与理科从表数据表的结构和创建过程也完全一致，可完全以相同的方式、相同的字段名和数据表结构创建文科主表和文科从表，只是保存的数据表名称不同。这一过程就不再重复，其文科主数据表和文科从数据表的物理结构仍在“高考成绩管理数据库”之中进行创建。

4. 创建用户权限表

在系统制作中，需要开发一个权限检验的功能，因此需要用到用户权限数据表，其数据表的逻辑结构如表 12.3 所示。

表 12.3 “权限表”逻辑结构定义

字 段 名 称	字 段 类 型	字 段 大 小	索 引 字 段
用户密码	Text	6	惟一索引
用户姓名	Text	12	

在权限数据表的逻辑结构中，将用户密码设置为惟一索引，因为从严格意义上说，一个用户只能有一个惟一的密码。同样用 Visual Basic 6.0 中文版的可视化数据管理器工具，在“高考成绩管理数据库”中创建“权限表”的物理结构，其物理结构如图 12.4 所示。

图 12.4 权限表的物理结构

12.1.4 创建工程与系统启动封面窗体

根据系统的功能模块图，首先创建一个工程和系统的启动封面窗体，其窗体的制作过

程如下：

（1）启动 Visual Basic 6.0 中文版集成开发环境并选择创建一个标准 EXE 工程。

（2）保存工程文件和单元文件在“D:\ Visual Basic 应用与开发教程配例\第 12 章\”中。

（3）在窗体 Form1 中放置一个 Timer1 控件和一个文本编辑框控件 Text1，这两个控件专门用于对窗体显示时间进行记数的。设置 Timer 控件的 Interval 属性值为 60，设置 Text1 的 Text 属性值为 1。

（4）在窗体中放入一个标签控件 Label1 用于标示系统，设置其标题（Caption）属性为“欢迎使用高考成绩管理系统”，设置其相应的字体字号属性。

（5）在窗体中放入一个映像控件 Image1，为该控件引入一个位图文件以修饰窗体。

（6）在窗体中放入另外一个标签控件，用于对系统加以说明，设置其标题（Caption）属性为“长江虚拟考试中心演示开发”。

（7）为窗体引入一个位图图片作为窗体背景，即设置窗体的 Picture 属性引入一个图片文件。这样窗体 Form1 的布局如图 12.5 所示。

图 12.5　窗体 Form1 布局效果

此外，在窗体的布局中，通常设置它为无边框的。Timer1 控件本身是一个非可视的，因此采用默认设置。而 Text1 控件是一个可视的控件而且其默认值不是字符串型的，但由于它仅起一个记数的功能，因此设置它的可视属性为 false，即运行时不可见，而且需要给它赋初值 1。根据这些要求，设置窗体 Form1 及其中的控件属性如表 12.4 所示。

表 12.4　窗体及控件属性设置表

对象名称	属　性	属性值	属性值说明
Form1（系统启动窗体）	Caption	系统启动窗体创建演示工程	标题运行时不可见
	BorderStyle（边框类型）	None	运行时无边框显示
	名称	Form1	窗体名称
	Picture	图片文件	修饰窗体
	SartUpPosition	屏幕中心	运行时居于屏幕中心

（续）

对象名称	属 性	属 性 值	属性值说明
Timer1（计时对象）	Interval	60	1/60 秒间隔
Text1	Visible	False	运行时不可见
	Text1	1	初值为 1
Label1	Caption	欢迎使用高考成绩管理系统	说明系统
Label2	Caption	长江虚拟考试中心演示开发	说明系统
Image1	Picture	图片文件	修饰窗体

窗体 Form1 在运行期的显示时间是由 Timer1 控件进行控制和 Text1 控件进行记录的，因此需要对 Timer1 控件编制相关的过程代码。其方法是，双击该控件，出现一个 timer 的事件编辑器，编制过程代码如下：

```
Private Sub Timer1_Timer()
   Text1.Text = Text1.Text + 1
   If Text1.Text >= 20 Then
      Timer1.Interval = 0
      frmLogin.Show
      Form1.Hide
   End If
End Sub
```

在代码 frmLogin.Show 中，frmLogin 窗体是后面即将创建的系统登录窗体。

12.1.5 创建系统权限认证窗体

在系统的启动封面闪烁之后，应该出现一个权限认证窗体，只有在权限认证窗体中经过权限认证之后，才能进入主窗体界面进行相关的操作。创建权限认证窗体的过程如下：

（1）单击 Visual Basic 6.0 中文版主菜单“工程/添加窗体”，出现一个添加窗体的类型选择面板，如图 12.6 所示。

（2）在窗体类型中选择“登录对话框”类型的窗体，然后单击“打开”按钮，则在工程中添加了一个登录对话框窗体，保存该对话框的单元文件。其对话框窗体如图 12.7 所示。

但注意到这一登录窗体作为一个窗体模板远不能满足我们的需要，因为在前面已经创建了一个权限表，登录窗体在权限认证时需要与用户姓名和密码联系起来，因此需要对登录窗体进行改造。

（3）将登录窗体中的第一个文本框控件删除，并放入一个组合框控件 Combo1。

（4）在窗体中放入一个新的文本框控件 Text1 和一个数据控件 Data1 用于连接数据库，在系统运行时，这两个控件均不显示，即需要将隐藏。这样新布局的登录窗体如图 12.8 所示。

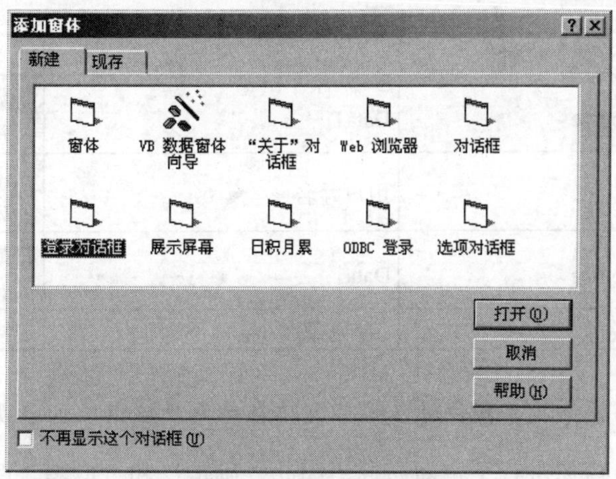

图 12.6 窗体添加的类型选择

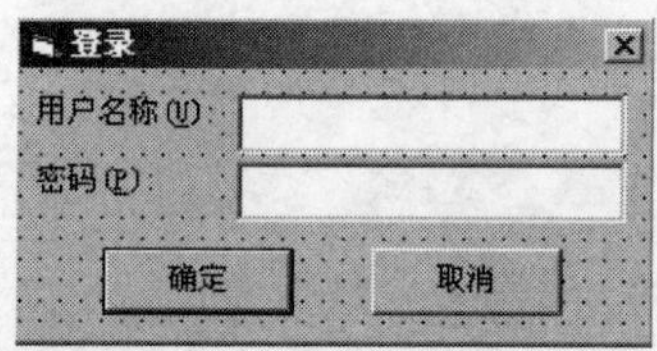

图 12.7 登录窗体的加入

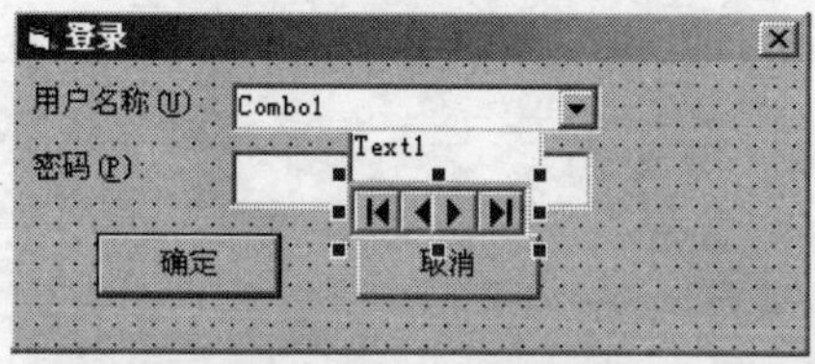

图 12.8 登录窗体的新布局

登录窗体及其控件的属性设置如表 12.5 所示。

表 12.5 登录窗体及控件属性设置表

对象名称	属性	属性值	属性值说明
frmLogin（系统登录窗体）	Caption	登录	窗体标题
	BorderStyle（边框类型）	Fixed Dialog	固定对话框
	名称	frmLogin	窗体名称
	SartUpPosition	屏幕中心	运行时居于屏幕中心
Text1	Visible	False	运行时不可见
Data1	Visible	False	运行时不可见
	DatabaseName	D:\Visual Basi 应用与开发教程配例\第十二章\高考成绩管理数据库.mdb	作为数据源引用而连接的数据库名称
	RecordSource	权限表	引入数据库中的数据表

（续）

对象名称	属　性	属　性　值	属性值说明
Combo1	DataSource	Data1	将数据控件作为数据源引入对象
	DataField	用户姓名	以用户姓名作为列表框中的列表内容供用户选择
Text1	DataSource	Data1	将数据控件作为数据源引入对象
	DataField	用户密码	连接用户密码字段

【注意】表中的窗体及其控件的属性可直接在对象属性框中加以设置。

我们已经对登录窗体进行了重新布局，因此“确定”和“取消”两个命令按钮需要编制过程代码。作为“取消”命令按钮，其代码仅用于关闭窗体，因此对于权限认证或登录窗体，其关键在于重新编制“确定”命令按钮的过程代码，其修改后的过程代码如下：

```
Private Sub cmdOK_Click()
    If txtPassword = Text1.Text Then
      LoginSucceeded = True
      Form2.Show
      Me.Hide
    Else
       MsgBox "密码不对，请重试!", , "登录"
       txtPassword.SetFocus
       SendKeys "{Home}+{End}"
    End If
End Sub
```

其过程代码 Form2.Show 中的 Form2，是我们即将加入的一个用于系统主控界面的窗体，即在权限认证通过之后，调用系统主窗体。

“取消”命令按钮的过程代码只需要做简单的修改即可，其修改后的过程代码如下：

```
Private Sub cmdCancel_Click()
    LoginSucceeded = False
    Unload Form1
    Me.Hide
End Sub
```

这样在系统启动窗体运行之后，出现权限认证窗体，其运行效果如图 12.9 所示。

在登录的权限认证窗体中，用户可以在用户名称列表框中选择自己的用户名，然后输入自己的密码确认即可。

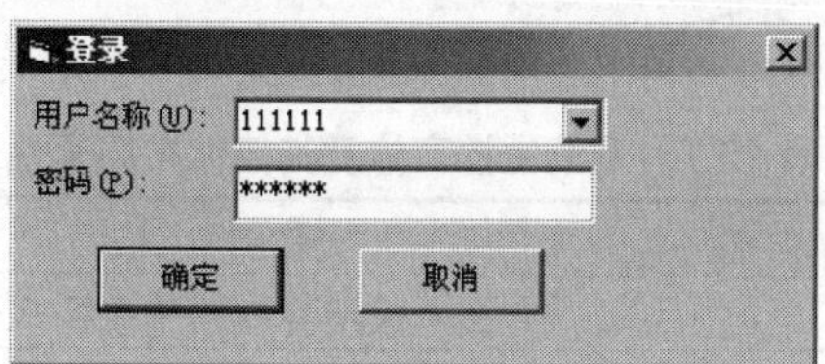

图 12.9 权限认证窗体运行效果

12.1.6 创建系统主控界面设计

在权限认证通过之后，系统应该出现主控界面，然后执行相关的成绩管理操作。其主窗体的创建过程如下：

（1）在工程中添加一个常规窗体，保存新创建的窗体 Form2 的单元文件。

（2）创建窗体的主菜单及下拉菜单，其菜单规划如表 12.6 所示。

表 12.6 高考成绩管理系统菜单设计

菜 单 类 型	考生成绩管理分类		
主菜单	理科成绩管理	文科成绩管理	权限维护
子菜单	理科成绩录入	文科成绩录入	
	理科成绩查询	文科成绩查询	

读者可以利用前一章中所介绍的菜单创建方法加以创建，其菜单创建后的效果如图 12.10 所示。

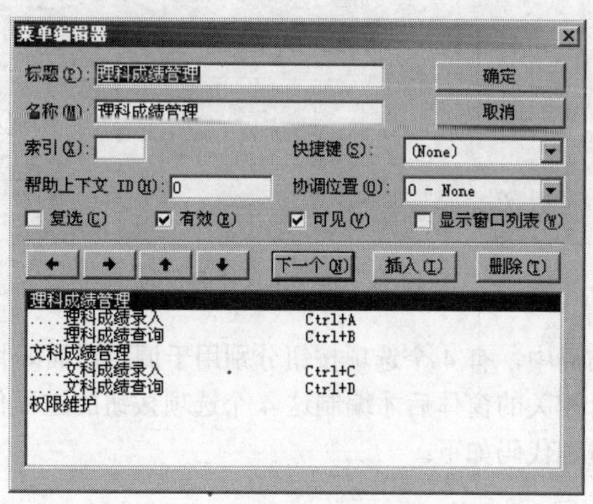

图 12.10 菜单设计器与菜单创建

（3）在窗体中放入两个框架控件 Frame1、Frame2 以使窗体形成层次感。

（4）在窗体的两个框架控件中分别放入两个选项按钮控件即一共 4 个选项按钮控件。

（5）在窗体中放入一个命令按钮用于关闭整个系统。窗体及其窗体中的控件属性设

置如表 12.7 所示。

表 12.7　系统主控窗体及其控件布局属性

对象名称	属　性	属 性 值	属性值说明
Form2（系统主窗体）	Caption	高考成绩管理系统总控平台	窗体标题
	BorderStyle（边框类型）	Fixed Dialog	固定对话框
	名称	Form2	窗体名称
	SartUpPosition	屏幕中心	运行时居于屏幕中心
Frame1	Caption	理科成绩管理	框架标题
Frame2	Caption	文科成绩管理	框架标题
Option1	Caption	理科成绩录入	选项按钮标题
Option2	Caption	理科成绩查询	选项按钮标题
Option3	Caption	理科成绩录入	选项按钮标题
Option4	Caption	理科成绩查询	选项按钮标题
Command1	Caption	退出系统	按钮标题
	Style	1-Griphical	图形按钮
	Picture	加入一个图片文件	修饰图片

这样系统主窗体的整个布局如图 12.11 所示。

图 12.11　系统主窗体的布局

在系统主窗体的布局中，有 4 个选项按钮分别用于调用后面即将制作的 4 个成绩管理窗体。我们在后面结合相关的窗体后才编制这 4 个选项按钮的过程代码，这里仅给出“退出系统”命令按钮的过程代码如下：

```
Private Sub Command1_Click()
   Unload Form2
   Unload Form1
   Unload frmLogin
End Sub
```

12.1.7 理科成绩录入窗体设计制作

理科考试成绩录入窗体主要承担整个理科考生成绩的录入，要将数据录入并保存在数据表中，需要用一系列的数据库相关控件将其连接起来。但注意到 Visual Basic 6.0 中文版对于用控件来进行数据表的关联功能似乎比较弱，而理科成绩录入窗体中的考生基本信息又应该与该考生的成绩联系起来，因此仍用数据窗体向导来完成理科成绩录入窗体的制作，其过程如下：

（1）在工程的集成开发环境中通过“外接程序”菜单中的“外接程序管理器”将“数据窗体向导”的功能引入到外接程序菜单中（这个方法我们已经在前面阐述过），如图 12.12 所示。

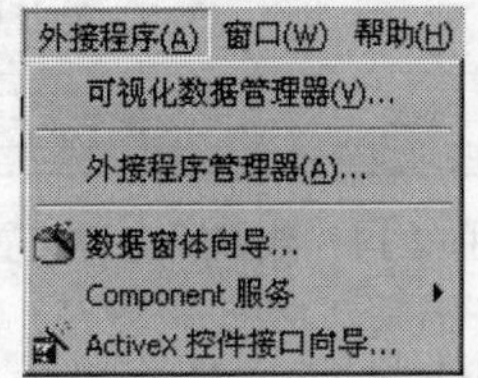

图 12.12 数据窗体向导菜单的出现

（2）单击“数据窗体向导”选项，出现向导的第一个界面。

（3）单击“下一步”按钮出现一个选择数据库格式的界面，如图 12.13 所示。

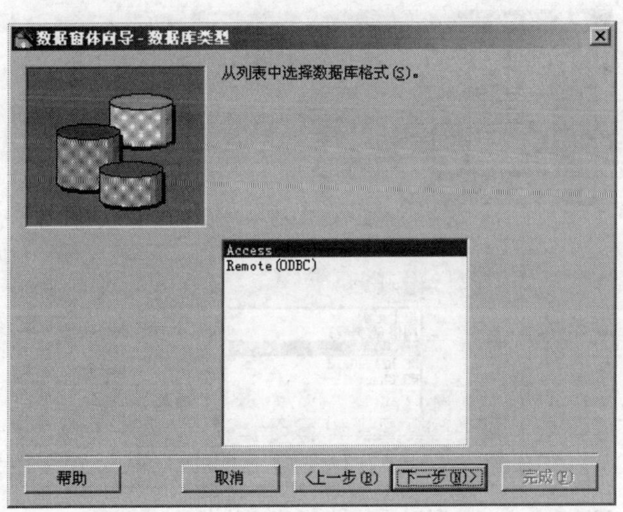

图 12.13 数据库格式选择界面

在数据库格式选择中，用户可以选择两种类型的数据库，一种是微软的 Access 类型数据库，一种是远程的 ODBC 类型数据库。根据前面创建的数据库类型，选择微软的 Access 类型数据库。

（4）单击“下一步”按钮出现数据库名称连接的对话框，在对话框中通过“浏览”

按钮可以从文件对话框中找到创建的数据库，如图 12.14 所示。

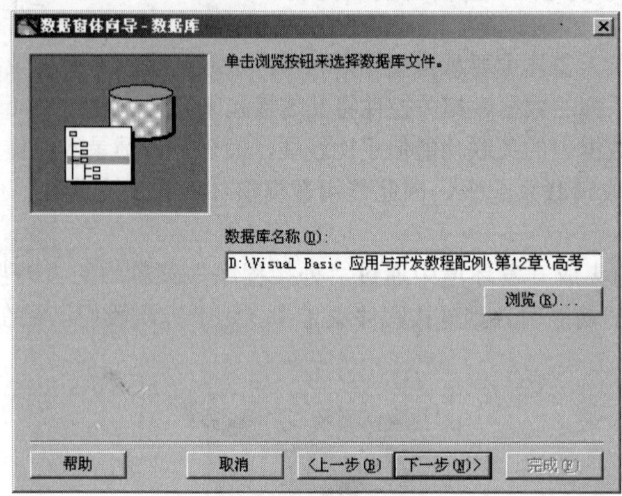

图 12.14　数据库名称设置

（5）单击“下一步”按钮，出现一个窗体布局的选择设置界面，必要时，可以给窗体一个名称，如果不给一个特定的命称，则系统按与数据库有关的名称自动给窗体命名，此处按自动命令处理，这样还比较方便地反映了窗体与数据库的关系。在窗体布局中做如图 12.15 所示的设置。

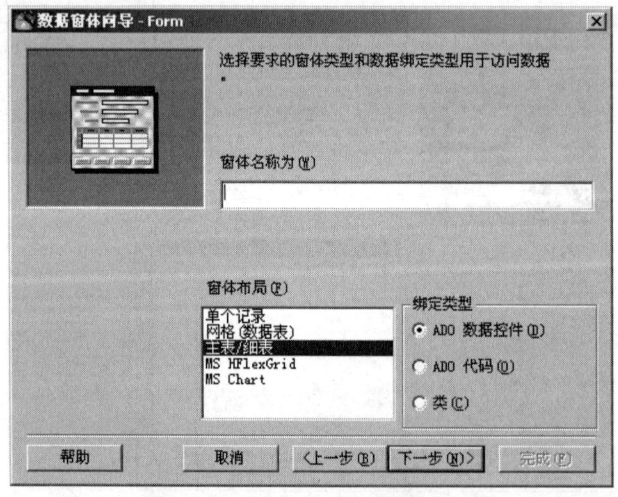

图 12.15　主/从表窗体布局

（6）单击“下一步”按钮，出现一个记录源设置的界面。在理科成绩处理窗体中，第一个数据源自然是理科主表，因此先选择理科主表作为数据源，然后将全部字段移动到右边的“选定字段”列表框中，如图 12.16 所示。

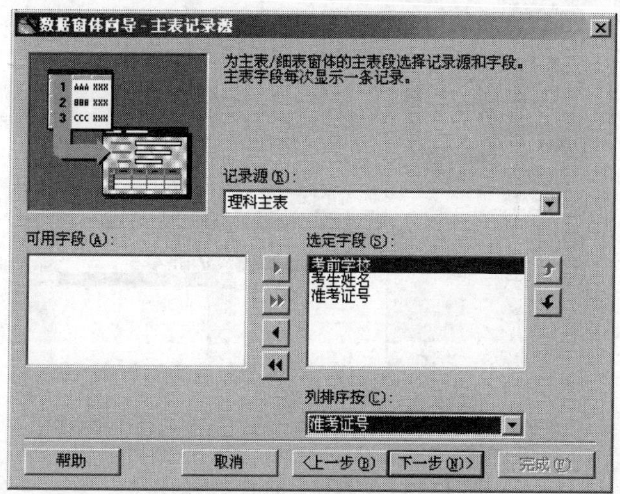

图 12.16　主表数据源的设置

可以设想，在一个主/从窗体中，有了主表数据源文件，自然应该有一个从表数据源，因此需要做下的操作。

（7）单击“下一步”按钮出现从表数据源设置窗体，与理科数据源的数据表设置一样，首先选择从数据表文件，然后将从表中的数据字段全部移动到“选定字段”列表框中，如图 12.17 所示。

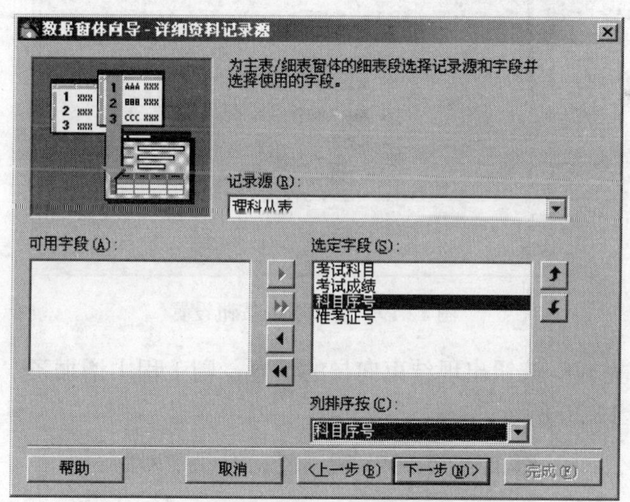

图 12.17　从表数据源的设置

在主表和从表之间，它们的数据并不是自然就关联的，需要进行相关的连接才行，因此继续如下操作。

（8）单击“下一步”按钮，出现主数据表中的全部字段和从数据表中的全部字段，在两个数据表的字段之中，选择“准考证号”作为两个表的关联字段，如图 12.18 所示。

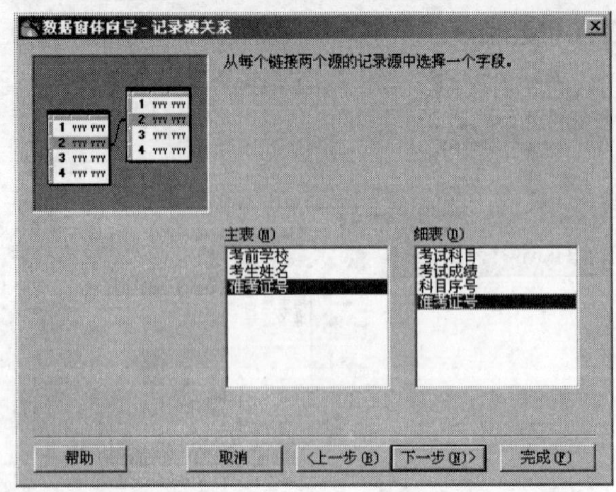

图 12.18　数据表之间的关联的建立

（9）单击“下一步”按钮出现一个窗体控件布局的界面，用户可以选择窗体中所需要的控件，主要包括数据添加的按钮、删除的按钮等，如图 12.19 所示。

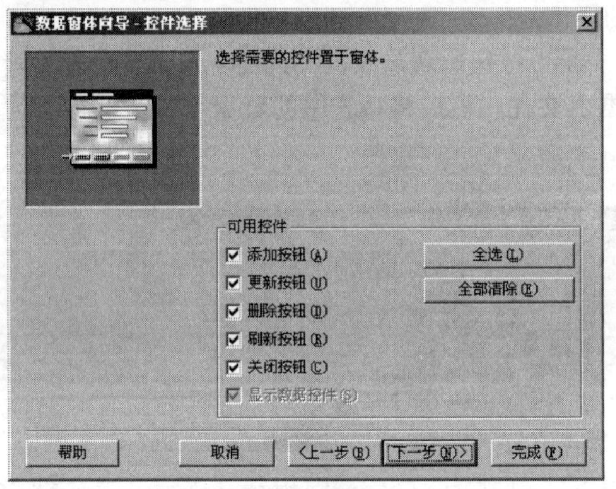

图 12.19　窗体中的按钮设置

（10）单击“完成”按钮出现结束向导的信息，则工程中增加了一个以“理科主表”命名的窗体，如图 12.20 所示。

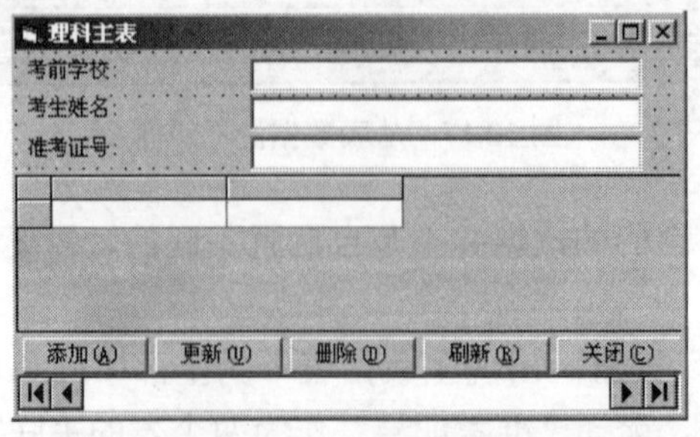

图 12.20　理科成绩管理窗体的制作效果

（11）保存“理科主表”单元文件，结束理科成绩管理制作的全部过程。与其他任何窗体一样，理科成绩处理窗体也需要通过别的窗体来调用。由于系统主窗体是专门用于调用其他窗体的窗体，而且安排了 4 个选项按钮来调用别的窗体，这里就用第一个选项按钮来调用“理科主表”，为此返回到系统主窗体 Form2 中，然后为选项按钮 Option1 编制过程代码如下：

```
Private Sub Option1_Click()
   Frm理科主表.Show
End Sub
```

最后运行工程检验理科成绩处理窗体的调用与使用效果，如图 12.21 所示。

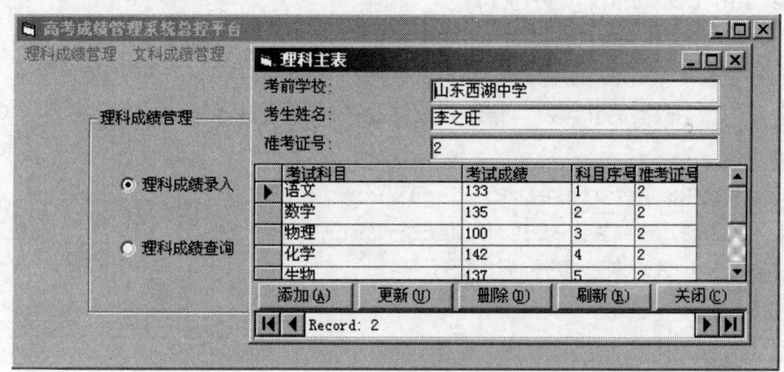

图 12.21　理科成绩管理窗体的运行效果

12.1.8　理科成绩查询窗体的制作

录入成绩只是高考成绩管理的一个部分，但并不是重要的部分。重要的是对录入信息的开发利用，查询信息便是这一重要的方面，为此需要开发一个查询的窗体。

注意到，查询可以按单一字段查询和选择字段查询两种方式进行。这里首先建立一种单一字段查询，可以想象，按考生的准考证号查询是最科学的一种查询方式，因为每个考生的准考证号是惟一的，因此该查询具有极高的准确性。

同时，将成绩处理窗体与查询窗体放置在一个窗体中，即可以实现成绩处理，又可以实现查询。

1. 理科成绩查询窗体的布局

（1）在“理科主表”窗体中，放入一个命令按钮控件 Command1，设置其标题（Caption）属性为“单一查询”，其窗体布局如图 12.22 所示。

（2）编制查询的过程代码。查询功能主要取决于查询命令按钮的过程代码，为此编制查询命令按钮的过程代码如下：

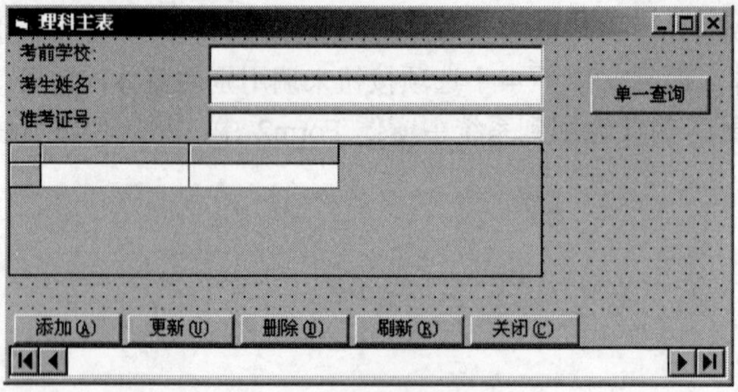

图 12.22　查询窗体布局

```
Private Sub Command1_Click()
   Dim caxuen
   oldrecord = datPrimaryRS.Recordset.Bookmark
   caxuen= Trim(InputBox("请输入准考证号", "成绩查询"))
   caxuen = "准考证号  like '" & caxuen & "'"
   datPrimaryRS.Recordset.Find caxuen
   If datPrimaryRS.Recordset.RecordCount = 0 Then
      MsgBox ("没有符合条件的记录")
   End If
End Sub
```

以上过程代码的意义是不难理解的，在输入准考证号之后，执行查询，寻找与查询变量 caxuen 相匹配的准考证号。如果不存在这样的准考证了，则显示提示信息“没有符合条件的记录”。

执行查询窗体的运行效果如图 12.23 所示。

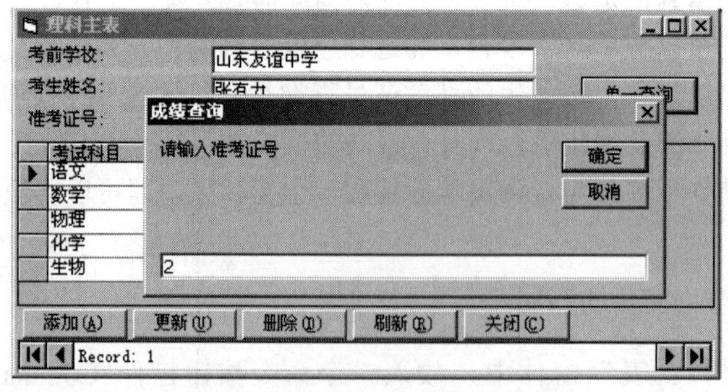

图 12.23　执行查询窗体的效果显示

2. 查询窗体的调用

在主窗体 Form2 中，安排了一个选项按钮 Option2，它专门用于调用查询窗体，为此编制它的过程代码如下：

```
Private Sub Option1_Click()
   Frm理科主表.Show
End Sub
```

这样在工程运行时，就可以通过主窗体对查询窗体进行调用并进行考生成绩按准考证号进行查询。

3. 建立成绩打印单功能

在考生成绩处理界面中，除建立查询机制之外，还可以创建一个成绩打印单的功能，成绩打印单实际上就是一个成绩报表。这里设计的报表是全部考生的成绩报表，打印后只需要将报表裁成成绩条即可分发给考生。成绩报表的制作过程如下：

（1）在工程管理器中添加一个数据环境 DataEnvironment1，在数据环境设计器的第一个连接 Connection1 中添加一个命令，如图 12.24 所示。

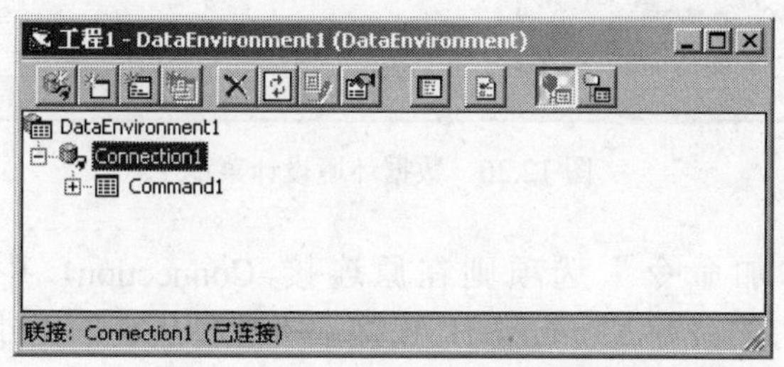

图 12.24　连接中创建的命令

事实上，创建一个连接是通过命令来执行的，而命令就是对数据表的命令，因此需要将命令与相关的数据库对象联系起来，这才有命令的对象可言，因此做如下操作：

（2）设置命令 Command1 的“通用”属性如图 12.25 所示。

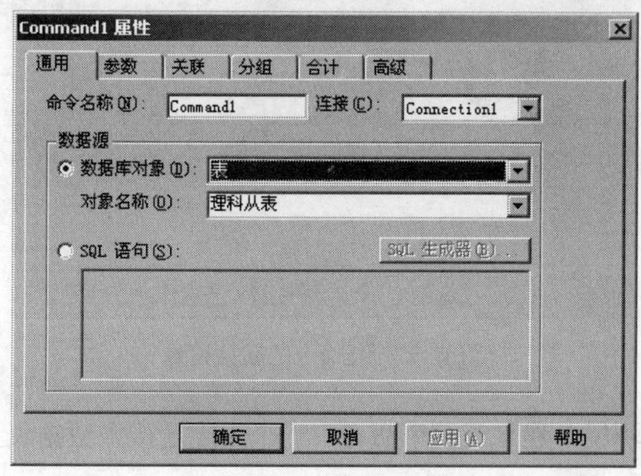

图 12.25　命令的通用属性

在考生的成绩报表之中，不仅需要数据环境而且还需要一个新的数据成员，这个数据成员就是用于管理理科考生基本信息的“理科主表”。因此还需要创建一个新的命令，用于连接“理科主表”数据表，其步骤如下。

（3）在工程管理器中双击数据环境“DataEnvironment1”支点，出现数据环境设计器。

（4）用鼠标右键单击“Connection1”出现一个弹出菜单，如图 12.26 所示。

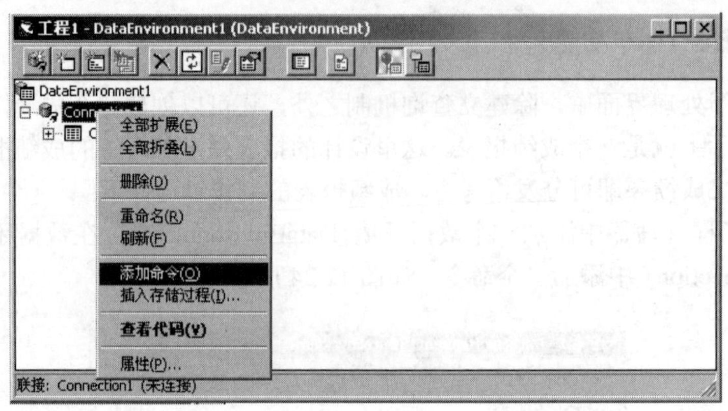

图 12.26　数据环境设计菜单

（5）单击“添加命令”选项则在原连接 Connection1 中出现一个新的命令 Command2，由于原有的命令 Command1 连接了“理科从表”文件，因此现在的新命令 Command2 就应该连接主表文件即“理科主表”。

（6）设置新命令 Command2 的连接属性如图 12.27 所示。

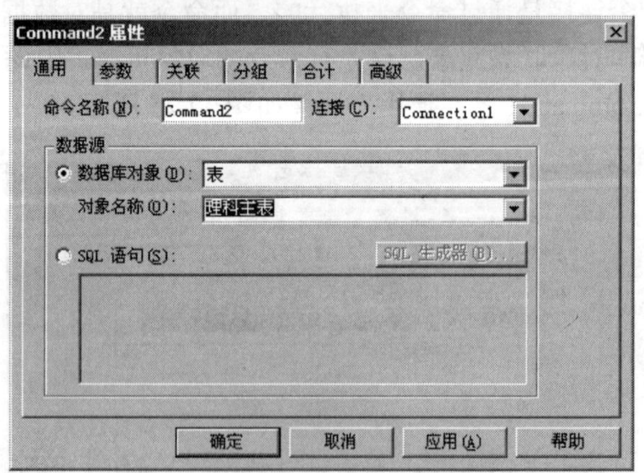

图 12.27　新命令的属性设置

确定后即在数据环境中建立了两个命令，一个用于连接主数据表，一个用于连接从数据表。

（7）为“理科主表”和“理科从表”数据表建立关联。

【注意】数据报表中显示的数据是两个数据表文件“理科主表”和“理科从表”的相关信息，即一个考生的基本情况与它的考生成绩相互联系的信息。因此，需要在两个数据表之间建立一定的关系，这就是数据表的关联关系。但注意到在 Visual Basic 6.0 中文版中建立关联关系是通过数据环境中的连接命令来进行的。

由于已经将第一个命令 Command1 连接到“理科从表”，因此应该通过该命令将它连接到“理科主表”，其操作如下。

（8）在数据环境设置器中，打开第一个命令 Command1 的属性设计器，并在设计器中打开“关联”页面，在关联页面中作相应的关联设置，如图 12.28 所示。

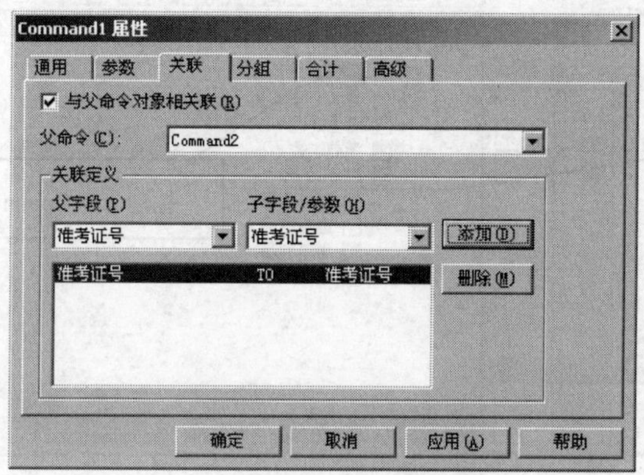

图 12.28 关联的建立效果

事实上，以上的关联是容易理解的，因为将第二个命令连接到主数据表“理科主表”，因此父命令自然选择为 Command2。

（9）单击“确定”按钮即完成两个数据表即两个命令之间的关联。使其数据报表中的信息相互一致，即一个考生的基本信息与他各科的考试成绩一一对应。两个命令所连接的数据表的字段可以通过连接设计器查看，如图 12.29 所示。

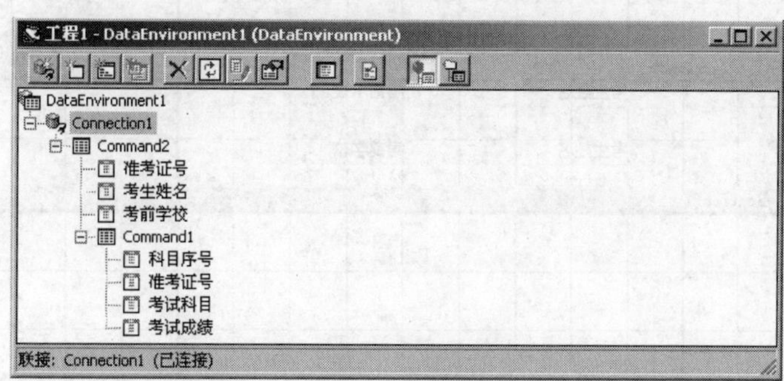

图 12.29 两个命令中的字段

（10）有了以上的两个连接的创建之后，已经为报表提供了两个数据表文件，此后就可以进入主/从报表的设计了。主/从数据表的创建过程如下：

① 在工程的设计器中添加一个数据报表 DataReport1，出现报表设计器，用鼠标右键

单击报表设计器，出现一个弹出式菜单，在弹出式菜单中单击“显示页头/注脚”即取消原来的“页头/页脚”带区的显示，即删除了原来的一个“页头/页脚”带区，这一步是必须的。

② 再用鼠标右键单击“报表设计器”出现弹出式菜单，在弹出式菜单中单击“插入分组标头/注脚”选项，出现一个新的带区。

③ 打开工程的数据环境设计器并用鼠标将数据环境中的第二个命令拖至“分组标头Section2”中，则出现 “理科主表”中的全字段及标签，其效果如图 12.30 所示。

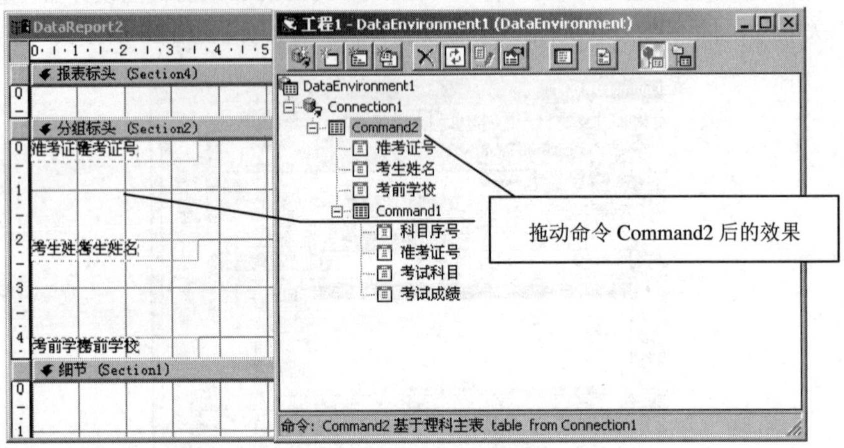

图 12.30 “拖动”命令 Command2 后的效果

【注意】将命令 Command2 拖动到分组标头 Section2 之后，出现的字段名显示的文本框和标签是重叠在一起的，而且是纵向排列的，用户可以用鼠标将它们分开并按用户的意志进行排列，这里排列的效果如图 12.31 所示。

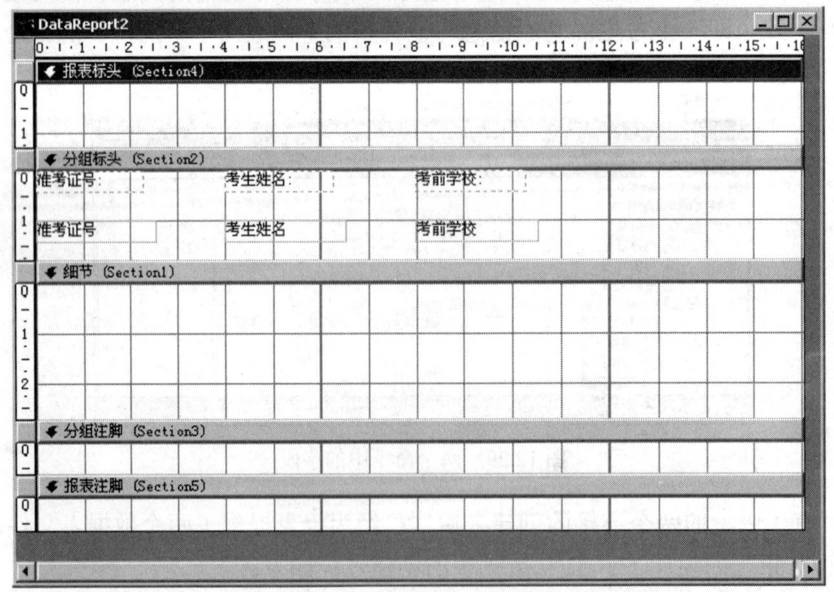

图 12.31 命令 Command2 放置到报表设计器中的字段名与标签

④ 同样，用鼠标将数据环境中的命令 Command1 拖动到细节带区，形成从表中的字段和相应的标签，如图 12.32 所示。

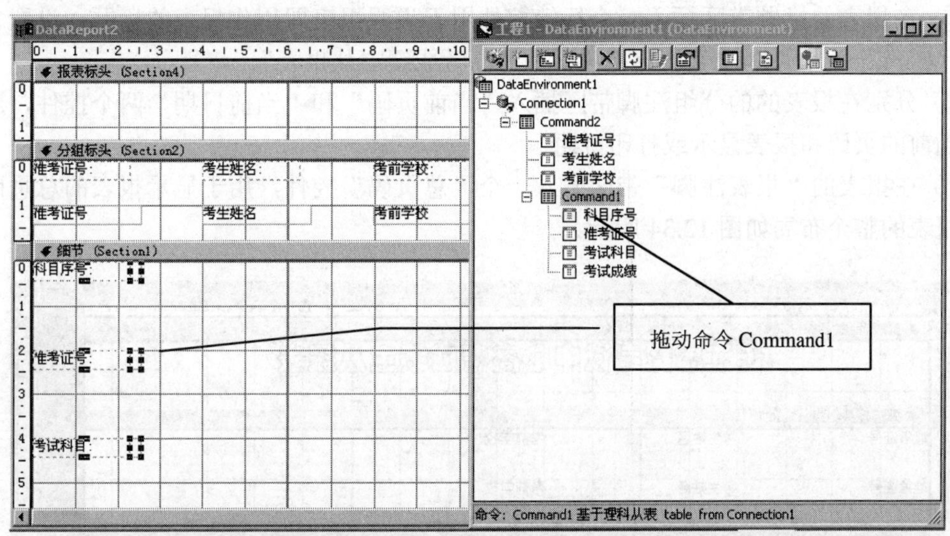

图 12.32　命令 Command1 中的字段和标签在细节带区中的形成

同样对于细节带区中的字段的文本框和标签，拖动命令 Command1 到细节带区 Section1 之后，出现的字段名显示的文本框和标签是重叠在一起的，而且也是纵向排列的，用户同样可以用鼠标将它们分开并按用户的意志进行排列，这里排列的效果如图 12.33 所示。

图 12.33　细节带区的字段文本框和标签控件的形成效果

可以看出，两个带区已经形成了主/从表数据显示的“态势”，这就是主/从报表的基本设计思路。

⑤ 在报表的标题带区插入一个标签控件用于说明报表即用作报表的标题，设置它的标题（Caption）属性为“长江虚拟考试中心高考成绩主从报表”。

⑥ 分别在报表的的分组注脚带区插入“当前页码”和“当前日期”两个控件，用于显示当前的页码和报表显示或打印日期

⑦ 在报表的“报表注脚”带区插入一个“总页码”控件，用于显示报表的总页码。这样报表的整个布局如图 12.34 所示。

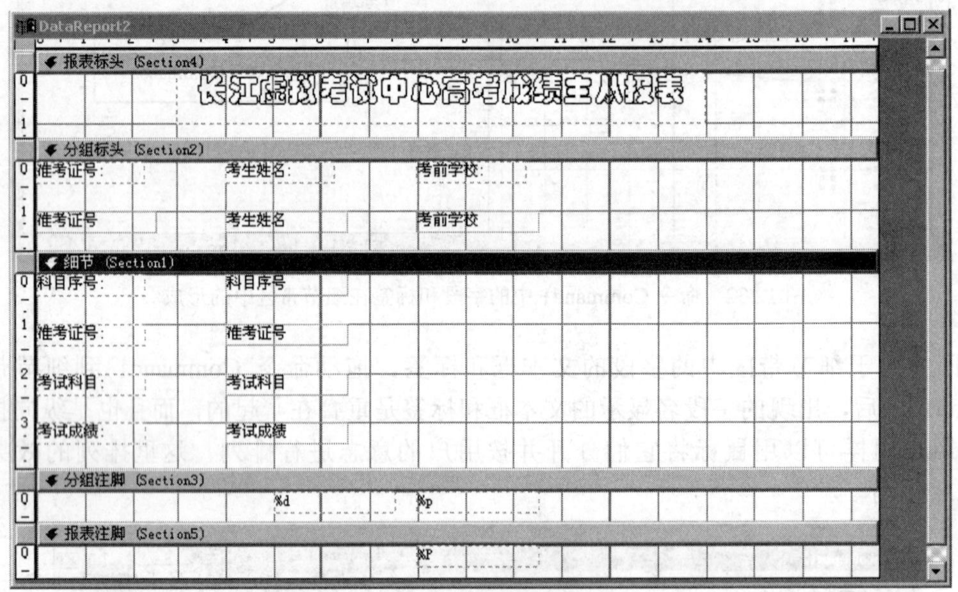

图 12.34 报表的整体布局

⑧ 最后，需要对报表的属性做如表 12.8 所示的设置。

表 12.8 报表 DataReport1 的属性设置

对 象 名 称	属 性 项 名	属性设置内容
DataReport1	DataSource	DataEnvironment1
	DataMember	Command2

报表一经制作完成，就需要用一个命令按钮来对它进行调用，这里在理科成绩处理窗体中加入一个命令按钮，然后编制命令按钮的过程代码如下：

```
Private Sub Command2_Click()
   DataReport1.Show
End Sub
```

运行工程，然后对报表进行调用，得到报表的运行效果如图 12.35 所示。

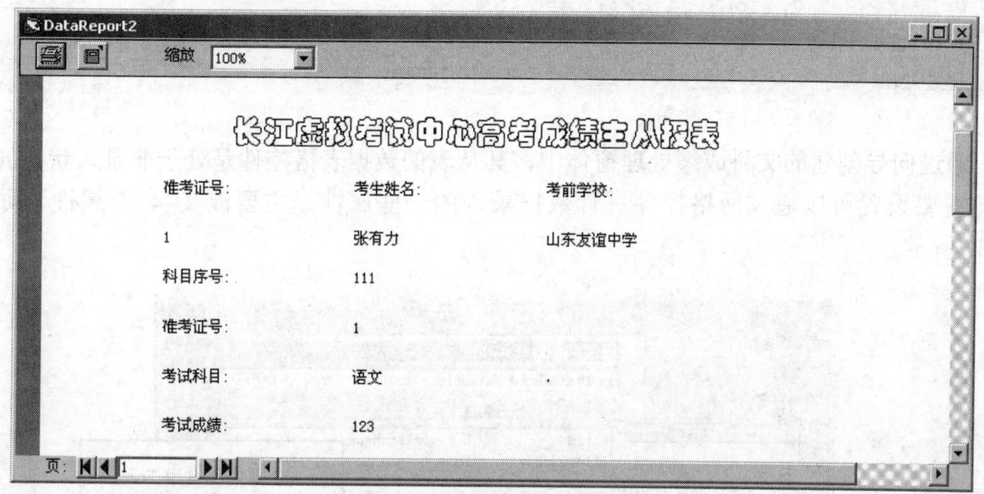

图 12.35　报表的调用效果

通过报表的调用，就可以将每一个考生的成绩打印出来了。

12.1.9　文科成绩录入窗体设计

文科录入窗体的设计与理科录入窗体的设计方法几乎完全一样，由于涉及到文科主表和文科从表两个数据表，因此文科成绩录入窗体仍然需要通过向导来建立，只是在建立过程中分别选择“文科主表”和“文科从表”而已。这一过程可以参考理科成绩录入窗体建立的过程，最后的效果如果 12.36 所示。

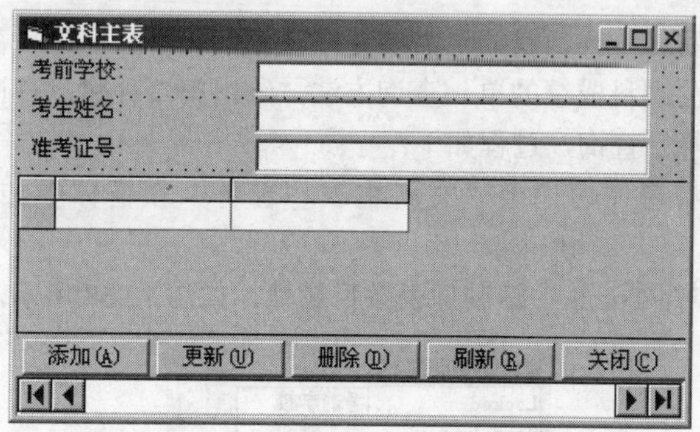

图 12.36　文科成绩录入窗体的创建效果

从文科成绩录入窗体的创建过程可以看出，文科成绩录入窗体与理科成绩录入窗体不仅创建的过程一致，而且生成的界面效果也完全一样，其窗体的名称为“文科主表”。

在文科成绩录入窗体创建完成以后，命名保存该窗体的单元文件，然后可以通过系统主窗体 Form2 中的第三个选项按钮来调用它，因此编制其命令按钮的过程代码如下：

```
Private Sub Option3_Click()
   Frm文科主表.Show
End Sub
```

通过向导创建的文科成绩处理窗体中，其从表的数据表格控件是处于非录入状态的，因此需要设置可以通过网格控件进行数据录入的一些属性，主要涉及 4 个属性，如图 12.37 所示。

图 12.37　数据网格的属性设置

通过对网格 grdDataGrid 属性的修改，在系统运行时，就可以在网格中添加考生的每一科考试成绩，也可以在网格中显示箭头或删除记录并进行数据刷新。

12.1.10　文科成绩查询窗体的制作

与理科成绩录入窗体一样，我们也需要建立查询，仍将查询建立在成绩录入的窗体之中，但为了区别于前面理科成绩的单一查询方法，给出第二种建立查询的方法，即创建按多个字段进行的“选择”查询，过程如下：

（1）在工程中将窗体切换至“文科主表”窗体，在窗体中加入一个组合框控件 Combo1。

（2）为组合框控件 Combo1 编制列表条目属性，如图 12.38 所示。

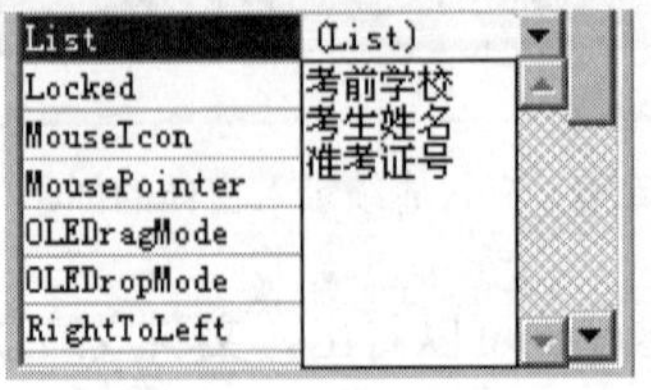

图 12.38　组合框的列表条目

（3）在组合框控件的上方放置一个标签控件 Label1，设置其标题（Caption）属性为

“选择查询字段”。

（4）在组合框控件的下方放入一个命令按钮控件，用于执行查询，设置其标题（Caption）属性为“执行查询”，这样窗体的布局如图 12.39 所示。

与单一查询机制的建立一样，需要为执行查询的命令按钮编制相应的过程代码，其过程代码如下：

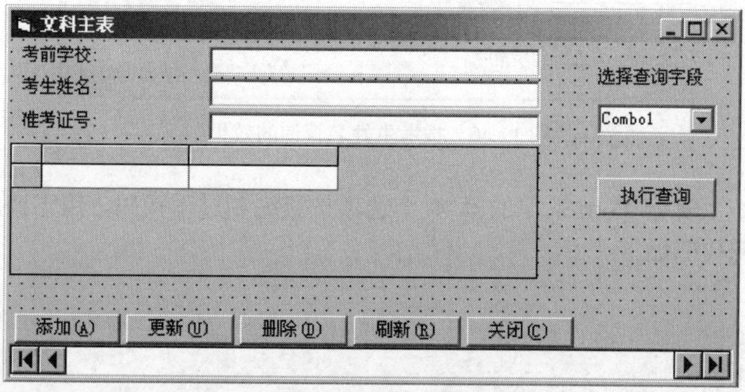

图 12.39　文科成绩综合查询的窗体布局

```
Private Sub Command1_Click()
  Dim Caxuen
  oldmark = datPrimaryRS.Recordset.Bookmark
  Caxuen = Trim(InputBox("请输入" + Combo1.Text, "查询"))
  If Combo1.Text = "考前学校" Then
    Caxuen = "考前学校  like '" & Caxuen & "'"
  End If
  If Combo1.Text = "考生姓名" Then
    Caxuen = "考生姓名  like '" & Caxuen & "'"
  End If
  If Combo1.Text = "准考证号" Then
    Caxuen = "准考证号 like '" & Caxuen & "'"
  End If
  datPrimaryRS.Recordset.Find Caxuen
  If txtFields(2) = "" Then
    MsgBox ("没有符合条件的记录")
  End If
End Sub
```

（5）运行工程并按不同的字段检验查询的效果，其效果如图 12.40 所示。

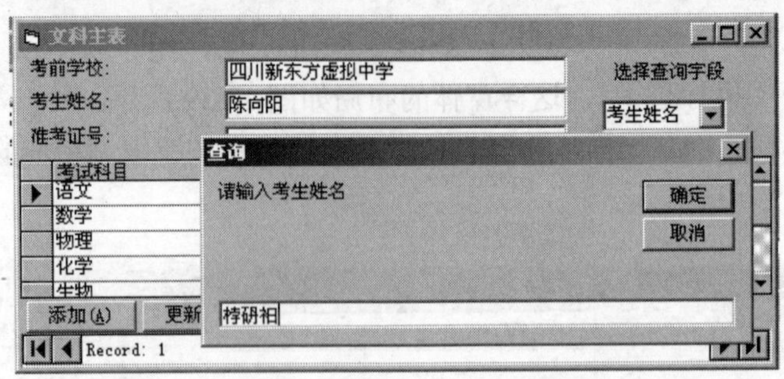

图 12.40　按考生姓名查询的效果

最后为系统主窗体 Form2 中的第 4 个选项按钮编制过程代码，用于调用文科成绩查询窗体，其过程代码如下：

```
Private Sub Option4_Click()
  frm文科主表.Show
End Sub
```

12.1.11　文科成绩单打印报表的制作

文科成绩单打印报表的制作也与理科成绩单报表的制作完全一样，这里就不再重复叙述了。

同样对于文科成绩单在制作完成之后，用户可以在文科成绩录入与查询窗体中用一个命令按钮调用文科成绩报表，其命令按钮的过程代码如下：

```
Private Sub Command2_Click()
  DataReport2.Show
End Sub
```

12.1.12　系统维护窗体的制作

作为一个高考成绩管理系统，数据安全是非常重要的。系统使用往往在主管人员之后可能还有一些其他操作人员，因此，系统主管人员经常需要对系统的使用权限进行维护，如新的操作人员的权限授与、调离的操作人员的权限删除或现有的操作人员的权限的变更或丢失后的变动等，都需要进行维护，因此需要设计一个权限维护窗体。其窗体创建过程如下：

（1）在工程中添加一个窗体 Form3，设置窗体的标题（Caption）属性为“系统权限维护窗体”，命名保存该窗体。

（2）在窗体中加入两个标签控件 Label1、Label2，分别设置其标题（Caption）属性

为“系统主管姓名:”、“系统主管密码:”。

（3）在窗体中分别放入两个文本编辑框控件 Text1、Text2，分别用于输入系统主管姓名和密码。

（4）在窗体中放入一个数据控件 Data1，用于连接数据源即“密码表”数据表文件。

（5）在窗体中放入 4 个命令按钮分别用于“增加用户”、“修改密码”、“确认修改”和“删除用户”，设置其相应的标题。这样窗体的布局如图 12.41 所示。

图 12.41　权限维护窗体的设计

在窗体的设计中，显然，用户的密码是不能采用显式的方式显示在别人面前，而需要用“密文”显示。因此需要设置密码所在的文本框的显示格式即 PasswordChar 属性为“*”。

此外，在窗体中设置了一个数据控件 Data1，但该数据控件并不是进行数据导航浏览的，它仅用于连接数据表，对用户密码进行导航浏览是无任何意义的，因此应该设置它的 Visible 属性为 False，即在窗体运行时并不显示该控件。该控件是用于引入数据库和数据表的，引入数据表的方法前面已经介绍过，主要通过数据控件的 DataBaseName 属性按钮打开一个数据库文件的对话框，然后选择“高考成绩管理数据库”，设置此属性之后，需要为数据控件 Data1 在数据库中选择一个数据表，即设置它的 RecordSource 属性为“权限表”，这是在前面的数据表结构创建中已经创建过的。

在权限维护的窗体中，最关键的是 4 个功能命令按钮的过程代码，其代码分别如下：

```
Private Sub Command1_Click()
   Dim msg
   oldmark = Data1.Recordset.Bookmark
   msg = Trim(InputBox("请输入原用户密码", "确认原密码"))
   msg = "密码  like '" & msg & "'"
   Data1.Recordset.FindFirst msg
   If Data1.Recordset.NoMatch Then
      MsgBox ("你无权增加用户")
      Data1.Recordset.Bookmark = oldmark
   Else
      Data1.Recordset.AddNew
      Command4.Enabled = True
   End If
```

```
End Sub

Private Sub Command2_Click()
   Dim msg
   oldmark = Data1.Recordset.Bookmark
   msg = Trim(InputBox("请输入原用户密码", "确认原密码"))
   msg = "密码  like '" & msg & "'"
   Data1.Recordset.FindFirst msg
   If Data1.Recordset.NoMatch Then
      MsgBox ("你无权删除用户")
      Data1.Recordset.Bookmark = oldmark
   Else
      If MsgBox("确实要删除该用户吗", vbYesNo, "提示信息") = vbYes Then
            Data1.Recordset.Delete
            Data1.Recordset.MoveNext
      End If
   End If
End Sub

Private Sub Command3_Click()
   Dim msg
   oldmark = Data1.Recordset.Bookmark
   msg = Trim(InputBox("请输入原用户密码", "确认原密码"))
   msg = "密码  like '" & msg & "'"
   Data1.Recordset.FindFirst msg
   If Data1.Recordset.NoMatch Then
      MsgBox ("你无权修改用户密码")
      Data1.Recordset.Bookmark = oldmark
   Else
      Data1.Recordset.Edit
      Command4.Enabled = True
   End If
End Sub

Private Sub Command4_Click()
   Data1.Recordset.Update
End Sub
```

在以上的 4 个命令按钮的过程代码中，无论是添加新用户还是删除原有的用户，均需要对原有操作者也就是系统主管的权限首先进行认证，如果你自己不是合法的系统主管人

员，则自然不能添加或删除用户的密码，这也是需要考虑的一种人性化的需求。

此外，权限维护窗体作为一个管理窗体，它仍需要通过相关的对象来调用。这里在系统主窗体中用“权限维护”菜单来调用，因此需要为该菜单编制相关的过程代码，其过程代码如下：

```
Private Sub 权限维护_Click()
   Form3.Show
End Sub
```

这样就完成了整个系统的创建过程。

12.2 用 Visual Basic 6.0 中文版制作一个学生缴费注册管理系统

学生缴费对于中学、大学以及各级各类学校来说，是一项非常繁重的工作，它涉及的人员多、数量大、时间短，因此，制作一个学校缴费注册系统是一个重要的工作。通过该系统，可以方便地对学生缴费进行处理、查询、浏览以及产生缴费报表。

12.2.1 系统功能设计

本系统的制作有利于对前面学习的系统制作方法进行巩固与提高，同时也将涉及一些新的方法。其系统启动画面如图 12.42 所示。

图 12.42 系统启动画面

其系统主要的功能模块如图 12.43 所示。

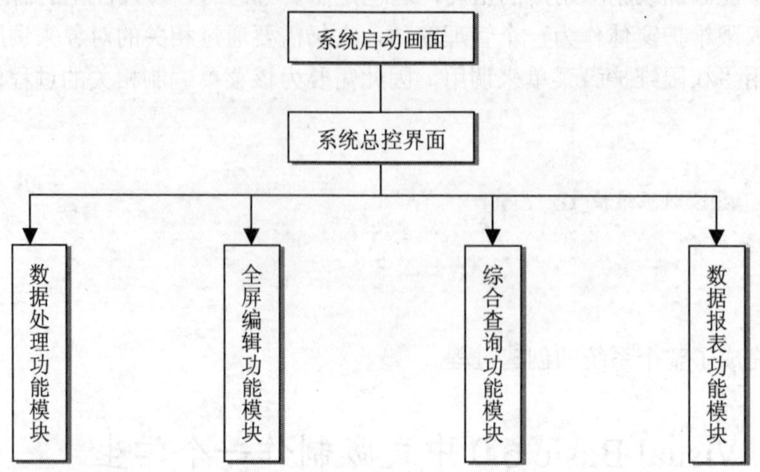

图 12.43　系统功能模块图

该系统功能模块也可以由系统主控界面所体现，如图 12.44 所示。

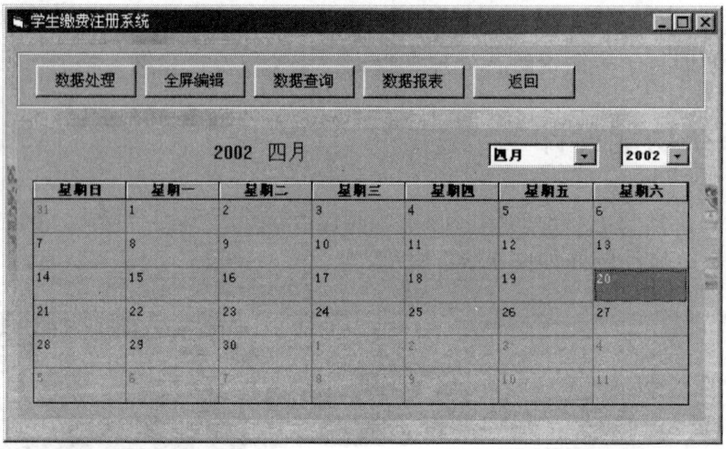

图 12.44　系统功能模块图示

系统结构清析，简单适用，具有很强的启发性。它也许还不是一个通用的缴费管理系统，但通过对该系统的制作，读者可以制作出各类学校所需要的具体的缴费管理注册系统。

12.2.2　学生缴费注册数据库与数据表的创建

在创建该系统之前，首先创建一个“学生缴费注册”数据库，在该数据库中，创建一个数据表即缴费数据表。

数据库是数据表的集合，系统开发首先应该开发一个数据库，它用于存放系统中的数据表。在 Visual Basic 6.0 中文版集成开发环境中制作缴费注册数据库的步骤如下：

（1）在 Visual Basic 6.0 中文版集成开发环境的主菜单中单击 “外接程序|可视化数据管理器”，出现可视化数据管理器界面，如图 12.45 所示。

图 12.45 可视化数据管理器

Visual Basic 6.0 中文版的可视化数据管理器是一个功能强大的数据库和数据表开发工具，值得一提的是，任何可视化编程工具均有它自己的数据管理工具，掌握和应用这一工具是用户必须的一个环节。在可视化数据管理器中做如下操作：

（2）单击“文件|新建|Microsoft Access|Version 7.0 MDB”选项，如图 12.46 所示。

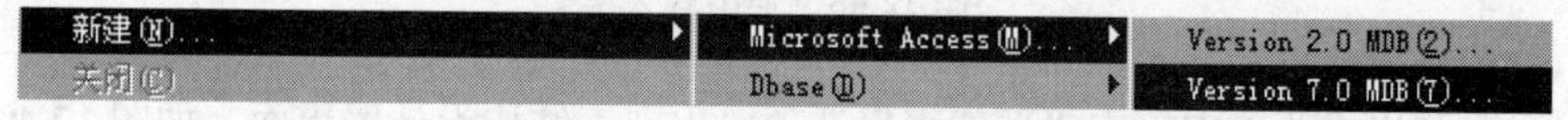

图 12.46 创建新的数据库菜单

Visual Basic 6.0 中文版数据库的默认数据库类型为 Microsoft Access 数据库类型，它与 Microsoft Office 2000 的基本数据库类型一致，而且在 Microsoft Access 数据库类型中，Version 7.0 MDB 为最新版的数据库类型，因此选择该类型的数据库。其中数据库文件的扩展名称为“.MDB”，在创建数据库时不必输入扩展名，可视化数据管理器将自动为数据库生成扩展名。

（3）在单击菜单后将出现文件保存对话框，在对话框中选择磁盘驱动器和文件夹名称，此处选择“D:\Visual Basic 应用与开发教程配例\第 12 章”，并将数据库命名为“学生缴费注册数据库”，随后将出现数据库窗口，如图 12.47 所示。

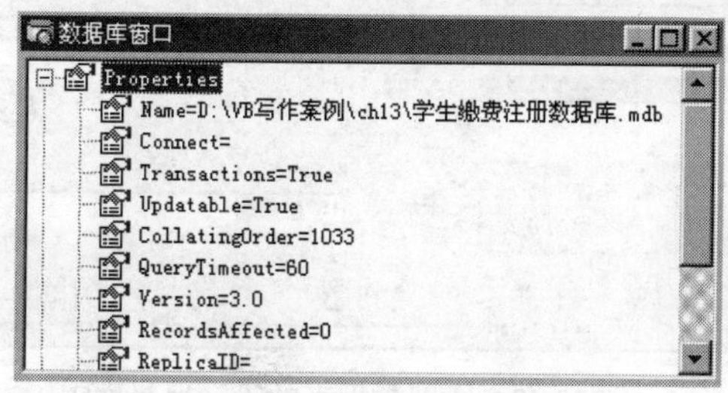

图 12.47 数据库文件创建

12.2.3　缴费数据表的创建

数据库只是一个容器，它是数据表的集合，数据库一经创建，用户就可以在数据库中创建应用系统开发制作所需要的数据表。这里我们首先创建一个科研人员简历表数据表，其操作如下：

（1）在可视化数据管理器中打开数据库，如果已经打开则可免去此操作步骤。

（2）在数据管理器中选择“学生缴费注册数据库”。

（3）用鼠标右键单击选择的数据库文件“学生缴费注册数据库”，出现一个弹出式菜单，如图 12.48 所示。

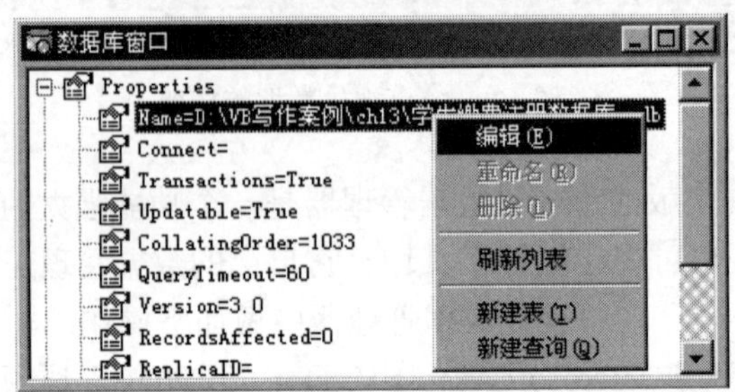

图 12.48　弹出式菜单

（4）在弹出式菜单中单击“新建表”选项，出现表结构设计器界面，如图 12.49 所示。

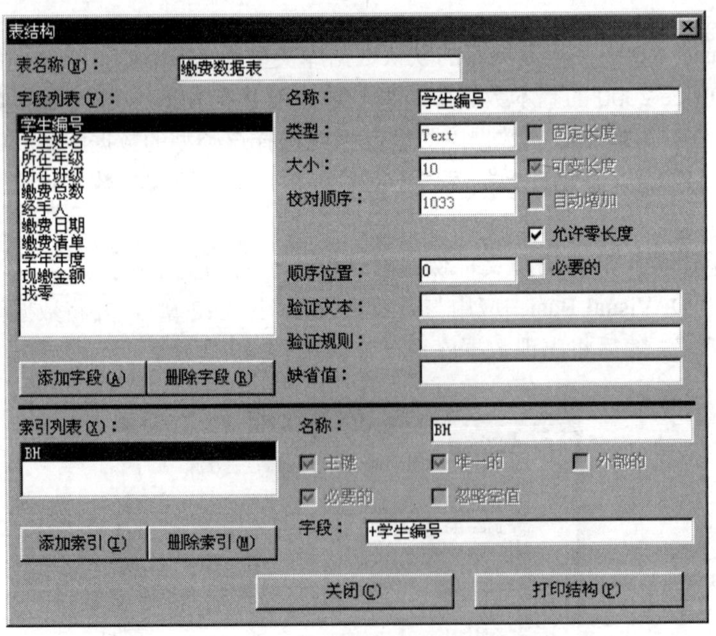

图 12.49　缴费数据表的设计器界面

在数据表设计器中，可以建立数据表的结构。数据表结构就是对一个数据表中的字段

名称、类型、大小等的定义，在数据表结构创建界面中，不仅可以定制表的结构，还可以对数据表进行各种操作，如显示每一个字段的结构信息、增加或删除字段、建立索引、对每一字段进行有效性输入规则的定制等。

其中，在学生缴费注册数据库中将创建的“缴费数据表”的结构参数定义如表 12.9 所示。

表 12.9 缴费数据表结构

字段名称	字段类型	字段大小	索引	忽略空值
学生编号	TEXT	10	关键索引	否
学生姓名	TEXT	20		否
所在年度	TEXT	20		否
所在年级	TEXT	20		否
所在班级	TEXT	10		否
缴费总数	Currncy	默认		否
经手人	TEXT	10		否
缴费日期	DATE/TIME	默认		否
缴费清单	Memo	20		否
现缴金额	Currncy	默认		否
找零	Currncy	默认		否

在创建数据表时，对学生编号建立关键索引字段，因为在学校缴费中，学生编号应该是惟一的。

创建数据表之后可以打开该数据表增加一些数据，以在后面的窗体制作中显示效果。

12.2.4 系统启动界面的制作

在工程中，往往需要创建一个系统启动画面，可以按前面的案例进行制作，可以是由用户自行控制，也可以由系统进行定时控制形成 Flash 画面此处，我们将由启动画面制订改为由用户自己控制，也即当出现系统启动画面后，用户通过单击相关的控件进入系统，其创建过程如下：

（1）启动 Visual Basic 6.0 中文版集成开发环境，创建一个新的标准 EXE 工程，出现 Form1 窗体，命名保存窗体单元文件与工程文件。

（2）在窗体中放入一个标签控件，其 Caption 属性设置为“OK”，设置相关的字体字号，该标签用于进入系统主控界面。

（3）在窗体中放入一个标签控件，其标题（Caption）属性设置为“退出系统”，设置相关的字体字号和颜色，该标签用于退出系统。为窗体设置图片属性引入一个图片以修饰窗体，其窗体布局如图 12.50 所示。

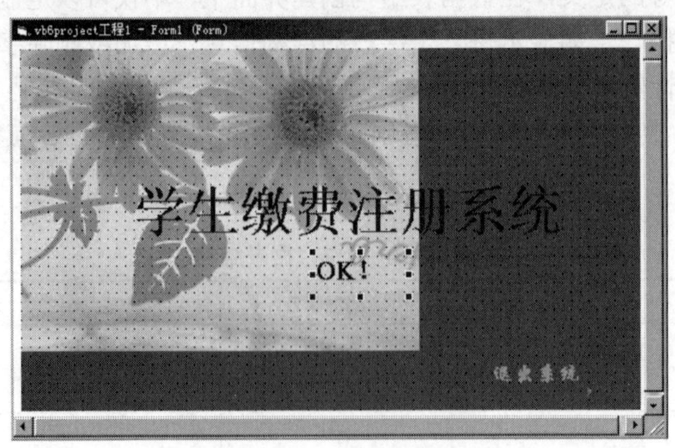

图 12.50　启动窗体布局

在该窗体启动时，往往需要对窗体的属性加以控制，其属性如表 12.10 所示。

表 12.10　系统启动窗体 Form1 的主要属性

属 性 项 名	属性设置内容
Border Style	None
StartUpPositon	2-屏幕中心
WindowsState	0-Normal
Picture	图片文件

接下来，需要为相关的控件编制过程代码，其过程代码如下：

① OK 标签的过程代码：

```
Private Sub Label3_Click()
  Form2.Show
End Sub
```

该过程用于调用系统主控界面 Form2，Form2 窗体是我们即将添加的一个新的窗体。

② 退出系统标签的过程代码：

```
Private Sub Label1_Click()
  Unload Me
End Sub
```

该过程用于退出系统。

12.2.5　制作系统主控界面

本案例中，将采用比较简化的方式制作系统主控界面，因为前面的案例中已经涉及到

Windows 风格的主窗体界面的制作，因此我们直接采用命令按钮的方式制作主控界面。在主控界面中，放入了一个日期控件，对于用户使用系统是有意义的。主控界面的制作过程如下：

（1）在工程中添加一个常规窗体。

（2）设置窗体的相关属性，如窗体位置、颜色、图片以及极大化和极小化属性设置，主窗体的基本属性设置如表 12.11 所示。

表 12.11 系统主窗体 Form2 的主要属性

属 性 项 名	属性设置内容
Caption	学生缴费注册系统
Border Style	4-Fixed ToolWind
StartUpPositon	2-屏幕中心
WindowsState	2-Normal
Picture	图片文件

通过以上的属性设置，窗体的大体特征便可以基本确定下来了。

（3）在窗体中放入一个框架控件 Frame1，该控件主要用于修饰其他控件；将其 Caption 属性的文本取消成为空标题。

（4）在框架控件中放入 5 个命令按钮，它们的标题属性如表 12.12 所示。

表 12.12 5 个命令按钮的标题属性

属 性 项 名	属性设置内容
Caption	数据处理
Caption	全屏编辑
Caption	数据查询
Caption	数据报表
Caption	返回

（5）在窗体中放入一个日历控件 Calendar1；设置日历控件的字体字号属性（过程略）；这样其窗体的布局如图 12.51 所示。

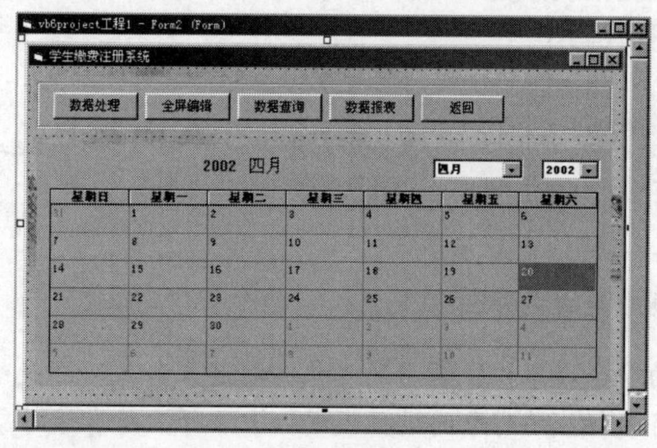

图 12.51 主窗体的布局

接下来需要为每一个命令按钮编制过程代码，其代码分别如下：

① 数据处理按钮的过程代码：

```
Private Sub Command1_Click()
  Form3.Show
End Sub
```

该过程用于调用数据处理窗体 Form3，Form3 窗体是我们将在后面添加的一个窗体。

② 全屏编辑按钮的过程代码：

```
Private Sub Command2_Click()
  Form4.Show
End Sub
```

该过程用于调用数据全屏幕编辑窗体 Form4，Form4 窗体是将在后面添加的一个窗体。

③ 数据查询按钮的过程代码：

```
Private Sub Command3_Click()
  Form5.Show
End Sub
```

该过程用于调用数据查询窗体 Form5，Form5 窗体是将在后面添加的一个窗体。

④ 数据报表按钮的过程代码：

```
Private Sub Command4_Click()
  DataReport1.Show
End Sub
```

该过程用于调用数据报表预览。

⑤ 返回按钮的过程代码：

```
Private Sub Command5_Click()
  Unload Me
End Sub
```

该过程用于返回到系统启动界面。

【注意】在控件的命令过程中，调用的对象有些还未加入，因此编译运行工程时会出现错误，所以先将未加入的对象的过程代码加上注释，待有该对象时再将注释取消。

12.2.6 制作数据处理窗体

数据处理是数据库应用系统不可缺少的内容，因此需要制作一个数据处理窗体，其数据处理窗体的制作过程如下：

（1）在工程中加入一个新的窗体 Form3，窗体 Form3 的基本属性设置如表 12.13 所示。

表 12.13 数据处理窗体 Form3 主要属性

属 性 项 名	属性设置内容
Caption	数据处理窗体
Border Style	1-Fixed Single
StartUpPositon	2-屏幕中心
WindowsState	2-Normal

（2）在窗体中放入一个标签控件 Label1，用于说明该窗体的作用，其标题（Caption）属性为："学生缴费数据录入系统"，该标签的其他属性如表 12.14 所示。

表 12.14 Label1 标签控件的基本属性

属 性 项 名	属性设置内容
Caption	学生缴费数据录入系统
Font	华文彩云
Forecolor	&H00008080&
BackStyle	Transparent
BorderStyle	1-Fixed Style

（3）在窗体中放入一个 Data1 数据控件，该控件作为本窗体数据处理的数据源引入控件，其基本属性设置如表 12.15 所示。

表 12.15 数据控件 Data1 的基本属性

属 性 项 名	属性设置内容
DataBaseName	D:\ Visual Basic 应用与开发教程配例\第 12 章\学生缴费注册数据库.mdb
Connect	Access
RecordSource	缴费数据表
Visible	False

数据控件是为本窗体引入数据源的控件，其中的 Visible 属性为 False 表示在窗体运行时它并不显示。

（4）在窗体中放入 4 个组合框控件和 6 个文本框控件，它们主要用于连接数据源的

数据字阶段。另外对于组合框控件，在工程运行时往往通过选择组合框中的列表的内容进行数据处理，因此，应该首先为每一个组合框控件编制列表内容，它们的属性如表 12.16 所示。

表 12.16　组合框控件和文本框控件属性设置

对 象 名 称	属 性 项 名	属性设置内容
	文本框控件	
TEXT1	DataSource	Data1
	DataField	学生编号
TEXT2	DataSource	Data1
	DataField	学生姓名
TEXT3	DataSource	Data1
	DataField	缴费日期
TEXT4	DataSource	Data1
	DataField	应缴总额
	文本框控件	
TEXT5	DataSource	Data1
	DataField	实缴数
TEXT6	DataSource	Data1
	DataField	找零
	组合框控件	
Combo1	DataSource	Data1
	DataField	学年年度
	List	2000 年度 2001 年度 2002 年度 2003 年度 2004 年度 2005 年度 2006 年度
Combo2	DataSource	Data1
	DataField	所在年级
	List	2002 级 2003 级 2004 级 2005 级 2006 级 2007 级 2008 级
Combo3	DataSource	Data1
	DataField	所在班级

（续）

对象名称	属性项名	属性设置内容
	List	一班 二班 三班 四班 五班 六班 七班
Combo4	DataSource	Data1
	DataField	经手人
	List	张程 李明 吴号 成则 张万 杨明 李星

（5）在窗体中加入一个月历控件 MonthView1，它专门在缴费日历的录入时引用，当用户单击缴费日期旁边的按钮时，月历控件即出现，当单击月历控件中的当前日期或选定的日期后，它会自动将日期录入到日期文本框中，单击后它会自动隐藏。其基本属性如表 12.17 所示。

表 12.17　月历控件 MonthView1 的基本属性

对象名称	属性项名	属性设置内容
	文本框控件	
MonthView1	DataSource	Data1
	DataField	缴费日期
	Value	03-12-20
	Visible	False

其中在日期控件的属性表中，“Value 03-12-20”表示系统的制作日期。

Visible 属性代表它在运行期不显示，只有通过其他过程调用时才显示，其窗体的布局如图 12.52 所示。

（6）实现自动计算功能。在这个数据处理窗体中，表面上看它比较简单，但它除涉及组合框控件的自动选择录入之外，还涉及到一些数据的自动计算问题。如缴费时的找零数据，它应该为实缴金额与应缴总数之差，当一旦输入应缴总额与实缴数之后，找零的结果自动显示。这就需要进行过程编制，因此，为“实缴数”文本框控件编制过程代码如下：

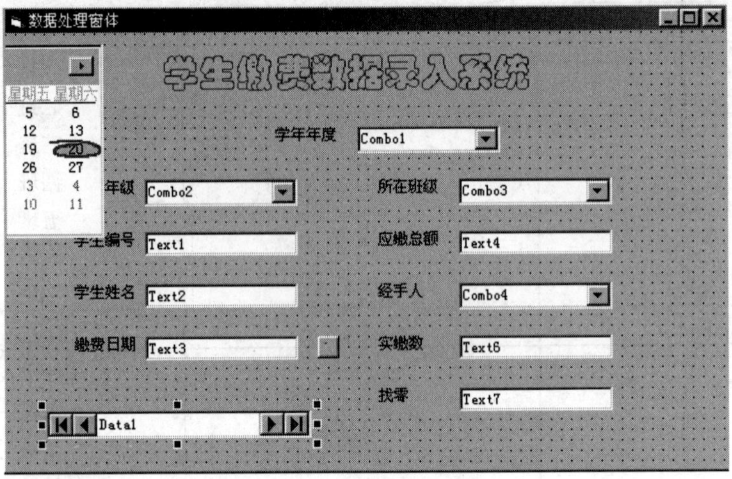

图 12.52　窗体布局图

```
Private Sub Text6_Change()
  Text7.Text = Val(Text6.Text) - Val(Text4.Text)
End Sub
```

```
Private Sub Text6_Click()
  Text7.Text = Val(Text6.Text) - Val(Text4.Text)
End Sub
```

```
Private Sub Text6_KeyDown(KeyCode As Integer, Shift As Integer)
  Text7.Text = Val(Text6.Text) - Val(Text4.Text)
End Sub
```

```
Private Sub Text6_KeyPress(KeyAscii As Integer)
  Text7.Text = Val(Text6.Text) - Val(Text4.Text)
End Sub
```

以上的 3 个过程均会实现上述功能，即无论用回车键或是用鼠标单击时，它均会自动计算找零结果。

（7）实现缴费日期的选择录入。需要实现的是，在进行缴费日期输入时，只需要单击旁边的按钮，它就会打开月历控件，然后在月历控件中选择当天日期或其他日期，一经选定，它就自动输入到记录中，其按钮控件的过程代码如下：

```
Private Sub Command1_Click()
  MonthView1.Visible = True
End Sub
```

该过程用于显示月历控件。在月历控件显示后，需要选择日期，选择后自动录入记录，此后月历控件自动隐藏，因此还需要为月历控件编制过程代码，其过程代码如下：

```
Private Sub MonthView1_DateClick(ByVal DateClicked As Date)
   Text3.Text = MonthView1.Value
   MonthView1.Visible = False
End Sub
```

该过程将月历控件中的选择的日期值赋给文本框 Text3，即作为输入的日期记录值。

（8）实现自动增加新记录的提示。注意，在本窗体中并无增加或删除记录的按钮，因此在结束一条记录的处理后，如何自动进入到增加新的记录，并提示用户是否处理新的记录，这就需要给最后的文本框控件编制过程代码，其过程代码如下：

```
Private Sub Text7_KeyPress(KeyAscii As Integer)
   If MsgBox("录入新记录?", vbYesNo, "信息提示! ") = vbYes Then
      Data1.Recordset.AddNew
   End If
End Sub
```

通过以上的制作，可以运行工程并检验窗体处理数据的效果。

（9）窗体功能的效果检验。

窗体的这些功能是系统开发的重要方法，它的效果只有通过实际运行加以检验。

① 组合框控件的选择与输入检验。组合框的基本作用是选择列表框中的内容并赋给记录字段，其效果如图 12.53 所示。

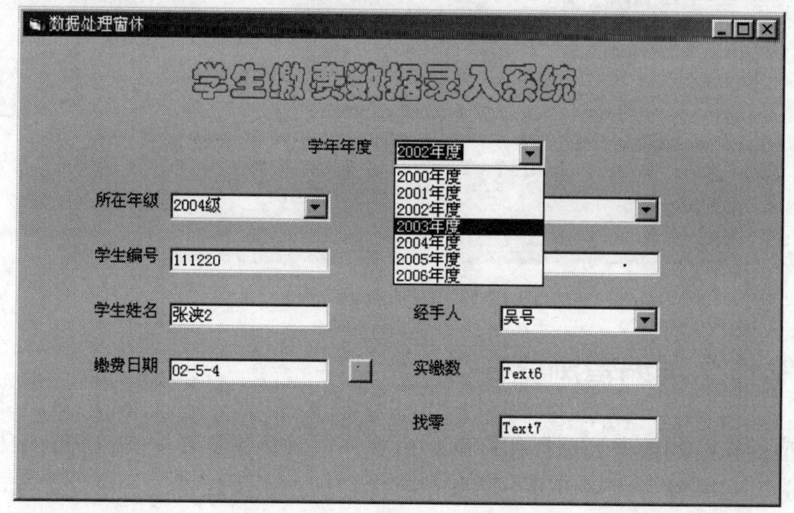

图 12.53 组合框运行效果检验

② 时期输入效果检验。在输入缴费日期时，只需要单击旁边的按钮就出现月历控件，在月历控件中单击需要的日期，则自动加入缴费日期，如图 12.54 所示。

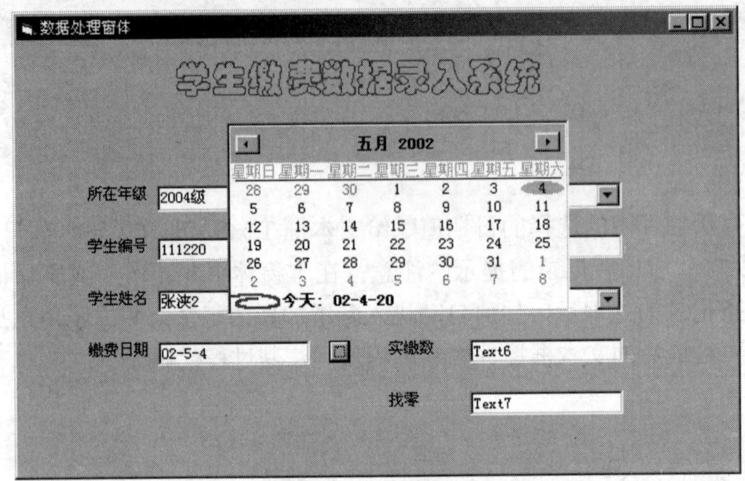

图 12.54　月历控件的显示

单击月历日期后，该控件自动隐藏。

③ 提示新记录效果。在处理完一条记录之后，也即处理完成找零的数据之后，回车后出现信息提示对话框，如图 12.55 所示。

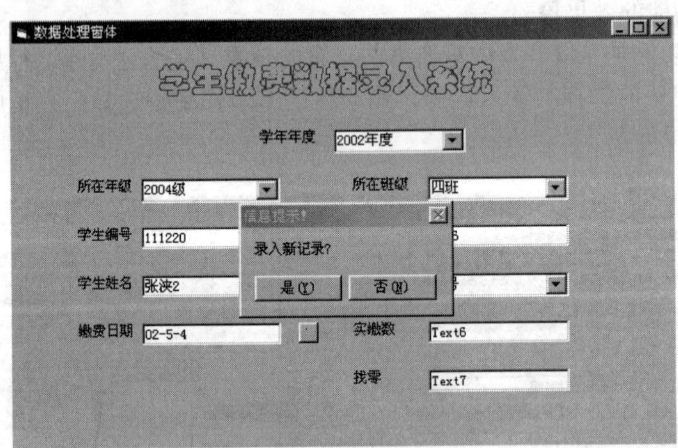

图 12.55　增加新记录提示

12.2.7　制作全屏编辑浏览窗体

数据库应用系统的数据处理往往有两种方式，一种是按逐条记录进行数据处理，这样比较直观有效；另一种方式是通过全屏幕窗体进行处理，这样可以直接在窗体中处理多条记录，而且每一条记录均显示在窗体中。两种方式均有自己的优点和不足,因此往往需要制作两种方式的编辑窗体。本节便介绍制作全屏幕的浏览与编辑窗体，其制作过程如下：

（1）在工程中增加一个窗体，并保存。

（2）设置该窗体的基本属性如表 12.18 所示。

表 12.18　全屏编辑窗体 Form4 的主要属性

属性项名	属性设置内容
Caption	数据浏览窗体
Border Style	4-Fixed ToolWind
StartUpPositon	2-屏幕中心
WindowsState	2-Normal
Picture	图片文件

（3）在窗体中放入一个标签控件，其标题（Caption）属性设置为“缴费全屏数据编辑”。

（4）在窗体中放入一个 Adodc1 控件，它是用于浏览窗体中引入数据源的控件，设置它的基本属性如表 12.19 所示。

表 12.19　数据源控件 Adodc1 的主要属性

属性项名	属性设置内容
名称	Adodc1
Connectstring（连接字符串）	Provider=Microsoft.Jet.OLEDB.3.51;Persist Security Info=False;Data Source=D:\ Visual Basic 应用与开发教程配例\第 12 章\学生缴费注册数据库.mdb
Recordsource（记录源）	select * from 缴费数据表

（5）在窗体中放入一个命令按钮控件，它用于将该窗体返回到主控界面，其过程代码如下：

```
Private Sub Command1_Click()
  Unload Me
End Sub
```

（6）在窗体中放入一个数据表格控件 DataGrid1，设置它的基本属性如表 12.20 所示。

表 12.20　表格 DataGrid1 控件的基本属性

属性项名	属性设置内容
名称	DataGrid1
Caption	请编辑数据表
DataSource	Adodc1
AllowAddNew	True
AllowDelete	True
AllowUpData	True

设置该表格控件属性的主要目的是用于编辑修改和删除记录。同样表格控件也存在各种属性可以设置，均采用默认的属性值。其窗体布局如图 12.56 所示。

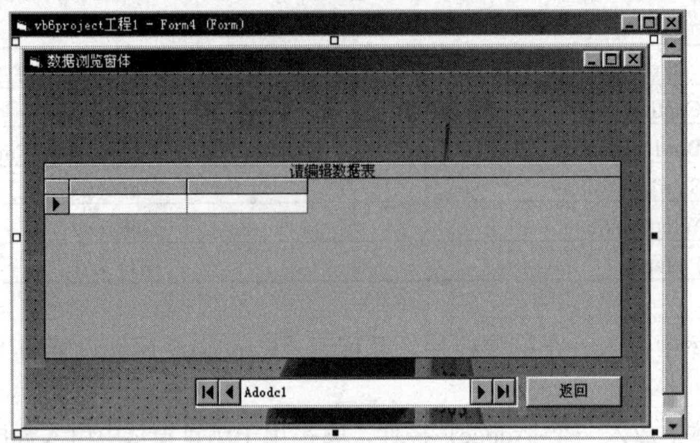

图 12.56　窗体布局效果

属性设置完成后用户可以试运行工程并检验其效果。

用户可以在表格中任意修改、增加或删除记录，也可以通过 Adodc2 控件对数据表中的记录进行数据导航显示。

12.2.8　制作一个综合查询窗体

本节将介绍对于缴费注册的综合查询系统窗体的制作，在该窗体中，可以浏览编辑一切数据，也可以按任何条件进行记录查询。其制作过程如下：

（1）在工程中增加一个窗体，并保存该窗体。

（2）设置该窗体的基本属性如表 12.21 所示。

表 12.21　综合查询窗体 Form5 的主要属性

属 性 项 名	属性设置内容
Caption	数据查询窗体
Border Style	4-Fixed ToolWind
StartUpPositon	2-屏幕中心
WindowsState	2-Normal
Picture	图片文件

（3）在窗体中放入一个标签控件，其标题（Caption）属性设置为“学生缴费数据综合查询系统”。

（4）在窗体中放入一个 DATA1 控件，它是用于浏览窗体中引入数据源的控件，设置它的基本属性如表 12.22 所示。

表 12.22 数据源控件 DATA1 的主要属性

属 性 项 名	属性设置内容
DataBaseName	D:\ Visual Basic 应用与开发教程配例\第 12 章\学生缴费注册数据库.mdb
Connect	Access
RecordSource	缴费数据表

数据控件是为本窗体引入数据源的控件。

（5）在窗体中放入一个命令按钮控件，它用于将该窗体返回到主控界面，其过程代码如下：

```
Private Sub Command1_Click()
  Unload Me
End Sub
```

（6）在窗体中放入 5 个组合框控件和一些文本框，主要用于数据输入和设置查询条件，其基本属性如表 12.23 所示。

表 12.23 组合框和文本框控件属性设置

对 象 名 称	属 性 项 名	属性设置内容
	文本框控件	
TEXT1	DataSource	Data1
	DataField	学生编号
TEXT2	DataSource	Data1
	DataField	学生姓名
TEXT3	DataSource	Data1
	DataField	缴费日期
TEXT4	DataSource	Data1
	DataField	应缴总额
TEXT5	DataSource	Data1
	DataField	实缴数
	组合框控件	
Combo1	DataSource	Data1
	DataField	学年年度
	List	2000 年度 2001 年度 2002 年度 2003 年度 2004 年度 2005 年度 2006 年度

（续）

对象名称	属性项名	属性设置内容
Combo2	DataSource	Data1
	DataField	所在年级
	List	2002 级 2003 级 2004 级 2005 级 2006 级 2007 级 2008 级
Combo3	DataSource	Data1
	DataField	所在班级
	List	一班 二班 三班 四班 五班 六班 七班
组合框控件		
Combo4	DataSource	Data1
	DataField	经手人
	List	张程 李明 吴号 成则 张万 杨明 李星
Combo5	List	学年年度 所在年级 所在班级 学生姓名 学生编号 经手人

Combo5 主要用于选择查询的字段，因此它没有设置数据源和数据字段属性，其窗体布局如图 12.57 所示。

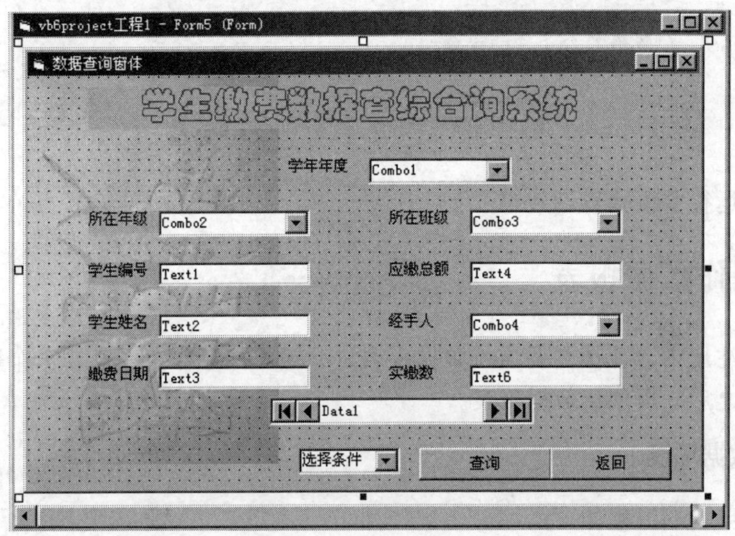

图 12.57　窗体布局效果

（7）放入一个命令按钮用于执行查询，编制执行查询按钮的过程代码如下：

```
Private Sub Command1_Click()
   Dim msg
   oldmark = Data1.Recordset.Bookmark
     msg = Trim(InputBox("请输入" + Combo5.Text, "查询"))
   If Combo5.Text = "学年年度" Then
     msg = "学年年度  like '" & msg & "'"
   End If
   If Combo5.Text = "所在年级" Then
     msg = "所在年级  like '" & msg & "'"
   End If
   If Combo5.Text = "所在班级" Then
     msg = "所在班级 like '" & msg & "'"
   End If
   If Combo5.Text = "学生编号" Then
     msg = "学生编号 like '" & msg & "'"
   End If
   If Combo5.Text = "学生姓名" Then
     msg = "学生姓名 like '" & msg & "'"
   End If
   If Combo5.Text = "经手人" Then
     msg = "经手人 like '" & msg & "'"
   End If
   Data1.Recordset.FindFirst msg
```

```
    If Data1.Recordset.NoMatch Then
      MsgBox ("没有符合条件的记录")
    End If
End Sub
```

同样最后运行并检验查询效果。

12.2.9 制作数据报表

学生缴费注册内容往往需要通过数据报表进行输出，制作报表需要一个数据环境，在建立数据环境之后，再创建数据报表。

1. 创建数据环境

创建数据环境的过程如下：

（1）在工程中的主菜单“工程”下单击如图 12.58 所示选项，可以发现，在工程管理器中出现一个环境设计器。

图 12.58 数据环境创建菜单

（2）双击环境设置器出现一个设计窗口，如图 12.59 所示。

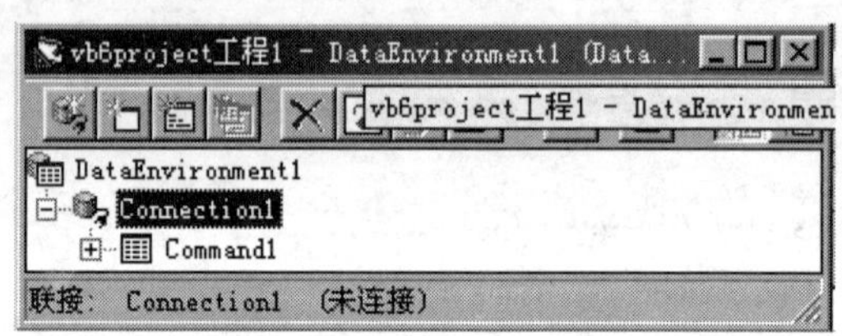

图 12.59 数据环境设计器

数据环境是通过数据的连接实现的，因此设置该连接字符串为：Provider=Microsoft .Jet.OLEDB.3.51; Persist Security Info=False;Data Source=D:\VB 写作案例\ch13\学生缴费注册数据库.mdb。

设计环境连接字符串主要是与数据库进行连接，连接数据库之后，还需要连接一个具体的数据表。连接数据表是通过创建命令的方法加以实现的，因此需要在该连接下创建一个命令，其创建过程如下：

（3）用鼠标右键单击 Connection1，出现弹出式菜单。

（4）在弹出式菜单中单击“添加命令”菜单，出现一个新的命令 Command1。

（5）设置新命令的属性如表 12.24 所示。

表 12.24　命令 Command1 属性设置

对象名称	属性项名	属性设置内容
Command1	ConnctionName	Connction1
	CommandType	2-AdcmdTable
	CommandText	缴费数据表

这样命令文件 Command 1 为报表提供数据表即缴费数据表作为报表的数据源。接下来做如下操作：

（6）制作数据报表。

① 通过 Visual Basic 6.0 中文版集成开发环境的主菜单“工程”中添加一个数据报表 DataReport1，此后可以发现该报表也出现在工程管理器中。

② 选择报表 DataReport1，在它的属性框中设置它的数据源（DataSource）属性为“DataEnvironment1”，即它以创建的数据环境作为数据源。

③ 双击报表 DataReport1 出现报表设计器，在设计器中放入相关的控件进行报表设计，其报表布局如图 12.60 所示。

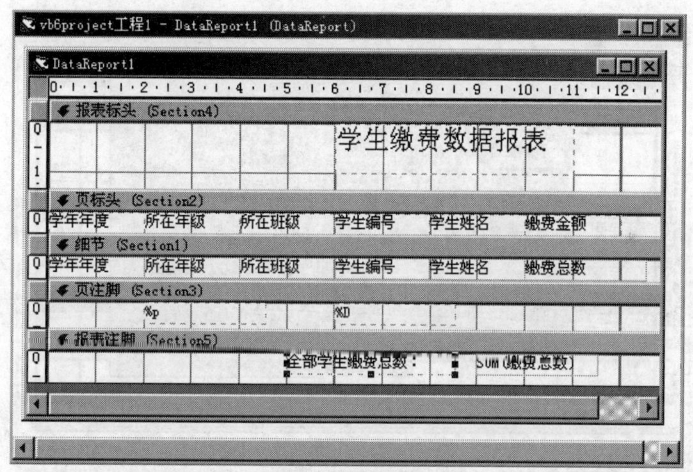

图 12.60　报表的基本布局

④ 在报表标题头带区中放入一个标签控件用于说明报表名称：学生缴费数据报表。

⑤ 在报表的页标头带区中放入 6 个标签控件用于说明报表每列的内容。

⑥ 在报表的细节带区中放入 6 个报表文本框控件，6 个文本框控件的属性设置如表 12.25 所示。

表 12.25　报表文本框属性设置

对象名称	属性项名	属性设置内容
TEXT1	DataFormat	通用
	DataField	学年年度

（续）

对 象 名 称	属 性 项 名	属性设置内容
TEXT2	DataFormat	通用
	DataField	所在年级
TEXT3	DataFormat	通用
	DataField	所在班级
TEXT4	DataFormat	通用
	DataField	学生编号
TEXT5	DataFormat	通用
	DataField	学生姓名
TEXT5	DataFormat	缴费总数
	DataField	货币

这些数据报表文本框控件专门用于显示数据表中的数据。

⑦ 在页注脚带区中插入两个报表控件，一个用于显示当前页数，一个用于显示报表打印日期，其插入报表控件的方法如图 12.61 所示。

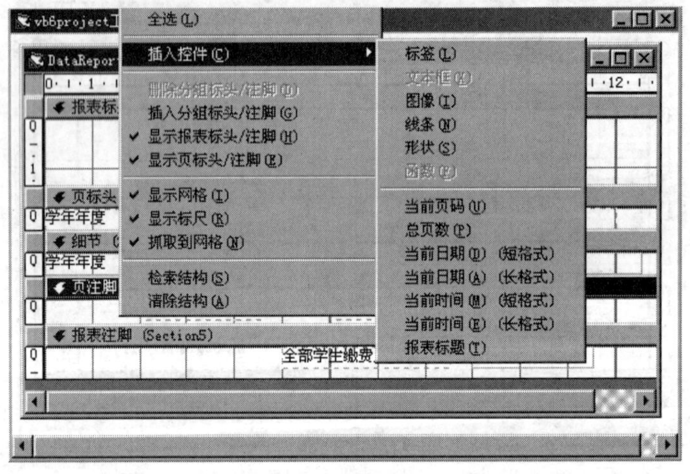

图 12.61　插入控件的方法

⑧ 在报表注脚带区中插入一个函数控件，用于求全部学生缴费总数，并在旁边放置一个标签控件用于标示。

这样一个数据报表就制作完成了，只需要在系统主窗体界面中用命令按钮加以调用即可，其调用过程代码如下：

```
Private Sub Command4_Click()
   DataReport1.Show
End Sub
```

最后运行整个工程并检验每一个功能模块的效果，在准确无误的条件下，将工程编译生成可执行文件。

12.3 习题

1. 结合一个生产、生活中的具体问题，制作一个系统。
2. 结合本章的第一个应用开发实例，制作一个高校学生成绩管理系统。
3. 结合高校学生的院系、专业、年级的分布情况，制作一个高校学生管理系统。

参 考 文 献

1. 伍俊良．Visual Basic 课程设计与系统开发案例．北京：清华大学出版社，2003
2. 伍俊良．Visual C++ 课程设计与系统开发案例．北京：清华大学出版社，2003
3. 伍俊良．Visual FoxPro 课程设计与系统开发案例．北京：清华大学出版社，2003
4. 伍俊良．C++Builder 和 Delphi 课程设计与系统开发案例．北京：清华大学出版社，2002
5. 伍俊良．Visual FoxPro 应用与开发教程．北京：清华大学出版社，2003
6. 伍俊良．PowerBuilder 课程设计与系统开发案例．北京：清华大学出版社，2003
7. 王珊．数据库系统原理教程．北京：清华大学出版社，1998
8. 谭浩强，田淑清．Basic 语言．北京：科学普及出版社，1996
9. 李圣才，李春葆．Visual Basic 6 程序设计导学．北京：清华大学出版社，2002

读者意见反馈卡

尊敬的读者:

您好！非常感谢您购买机械工业出版社的《Visual Basic 应用与开发教程》图书！作为读者，您是本书的最重要的评论家，您的评论和建议能帮助我们出版更适合您需要的书。我们会尊重您的意见，并想知道怎样是对的，怎样才能做得更好。您希望我们出版哪些方面的书籍，您想感兴趣的技术话题，以及您的其他想法，都可以通过发传真、电子邮件，或直接写信的方式传递给我们。我们的工作离不开您的大力支持和参与，非常感谢！

责任编辑：姜淑欣

请您认真填写本卡并通过邮寄或发 E-mail 给我们，您将有机会获得一份精美纪念品。

1. 您对本书的总体感觉：☆☆☆☆☆（您认为有几星级就请填涂几颗星，下同）
2. 您认为本书的层次结构：☆☆☆☆☆
3. 您认为本书的语言文字水平：☆☆☆☆☆
4. 您认为本书的版式编排：☆☆☆☆☆
5. 您认为本书的封面设计：☆☆☆☆☆
6. 您认为本书中所提供的操作说明：　☆☆☆☆☆
7. 您最希望从本书中学到什么？

____

____

8. 您最关心或最满意的是哪部分？请简述原因。

____

____

9. 您认为本书需作哪些改进？请简述原因。

____

____

10. 您所学（从事）的专业（职业）是：______________________________
11. 您最感兴趣的计算机类新书是：
    - ☐ 操作系统类　☐ 程序设计语言类　☐ 办公软件类
    - ☐ 图形、图像设计类　☐ 排版软件类　☐ 网络技术类
    - ☐ 多媒体制作类　☐ 数据库类　☐ 其他__________
12. 您最关心的计算机的应用领域是：
    - ☐ 自动控制　☐ 电工电子　☐ 通信　☐ 其他________
13. 您是从哪里第一次知道本书的？
    - ☐ www.cmpbook.com　☐ www.china-pub.com　☐ 朋友、同学/同事
    - ☐ 书店　☐ 电子书店　☐ 广告　☐ 其他________

请您填写:

姓名:　　年龄:　　学历:　　单位:

地址:　　邮编:

电话:　　E-mail:

填好本卡后，请将本页剪下寄至:

地址：北京市海淀区万柳中路澗桥·泊屋馆 3-3-702 室

机械工业出版社北京时代金科科技有限公司 姜淑欣 收　　邮编：100089

电话：（010）82573582　　传真：（010）82573583　　E-mail：gn_ng@163.com

如需本书可与本编辑部联系邮购，汇款请按以上地址填写，另加邮费 15%（挂号）